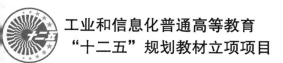

工业和信息化普通高等教育
"十二五"规划教材立项项目

张水英 徐伟强 编著

浙江省精品课程配套教材

21世纪高等院校信息与通信工程规划教材

21st Century University Planned Textbooks of Information and Communication Engineering

通信原理及MATLAB/Simulink仿真

Principles and MATLAB/Simulink Simulations of Communications

人民邮电出版社

北京

高校系列

图书在版编目（CIP）数据

通信原理及MATLAB/Simulink仿真 / 张水英，徐伟强
编著. -- 北京：人民邮电出版社，2012.9（2021.6重印）
21世纪高等院校信息与通信工程规划教材
ISBN 978-7-115-28040-4

Ⅰ. ①通… Ⅱ. ①张… ②徐… Ⅲ. ①Matlab软件－
应用－通信系统－系统仿真－高等学校－教材②计算机辅
助计算－软件包－应用－通信系统－系统仿真－高等学校
－教材 Ⅳ. ①TP391.75②TN914

中国版本图书馆CIP数据核字(2012)第107298号

内 容 提 要

　　本书较全面、系统地介绍现代通信技术的基本原理，并通过 MATLAB/Simulink 进行建模与仿真，另外还简要讲解几种实际应用中的典型通信系统。

　　本书共 8 章，主要内容包括模拟通信系统和数字通信系统的基本概念，信道与噪声的特征，模拟调制传输，模拟信号的数字传输，数字信号的基带传输，数字信号的频带传输，同步原理，信道编码技术；每章最后一节是用 MATLAB/Simulink 对本章内容进行建模与仿真；每章结束后附有小结及相应习题；书后附有常用三角公式、傅氏变换、误差函数、互补误差函数表。

　　本书内容全面，概念清晰；理论分析由浅入深，注重联系实际；许多图形是计算机仿真的结果。本书可作为高等院校通信、电子信息等相关专业的本科生教材，也可作为相关专业研究生和通信工程技术人员的参考书。

21 世纪高等院校信息与通信工程规划教材

通信原理及 MATLAB/Simulink 仿真

◆ 编　　著　张水英　徐伟强
　　责任编辑　董　楠

◆ 人民邮电出版社出版发行　　北京市丰台区成寿寺路 11 号
　　邮编　100164　电子邮件　315@ptpress.com.cn
　　网址　http://www.ptpress.com.cn
　　固安县铭成印刷有限公司印刷

◆ 开本：787×1092　1/16
　　印张：20　　　　　　　　2012 年 9 月第 1 版
　　字数：490 千字　　　　　2021 年 6 月河北第 10 次印刷

ISBN 978-7-115-28040-4

定价：42.00 元

读者服务热线：(010)81055256　印装质量热线：(010)81055316
反盗版热线：(010)81055315

通信原理属于电子信息类各专业的专业基础课，是通信工程、电子信息工程专业学生的必修课，还是相关专业硕士研究生入学考试科目之一。随着现代通信技术的发展和深入，计算机科学与技术、自动控制以及光电子等专业也纷纷开设通信原理课程。作为一门专业基础课程，通信原理是学习其他后续专业课程的基础，因此学好通信原理课程对于专业学习来说具有非常重要的意义。

另一方面，系统建模和仿真技术已日益成为现代理工科各专业进行科学探索、系统可行性研究和工程设计不可缺少的重要环节。MATLAB 语言由于其诸多优点，吸引了众多科学研究工作者，越来越成为科学研究、数值计算、建模仿真以及学术交流的事实标准。Simulink 作为 MATLAB 语言上的一个可视化建模仿真平台，起源于对自动控制系统的仿真需求。它采用方框图建模的形式，更加贴近于工程习惯。随着 MATLAB/Simulink 通信、信号处理专业函数库和专业工具箱的成熟，它们逐渐为广大通信技术领域的专家学者和工程师所熟悉，在通信理论研究、算法设计、系统设计、建模仿真和性能分析验证等方面的应用也更加广泛。

本书以通信原理的理论分析为主，共分 8 章内容。第 1 章为绪论，讨论通信系统组成、分类；通信方式；信息及其度量；通信系统的主要性能指标等。第 2 章为信道与噪声，讨论信道分类；信道对信号的影响；信道中的加性噪声；信道容量等。第 3 章为模拟调制系统，主要分析线性模拟调制系统及非线性模拟调制系统的原理及抗噪声性能；频分复用及多级调制。第 4 章为模拟信号的数字化传输，主要讨论抽样、量化、各种信源编码及时分复用。第 5 章为数字信号基带传输系统，讨论数字基带信号码型及功率谱密度；能实现无码间干扰传输的几种系统；无码间干扰传输系统的抗噪声性能；眼图；时域均衡器等。第 6 章为数字信号频带传输系统，讨论二进制数字调制原理及抗噪声性能；多进制数字调制系统。第 7 章为同步原理，讨论载波同步、位同步、群同步、网同步的方法、性能及对解调的影响。第 8 章为信道编码，讨论差错控制编码原理；各种差错控制编码方法。

理论的学习必须得有实践的支持，理论的检验和验证也须通过实践。系统仿真技术是专业理论和系统实验相结合的有效途径之一。因此每章最后一节是用 MATLAB/Simulink 对本章内容进行建模与仿真。通过对各种通信系统的建模、参数设计及仿真结果分析，一方面验证理论知识，另一方面讲解在 MATLAB/Simulink 平台上如何构建通信系统模型，如何设置参数，如何显示仿真结果及如何分析仿真结果。另外，本书还简要讲解几种实际应用中的典型通信系统。每章后面附有小结及习题，且书后附有常用三角公式、傅氏变换、误差函数、互补误差函数表及部分习题答案。

本书内容全面，概念清晰；理论分析由浅入深，注重联系实际；为帮助读者掌握基本理论和分析方法，每章都列举许多例题；插图丰富，很多图形是计算机仿真的结果。本书可作为高等院校通信、电子信息等相关专业的本科生教材，也可作为相关专业研究生和通信工程技术人员的参考书。

本书由张水英编写第 1 章、第 2 章、第 3 章、第 5 章、第 6 章、第 8 章和附录，徐伟强编写第 4 章和第 7 章，金立协助编写第 8 章。

鉴于作者水平有限，书中难免有错误和不足之处，恳请读者批评指正。

编　者

2012 年 4 月

目　　录

人类社会需要进行信息交互，社会越进步，交互信息会越多。通信系统是人类社会进行信息交互的工具。在通信系统的发展过程中产生了很多理论，如信息论、调制理论、编码理论等，也出现了多种多样的通信手段，如有线通信、无线通信、卫星通信、移动通信等。尤其是近 20 年来，通信技术得到了飞速发展，通信技术与计算机技术结合，在微电子技术的支持下形成了新的学科——信息学科。通信作为信息学科的一个重要领域，不但与人类的社会活动、个人生活与科学活动密切相关，而且也有其独立的技术理论体系。

本书讨论信息的传输、交换。在深入讨论上述内容之前，先简要讨论通信系统的有关基础知识。

1.1 通信的基本概念

1.1.1 消息、信息和信号

人类社会是建立在信息交流基础之上的，特别是当今世界已进入信息时代，我们正越来越多地接触到信息这一概念，但是信息到底是什么呢？我们平常所说的消息又是什么？它们之间是什么关系？它们与前导课中的信号又是什么关系呢？

消息是对事物物理状态的变化进行描述的一种具体形式，这种状态变化具有人们能感知的物理特性。如温度、语音、图像、文字等。

信息是消息中所包含的有意义的内容，它是一个抽象的概念。各种随机变化的消息都会有一定量的信息，如社会科学中的经济信息、生活信息，科研中的地震信息、气象信息等。

消息是信息的载体，不同形式的消息，可以包含相同的信息，例如分别用电视和报纸发布同一条新闻，所含信息内容是相同的。信息的传递、交换必须通过消息的传递、交换才能完成。

信号是为了传送消息，对消息进行变换后在通信系统中传输的某种物理量，如电信号、光信号等。因此，信号是由消息转换来的并可以被传输和处理的具体形式，是消息的运载工具。

1.1.2 通信

通信就是由一地向另一地传递信息（或消息）。实现通信的方式很多，古代的烽火台、金鼓、旌旗，现代的信函、电报、电话、电视等均属于通信的范畴。在各种各样的通信方式中，利用"电"来传送消息的通信方式（电通信）是最有效的。电通信方式能使消息几乎在任意的通信距离上实现迅速、有效、准确、可靠的传递，因此它的发展非常迅速，应用极其广泛。

1.1.3 通信发展概况

现代通信一般是指电通信，国际上称为远程通信（tele-communication）。

1837 年，莫尔斯（S. Morse）发明电报系统，此系统于 1844 年在华盛顿和巴尔迪摩尔之间试运行。这可认为是电通信或远程通信，也是数字通信的开始。

1864 年，麦克斯韦（J.C.Maxwell）建立电磁场理论。

1876 年，贝尔（A.G.Bell）发明了电话，成为模拟通信的先驱。

1887 年，赫兹（H. Hertz）实验证明电磁波的存在。

1892 年，美国史端乔（A.B.Strowger）发明步进式电话交换机。

1901 年，马可尼（G.Marconi）成功进行从英国到纽芬兰的跨大西洋的无线通信。

1918 年，调幅无线广播商用。

1936 年，调频无线广播商用。

1937 年，发现脉冲编码调制原理。

1938 年，黑白电视广播系统商用。

1940 年～1945 年，"二战"刺激了雷达和微波通信系统的发展。

1948 年，香农提出信息论；发明晶体管。

1950 年，时分多路通信应用于电话。

1956 年，敷设了越洋电缆。

1957 年，发射第一颗人造卫星。

1958 年，发射第一颗通信卫星。

1960 年，发明激光。

1961 年，发明集成电路。

1960 年～1970 年，彩色电视机问世；阿波罗宇宙飞船登月；数字传输理论和技术得到迅速发展；出现高速数字电子计算机。

1970 年～1980 年，大规模集成电路，商用卫星通信，程控数字交换机，光纤通信系统，微处理机等迅速发展。

1980 年以后，互联网崛起。

进入 21 世纪以后，随着微电子技术和计算机技术的发展，通信技术将沿着数字化、远程与大容量化、网络与综合化、移动与个人化等方向发展，从而进入一个新的发展阶段。

1.2 通信系统模型

1.2.1 通信系统一般模型

通信系统是指完成通信这一过程的全部设备和传输媒介，一般可概括为如图 1-1 所示的模型。

图 1-1 通信系统一般模型

信源：消息的产生地，其作用是把各种消息转换成原始电信号。

发送设备：将原始电信号转换为适于在信道中传输的信号，常包括变换、编码和调制等过程。

信道：将信号由发送设备传输到接收设备的媒介或途径。有无线信道和有线信道之分。

噪声源：散布在系统各部分的噪声的集中表现，不是人为加入的设备。噪声是有害的，会降低通信的质量。

接收设备：将信号转换为原始电信号，常包括解调、译码等过程。

信宿：信息的归宿点，其作用是将接收设备恢复出的电信号转换成相应的消息。

图 1-1 所示中，信源发出的消息具有各种不同的形式和内容，但总的来说可以概括为两大类：一类是模拟消息，如语音、图像等，它们是连续变化的，又称为连续消息；另一类是数字消息，如文字、数据等，又称为离散消息。为了方便传递，各种消息都需要转换成电信号。为了能在接收端准确地从信号中恢复原始消息，消息和电信号之间必须建立严格的对应关系。通常把消息寄托在电信号的某一参量上。按信号参量的取值方式不同可把信号分为两类，即模拟信号和数字信号。

如果电信号的参量携带模拟消息，则该参量必将是连续取值的，称这样的信号为模拟信号，又称连续信号，如图 1-2（a）所示。这个连续是指信号参量可以连续变化，而不一定在时间上也是连续的，如图 1-2（b）所示的抽样信号，时间上是离散的，但取值上是连续的，所以它仍是一个模拟信号。

如果电信号的参量携带数字消息，则该参量必是离散取值的，这样的信号就称为数字信号，也称离散信号，如图 1-3（a）所示。这个离散是指信号的某一参量是离散变化的，而不一定在幅度上也是离散的。如图 1-3（b）所示的 2PSK 信号，幅度是连续的，但相位取值是离散的，所以它是一个数字信号。按照信道中传输的是模拟信号还是数字信号，可以相应地把通信系统分为模拟通信系统和数字通信系统。

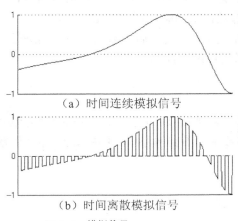

（a）时间连续模拟信号

（b）时间离散模拟信号

图 1-2 模拟信号

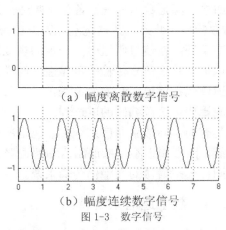

（a）幅度离散数字信号

（b）幅度连续数字信号

图 1-3 数字信号

图 1-3 数字信号

图 1-1 所示的通信系统模型是对各种通信系统的简化概括，反映的是所有通信系统的共性。根据研究的对象或关心的问题不同，不同的通信系统具有不同形式的系统模型。后续各章都是围绕通信系统的模型展开的，通信原理的研究对象就是通信模型。

1.2.2 模拟通信系统模型

模拟通信系统是利用模拟信号来传递信息的通信系统。系统模型如图 1-4 所示。

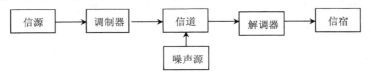

图 1-4 模拟通信系统模型

调制器：将具有低频分量的原始电信号进行频谱搬移，变换成其频带适合在信道传输的信号，这种变换过程称调制，变换后的信号称已调信号，又称频带信号，其频谱具有带通形式而且中心频率远离零频。未经过调制的原始信号又称基带信号，其频谱从零频附近开始，如语音信号为 300～3 400Hz，图像信号为 0～6MHz。

解调器：将频带信号恢复成基带信号。

1.2.3 数字通信系统模型

数字通信系统是利用数字信号来传递信息的通信系统。系统模型如图 1-5 所示。

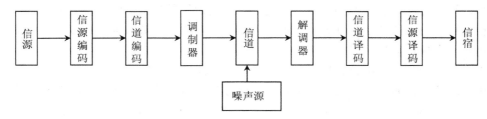

图 1-5 数字通信系统模型

信源编码：用适当的编码方法降低数字信号的码元速率以提高数字信号传输的有效性。另外，如果信源是数据处理设备，还要进行并/串变换；如果信源产生的是模拟信号，则先要进行模/数转换。此外，数据扰乱、数据加密等都是在信源编码器内完成。

信道编码：在信息码组中按一定的规则附加一些码，接收端根据相应的规则进行检错和纠错，以提高数字信号传输的可靠性，信道编码又称差错控制编码。

信道译码：信道编码的逆过程。

信源译码：信源编码的逆过程。

但是有的实际数字通信系统并非包括所有环节。如图 1-5 所示的通信系统称为数字频带传输系统，图中如果不包括调制器和解调器，称数字基带传输系统；图中如果包括模/数转换环节，则称模拟信号的数字化传输系统。

1.2.4 数字通信系统特点

与模拟通信相比，数字通信有如下优点：

（1）抗干扰能力强，可靠性高；

（2）体积小，功耗低，易于集成；

（3）便于进行各种数字信号处理；

（4）有利于实现综合业务传输；

（5）便于保密。

但数字通信也有以下两个缺点：

（1）占用频带宽；

（2）系统和设备比较复杂。

但随着卫星通信、光纤通信等宽频通信系统和压缩技术、集成技术的日益发展，以上缺点越来越不成为问题，因此数字化是现代通信的主要发展方向之一。

1.3 通信系统分类及通信方式

1.3.1 通信系统分类

通信系统的分类方法很多，这里仅讨论由通信系统模型所引出的分类。

按消息的物理特征分类：通常可以分为电报通信系统、电话通信系统、数据通信系统、图像通信系统等。这些通信系统可以是专用的，但通常是兼容的或并存的。由于电话通信最为发达，因而其他通信常借助于公共的电话通信系统进行。

按调制方式分类：根据是否采用调制，可将通信系统分为基带传输系统和频带传输系统。基带传输系统是将未经调制的信号直接传送，如音频市内电话等；频带传输系统是对各种信号调制后传输的总称。调制方式很多，常用的调制方式见表1-1。

表 1-1　　　　　　　　　　　**常用调制方式及用途**

调 制 方 式			用 途 举 例
连续调制	线性调制	常规双边带调制 AM	广播
		单边带调制 SSB	载波通信、短波无线电话通信
		双边带调制 DSB	立体声广播
		残留边带调制 VSB	电视广播、传真
	非线性调制	频率调制 FM	微波中继、卫星通信、广播
		相位调制 PM	中间调制方式
	数字调制	振幅键控 ASK	数据传输
		频移键控 FSK	数据传输
		相移键控 PSK、DPSK	数据传输
		其他高效数字调制 QAM、MSK 等	数字微波、空间通信
脉冲调制	脉冲模拟调制	脉幅调制 PAM	中间调制方式、遥测
		脉宽调制 PWM	中间调制方式
		脉位调制 PPM	遥测、光纤传输
	脉冲数字调制	脉码调制 PCM	卫星、空间通信
		增量调制 ΔM	军用、民用数字电话
		差分脉码调制 DPCM	电视电话、图像编码
		其他编码方式 ADPCM 等	中速数字电话

按信号特征分类：按信道中传输的是模拟信号还是数字信号，可以相应地把通信系统分成模拟通信系统与数字通信系统两类。

按传输媒介分类：按传输媒介可将通信系统分为有线和无线两类。表 1-2 中列出常用的传输媒介及其主要用途。

按信号复用方式分类：传送多路信号有三种常用的复用方式，即频分复用、时分复用、码分复用等。频分复用是用频谱搬移的方法使不同信号占据不同的频率范围；时分复用是用脉冲调制的方法使不同信号占据不同的时间区间；码分复用则是用一组正交的脉冲序列分别携带不同信号。

传统的模拟通信中都采用频分复用。随着数字通信的发展，时分复用通信系统的应用越来越广泛。码分复用多用于空间扩频通信系统中，目前又开始用于移动通信系统中。

表 1-2　　　　　　　　　　　　　　　**常用传输媒介及用途**

频率范围	波　长	符　号	传输媒介	用　途
3Hz～30kHz	10^8～10^4m	甚低频 VLF	有线线对 长波无线电	音频、电话、数据终端、长距离导航
30kHz～300kHz	10^4～10^3m	低频 LF	有线线对 长波无线电	导航、信标、电力线通信
300kHz～3MHz	10^3～10^2m	中频 MF	同轴电缆 中波无线电	调幅广播、移动陆地通信、业余无线电
3MHz～30MHz	10^2～10m	高频 HF	同轴电缆 短波无线电	移动无线电话、短波广播、定点军用通信、业余无线电
30MHz～300MHz	10～1m	甚高频 VHF	同轴电缆 米波无线电	电视、调频广播、空中管制、车辆通信、导航
300MHz～3GHz	100～10cm	特高频 UHF	波导 分米波无线电	电视、空间遥测、雷达导航、点对点通信、移动通信
3GHz～30GHz	10～1cm	超高频 SHF	波导 厘米波无线电	微波接力、卫星和空间通信、雷达
30GHz～300GHz	10～1mm	极高频 EHF	波导 毫米波无线电	雷达、微波接力、射电天文学
10^5GHz～10^7GHz	$3×10^{-4}$～$3×10^{-6}$cm	紫外、可见光、红外	光纤 激光空间传播	光通信

1.3.2　通信方式

1. 按消息传送的方向与时间分

对于点到点之间的通信，按消息传送的方向与时间的关系，通信方式可分为单工通信、半双工通信及全双工通信三种。

单工通信是指消息只能单方向传输的工作方式，如图 1-6（a）所示。例如：遥控、遥测、广播、电视等。

半双工通信是指通信双方都能收发消息，但不能同时进行收发的工作方式，如图 1-6（b）

所示。例如：使用同一载频工作的无线电对讲机就是按这种通信方式工作的。

全双工通信是指通信双方可同时进行收发消息的工作方式，如图1-6（c）所示。例如：电话、手机等。

2．按数字信号码元排序方式分

数字通信中，按照数字信号码元排列方法不同，通信方式可分为串行传输和并行传输。

串行传输是指数字信号码元序列按时间顺序一个接一个地在信道中传输。一般的远距离数字通信大多采用串行传输方式，因为这种方式只需占用一条通路，如图1-7（a）所示。

并行传输是指将数字信号码元序列分割成两路或两路以上的数字信号，码元序列同时在信道中传输。一般的近距离数字通信可采用并行传输方式，如图1-7（b）所示。

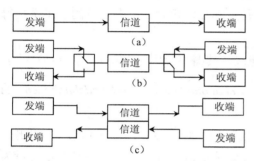

图1-6　单工、半双工和全双工通信方式

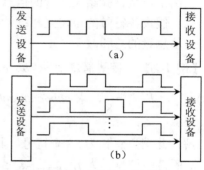

图1-7　串行传输和并行传输

1.4　信息度量

1.4.1　信息量概念

前面已经指出，信息是包含在消息中的有意义的内容，消息可以有各种各样的形式，但不同形式的消息可以统一用抽象的信息概念来表示，传递的消息都有一个信息量的概念。那么，信息是如何度量的呢？

现假定教师在第一节"通信原理"课将结束时，讲了以下3句话中的某一句。

（1）下次课由我来给大家上课。

（2）下次课将由另一位老师来给大家上课。

（3）这门课以后不上了，到学期结束时，老师给每位同学的成绩都是90分。

显然，学生听了第一句话后所获得的信息量几乎为0，因为一般情况下，上第一节课的教师往往会继续上完这门课，也就是第一种情况发生的概率几乎为1；相对应地，第二种情况发生的概率比第一种情况要小，所以学生听了第二句话后获得的信息量就比较大；再来看第三句话，常理下，这件事是不可能发生的，即这件事出现的概率几乎为0，现在教师做出了这样的决定并告诉了学生，对学生来讲，这句话就包含了大量的信息。

由此可见，消息中包含的信息量与消息发生的概率是紧密相关的。消息出现的概率越小，则包含的信息量就越大；概率为0时，信息量为无穷大；概率为1时，信息量为0。如果我们同时得到几个消息，那么我们得到的信息量将是这几个消息所包含信息量的总和。

基于以上消息的概率和该消息所含信息量之间的关系，可用下式来表示

$$I = \log_a \frac{1}{P(x)} = -\log_a P(x) \qquad (1.4\text{-}1)$$

上式中对数的底 a 将决定信息量的单位。哈特雷（Hartley）在 1928 年第一次建议了信息量的对数度量，即使用以 10 为底的对数，信息的单位是哈特。现在的标准是采用以 2 为底的对数，信息的单位是比特。有时也使用以 e 为底的对数，信息的单位是奈特。

【例 1-1】 进行一个具有 16 个等可能结果的随机试验。每一个结果具有的信息量为多少？

解： 因为每一个结果都是等可能出现的，即每一个结果出现的概率都是 $P(x_i) = \dfrac{1}{16}$，则每一个结果具有的信息量为：$I(x_i) = -\log_2 \dfrac{1}{16} = \log_2 16 = 4$（bit），式中 i 从 1 取到 16。

上例是单次试验结果所含的信息，相当于单个符号所含的信息量，对于由一串符号构成的消息，假设各符号的出现互相统计独立，则根据信息相加性概念，整个消息的信息量是每个符号信息量的总和。

【例 1-2】 设某消息由 a、b、c、d 4 种符号组成，其概率分别为 $P(a) = \dfrac{3}{8}$，$P(b) = \dfrac{1}{4}$，$P(c) = \dfrac{1}{4}$，$P(d) = \dfrac{1}{8}$，求 *cabacabdacbdaabcadcbabaadcbabaacdbacaacabadbcadcbaabcacba* 的信息量。

解： 此消息总长为 57 个符号，其中 a 出现 23 次，b 出现 14 次，c 出现 13 次，d 出现 7 次。a 所带的信息量为 $I(a) = -\log_2 \dfrac{3}{8}$，$b$ 所带的信息量为 $I(b) = -\log_2 \dfrac{1}{4}$，$c$ 所带的信息量为 $I(c) = -\log_2 \dfrac{1}{4}$，$d$ 所带的信息量为 $I(d) = -\log_2 \dfrac{1}{8}$，所以，此消息的信息量为

$$I = -23\log_2 \frac{3}{8} - 14\log_2 \frac{1}{4} - 13\log_2 \frac{1}{4} - 7\log_2 \frac{1}{8}$$
$$= 32.55 + 28 + 26 + 21 = 108.55 \ (\text{bit})$$

从以上例子可以看到，当消息很长时，用符号出现的概率来计算消息的信息量是比较麻烦的，此时可以用平均信息量的概念来计算。

1.4.2　平均信息量概念

平均信息量是指每个符号所含信息量的统计平均值，因此，由 M 个符号组成的消息，每个符号所含的平均信息量为

$$H(X) = -\sum_{i=1}^{M} P(x_i) \log_2 P(x_i) \quad (\text{比特/符号}) \qquad (1.4\text{-}2)$$

上述平均信息量计算公式与热力学和统计力学中关于系统熵的公式一样，因此平均信息量又叫熵。

【例 1-3】 用平均信息量的概念来计算例 1-2 中消息所含的信息量。

解： 由式（1.4-2）得每个符号的平均信息量为

$$H = -\frac{3}{8}\log_2 \frac{3}{8} - \frac{1}{4}\log_2 \frac{1}{4} - \frac{1}{4}\log_2 \frac{1}{4} - \frac{1}{8}\log_2 \frac{1}{8} = 1.9056 \ (\text{bit/符号})$$

则消息所含的信息量为

$$I = 1.9056(\text{bit/符号}) \times 57(\text{符号}) = 108.62 \quad (\text{bit})$$

这里用平均信息量算得的总信息量与例 1-2 算得的结果并不完全相同，其原因是例 1-2 的消息序列还不够长，各符号出现的频次与概率场中给出的概率并不相等。随着序列长度增大，其误差将趋于零。

【例 1-4】 由二进制数字 1、0 组成的消息，$P(1) = \alpha$，$P(0) = 1 - \alpha = \beta$，推导以 α 为变量的平均信息量，并绘出 α 从 0 到 1 取值时 $H(\alpha)$ 的曲线。

解： 由式（1.4-2）得平均信息量为

$$H(\alpha) = -\alpha \log_2 \alpha - (1 - \alpha) \log_2 (1 - \alpha)$$

根据上式可绘制曲线如图 1-8 所示。

由图 1-8 可知最大平均信息量出现在 $\alpha = 1/2$ 时刻，因为这时每一个符号是等可能的，此时的不确定性是最大的。如果 $\alpha \neq 1/2$，则其中一个符号比另一个符号更有可能出现，则信源输出哪一个符号的不确定性就变小。如果 α 或者 β 等于 0，不确定性就是 0，因为我们可以确切地知道会出现哪个符号。

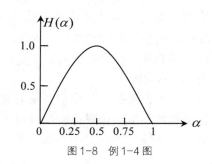

图 1-8 例 1-4 图

上述结论可推广到消息由 M 个符号组成的情况：当 M 个消息等概率出现时，信源具有最大平均信息量，即

$$H(X) = \log_2 M \quad （\text{比特/符号}） \tag{1.4-3}$$

以上我们讨论了离散消息的信息度量。同样，关于连续消息的信息量可用概率密度来描述。可以证明，连续消息的平均信息量为

$$H(X) = -\int_{-\infty}^{+\infty} f(x) \log_2 f(x) \mathrm{d}x \tag{1.4-4}$$

式中，$f(x)$ ——连续消息出现的概率密度。

限于篇幅，这里就不再进一步讨论信息量的问题了。有兴趣的读者可参考有关信息论方面的书籍。

1.5 通信系统主要性能指标

在设计或评估通信系统时，往往要涉及通信系统的主要性能指标，否则就无法衡量其质量的好坏。通信系统的性能指标涉及通信系统的有效性、可靠性、适应性、标准性、经济性及维护使用等。如果考虑所有这些因素，那么通信系统的设计就要包括很多项目，系统性能的评价工作也就很难进行。尽管对通信系统可以有很多的实际要求，但是，从消息传输的角度来说，通信的有效性与可靠性将是主要的性能指标。这里所说的有效性主要是指消息传输的"速度"问题，而可靠性主要是指消息传输的"质量"问题。然而，这是两个相互矛盾的问题，这对矛盾通常只能根据实际要求取得相对的统一。例如，在满足一定可靠性指标下，尽量提高消息的传输速度；或者在维持一定有效性下，使消息传输质量尽可能地提高。由于模拟通信系统和数字通信系统所传输的信号不同，这两个指标的具体内容是不同的。

1.5.1 模拟通信系统性能指标

1．有效传输带宽

模拟通信系统的有效性可用有效传输频带来衡量。同样的消息用不同的调制方式，则需要不同的频带宽度，所需的频带宽度越小，则有效性越高。

2．输出信噪比

模拟通信系统的可靠性用接收端最终的输出信噪比来衡量。输出信噪比是指输出信号的平均功率 S_o 与输出的噪声平均功率 N_o 之比，即 S_o/N_o。不同模拟通信系统在同样的信道信噪比下所得到的输出信噪比是不同的，信噪比越高，说明噪声对信号的影响越小。不同业务的通信系统，对信噪比的要求是不同的，如电话通信要求信噪比为 20～40dB，电视图像则要求 40～60dB。

前面已经指出，通信系统的有效性和可靠性是一对矛盾，同样的，模拟通信系统的有效传输带宽和输出信噪比也是一对矛盾。例如调频系统的抗干扰能力比调幅系统好，但调频系统所需传输带宽却宽于调幅系统，即降低系统有效性可换取可靠性。

1.5.2 数字通信系统性能指标

1．传输速率

数字通信系统的有效性用传输速率来衡量，传输速率越快，有效性就越好。传输速率有两种：码元传输速率和信息传输速率。

（1）码元传输速率 R_s

数字通信系统中传输的是数字信号，即信号波形数是有限的，但数字信号有多进制与二进制之分。如 4PSK 系统中，有 4 种不同的数字信号，称四进制数字信号；而在 2PSK 系统中，只有两种不同的数字信号，称二进制数字信号。不管是多进制数字信号，还是二进制数字信号，每一个数字信号我们都称之为码元。码元传输速率 R_s 是指每秒钟传输的码元个数，单位为波特（Baud），记为 B。码元传输速率简称传码率，或称符号速率。

$$R_s = \frac{1}{T_s} \quad (\text{Baud}) \qquad (1.5\text{-}1)$$

式中，T_s 为码元间隔。通常在给出码元速率时，有必要说明码元的进制。

（2）信息传输速率 R_b

信息传输速率 R_b 定义为单位时间内传递的信息量或比特数，单位为比特/秒，可记为 bit/s，或 b/s，或 bps。信息传输速率简称传信率，或称比特率。

对于二进制数字通信系统，传送的是二进制码元，如果两种不同的码元等概率出现，则每一种码元出现的概率是 1/2，每一个码元携带的信息量就是 1bit，所以系统的信息速率在数值上等于码元速率，但两者的含义还是不同的，单位也是不同的。例如，若码元速率为600Baud，那么二进制时的信息速率为 600bit/s。

对于 M 进制数字系统，传送的是 M 进制码元，如果 M 种不同的码元等概率出现，则每一种码元出现的概率是 $1/M$，每一个码元携带的信息量是 $\log_2 M$ bit，所以信息速率为

$$R_b = R_s \times \log_2 M \quad (\text{bit/s}) \tag{1.5-2}$$

相对应地，有

$$R_s = R_b / \log_2 M \quad (\text{Baud}) \tag{1.5-3}$$

如果 M 种码元出现的概率不相等，则信息速率与码元速率之间的关系为

$$R_b = R_s \times H(X) \quad (\text{bit/s}) \tag{1.5-4}$$

例如，若码元速率为 600Baud，那么等概四进制时的信息速率为 1 200bit/s。相反，若信息速率为 1 800bit/s，那么等概八进制时的码元速率为 600Baud。

（3）频带利用率 η

比较不同通信系统的有效性时，单看它们的传输速率是不够的，还应看在这样的传输速率下所占信道的频带宽度。所以，真正衡量数字通信系统传输效率的应当是传输速率与频带宽度之比，即单位频带内的传输速率。定义为

$$\eta = \frac{R_s}{B} \quad (\text{Baud/Hz}) \tag{1.5-5}$$

或

$$\eta = \frac{R_b}{B} \quad (\text{bit/(s} \cdot \text{Hz)}) \tag{1.5-6}$$

式中，B 为所需的信道带宽。

【例 1-5】 一通信系统同时传送语音、文字和图像，语音按常规 8kHz 抽样量化，假设图像数字化（720×576 像素）压缩 60 倍，按电视速率传送。语音、图像采用 8bit 二进制编码每抽样点。文字用 ASCII 编码，假设传送方式是打字，打字速度为 6 字符/s。请问通信 10min，系统传送文字、语音和图像的数据量各是多少？比例是多少？

解：文字：6 字符/s×8bit/字符×(10×60s)=28 800(bit)

语音：8k 样点/s×8bit/样点×(10×60s)=38 400(kbit)

图像：电视帧速率（PAL 制式）为 25 帧/s，25 帧/s×(720×576×8/60bit)/帧×(10×60s)=829 440(kbit)

比例为：文字:语音:图像=1:1 333:28 800

显然，传输多媒体语音与图像的数据量相比文字信息量更大。

2．差错率

数字通信系统的可靠性用差错率来衡量，差错率越大，可靠性就越差。差错率也有两种：误码率和误信率。

（1）误码率

误码率是指错误接收的码元数在传送总码元数中所占的比例，或者更确切地说，误码率是码元在传输系统中被传错的概率，即

$$P_e = \frac{\text{错误接收的码元数}}{\text{传输总的码元数}} \tag{1.5-7}$$

（2）误信率

误信率又称误比特率，是指错误接收的信息量在传送信息总量中所占的比例，或者说，它是码元的信息量在传输系统中被丢失的概率，即

$$P_b = \frac{错误接收的比特数}{传输总的比特数}$$ （1.5-8）

（3）误码率和误信率的关系

对于二进制数字通信系统，由于 1 个码元携带 1bit 的信息量，当错误接收 1 个码元时，也就错误接收了 1bit 的信息量，所以

$$P_e = P_b$$ （1.5-9）

对于 M 进制数字通信系统，由于 1 个码元携带的信息量是 $\log_2 M$ bit，此时

$$P_e \geqslant P_b$$ （1.5-10）

例如，有一个 4PSK 数字通信系统，现传输 20 个码元，其中错了 2 个码元，那么误码率为 10%；如果每个错误码元有一个比特错误，那么误信率为 5%；如果每个错误码元有两个比特错误，那么误信率为 10%；如果每个错误码元中每个比特发生错误的概率相等，那么误信率为 6.666667%。

与模拟通信系统一样，不同业务的数字通信系统对信号误信率的要求是不同的。例如，对数字电话，要求 $P_b = 10^{-6} \sim 10^{-3}$。对计算机的数据传输，要求 $P_b < 10^{-9}$。如果信道达不到要求时，应当考虑加信道编码。

同样地，数字通信系统的有效性与可靠性之间也是一对矛盾。信道编码由于增加了一些多余的码元而提高了可靠性，在信息速率不变的情况下就增加了信道上的码元速率，也就增加了信号的带宽。这也是用系统的有效性换取系统的可靠性的例子。

1.6 MATLAB/Simulink 系统建模与仿真基础

1.6.1 通信系统仿真优点

通信系统仿真是研究、分析与设计通信系统的手段，它的优点包括 5 个方面：

① 便于用数学模型描述实验研究设备，可获得逼近真实的输出信号，修改设计方案变成修改数学模型和仿真参数，从而便于寻求最佳的系统设计参数；

② 可以将设备置于所要求的工作环境中（如用户数、噪声和干扰强度或信道参数等），并迅速得到环境参数、条件变化对系统工作的影响，还可以创造物理上难以实现的环境条件；

③ 可减小研究开发的投资，缩短设备研制周期；

④ 可减小系统设计差错，便于从全局来研究和分析一个系统；

⑤ 可以减小实验中偶然因素（如外部干扰、设备人为因素等）的影响，增强分析问题的科学性。

通信系统仿真的第一步是建模，有系统建模、设备建模与信号建模。系统建模是将通信系统自顶向下以树形结构形式一层一层向下分解。设备建模是将子系统表示为方块图。方块图中的各个方块可以表示一个功能、一个函数、一个算法或一组方程等，同时还包括某些人工设备，如电缆或信道等。信号建模是用数学方程表示各类信号，如噪声信号、正弦信号、调制信号和编码信号等。

1.6.2 通信系统仿真工具

本书提供的仿真模型都是基于 MATLAB/Simulink 仿真软件的。MATLAB 和 Simulink 仿真环境被集成在一个软件实体中，在 MATLAB 集成环境中可以打开 Simulink 文件和 Simulink 库浏览器（Simulink Library Browser）。

Simulink 是 MATLAB 提供的用于对动态系统进行建模、仿真和分析的工具包。Simulink 提供了专门用于显示输出信号的模块，可以在仿真过程中随时观察仿真结果。同时，通过 Simulink 的存储模块，仿真数据可以方便地以各种形式保存到 MATLAB 工作空间或文件中，以供用户在仿真结束之后对数据进行分析和处理。另外，Simulink 把具有特定功能的代码组织成模块的方式，并且这些模块可以组织成具有等级结构的子系统，因此具有内在的模块化设计功能。基于以上优点，Simulink 作为一种通用的仿真建模工具，广泛应用于通信仿真、数字信号处理、模糊逻辑、数字控制神经网络、机械控制和虚拟现实等领域中。

Simulink 采用图形化和模块化的建模方式，每个模块都有自己的输入/输出接口来实现一定的功能，模型结构十分直观，适合用来描述运算结构模块化和层次化清晰的系统和模型。基于 Simulink 的仿真模型文件的扩展名是“.mdl”。

1.6.3 通信系统常用模块库简介

为便于用户能够快速构建自己所需的动态系统，Simulink 提供了大量以图形方式给出的内置系统模块，使用这些内置模块可以快速方便地设计出特定的动态系统。在 MATLAB 窗口中单击▦图标或在命令窗口中输入命令“Simulink”即可打开 Simulink 模型库窗口，如图 1-9 所示。

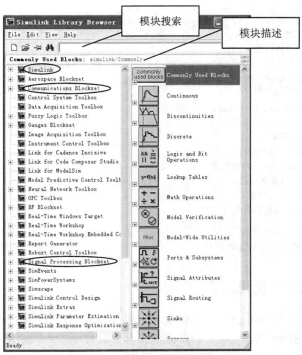

图 1-9　通信系统仿真最常用的库

单击模块库旁边的"+"号,可显示它所包含的全部子库。当单击子库时,在右边窗口可显示出子库所包含的全部模块。单击模块时,就会在"模块描述"栏内显示对该模块的介绍。

在仿真通信系统时,最常用的库有 Simulink(公共模块库)、Communications Blockset(通信模块库)和 Signal Processing Blockset(信号处理模块库)。它们包含的子库分别如图 1-10、图 1-11 和图 1-12 所示。

图 1-10 Simulink(公共模块库)包含的子库

图 1-11 Communications Blockset
(通信模块库)包含的子库

图 1-12 Signal Processing Blockset
(信号处理模块库)包含的子库

1.6.4 Simulink 使用简介

这里通过一个非常简单的例子介绍如何建立系统模型,如何设置系统参数,如何运行仿真等过程。此简单系统的输入为一个正弦波信号:$u(t) = \sin t$;输出为此正弦波信号与一个常数的乘积,$y(t) = au(t)$,$a \neq 0$。要求建立系统模型,并以图形方式输出系统运算结果。

1．模块选择

启动 Simulink 并新建一个系统模型文件。在 Simulink 公共模块库中选择以下模块并将其复制（或拖动）到新建的系统模型中。

（1）系统输入模块库 Sources 中的 Sine Wave 模块：产生一个正弦波信号。

（2）数学库 Math 中的 Gain 模块：将信号乘以一个常数（即信号增益）。

（3）系统输出库 Sinks 中的 Scope 模块：以图形方式显示结果。

2．模块连接

按照系统的信号流程将各系统模块正确连接起来。连接系统模块的步骤如下：

（1）将光标指向起始块的输出端口，此时光标变成"+"；

（2）单击鼠标左键并拖动到目标模块的输入端口，在接近到一定程度时光标变成双十字。这时松开鼠标键，连接完成。完成后在连接点处出现一个箭头，表示系统中信号的流向。

3．系统模型编辑

视图调整：在 Simulink 系统模型编辑器中，可以对系统模型的视图进行调整以便更好地观察系统模型。视图调整的方法如下所述：

（1）使用 View 菜单控制模型在视图区的显示，用户可以对模型视图进行任意缩放；

（2）使用系统热键 R（放大）或 V（缩小）；

（3）按空格键可以使系统模型充满整个视图窗口。

模块几何尺寸修改：Simulink 允许用户对模块的几何尺寸进行修改以改善系统模型框图的界面。例如，对于具有多个输入端口的模块，需要调整其大小使其能够较好地容纳多个信号连线，而非采用模块的默认大小；另外，对于某些系统模块，当模块的尺寸足够大时，模块的参数将直接显示在模块上面，这非常有利于用户对模型的理解。修改模块几何尺寸时，可先选中模块，然后直接拖动选择框即可。

模块复制：如果需要几个同样的模块，可以使用鼠标右键单击并拖动某个模块进行复制。

模块插入：如果用户需要在信号连线上插入一个模块，只需将这个模块移到线上就可以自动连接。注意这个功能只支持单输入单输出模块。对于其他的模块，只能先删除连线，放置模块，然后再重新连线。

模块名称操作：在使用 Simulink 中的系统模块构建系统模型时，Simulink 会自动给系统模型中的模块命名，如在以上例子中，正弦信号模块名称为 Sine Wave；对于系统模型中相同的模块，Simulink 会自动对其进行编号。一般对于简单的系统，可以采用 Simulink 的自动命名；但对于复杂系统，给每个模块取一个具有明显意义的名称非常有利于系统模型的理解与维护。模块名称操作主要有以下几种。

（1）模块命名：使用鼠标左键单击模块名称，进入编辑状态，然后键入新的名称；

（2）名称移动：使用鼠标左键单击模块名称并拖动到模块的另一侧，或选择 Format 菜单中的 Flip Name 翻转模块名称；

（3）名称隐藏：选择 Format 菜单中的 Hide Name 隐藏系统模块名称。系统模型中模块的名称应当是唯一的。

模块颜色修改：Simulink 允许改变模块的颜色。使用鼠标右键单击模块，选择 Foreground color 或 Background color 菜单来设置颜色；也可使用模型编辑器中 Format 菜单中的相应命令设置模块颜色。如果模块的前景色发生改变，则所有由此模块引出的信号线颜色也随之改变；当系统模型框图很复杂时，这个特性能够有效地增强框图的可读性。

模块其他设置：可以使用 Format 菜单中的 Show Drop Shadow 为模块生成阴影，或使用 Flip Block、Rotate Block 对模块进行翻转与旋转，或使用 Font 对模块字体进行设置等。

连线分支：在某些情况下，一个系统模块的输出同时作为多个其他模块的输入，这时需要从此模块中引出若干连线，以连接多个其他模块。对信号连线进行分支的操作方式为：使用鼠标右键单击需要分支的信号连线（光标变成"+"），然后拖动到目标模块。

连线改变：对信号连线还有以下几种常用的操作。

（1）使用鼠标左键单击并拖动以改变信号连线的路径；

（2）按下 Shift 键的同时，在信号连线上单击鼠标左键并拖动，可以生成新的节点。

信号标签生成：在创建系统模型尤其是大型复杂系统模型时，信号标签对理解系统框图尤为重要。所谓的信号标签，也可以称为信号的"名称"或"标记"，它与特定的信号相联系，是信号的一个固有属性。这一点与系统框图注释不同，框图注释是对整个或局部系统模型进行说明的文字信息，它与系统模型相分离。生成信号标签的方法有如下两种。

（1）使用鼠标左键双击需要加入标签的信号（即系统模型中与信号相对应的模块连线），这时便会出现标签编辑框，在其中键入标签文本即可。与框图注释类似，信号标签可以移动到希望的位置，但只能是在信号线的附近。如果强行将标签拖动离开信号线，标签会自动回到原处。当一个信号定义了标签后，从这条信号线引出的分支线会继承这个标签；

（2）首先选择需要加入标签的信号，用鼠标左键单击信号连线，然后使用 Edit 菜单下的 Signal Properties 项，在打开的界面中编辑信号的名称，而且还可以使用这个界面对信号作简单的描述并建立 HTML 文档链接。

信号组合：在利用 Simulink 进行系统仿真时，在很多情况下，需要将系统中某些模块的输出信号（一般为标量）组合成一个向量信号，并将得到的信号作为另外一个模块的输入。信号组合可用 Simulink 公共模块库中 Signal Routing 子库中的 Mux 模块。

系统框图注释：作为友好的 Simulink 系统模型界面，对系统模型的注释是不可缺少的。在 Simulink 中对系统模型框图进行注释的方法非常简单，只需在系统模型编辑器的背景上双击鼠标左键以确定添加注释文本的位置，并打开一个文本编辑框，用户便可以在此输入相应的注释文本。输入完毕后，使用鼠标左键单击以退出编辑并移动文本位置（编辑框未被选中情况下）到合适的地方。此外，在文本对象上单击鼠标右键，可以改变文本的属性（如大小、字体和对齐方式等）。在任何时候都可以双击注释文本进行编辑。

子系统生成：Simulink 提供的子系统功能可以大大增强 Simulink 系统模型框图的可读性。子系统的建立方法有如下两种。

（1）在已有的系统模型中建立子系统：首先框选待封装的区域，即在模型编辑器背景中单击鼠标左键并拖动，选中需要放置到子系统中的模块与信号（或在按下 Shift 键的同时，用鼠标左键单击所需模块），然后选择 Edit 菜单下的 Create Subsystem，即可建立子系统。

（2）建立空的子系统：使用 Subsystems 模块库中的模块建立子系统，这样建立的子系统内容为空，然后双击子系统对其进行编辑。用以上操作方法可建立系统模型，如图 1-13 所示。

4. 模块参数设置

为了对动态系统进行正确的仿真与分析,必须设置正确的系统模块参数与系统仿真参数。系统模块参数的设置方法如下：

（1）双击系统模块，打开系统模块的参数设置对话框；

（2）在参数设置对话框中设置合适的模块参数。以上系统中，将 Gain 模块的增益设置成 5。

5. 仿真参数设置

在对系统模型中各个模块进行正确且合适的参数设置之后，需要对系统仿真参数进行必要的设置。仿真参数的选择对仿真结果有很大的影响。在使用 Simulink 对简单系统进行仿真时，影响仿真结果输出的因素有仿真起始时间、结束时间和仿真步长。

在缺省情况下，Simulink 默认的仿真起始时间为 0s，仿真结束时间为 10s。设置仿真时间的方法为：选择菜单 Simulation 中的 Simulation Parameters（或使用快捷键 Ctrl+E），打开仿真参数设置对话框，在 Solver 选项卡中设置系统仿真时间区间。

对于简单系统仿真来说，不管采用何种求解器，Simulink 总是在仿真过程中选用最大的仿真步长。如果仿真时间区间较长，而且最大步长设置采用默认取值 auto，则会导致系统在仿真时使用大的步长，从而造成系统仿真输出曲线非常不平滑，因为 Simulink 的仿真步长是通过下式得到的，表示为

$$h = \frac{t_{\text{final}} - t_{\text{start}}}{50}$$

在这种情况下，需把 Solver 选项卡中最大仿真步长通过手工设置成一个比较小的值。

对于此简单系统，可采用默认参数。参数设置后的系统模型如图 1-14 所示。

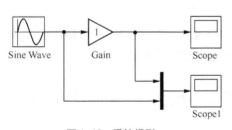

图 1-13　系统模型

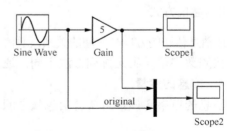

图 1-14　设置参数后系统模型

6. 运行仿真

当对系统中各模块参数以及系统仿真参数进行正确设置之后，单击系统模型编辑器上的 Play 图标（黑色三角）或选择 Simulation 菜单下的 Start 便可以对系统进行仿真分析。仿真结束后双击 Scope 模块以显示系统仿真的输出结果，如图 1-15 和图 1-16 所示。

由仿真结果可知，输出信号将原始信号放大了 5 倍。

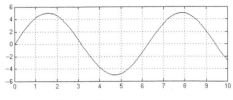

图 1-15 示波器 Scope 显示的波形图

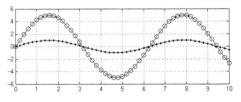

图 1-16 示波器 Scope1 显示的波形图

小　　结

本章是了解通信学科的基础入门知识。虽然简单，但却很重要。

1. 通信系统构成

通信系统是指完成通信这一过程的全部设备和传输媒介，一般包括信源、发送设备、信道、接收设备和信宿 5 个部分，另外，信号在整个传输过程中会不可避免地受到噪声干扰；

模拟通信系统中发送设备主要是调制器，接收设备主要是解调器；

数字通信系统中发送设备主要包括信源编码、信道编码和调制器，接收设备主要包括解调器、信道译码和信源译码。

与模拟通信系统相比，数字通信系统优点突出，因而得到广泛应用。

2. 通信系统分类

根据信道中传输的是模拟信号还是数字信号，可分为模拟通信系统和数字通信系统。

模拟通信系统按调制方式可分为 AM、DSB、SSB、VSB 等线性调制方式和 FM、PM 等非线性调制方式。

数字通信系统分为数字基带传输系统、数字频带传输系统和模拟信号数字化传输系统 3 类。

3. 通信方式

按消息传送的方向与时间的关系，通信方式可分为单工通信、半双工通信及全双工通信 3 种。

按照数字信号码元排列方法不同，通信方式可分为串行传输和并行传输。

4. 信息的度量

消息的概率和该消息所含信息量之间的关系可用式 $I = \log_a \dfrac{1}{P(x)} = -\log_a P(x)$ 表示，通信采用以 2 为底的对数，则单位为比特。

由 M 个符号组成的消息，每个符号所含的平均信息量为 $H(X) = -\sum\limits_{i=1}^{M} P(x_i) \log_2 P(x_i)$(比特/符号)。当每个符号等概出现时，信源具有最大平均信息量，为 $H(X) = \log_2 M$(比特/符号)

5. 通信系统性能指标

通信系统最主要的两个性能指标是有效性和可靠性，它们是互相矛盾的，实际系统的设计往往要根据实际需求在两指标之间进行取舍。

模拟通信系统的有效性指已调信号有效带宽，可靠性指输出信噪比。

数字通信系统的有效性可以是传码率、传信率或者频带利用率，可靠性可以是误码率或误信率。

6．MATLAB/Simulink 通信系统仿真基础

首先介绍通信系统仿真优点及通信系统仿真工具，然后介绍通信系统仿真中经常用到的 Simulink 模块库，最后通过一个非常简单的例子，讲解 Simulink 模型建立、参数设置、运行仿真的整个过程。

习　题

1-1．据统计，在英文 26 个字母中，e 出现的概率最大，为 0.105；q 出现的概率最小，为 0.001。试求 e 和 q 的信息量。

1-2．已知二进制离散信源（0，1）：

（1）若"0"出现的概率为 0.9，求"0"、"1"所包含的信息量以及平均信息量；

（2）若"0"、"1"等概出现，重复（1）题。

1-3．已知四进制离散等概信源（0、1、2、3），求发送每一符号时所传送的信息量。

1-4．某离散信源由（0、1、2、3）4 个符号组成，它们出现的概率分别为 3/8，1/4，1/4，1/8，且每个符号的出现都是独立的，求以下消息的信息量：

2010201302130012032101003210100231020020103120321001202 10。

1-5．某信息源的符号集由 A、B、C、D 和 E 共 5 个符号所组成，各符号间独立出现。

（1）若各符号出现的概率分别为 7/16、5/16、3/16、1/32 和 1/32，试求该信息源符号的平均信息量；

（2）若各符号等概率出现，再计算它们的平均信息量。

1-6．在习题 1-2 中，若每个符号（码元）宽度为 1ms，求相应的码元速率和信息速率。

1-7．在习题 1-3 中，若每个符号（码元）宽度为 1ms，求相应的码元速率和信息速率。

1-8．某信息源的符号集由字母 A、B、C、D 所组成，对于传输的每一个字母用二进制脉冲编码：00 代替 A，01 代替 B，10 代替 C，11 代替 D，每个脉冲宽度为 5 ms。

（1）不同的字母等概率出现时，试计算传输的平均信息速率；

（2）若每个字母出现的概率分别为：$P_A = \dfrac{1}{5}$，$P_B = P_C = \dfrac{1}{4}$，$P_D = \dfrac{3}{10}$，试计算传输的平均信息速率。

1-9．某信息源的符号是由 A、B、C、D、E 组成，设每一符号独立出现，其出现概率分别为 1/4，1/8，1/8，3/16 和 5/16；信息源以 1 000 Baud 速率传送信息。

（1）求传送 1 小时的信息量；

（2）求传送 1 小时可能达到的最大信息量。

1-10．我国黑白电视系统的帧频为 25Hz，每帧图像在屏幕上显示的有效行数为 437 行，屏幕宽高比为 4:3。假设图像的相邻像素间相互独立，每一像素的亮度可划分为 10 级，各级

亮度出现概率相等，试求该电视图像的平均信息速率。

1-11．已知某四进制数字传输系统的信息传输速率为 2 400（bit/s），接收端在半小时内共收到 216 个错误码元，试计算该系统的误码率。

1-12．某系统经长期测定，它的误码率 $P_e = 10^{-5}$，系统码元速率为 1 200Baud，问在多长时间内可能收到 360 个错误码元。

1-13．某消息以二进制方式传输，信息速率为 2Mbit/s：

（1）若在接收机输出端平均每小时出现 72bit 差错，求误比特率；

（2）若已知信道的误比特率 $P_b = 5 \times 10^{-9}$，试求平均相隔多长时间就会出现 1bit 差错。

1-14．一个四进制数字通信系统，码元速率为 1kBaud，连续工作 1 小时后，接收端收到的错码为 10 个。

（1）求误码率；

（2）4 个符号独立等概且错一个码元时发生 1bit 信息错误，求误信率。

1-15．用 Simulink 提供的模块来搭建系统模型"随机信号通过线性时不变系统的响应"，仿真高斯白噪声通过带宽不同的一组低通滤波器，观察输出信号的时域波形。

1-16．在上题仿真模型中，添加频谱示波器（Spectrum Scope），观察上述高斯白噪声及其通过滤波器后的频谱特性。

第 **2** 章 信道与噪声

从第 1 章介绍的通信系统模型中可知信道是通信系统中必不可少的重要组成部分，其特性对于通信系统的性能有很大影响。

一般来说，实际信道都不是理想的。首先，信道具有非理想的频率响应特性，另外还有噪声干扰和信号通过信道传输时掺杂进去的其他干扰。例如，有来自临近信道中所传输信号的串扰；有电子设备（如收音机中的放大器和滤波器）中产生的热噪声；有有线信道中交换瞬间和无线信道中的雷电所引起的脉冲干扰和噪声等。这些噪声和干扰在本章中统称为噪声，噪声损害了发送信号并使接收的信号波形产生失真或使接收的数字序列产生错误。

研究信道及噪声的目的是弄清它们对信号传输的影响，寻求提高通信有效性与可靠性的方法。在通信中，能够作为实际通信信道的种类是很多的，而信道噪声更是多种多样的，本章只研究信道和噪声的一般特性，而对具体信道不进行讨论。

2.1 信道及其分类

2.1.1 信道定义

信道一般有两种定义：狭义信道和广义信道。

通常把发送设备和接收设备之间用以传输信号的传输媒介定义为狭义信道。例如架空明线、同轴电缆、双绞线、光缆、自由空间、电离层、对流层等都是狭义信道。

但从研究消息传输的观点看，我们常常关心的只是通信系统中的基本问题，因而，信道的范围还可以扩大，即除了传输媒介外，还可以包括有关的转换器，如天线、调制器、解调器等。通常将这种扩大了范围的信道称为广义信道。在讨论通信的一般原理时，通常采用的是广义信道。

2.1.2 信道分类

狭义信道通常按具体媒介的不同类型分为有线信道和无线信道。所谓有线信道是指明线、对称电缆、同轴电缆、光缆等能够看得见的传输媒介。有线信道是现代通信网中最常用的信道之一。无线信道的传输媒介比较多，它包括短波电离层、对流层散射等。可以这样认为，凡不属有线信道的媒介均为无线信道的媒介。无线信道的传输特性没有有线信道的传输特性稳定和可靠，但无线信道有方便、灵活、通信者可以移动等优点。

广义信道也可分为两种：调制信道和编码信道。

调制信道是从研究调制与解调的基本问题出发来定义的，它是指从调制器输出端到解调器输入端的所有电路设备和传输媒介，如图 2-1 所示。调制信道可视为传输已调信号的一个整体，研究它的目的是希望知道已调信号经过调制信道传输后，在解调器输入端的信号特性，而不必考虑中间的变换过程。调制信道主要用来研究模拟通信系统的调制、解调问题。

同理，在数字通信系统中，如果仅着眼于研究编码和解码的问题，则可得到另一种广义信道——编码信道。编码信道的范围是从编码器输出端至译码器输入端，如图 2-1 所示。编码信道可细分为无记忆编码信道和有记忆编码信道。从编译码的角度来看，编码器的输出和译码器的输入都是数字序列，在此之间的所有变换设备及传输媒介可用编码信道加以概括。

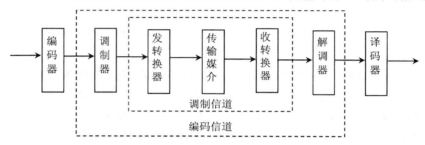

图 2-1   调制信道与编码信道

由以上分析可以看出：调制信道与编码信道以所传信号为着眼点，又可称连续信道和离散信道，前者是传输已调模拟信号的信道，后者是传输已编码数字信号的信道。上述信道的分类可以总结如下：

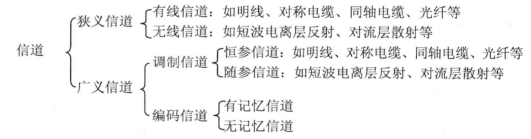

2.2   信道模型

2.2.1   调制信道模型

调制信道传送的是已调信号。经大量考察发现，调制信道具有以下特点：

（1）具有一对（或多对）输入端和输出端；

（2）绝大部分信道是线性的，即满足叠加性和齐次性；

（3）信号通过信道需要一定的延迟时间；

（4）信道对信号有损耗（固定损耗或时变损耗）；

（5）即使没有信号输入，在输出端仍有一定的功率输出。

考虑到上述共性，调制信道等效为一个输出端上叠加有噪声的二对端（或多对端）线性时变网络，这个网络就称作调制信道模型，如图 2-2 所示，其中图 2-2（a）为二对端信道模型，图 2-2（b）为多对端信道模型。

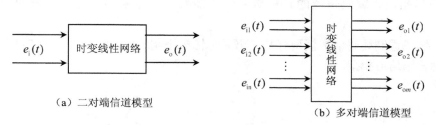

（a）二对端信道模型

（b）多对端信道模型

图 2-2 调制信道模型

以二对端信道模型为例，它的输入和输出之间的关系式可表示为

$$e_o(t) = f[e_i(t)] + n(t) \tag{2.2-1}$$

式中，$e_i(t)$ 为输入的已调信号；$e_o(t)$ 为信道输出信号；$n(t)$ 为信道噪声；$f[e_i(t)]$ 为信道对信号影响的某种函数关系，可设想成为信号与干扰相乘的形式。因此，式（2.2-1）可写成

$$e_o(t) = k(t) \quad e_i(t) + n(t) \tag{2.2-2}$$

式中，$k(t)$ 称为乘性干扰，它依赖于网络的特性，对信号 $e_i(t)$ 影响较大；$n(t)$ 则称为加性干扰。

因此，信道对信号的影响可归纳为两点：一是乘性干扰 $k(t)$ 的影响；二是加性干扰 $n(t)$ 的影响。不同的信道，其 $k(t)$ 和 $n(t)$ 是不同的，了解了信道的 $k(t)$ 和 $n(t)$，则信道对信号的影响也就搞清楚了。

理想信道应具有 $e_o(t) = ke_i(t)$ 的特性，即 $k(t)=$ 常数，$n(t)=0$。实际信道的 $k(t)$ 是一个复杂的函数。经过大量观察表明，有些信道的 $k(t)$ 基本不随时间变化，或者信道对信号的影响是固定的或变化极为缓慢的；但有的信道的 $k(t)$ 是随机快变的。因此，可把调制信道分为两大类：一类称为恒参信道，其 $k(t)$ 可看成不随时间变化或变化缓慢的一类信道；另一类则称为随参信道，其 $k(t)$ 是随时间随机变化的信道。这两类信道将在 2.3～2.5 节作更详细的介绍。

2.2.2 编码信道模型

编码信道的输入和输出都是离散信号，它是一种离散信道。离散信道的数学模型反映其输出离散信号和输入离散信号之间的关系，通常是一种概率关系，常用输入输出信号的转移概率来描述。

例如，在常见的二进制数字传输系统中，一个简单的编码信道模型如图 2-3 所示。

在这里假设解调器每个输出码元的差错发生是相互独立的，或者说，这种信道是无记忆的，即某一码元的差错与其前后码元是否发生差错无关。图中 $P(0/0)$、$P(1/0)$、$P(0/1)$ 和 $P(1/1)$ 称为信道转移概率，$P(0/0)$、$P(1/1)$ 称为正确转移概率，$P(1/0)$、$P(0/1)$ 称为错误转移概率。

根据概率性质可知

$$P(0/0) = 1 - P(1/0)$$

$$P(1/1) = 1 - P(0/1)$$

转移概率完全由编码信道的特性所决定，一个特定的编码信道就会有相应确定的转移概率。应当指出，编码信道的转移概率一般需要对实际编码信道作大量的统计分析才能得到。

由无记忆二进制编码信道模型容易推出无记忆多进制编码信道模型。图 2-4 给出一个无记忆四进制编码信道模型。

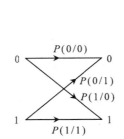

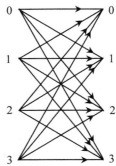

图 2-3　二进制编码信道模型　　　　　图 2-4　无记忆四进制编码信道模型

如果编码信道是有记忆的，即信道中码元发生差错的事件是非独立事件，则编码信道模型要复杂得多，信道转移概率表示式也变得很复杂。在此不作讨论。

由于编码信道包含调制信道，且它的特性也紧密地依赖于调制信道，因此我们将进一步讨论调制信道。

2.3　恒参信道及其对信号的影响

2.3.1　典型恒参信道

1．有线信道

明线：是指平行而相互绝缘的架空线路，其优点是传输损耗较小，但易受气候和天气的影响，并且对外界噪声干扰较敏感。目前，已逐渐被电缆所代替。

对称电缆：是在同一保护套内有许多对相互绝缘的双导线的传输媒介。通常有两种类型：非屏蔽（UTP）电缆和屏蔽（STP）电缆。导线材料是铝或铜，直径为 0.4～1.4mm。为了减小各线对之间的相互干扰，每一线对都拧成扭绞状，如图 2-5 所示。由于这些结构上的特点，电缆的传输损耗比较大，但传输特性比较稳定，并且价格便宜，容易安装。对称电缆主要用于市话中继线路和用户线路，在许多局域网如以太网、令牌网中也采用高等级的电缆进行连接。STP 电缆的特性与 UTP 电缆的特性相同，由于加入了屏蔽措施，对噪声有更好的屏蔽作用，但是其价格要昂贵一些。

同轴电缆的结构图如图 2-6 所示。同轴电缆由同轴的两个导体构成，外导体是一个圆柱形的空管，内导体是金属线，它们之间填充着介质。实际应用中同轴电缆的外导体是接地的，对外界干扰具有较好的屏蔽作用，所以同轴电缆抗电磁干扰性能较好。

为了增大容量，可将几根同轴电缆封装在一个大的保护套内，构成多芯同轴电缆，也可装入一些二芯绞线对或四芯组等。

图 2-5 对称电缆结构图

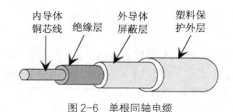

图 2-6 单根同轴电缆

2．光纤信道

光纤信道是以光导纤维（简称光纤）为传输媒介、以光波为载波的信道，具有极宽的通频带，能够提供极大的传输容量。光纤的特点是损耗低、通频带宽、重量轻、不怕腐蚀以及不受电磁干扰等。利用光纤代替电缆可节省大量有色金属。

实用的光纤通常都是由介质纤芯及包在它外面的用另一种介质材料做成的包层构成。从结构上来说，目前使用的光纤可分为均匀光纤及非均匀光纤两类。均匀光纤纤芯的折射系数为 n_1，包层的折射系数为 n_2，纤芯和包层中的折射系数都是均匀分布的，但两者是不等的，在交界面上成阶梯形突变，因此均匀光纤又称阶跃光纤。图 2-7 所示为均匀光纤的工作原理。

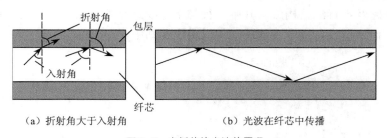

（a）折射角大于入射角　　　　　（b）光波在纤芯中传播

图 2-7 光纤传输光波的原理

由于光纤的物理性质非常稳定，而且不受电磁干扰，因此光纤信道的传输特性非常稳定，可以看作是典型的恒参信道。

3．无线视距中继

无线视距中继是指当电磁波的工作频率在超短波和微波波段时，电磁波基本上沿直线传播。由于直线视距一般在 40～50km，因此需要中继方式实现长距离通信，如图 2-8 所示。由于中继站之间采用定向天线实现点对点的传输，并且距离很短，因此传播条件比较稳定，可以看作是恒参信道。这种系统具有传输容量大，发射功率小，长途传输质量稳定，节约有色金属，投资少，维护方便等优点，因此，被广泛用来传输多路电话及电视等。

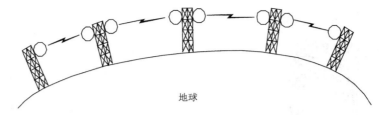

图 2-8 无线视距中继

表 2-1 列出了从超长波至亚毫米波的波段。

表 2-1   **无线电波的波段划分**

波　段	频　率	波　长	波　段	频　率	波　长
超长波	3～30 kHz	10^5～10^4m	分米波	0.3～3 GHz	1～0.1m
长波	30～300 kHz	10^4～10^3m	厘米波	3～30 GHz	10～1cm
中波	0.3～3 MHz	10^3～10^2m	毫米波	30～300 GHz	10～1mm
短波	3～30 MHz	100～10m	亚毫米波	300～3 000 GHz	1～0.1mm
超短波	30～300 MHz	10～1m			

4．卫星中继信道

卫星中继信道是利用人造地球卫星作为中继转发站实现的通信。当人造地球卫星的运行轨道在赤道平面上、距离地面 35 860km 时，其绕地球一周的时间为 24h，在地球上看到该卫星是相对静止的，因此称其为地球同步卫星。

若以静止卫星作为中继站，采用 3 个相差 120°的静止通信卫星就可以几乎覆盖全球通信（除南北两极盲区外）。图 2-9 给出这种卫星中继信道的概貌。卫星中继信道由通信卫星、地球站、上行线路及下行线路构成。其中上行与下行线路是地球站至卫星及卫星至地球站的电波传播路径，而信道设备集中于地球站与卫星中继站中。

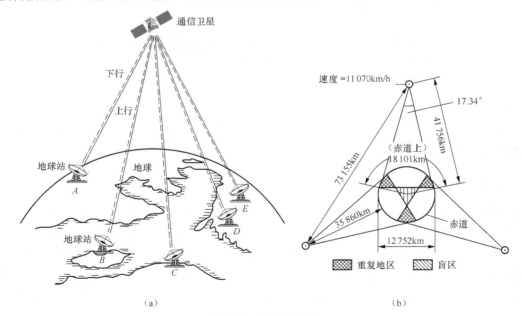

（a）　　　　　　　　　　　　　　　（b）

图 2-9 卫星中继信道

同步卫星通信是电磁波直线传播，因此其信道传播性能稳定可靠，传输距离远，容量大，覆盖地域广，广泛应用于传输多路电话、电报、图像数据和电视节目等。

2.3.2 恒参信道一般特性

前面已经介绍恒参信道对信号传输的影响是确定的或者是变化极其缓缓的，因此，其传输特性可以等效为一个线性时不变网络。线性网络的传输特性可以用幅度—频率特性（简称幅频特性）和相位—频率特性（简称相频特性）来表征，如式（2.3-1）所示。

$$H(\omega) = |H(\omega)| e^{j\varphi(\omega)} \qquad (2.3\text{-}1)$$

其中，$|H(\omega)|$ 为幅频特性；$\varphi(\omega)$ 为相频特性。

2.3.3 理想恒参信道

理想恒参信道是指能使信号无失真传输的信道。所谓信号无失真传输是指系统输出信号与输入信号相比，只有信号幅度大小和出现时间先后的不同，而波形上没有变化。信号通过线性系统不失真的条件是该系统的传输函数 $H(\omega) = |H(\omega)| e^{j\varphi(\omega)}$ 满足下述条件：

$$\begin{cases} |H(\omega)| = k \\ \varphi(\omega) = \omega t_{\mathrm{d}} \end{cases} \qquad (2.3\text{-}2)$$

式中，k 和 t_{d} 均为常数。

信道的相频特性通常还采用群迟延—频率特性 $\tau(\omega)$ 来衡量。所谓群迟延—频率特性就是相位—频率特性的导数，即

$$\tau(\omega) = \frac{\mathrm{d}\varphi(\omega)}{\mathrm{d}\omega} \qquad (2.3\text{-}3)$$

理想信道的群迟延—频率特性必须满足以下条件：

$$\tau(\omega) = \frac{\mathrm{d}\varphi(\omega)}{\mathrm{d}\omega} = \frac{\mathrm{d}(\omega t_d)}{\mathrm{d}\omega} = t_{\mathrm{d}} \qquad (2.3\text{-}4)$$

理想信道的幅频特性、相频特性和群迟延—频率特性如图 2-10 所示。

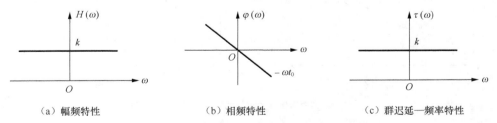

（a）幅频特性　　　　　　　　（b）相频特性　　　　　　　　（c）群迟延—频率特性

图 2-10　理想信道的幅频特性、相频特性和群迟延—频率特性

由此可见，理想恒参信道对信号传输的影响是：

（1）对信号在幅度上产生固定的衰减；

（2）对信号在时间上产生固定的迟延。

以上两条满足了信号无失真传输的条件。

2.3.4 实际信道

由理想的恒参信道特性可知，在整个频率范围内，或者在信号频带范围内，其幅频特性为常数，其相频特性为 ω 的线性函数。但实际信道的幅频特性不是常数，于是使信号产生幅度—频率失真；实际信道的相位—频率特性也不是 ω 的线性函数，所以使信号产生相位—频率失真。

1．幅度—频率失真

幅度—频率失真是由实际信道的幅度频率特性的不理想所引起的，这种失真又称为幅频失真。例如，在通常的电话信道中可能存在各种滤波器，尤其是带通滤波器，还可能存在混合线圈、串联电容器和分路电感等，因此电话信道的幅度—频率特性总是不理想的。图 2-11 给出了典型音频电话信道的总衰耗—频率特性。图中，低频截止频率约从 300Hz 开始；300Hz 与 1 100Hz 之间衰耗比较平坦；1 100～2 900Hz 内，衰耗通常是线性上升的；在 2 900Hz 以上，衰耗增加很快。

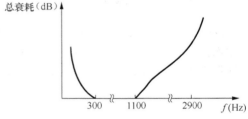

图 2-11 典型电话信道的总衰耗—频率特性

十分明显，上述不均匀衰耗必然使传输信号的幅度—频率发生失真，引起信号波形的失真。

2．相位—频率失真

当信道的相位—频率特性偏离线性关系时，将会使通过信道的信号产生相位—频率失真。可以看出当非单一频率的信号通过该信道时，信号频谱中的不同频率分量将有不同的群迟延，即它们到达时间不一样，从而引起信号的失真。图 2-12 给出了典型音频电话信道的相频特性和群迟延频率特性。

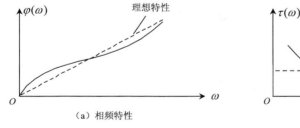

（a）相频特性

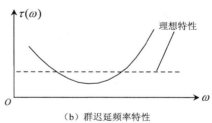

（b）群迟延频率特性

图 2-12 典型电话信道的相频特性和群迟延频率特性

如图 2-13 所示为信号经过理想相频特性信道和实际信道后的不同输出信号。图（a）为输入信道的原始信号，它由基波和二次波合成；图（b）为基波延迟 π、二次波延迟 2π 后的合成信号，由图可知合成信号与原始信号一样，即信号没有失真；图（c）为基波延迟 π、二次波延迟 3π 后的合成信号，由图可知，合成信号与原始信号不一样，即信号已失真。

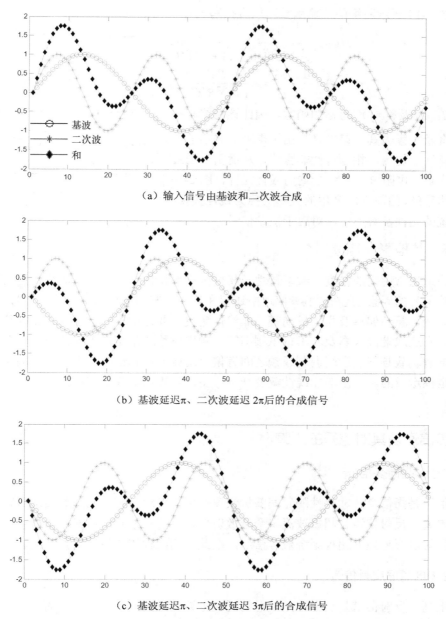

（a）输入信号由基波和二次波合成

（b）基波延迟π、二次波延迟2π后的合成信号

（c）基波延迟π、二次波延迟3π后的合成信号

图 2-13 信号经过理想相频特性信道和实际信道后的不同输出信号

　　幅频失真对语音的影响较大，因为人耳对幅度比较敏感。相频失真则对视频的影响较大，人的视觉很容易觉察相位上的变化。比如电视画面上的重影实际上就是信号到达时间不同而造成的。当然不管是幅频失真还是相频失真，最终都反映到时间波形的变化上。对于模拟信号，将造成信号失真，输出信噪比下降；对于数字信号，则会引起判决错误，误码率增高，同样导致通信质量下降。

　　【例 2-1】　如图 2-14 所示网络，求它的频率特性。判断是否存在幅频失真及相频失真。

解：图 2-14 所示网络的传输函数可以直接写出：

$$H(\omega) = \frac{1}{1 + j\omega RC} = \frac{1}{\sqrt{1 + \omega^2 R^2 C^2}} e^{-j\arctan(\omega RC)}$$

$$\tau(\omega) = \frac{\mathrm{d}\varphi(\omega)}{\mathrm{d}\omega} = -\frac{RC}{1 + \omega^2 R^2 C^2}$$

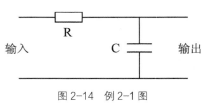

图 2-14　例 2-1 图

由于 $|H(\omega)|$ 及 $\tau(\omega)$ 均为 ω 的函数，因此该网络存在着幅频失真及相频失真。该失真是由于电容 C 的存在，使得幅频特性非均匀，相频特性非直线，从而信号通过时将产生失真。电阻 R、电容 C 均为线性元件，图 2-14 为线性电路系统，因而它所产生的失真又称为线性失真。该电路系统的元件参数恒定，对应于恒参信道。

2.3.5　其他影响因素

恒参信道通常用它的幅度—频率特性及相位—频率特性来表述。这两个特性的不理想将是损害传输信号的因素。此外，恒参信道中还存在其他一些因素使信道的输出信号产生畸变，如非线性畸变、频率偏移及相位抖动等。非线性畸变主要是由信道中元器件振幅特性的非线性引起的，它造成谐波失真及若干寄生频率等；频率偏移通常是由于载波电话（单边带）信道中接收端解调载频与发送端调制载频之间有偏差造成的；相位抖动也是由于调制和解调载频的不稳定性造成的。以上的非线性畸变一旦产生，均难以消除。因此，在系统设计时要加以重视。

2.4　随参信道及其对信号的影响

2.4.1 典型随参信道

随参信道是指信道传输特性随时间随机快速变化的信道。常见的随参信道有陆地移动信道、短波电离层反射信道、超短波流星余迹散射信道、超短波及微波对流层散射信道、超短波电离层散射以及超短波超视距绕射等信道，在此介绍两种较典型的随参信道。

1. 短波电离层反射信道

短波电离层反射信道是利用地面发射的无线电波在电离层与地面之间的一次反射或多次反射所形成的信道。电离层为距离地面高 60～600km 的大气层。在太阳辐射的紫外线和 X 射线的作用下，大气分子产生电离而形成电离层。电离层是由分子、原子、离子及自由电子组成。波长为 10～100m（频率为 30～3MHz）的无线电波称为短波。短波可以沿地面传播，简称为地波传播；也可以由电离层反射传播，简称为天波传播。由于地面的吸收作用，地波传播的距离较短，约为几十公里。而天波传播由于经电离层一次反射或多次反射，传输距离可达几千公里，甚至上万公里。当短波无线电波射入电离层时，由于折射现象会使电波产生反射，返回地面，从而形成短波电离层反射信道。

电离层厚度有数百千米，可分为 D、E、F1 和 F2 四层，如图 2-15 所示。由于太阳辐射的变化，电离层的密度和厚度也随时间随机变化，因此短波电离层反射信道属于随参信道。在白天，由于太阳辐射强，所以 D、E、F1 和 F2 四层都存在，在夜晚，由于太阳辐射减弱，D 层和 F1 层几乎完全消失，因此只有 E 层和 F2 层存在。由于 D、E 层电子密度小，不能形成反射条件，所以短波电波不会被反射。D、E 层对电波传输的影响主要是吸收电波，使电波能量损耗。F$_2$ 层是反射层，其高度为 250～300km，所以一次反射的最大距离约为 4 000km。

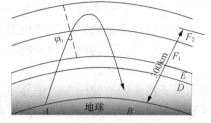

图 2-15　电离层结构示意图

由于电离层密度和厚度随时间随机变化，因此短波电波满足反射条件的频率范围也随时间变化。通常用最高可用频率作为工作频率上限。在白天，电离层较厚，F$_2$ 层的电子密度较大，最高可用频率较高；在夜晚，电离层较薄，F$_2$ 层的电子密度较小，最高可用频率要比白天低。

短波电离层反射信道最主要的特征是多径传播，多径传播有以下几种形式：

（1）电离层反射区高度不同；

（2）电波从电离层的一次反射和多次反射；

（3）地球磁场引起的电磁波束分裂成寻常波与非寻常波；

（4）电离层不均匀引起的漫射现象。

以上 4 种情况分别对应图 2-16 中的（a）、（b）、（c）、（d）

2．对流层散射信道

对流层是离地面 10～12km 的大气层。在对流层中由于大气湍流运动等原因引起大气层的不均匀性，当电磁波射入对流层时，这种不均匀性就会引起电磁波的散射，一部分电磁波向接收端方向散射，起到中继的作用。图 2-17 给出了对流层散射传播路径的示意图，图中 ABCD 所表示的区域是收发天线共同照射区，称为散射体积，其中包含许多不均匀气团。通常一跳的通信距离约为 100～500km，对流层的性质受许多因素的影响随机变化；另外，对流层不是一个平面，而是一个散体，电波信号经过对流层散射也会产生多径传播，因此对流层散射信道也是随参信道。

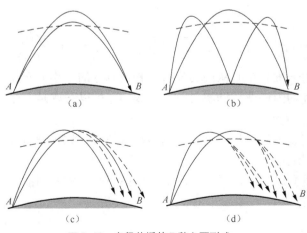

图 2-16　多径传播的几种主要形式

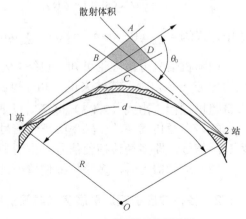

图 2-17　对流层散射传播路径

2.4.2　随参信道特点

由上一节的分析可知，随参信道的传输媒介具有 3 个特点：

（1）信号的衰耗随时间随机变化；

（2）信号传输的时延随时间随机变化；

（3）多径传播。

由于随参信道比恒参信道要复杂得多，对信号的影响也要严重得多。下面我们将从两个方面讨论随参信道对传输信号的影响。

2.4.3　随参信道对信号影响

1.　多径效应导致信号瑞利衰落（频率扩散）

在存在多径传播的随参信道中，就每条路径的信号而言，它的衰耗和时延都是随机变化的。因此，多径传播后的接收信号将是衰减和时延都随时间变化的各条路径的信号的合成。

我们假设发送信号为单一频率正弦波，即

$$s(t) = A\cos\omega_c t \tag{2.4-1}$$

多径信道一共有 n 条路径，则接收端接收到的合成信号为

$$r(t) = a_1(t)\cos\omega_c[t - \tau_1(t)] + a_2(t)\cos\omega_c[t - \tau_2(t)] + \cdots + a_n(t)\cos\omega_c[t - \tau_n(t)]$$

$$= \sum_{i=1}^{n} a_i(t)\cos\omega_c[t - \tau_i(t)] \tag{2.4-2}$$

$$= \sum_{i=1}^{n} a_i(t)\cos[\omega_c t + \varphi_i(t)], \quad 其中 \varphi_i(t) = \omega_c \tau_i(t)$$

式中，$a_i(t)$ 为从第 i 条路径到达接收端的信号振幅，$\tau_i(t)$ 为第 i 条路径的传输时延，$\varphi_i(t)$ 为第 i 条路径信号的随机相位。式（2.4-2）可变换为

$$r(t) = \sum_{i=1}^{n} a_i(t)\cos\varphi_i \cos\omega_c t - \sum_{i=1}^{n} a_i(t)\sin\varphi_i \sin\omega_c t = X(t)\cos\omega_c t - Y(t)\sin\omega_c t \tag{2.4-3}$$

$$= V(t)\cos[\omega_c t + \varphi(t)]$$

式中，$X(t) = \sum_{i=1}^{n} a_i(t)\cos\varphi_i$，$Y(t) = \sum_{i=1}^{n} a_i(t)\sin\varphi_i$，$V(t) = \sqrt{X^2(t) + Y^2(t)}$，$\varphi(t) = \arctan\dfrac{Y(t)}{X(t)}$。

由随机信号分析理论可知，包络 $V(t)$ 的一维分布服从瑞利分布，相位 $\varphi(t)$ 的一维分布服从均匀分布，相对于载波来说，$V(t)$ 和 $\varphi(t)$ 均为慢变化随机过程，于是 $r(t)$ 可以看成是一个窄带随机过程。由式（2.4-3）可得出以下两个结论：

（1）多径传播使单一频率的正弦信号变成了包络和相位受调制的窄带信号，这种信号称为衰落信号，即多径传播使信号产生瑞利型衰落。

（2）从频谱上看，多径传播使单一谱线变成了窄带频谱，即多径传播引起了频率弥散。

2.　多径效应引起波形展宽（时间扩散）

当发送信号具有一定频带宽度时，多径传播除了会使信号产生瑞利型衰落之外，还会产

生频率选择性衰落。频率选择性衰落是信号频谱中某些分量的一种衰落现象，这是多径传播的又一重要特征。为了分析方便，我们假设多径传播的路径只有两条，如图 2-18 所示，其中 k 为两条路径的衰减系数；$\Delta\tau(t)$ 为两条路径信号传输的相对时延差。

图 2-18　两条路径信道模型

当信道输入信号为 $s_i(t)$ 时，输出信号为

$$s_o(t) = ks_i(t) + ks_i[t - \Delta\tau(t)] \tag{2.4-4}$$

其频域表示式为

$$S_o(\omega) = kS_i(\omega) + kS_i(\omega) \cdot e^{-j\omega\Delta\tau(t)} = kS_i(\omega)[1 + e^{-j\omega\Delta\tau(t)}] \tag{2.4-5}$$

信道传输函数为

$$H(\omega) = \frac{S_o(\omega)}{S_i(\omega)} = k[1 + e^{-j\omega\Delta\tau(t)}] \tag{2.4-6}$$

进一步有

$$
\begin{aligned}
|H(\omega)| &= \left| k[1 + e^{-j\omega\Delta\tau(t)}] \right| = k \left| 1 + \cos\omega\Delta\tau(t) - j\sin\omega\Delta\tau(t) \right| \\
&= k \left| 2\cos^2\frac{\omega\Delta\tau(t)}{2} - j2\sin\frac{\omega\Delta\tau(t)}{2} \cdot \cos\frac{\omega\Delta\tau(t)}{2} \right| \\
&= 2k \left| \cos\frac{\omega\Delta\tau(t)}{2} \right| \left| \cos\frac{\omega\Delta\tau(t)}{2} - j\sin\frac{\omega\Delta\tau(t)}{2} \right| \\
&= 2k \left| \cos\frac{\omega\Delta\tau(t)}{2} \right|
\end{aligned}
\tag{2.4-7}
$$

由此可见，两径传播的信道传输特性的模将取决于 $|\cos[\omega\Delta\tau(t)/2]|$。这就是说，对不同的频率，两径传播的结果将有不同的衰减。当 $\omega\Delta\tau(t)/2 = n\pi$ 即 $\omega = 2n\pi/\Delta\tau$ 或 $f = n/\Delta\tau$ 时（n 为整数），出现传播极点；当 $\omega\Delta\tau(t)/2 = n\pi + \pi/2$ 时，即 $\omega = (2n+1)\pi/\Delta\tau$ 或 $f = (n+1/2)/\Delta\tau$ 时（n 为整数），出现传播零点。另外，相对时延差 $\Delta\tau$ 是随时间变化的，故传输特性出现的零点和极点在频率轴上的位置也是随时间而变化的。

对于一般的多径传播，信道的传输特性将比两径信道传输特性复杂得多，但同样存在频率选择性衰落现象。多径传播时的相对时延差通常用最大多径时延差来表征。设信道最大多径时延差为 $\Delta\tau_m$，则定义多径传播信道相关带宽为

$$B_c = \frac{1}{\Delta\tau_m} \tag{2.4-8}$$

它表示信道传输特性相邻两个零点之间的频率间隔。如果信号的频谱比相关带宽宽，则将产生严重的频率选择性衰落。为了减小频率选择性衰落，应使信号的频谱小于相关带宽。在工程设计中，为了保证接收信号质量，通常选择信号带宽为相关带宽的 1/5～1/3。即

$$B = (\frac{1}{5} \sim \frac{1}{3})B_c \qquad\qquad (2.4\text{-}9)$$

【例 2-2】 某随参信道的两径时延差 $\Delta\tau$ 为 1ms，则该信道在哪些频率上传输衰耗最大？选用哪些频率传输信号最有利？

解：传输衰耗最大的频率为

$$f = \frac{2n+1}{2\Delta\tau} = (n+\frac{1}{2}) \quad (\text{kHz})$$

传输信号最有利的频率为

$$f = \frac{n}{\Delta\tau} = n \quad (\text{kHz})$$

式中，n 为正整数。

当在多径信道中传输数字信号时，特别是传输高速数字信号，频率选择性衰落将会引起严重的码间干扰。为了减小码间干扰的影响，就必须限制数字信号传输速率。

2.5 分集接收

短波电离层反射信道等随参信道引起的多径衰落、频率弥散、频率选择性衰落等会严重影响接收信号质量，使通信系统性能大大降低。为了提高随参信道中信号传输质量，必须采取抗衰落的有效措施。常采用的技术措施有抗衰落性能好的调制解调技术、扩频技术、功率控制技术、与交织结合的差错控制技术、分集接收技术等。其中分集接收技术是一种有效的抗衰落技术，已在短波通信、移动通信系统中得到广泛应用。

2.5.1 基本思想

所谓分集接收，是指接收端按照某种方式使收到的携带同一信息的多个信号衰落特性相互独立，并对多个信号进行特定的处理，以降低合成信号电平起伏，减小各种衰落对接收信号的影响。从广义信道的角度来看，分集接收可看作是随参信道中的一个组成部分，通过分集接收，使包括分集接收在内的随参信道衰落特性得到改善。

分集接收包含有两重含义：一是分散接收，使接收端得到多个携带同一信息的、统计独立的衰落信号；二是合并处理，即接收端把收到的多个统计独立的衰落信号进行适当的合并，从而降低衰落的影响，改善系统性能。

2.5.2 分集方式

互相独立或基本独立的一些接收信号，一般可利用不同路径或不同频率、不同角度、不同极化等接收手段来获取。于是大致有以下几种分集方式。

空间分集：是接收端在不同位置上接收同一信号，只要各位置间的距离足够大，所收到信号的衰落就是相互独立的。因此，空间分集的接收端至少架设两副间隔一定距离的天线。

频率分集：是将发送信息分别调制到不同的载波频率上发送，实际中，当载波频率间隔大于相关带宽时则可认为接收到信号的衰落是相互独立的。

角度分集：是利用指向不同的天线波束得到互不相关的衰落信号。

极化分集：是分别接收水平极化和垂直极化波而构成的一种分集方式。一般认为，这两种波是相关性极小的。

还有其他的分集方法，在此不加详述了。实际使用中，各种分集方式可以组合使用。

2.5.3 合并方式

各分散的信号进行合并的方式通常有以下几种。

最佳选择式：是从几个分散信号中设法选择其中信噪比最好的一个作为接收信号。

等增益相加式：是将几个分散信号以相同的支路增益进行直接相加，相加后的信号作为接收信号。

最佳比例相加式：是以各支路的信噪比为加权系数，将各支路信号相加后作为接收信号。

不同合并方式的效果是不同的，最佳选择式效果最差，但最简单；最佳比例相加式效果最好，但最复杂。从总的分集效果来说，主要是改善了衰落特性，使信道的衰落平滑了、减小了，因此，采用分集接收方法对随参信道进行改造是十分必要的。

2.6 信道的加性噪声

前面已经指出，调制信道对信号的影响除乘性干扰外，还有加性干扰（即加性噪声），乘性干扰的影响上面已经详细地分析了，下面讨论信道中的加性噪声。

2.6.1 加性噪声的来源

信道中加性噪声的来源一般可以分为 3 个方面：人为噪声、自然噪声、内部噪声。人为噪声来源于由人类活动造成的其他信号源，例如外台信号、开关接触噪声、工业的点火辐射及荧光灯干扰等；自然噪声是指自然界存在的各种电磁波源，例如闪电、大气中的电暴、银河系噪声及其他各种宇宙噪声等；内部噪声是系统设备本身产生的各种噪声，例如在电阻一类的导体中自由电子的热运动、真空管中电子的起伏发射和半导体载流子的起伏变化等。

2.6.2 噪声种类

有些噪声是确知的，例如自激振荡、各种内部谐波干扰等，这类噪声在原理上可消除。另一些噪声是无法预测的，统称为随机噪声。在此我们只讨论随机噪声。常见随机噪声可分为单频噪声、脉冲噪声和起伏噪声 3 种。

单频噪声：单频噪声是一种连续波的干扰，其频谱集中在某个频率附近较窄的范围之内，主要是指无线电噪声。不过干扰的频率可以通过实测来确定，因而只要采取适当的措施便能防止或削弱其对通信的影响。

脉冲噪声：脉冲噪声的特点是突发性、持续时间短，但每个突发的脉冲幅度大，相邻突发脉冲之间有较长的平静期，如工业噪声中的电火化、电路开关噪声、天电干扰中的雷电等。

起伏噪声：起伏噪声是最基本的噪声来源，是普遍存在和不可避免的，其波形随时间作不规律的随机变化，且具有很宽的频谱，主要包括信道内元器件所产生的热噪声、散弹噪声和天电噪声中的宇宙噪声。从它的统计特性看，可认为起伏噪声是一种高斯噪声，且在相当宽的频谱范围内具有平坦的功率谱密度，可称其为白噪声，因此，起伏噪声又可称为高斯白噪声。

以上 3 种噪声中，单频噪声不是所有的信道中都有的，且较易防止；脉冲噪声虽然对模拟通信的影响不大，但在数字通信中，一旦突发噪声脉冲，由于它的幅度大，会导致一连串误码，造成严重的危害，通常采用纠错编码技术来减轻这一危害；起伏噪声是信道所固有的一种连续噪声，既不能避免，又始终起作用，因此必须加以重视。下面介绍几种主要的起伏噪声。

2.6.3　起伏噪声

热噪声：任何电阻（导体）即使不与电源接通，它的两端也仍有电压，这是由导体中组成传导电流的自由电子无规则的热运动而引起的。因为，某一瞬间向一个方向运动的电子有可能比向另一个方向运动的电子数目多，也就是说，在任何时刻通过导体每个截面的电子数目的代数和是不等于零的，即自由电子的随机热骚动带来一个大小和方向都不确定（随机）的电流——起伏电流（噪声电流）。但在没有外加电场的情况下，这些起伏电流（或电压）相互抵消，使净电流（或电压）的平均值为零。

实验结果表明，电阻中热噪声电压始终存在，而且，热噪声具有极宽的频谱，热噪声电压在从直流到 10^{13} Hz 频率的范围内具有均匀的功率谱密度。

散弹噪声：散弹噪声出现在电子管和半导体器件中。电子管中的散弹噪声是由阴极表面发射电子的不均匀性引起的。在半导体二极管和三极管中的散弹噪声则是由载流子扩散的不均匀性与电子空穴对产生和复合的随机性引起的。

散弹噪声的性质可用平板型二极管的电子发射来说明。二极管的电流是由阴极发射的电子飞到阳极而形成的。每个电子带有一个负电荷，到达阳极时产生小的电流脉冲，所有电流脉冲之和产生了二极管的平均阳极电流。但是，阴极在单位时间内所发射的电子数并不恒定，它随时间作不规则的随机变化。电子的发射是一个随机过程，因而二极管电流中包含着时变分量。

宇宙噪声：宇宙噪声是指天体辐射波对接收机形成的噪声，它在整个空间的分布是不均匀的，最强的来自银河系的中部，其强度与季节、频率等因素有关。实践证明，宇宙噪声也是服从高斯分布的。在一般的工作频率范围内，它也具有平坦的功率谱密度。

需要注意的是，信道模型中的噪声源是分散在通信系统各处的噪声的集中表示。在以后的讨论中，将不再区分散弹噪声、热噪声和宇宙噪声，而集中表示为起伏噪声，并一律定义为高斯白噪声。

2.7　信道容量概念

2.7.1　信道容量定义

信道容量是指信道中信息无差错传输的最大速率。在信道模型中，我们定义了两种广义信道：调制信道和编码信道。调制信道是一种连续信道，可以用连续信道的信道容量来表征；编码信道是一种离散信道，可以用离散信道的信道容量来表征。下面分别讨论离散信道的信道容量和连续信道的信道容量。

2.7.2　离散信道容量

信道输入和输出符号都是离散符号时，该信道称为离散信道。当信道中不存在干扰时，离散信道的输入符号 X 与输出符号 Y 之间有一一对应的确定关系。但若信道中存在干扰时，则输入符号与输出符号之间存在某种随机性，它们已不存在一一对应的确定关系，而具有一定的统计相关性。这种统计相关性取决于转移概率 $P(y_j/x_i)$ 或 $P(x_i/y_j)$，$P(y_j/x_i)$ 是信道输入符号为 x_i 而信道输出符号为 y_j 的条件概率，$P(x_i/y_j)$ 是信道输出符号为 y_j 的情况下输入符号为 x_i 的条件概率。在讨论离散信道的信道容量之前，先介绍几个概念。

1．互信息量

在通信系统中，发送端信源符号集合 X 的概率场 $P(x_i)$ 通常是已知的，$P(x_i)$ 称为先验概率。接收端每收到离散信源 Y 中的一个符号 y_j 以后，接收者要重新估计发送端各符号 x_i 的出现概率分布，条件概率 $P(x_i/y_j)$ 又称为后验概率。

定义后验概率与先验概率之比的对数为互信息量：

$$I(x_i, y_j) = \log_2 \frac{P(x_i/y_j)}{P(x_i)} \tag{2.7-1}$$

互信息量反映了两个随机事件 x_i 与 y_j 之间的统计关联程度。在通信系统中其物理意义也就是接收端所能获取的关于 X 的信息。由上式可知，当 x_i 与 y_j 统计独立时，互信息量为零；当后验概率为 1 时，互信息量等于信源 X 的信息量。

2．条件平均信息量（条件熵）

一般情况下，发送符号集 $X = \{x_i\}$，$x_i = 1, 2, \cdots, L$，有 L 种符号；接收符号集 $Y = \{y_j\}$，$y_j = 1, 2, \cdots, M$，有 M 种符号。信道的转移概率可用下列矩阵表示为

$$P(y_j/x_i) = \begin{bmatrix} P(y_1/x_1) & P(y_2/x_1) & \cdots & P(y_M/x_1) \\ P(y_1/x_2) & P(y_2/x_2) & \cdots & P(y_M/x_2) \\ \vdots & \vdots & \vdots & \vdots \\ P(y_1/x_L) & P(y_2/x_L) & \cdots & P(y_M/x_L) \end{bmatrix} \tag{2.7-2}$$

或

$$P(x_i/y_j) = \begin{bmatrix} P(x_1/y_1) & P(x_2/y_1) & \cdots & P(x_L/y_1) \\ P(x_1/y_2) & P(x_2/y_2) & \cdots & P(x_L/y_2) \\ \vdots & \vdots & \vdots & \vdots \\ P(x_1/y_M) & P(x_2/y_M) & \cdots & P(x_L/y_M) \end{bmatrix} \tag{2.7-3}$$

当信道转移概率矩阵中各行和各列分别具有相同集合的元素时，这类信道称为对称信道。基于对称信道这一特点，各行的

$$-\sum_{j=1}^{M} P(y_j/x_i) \log_2 P(y_j/x_i) = 常数 \tag{2.7-4}$$

即上述求和结果与 i 无关。因此，可推得对称信道的输入、输出符号集合之间的条件熵

$$H(Y/X) = -\sum_{i=1}^{L} P(x_i) \sum_{j=1}^{M} P(y_j/x_i) \log_2 P(y_j/x_i)$$

$$= -\sum_{i=1}^{L}\sum_{j=1}^{M} P(x_i) P(y_j/x_i) \log_2 P(y_j/x_i)$$

$$= -\sum_{j=1}^{M} P(y_j/x_i) \log_2 P(y_j/x_i) \left[\sum_{i=1}^{L} P(x_i) \right] \qquad (2.7\text{-}5)$$

$$= -\sum_{j=1}^{M} P(y_j/x_i) \log_2 P(y_j/x_i)$$

上式表明，对称信道的条件熵 $H(Y/X)$ 与输入符号的概率 $P(x_i)$ 无关，而仅与信道转移概率 $P(y_j/x_i)$ 有关。

同理可得

$$H(X/Y) = -\sum_{i=1}^{L} P(x_i/y_j) \log_2 P(x_i/y_j) \qquad (2.7\text{-}6)$$

3．离散信道的信道容量

根据熵、条件熵和平均互信息量的定义，不难证明它们之间有如下关系：

$$I(X,Y) = H(X) - H(X/Y) = H(Y) - H(Y/X) \qquad (2.7\text{-}7)$$

其中，$H(X)$ 为信源发出的符号 X 所含平均信息量；$H(X/Y)$ 为收到 Y 的前提下符号 X 所含的平均信息量；$H(Y)$ 为接收符号 Y 所含平均信息量；$H(Y/X)$ 为发出 X 的前提下符号 Y 所含的平均信息量。$H(X/Y)$ 和 $H(Y/X)$ 取决于信道特性。

由式（2.7-7）可知，互信息量 $I(X/Y)$ 既与信道特性有关，也与 X 的概率分布 $P(x_i)$ 有关。对于一定的信道，其 $H(X/Y)$ 是一定的，而不同的 $P(x_i)$ 将对应不同的 $I(X/Y)$，其中某一种概率分布 $P(x_i)$ 对应的 $I(X/Y)$ 将最大，表示为

$$C = \max_{P(x_i)} I(X,Y) \qquad (2.7\text{-}8)$$

C 是每个符号平均能够传送的最大信息量，定义为信道容量。

信道容量的另一种常用的定义为单位时间信道能传输的最大信息量 C_0。若 X 的符号速率为 R_s（符号/秒），则

$$C_0 = R_s \cdot C = R_s \max_{P(x_i)} I(X,Y) \qquad (2.7\text{-}9)$$

【例 2-3】 设信息源由符号 0 和 1 组成，顺次选择两符号构成所有可能的消息。如果消息传输速率是每秒 1 000 符号，且两符号出现的概率相等。传输中，平均每 100 符号中有一个符号不正确，试问这时传输信息的速率是多少？

解：由题意知

$$H(X) = -\left(\frac{1}{2}\log_2 \frac{1}{2} + \frac{1}{2}\log_2 \frac{1}{2}\right) = 1 \quad (\text{bit/symbol})$$

$$H(X/Y) = -(0.99\log_2 0.99 + 0.01\text{og}_2 0.01) = 0.081 \quad (\text{bit/symbol})$$

$$I(X,Y) = 1 - 0.081 = 0.919 \quad (\text{bit/symbol})$$

$$R_b = R_s \cdot I(X,Y) = 1\,000(\text{symbol/s}) \times 0.919(\text{bit/symbol}) = 919 \quad (\text{bit/s})$$

2.7.3 连续信道容量

设信道带宽为 B (Hz)，信号功率为 S (W)，加性高斯噪声功率为 N (W)，则可以证明该信道的信道容量为

$$C = B\log_2(1 + \frac{S}{N}) \tag{2.7-10}$$

上式就是著名的香农公式。它表明当信号与信道加性高斯噪声的平均功率给定时，在具有一定频带宽度 B 的信道上单位时间内可能传输的信息量的极限数值。只要传输速率小于等于信道容量，则总可以找到一种信道编码方法，实现无差错传输；若传输速率大于信道容量，则不可能实现无差错传输。

由于噪声功率 N 与信道带宽 B 有关，故若信道中噪声的单边功率谱密度为 n_0，则在信道带宽 B 内的噪声功率 $N = n_0 B$。因此，香农公式的另一形式为

$$C = B\log_2\left(1 + \frac{S}{n_0 B}\right) \tag{2.7-11}$$

由香农公式可得以下结论：

（1）增大信号功率 S 可以增加信道容量，若信号功率趋于无穷大，则信道容量也趋于无穷大。

（2）减小噪声功率 N（或减小噪声功率谱密度 n_0）可以增加信道容量，若噪声功率趋于零，则信道容量趋于无穷大。

（3）增大信道带宽 B 可以增加信道容量，但不能使信道容量无限制增大。利用关系式

$$\lim_{x \to 0} \frac{1}{x}\log_2(1 + x) = \log_2 e \approx 1.44$$

信道带宽 B 趋于无穷大时，信道容量的极限值为

$$\begin{aligned}
\lim_{B \to \infty} C &= \lim_{B \to \infty} B\log_2(1 + S/n_0 B) \\
&= \frac{S}{n_0} \lim_{B \to \infty} \frac{n_0 B}{S}\log_2(1 + \frac{S}{n_0 B}) \\
&= \frac{S}{n_0}\log_2 e \approx 1.44\frac{S}{n_0}
\end{aligned} \tag{2.7-12}$$

上式表明，保持 S/n_0 一定，即使信道带宽 B 趋于无穷大，信道容量 C 也是有限的，这是因为信道带宽 B 趋于无穷大时，噪声功率 N 也趋于无穷大。

香农公式给出了通信系统所能达到的极限信息传输速率，达到极限信息速率的通信系统称为理想通信系统。但是，香农公式只证明了理想通信系统的"存在性"，却没有指出这种通信系统的实现方法。因此，理想通信系统的实现还需要我们不断努力。

【例 2-4】 电视图像可以大致认为由 300 000 个像元组成。对于一般要求的对比度，每一像元大约取 10 个可辨别的亮度电平（例如对应黑色、深灰色、浅灰色、白色等）。现假设对于任何像元，10 个亮度电平是等概率出现的，每秒发送 30 帧图像；并且，为了满意地重现图像，要求信噪比 S/N 为 10 00（即 30dB）。在这种条件下，我们来计算传输上述信号所

需的带宽。

解：首先计算每一像元所含的信息量。因为每一像元以等概率取 10 个亮度电平，所以每个像元的信息量为 $\log_2 10 = 3.32$(bit)；每帧图像的信息量为 $300000 \times 3.32 = 996000$(bit)；又因为每秒有 30 帧，所以每秒内传送的信息量为 $996000 \times 30 = 29.9 \times 10^6$(bit)。显然，这就是所需的信息速率。为了传输这个信号，信道容量 C 至少必须等于 29.9×10^6(bit/s)。且 S/N 已知，因此

$$B = \frac{C}{\log_2(1 + \frac{S}{N})} \approx \frac{29.9 \times 10^6}{\log_2 1000} = 3.02 \times 10^6 \text{(Hz)}$$

可见，所求带宽 B 约为 3MHz。

2.8 MATLAB/Simulink 简单通信系统建模与仿真

通信系统一般由 3 部分组成，即信源、信道和信宿。信源是通信系统的起点，它产生数据并且对这些数据进行编码和调制，产生适合于信道传输的调制信号；信道是数据信号的传输载体，发送端产生的数据通过信源编码和信号调制转化成调制信号，然后进入信道。这些调制信号通过信道到达接收端，在接收端通过与发送端相反的过程得到原始数据。信宿则是通信系统的终点，它从信道中接收信号，通过解码和解调得到信源端产生的原始数据。

信源、信道和信宿是通信系统中必不可少的 3 部分。对此，Simulink 提供了众多模块。本节首先介绍部分信源模块、信道模块及作为信宿的几种常见信号观察设备模块，然后通过一个简单实例介绍如何对通信系统进行建模与仿真。

2.8.1 信源模块

在 Simulink 库的通信模块集（Communications Blockset）的通信信源（Comm Sources）中提供了 3 种类型的信源模块，即噪声源发生器（Noise Generators）、随机数据信源（Random Data Sources）和序列产生器（Sequence Generators），在此介绍前面两种信源模块。

1. 噪声源发生器

Simulink 提供 4 种噪声源发生器，如图 2-19 所示。

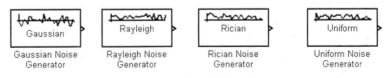

图 2-19 4 种噪声源发生器

（1）高斯噪声发生器（Gaussian Noise Generator）

高斯噪声发生器用来产生离散时间域上的高斯白噪声作为信号源，在 Simulink 库中的通信模块集（Communications Blockset）中，位于 Comm Sources 目录和 Noise Generators 子目录中。

用鼠标双击高斯噪声发生器模块，可以打开其参数对话框，在对话框里可以修改以下参数。

Mean value：输出高斯随机变量的均值，可以是标量，也可以是矢量。当输入为标量时，输出的噪声为一维高斯分布；当输入为矢量时，输出噪声为多维高斯分布。

Variancd：输出高斯随机变量的方差，可以是标量，也可以是矢量。

Initial seed：高斯随机噪声发生器的随机数种子。当使用相同的随机数种子时，发生器每次产生的整数序列相同。为了获得良好的输出，随机数种子一般输入大于 30 的质数。如果同一模型中还有其他模块需要设定随机数种子参量，最好设定成不同的值。

Sample time：输出序列中每个整数的持续时间。

Frame-base outputs：指定高斯随机噪声发生器以帧格式产生输出序列，即决定输出信号是基于帧还是基于采样。本项只有当"Interpret vector patameters as 1-D"项未被选中时有效。

Samples per frame：确定每帧的抽样点数目。本项只有当"Frame-base outputs"项选中后有效。

Interpret vector parameters as 1-D：指定发生器输出一维序列，否则输出二维序列。本项只有当"Frame-base outputs"项未被选中时有效。

Output data type：模块输出的数据类型设定，有 double 和 single 两种类型。

另外几个模块的参数，有些参数与高斯噪声发生器模块的参数类似，对这些类似的参数，我们不再重复，因此，我们只介绍各模块特有的参数设置方法。

（2）瑞利噪声发生器

Sigma：设定瑞利随机过程的参数 σ。

（3）莱斯噪声发生器

Specification method：莱斯分布参数模式复选框，共有两种模式可选，即 K 参数模式或正交分量参数模式。

Rician K-factor：莱斯分布 K 参数设定，$K = m^2/2\sigma^2$，m 是莱斯分布表达式中的参数，本项只有当"Specification method"设定为 K-factor 时有效。

In-phase component（mean），Quadrature component（mean）：莱斯分布正交分量均值设定，分别表示两个高斯分布的均值 m_I 和 m_Q。本项只有当"Specification method"设定为 Quadrature components 时有效。

Sigma：设定莱斯分布标准方差 σ。

（4）均匀分布随机噪声发生器

Noise lower bound：均匀分布噪声的下界。如果输入为矢量，长度必须和随机数种子相同。

Noise upper bound：均匀分布噪声的上界。

2．随机数据信源

Simulink 提供 3 种随机数据发生器，如图 2-20 所示。

各随机数据发生器参数设置如下。

（1）伯努利二进制信号发生器

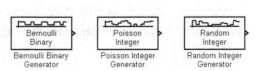

图 2-20　3 种随机数据发生器

Probability of a zero：伯努利二进制信号发生器输出"0"的概率。

（2）泊松分布整数发生器

Lambda：确定泊松参数 λ。

（3）随机整数发生器

M-ary number：设定随机整数的取值范围。当该参数设置为 M 时，随机整数的取值范围是[0, M-1]。

2.8.2 信道模块

在 Simulink 库的通信模块集（Communications Blockset）的信道（Channels）中提供了 4种信道模块，如图 2-21 所示。在此介绍前面两种信道的参数设置方法。

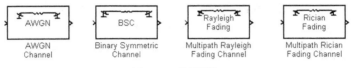

图 2-21 信道模块

1. 加性高斯白噪声信道

Initial seed：加性高斯白噪声信道模块的初始化种子。

Mode：模式设定。可以设置 5 种噪声方差模式中的其中一种，Signal to noise ratio（E_b/N_o）模式，Signal to noise ratio（E_s/N_o）模式，Signal to noise ratio（SNR）模式，Variance from mask 模式或者 Variance from port 模式。

E_b/N_o(dB)：加性高斯白噪声信道模块的信噪比 E_b/N_o，单位为 dB。本项只有当"Mode"设定为 Signal to noise ratio (E_b/N_o)情况下有效。

E_s/N_o(dB)：加性高斯白噪声信道模块的信噪比 E_s/N_o，单位为 dB。本项只有当"Mode"设定为 Signal to noise ratio (E_s/N_o)情况下有效。

SNR(dB)：加性高斯白噪声信道模块的信噪比 SNR，单位为 dB。本项只有当"Mode"设定为 Signal to noise ratio (SNR)情况下有效。

Number of bits per symbol：加性高斯白噪声信道模块每个输出字符的比特数，本项只有当"Mode"设定为 Signal to noise ratio（E_b/N_o）情况下有效。

Input signal power(watts)：加性高斯白噪声信道模块输入信号的平均功率，单位为瓦特。本项只有在参数"Mode"设定为 Signal to noise ratio (E_b/N_o、E_s/N_o、SNR)3 种情况下有效。选定为 Signal to noise ratio (E_b/N_o、E_s/N_o)时，表示输入符号的均方根功率；选定为 Signal to noise ratio (SNR)时，表示输入抽样信号的均方根功率。

Symbol period(s)：加性高斯白噪声信道模块每个输入符号的周期，单位为秒。本项只有在参数"Mode"设定为 Signal to noise ratio（E_b/N_o、E_s/N_o）情况下有效。

Variance：加性高斯白噪声信道模块产生的高斯白噪声信号的方差。本项只有在参数"Mode"设定为 Variance from mask 时有效。

2. 二进制平衡信道

Error probability：传输错误概率。

Output error vector：误码序列输出端口选择框。

2.8.3 信号观察模块

在 Simulink 库的通信模块集（Communications Blockset）的信宿（Sinks）中提供了 4 种信宿模块，如图 2-22 所示。

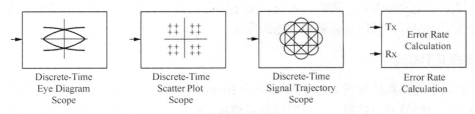

图 2-22　信宿模块

在此介绍最后一种误码率计算器模块的参数设置方法。

Receive delay：接收端时延设定项。在通信系统中，接收端需要对接收到的信号进行解调、解码或解交织，这些过程可能会产生一定的时延，使得到达误码率计算器接收端的信号滞后于发送端信号。为了弥补这种时延，误码率计算器模块需要把发送端的输入数据延迟若干个输入数据，本参数即表示接收端输入的数据滞后发送端输入数据的大小。

Computation delay：计算时延设定项。在仿真过程中，有时需要忽略初始的若干输入数据，这就可以通过本项设定。

Computation mode：计算模式项。误码率计算器模块有 3 种计算模式，分别为帧计算模式、掩码模式和端口模式。其中帧计算模式对发送端和接收端的所有输入数据进行统计。在掩码模式下，模块根据掩码指定对特定的输入数据进行统计，掩码的内容可由参数项"Selected samples from frame"设定。在端口模式下，模块会新增一个输入端口 Sel，只有此端口的输入信号有效时才统计错误率。

Selected samples from frame：掩码设定项。本参数用于设定哪些输入数据需要统计。本项只有当"Computation mode"项设定为 samples from mask 时有效。

Output data：设定数据输出方式，有 Workspace 和 Port 两种方式。Workspace 是将统计数据输出到 MATLAB 工作区。Port 是将统计数据从端口中输出。

Variable name：指定用于保存统计数据的工作空间变量的名称，本项只有在"Output data"设定为 Workspace 时有效。

Reset port：复位端口项。选定此项后，模块增减一个输入端口 Rst，当这个信号有效时，模块被复位，统计值重新设定为 0。

Stop simulation：仿真停止项。选定本项后，如果模块检测到指定数目的错误，或数据的比较次数达到了门限，则停止仿真过程。

Target number of symbols：错误门限项。用于设定仿真停止之前允许出现错误的最大个数。本项只有在"Stop simulation"选定后有效。

Maximum number of symbols：比较门限项。用于设定仿真停止之前允许比较的输入数据的最大个数。本项只有在"Stop simulation"选定后有效。

2.8.4　简单通信系统建模与仿真

数字通信系统中，不同信号波形代表了不同的信息符号，接收端收到被噪声污染的信号波形后，对其进行判决得出所代表的信息符号。由于噪声的影响，接收端判决输出的信息符号可能会与发送的信息符号不同，即可能以某种概率出现判决错误。可以将发送信息符号的输出端口视为信道的输入点，而将接收判决输出作为信道的输出点，那么信道输入输出关系可以用输入输出符号之间的错误概率关系来表达。

1．系统仿真模型

简单的数字通信系统如图 2-23 所示。图中 Bernoulli Binary Generator 信源模块产生二进制数字信源，一路信号直接输入误码率计算器模块，另一路信号经过二进制对称信道后输入误码率计算器模块，误码率计算器模块对两路信号进行对比，计算出误码率后输入数字显示器进行显示。

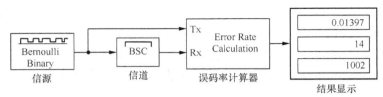

图 2-23　简单的数字通信系统

2．主要参数设置

Bernoulli Binary Generator 信源模块：0 产生的概率设为 0.5，即 0 和 1 等概；Sample time 设为 1/1 000，即传输比特率为 1 000 bit/s。Binary Symmetric Channel 信道模块：传输错误概率设为 0.013。

3．仿真结果

单击仿真按钮运行仿真模型，模型运行过程中，误码率计算器不断比较原始数字信号和信道输出信号，将两者之间的误码率显示在数字显示器上，如图 2-23 所示。图中第 1 行是误码率，第 2 行是错误的码元数，第 3 行是传输总码元数。

当改变 Binary Symmetric Channel 信道模块的传输错误概率时，误码率计算器的结果也将不同，为了得到输出误码率与信道传输错误概率之间的关系，可利用 MATLAB 变量，系统模型如图 2-24 所示。

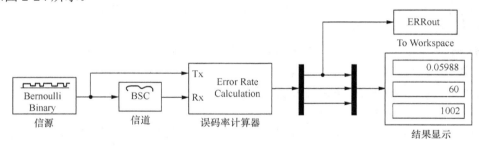

图 2-24　使用 MATLAB 变量的系统模型

图中，信道模块传输错误概率参数设置成变量 ERR，并将输出误码率传输到 MATLAB 工作空间，变量名设置成 ERRout，然后执行下面程序：

```
clc
clear all
x=0:0.051:0.1
y=x
for i=1:length(x)
    ERR=x(i)
    sim('tu2_23_2')
    y(i)=mean(ERRout)
end
plot(x,y);grid
legend ('误码率')
```

程序执行完成后，可得如图 2-25 所示的输出误码率与信道传输错误概率之间的关系。由图可见，输出误码率随信道传输错误概率的增加而增大。

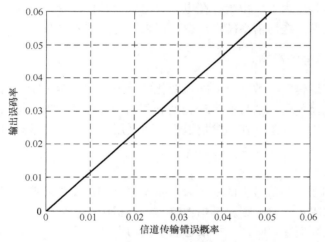

图 2-25　输出误码率与信道传输错误概率之间的关系

小　　结

1. 信道的分类

信道是通信系统的主要组成部分。它的特性会影响信号传输质量。它是通信系统中噪声的主要来源。信道有狭义信道和广义信道之分。

狭义信道是指信号的传输媒介，一般可分为有线信道和无线信道两种。

（1）有线信道包括明线、电缆和光纤。明线传输损耗较小，但易受外界干扰；电缆通信具有传输性能稳定、噪声低和易保密等优点；光纤通信具有重量轻、频带宽和不受电磁干扰等优点。

（2）无线信道包括中长波地面传输、短波传输、超短波和微波（包括人造卫星中继）的视频传输等途径组成的信道。短波无线电传播由于衰落较大，目前只在一些特殊的场合得到应用。超短波和微波需要采用中继接力的方式来延伸距离，它主要用于干线通信，目前广泛用来传输多路电话和电视，具有传输容量大、通信稳定和所需功率小等优点。

广义信道是指从研究消息传输的观点出发，把信道范围加以扩大后的信道。一般可分为调制信道和编码信道。

（1）调制信道是指从调制器输出端到解调器输入端的所有电路设备和传输媒介。调制信道内传输的是已调连续信号，它是一种模拟信道，可等效为线性时变网络。按信道参数特点的不同，调制信道可分为恒参信道和随参信道。

（2）编码信道是指从编码器输出端到解码器输入端的所有电路设备和传输媒介。编码信道内传输的是编码后的数字序列，它是一种数字信道，可用转移概率来描述。

2．恒参信道对信号的影响

恒参信道是指信道传输参数恒定不变或变化缓慢的信道，它可以等效为线性时不变网络，因此可用线性系统分析的方法来进行分析。理想恒参信道的幅频特性是水平直线，相频特性应是直线。在实际恒参信道中，由于存在电感、电容等元件，导致传输特性与频率有关，出现频率失真和相位失真。在通信系统设计中，可采用均衡技术来减少这些失真。

3．随参信道对信号的影响

随参信道是指信道传输参数随时间随机变化的信道。它有两个特点：信道传输特性随机变化和多径传播，从而使传输信号产生瑞利型衰落和频率弥散，当传输信号的频带宽度较宽时，还会产生频率选择性衰落。在随参信道中，可采用分集接收技术来对抗衰落。

4．加性噪声

加性噪声是叠加在传输信号上的噪声。起伏噪声是加性噪声的典型代表，主要包括热噪声、散弹噪声和宇宙噪声，它们均是高斯白噪声。信道中的加性噪声经过接收端带通滤波器的滤波后，成为加性高斯窄带噪声，如果它的单边功率谱密度为 n_0，则解调器输入端的噪声功率为 $N_i = n_0 B$，式中 B 的大小随调制系统不同而不同。

5．信道容量

信道容量是指信道中信息无差错传输的最大速率。

离散信道的信道容量是：

$$C = \max_{P(x_i)} I(X, Y) = \max_{P(x_i)} [H(X) - H(X/Y)]$$

或

$$C_0 = R_B \cdot C = R_B \max_{P(x_i)} I(X, Y)$$

连续信道的信道容量由香农公式给出：

$$C = B \log_2 (1 + \frac{S}{N})$$

香农公式给出了通信系统所能达到的极限信息传输速率，但没有指出如何达到这个理想极限传输速率，因此还需我们不断努力。

6．简单通信系统建模与仿真

信源模块：瑞利噪声发生器、莱斯噪声发生器、均匀分布随机噪声发生器；伯努利二进制信号发生器、泊松分布整数发生器、随机整数发生器。

信道模块：加性高斯白噪声信道、二进制平衡信道。

信宿模块：误码率计算器。

简单通信系统：二进制对称信道数字通信系统的误码率计算。

习　　题

2-1．什么是调制信道？什么是编码信道？说明调制信道和编码信道的关系。

2-2．什么是恒参信道？什么是随参信道？目前常见的信道中，哪些属于恒参信道？哪些属于随参信道？

2-3．设一恒参信道的幅频特性和相频特性分别为：

$$|H(\omega)| = K_0$$
$$\varphi(\omega) = -\omega t_d$$

其中，K_0 和 t_d 都是常数。试确定信号 $s(t)$ 通过该信道后的输出信号的时域表示式，并讨论之。

2-4．设某恒参信道的传输特性为 $H(\omega) = [1 + \cos \omega T_0] \mathrm{e}^{-j\omega t_d}$，其中，$t_d$ 为常数。试确定信号 $s(t)$ 通过该信道后的输出信号表达式，并讨论之。

2-5．今有两个恒参信道，其等效模型分别如图 2-26（a）、（b）所示。试求这两个信道的群时延特性并画出它们的群迟延曲线，并说明信号通过它们时有无群时延失真。

（a）　　　　　　　　　　　　　（b）

图 2-26　题 2-5 示意图

2-6．什么是相关带宽？　如果传输信号的带宽宽于相关带宽，对信号有什么影响？

2-7．试根据随参信道的传输特性，定性解释快衰落和频率选择性衰落现象。

2-8．试定性说明采用频率分集技术可以改善随参信道传输特性的原理。

2-9．某随参信道的两径时延差 $\Delta \tau$ 为 0.5ms，则该信道在哪些频率上传输损耗最小？哪些频率上传输损耗最大？

2-10．设某随参信道的最大多径时延差等于 3ms，为了避免发生选择性衰落，试估算在该信道上传输的数字信号的码元脉冲宽度。

2-11．信道中常见的起伏噪声有哪些？它们的主要特点是什么？

2-12. 二进制无记忆编码信道模型如图 2-27 所示，如果信息传输速率是每秒 1 000 符号，且 $P(x_1) = P(x_2) = 1/2$，试求：

（1）信息源熵及损失熵；

（2）信道传输信息的速率。

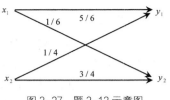

图 2-27　题 2-12 示意图

2-13. 设高斯信道的带宽为 4kHz，信号与噪声的功率比为 63，试确定利用这种信道的理想通信系统的传信率和差错率。

2-14. 某高斯信道具有 6.5MHz 的带宽，若信道中信号功率与噪声功率谱密度之比为 45.5MHz，试求其信道容量。

2-15. 已知电话信道的带宽为 3.4kHz，试求：

（1）接收信噪比 $S/N = 30$dB 时的信道容量；

（2）若要求该信道能传输 4 800bit/s 的数据，则要求接收端最小信噪比 S/N 为多少 dB？

2-16. 已知彩色电视图像由 5×10^5 个像素组成。设每个像素有 64 种彩色度，每种彩色度有 16 个亮度等级。如果所有彩色度和亮度等级的组合机会均等，并统计独立。

（1）试计算每秒传送 100 个画面所需要的信道容量；

（2）如果接收信噪比为 30dB，为了传送彩色图像所需信道带宽为多少？

2-17. 设某二进制数字通信系统的传输速率为 100bit/s，系统带宽为 1 000Hz，所传输的二进制信号波形为双极性的，电平分别为+1 和-1，要求加性高斯白噪声信道的 E_b/N_0 为 20 dB，，求相应的信道输出 SNR，并用通信信道模块 AWGN Channel 建立仿真模型验证，同时用示波器对比观察信道输入输出波形。

第3章 模拟调制系统

从信号传输的角度看，调制与解调是通信系统中重要的环节，它使信号发生了本质性的变化。本章主要介绍各种线性调制（AM、DSB、SSB、VSB）与非线性调制（FM、PM）信号产生（调制）与接收（解调）的基本原理、方法、技术以及调制系统的性能分析方法。调制系统不仅包括发送端信号的调制，而且包括接收端信号的解调。在详细讨论各种调制方式以前，首先介绍调制的一般概念、调制在通信系统中的作用与分类等。

3.1 模拟调制基本概念

3.1.1 模拟调制概念

我们知道一般对语音、音乐、图像等信息源直接转换得到的电信号，其频率是很低的。这类信号的频谱特点是低频成分非常丰富，有时还包括直流分量，如电话信号的频率范围在0.3～3.4kHz，通常称这种信号为基带信号。模拟基带信号可以直接通过明线、电缆等有线信道传输，但不可能直接在无线信道中传输。另外，模拟基带信号在有线信道传输时，一对线路只能传输一路信号，其信道利用率非常低，很不经济。为了使模拟基带信号能够在无线信道中进行频带传输，同时也为了实现单一信道传输多路模拟基带信号，就需要采用调制解调技术。

在发送端把具有较低频率分量（频谱分布在零频附近）的低通基带信号搬移到信道通带（处在较高频段）内的过程称为调制，而在接收端把已搬到给定信道通带内的频谱还原为基带信号频谱的过程称为解调。调制和解调是通信系统中的一个极为重要的组成部分，采用什么样的调制与解调方式将直接影响通信系统的性能。虽然目前数字通信得到迅速发展，而且有逐步替代模拟通信的趋势，但目前，模拟通信仍然非常多，在相当一段时间内还将继续使用，而且模拟调制是其他调制的基础，因此本章将介绍模拟调制。

3.1.2 模拟调制功能

调制解调过程从频域角度看是一个频谱搬移过程。它具有以下几个重要功能。

（1）适合信道传输：将基带信号转换成适合于信道传输的已调信号（频带信号）。

（2）实现有效辐射：为了充分发挥天线的辐射能力，一般要求天线的尺寸和发送信号的波长在同一数量级。一般天线的长度应为所传信号波长的 1/4。如果把语音基带信号（0.3～

3.4kHz）直接通过天线发射，那么天线的长度应为

$$l = \frac{\lambda}{4} = \frac{c}{4f} = \frac{3 \times 10^8}{4 \times 3.4 \times 10^3} \approx 22\text{km}$$

长度（高度）为 22km 的天线显然是不存在的，也是无法实现的。但是如果把语音信号的频率首先进行频谱搬移，搬移到较高频段处，则天线的高度可以降低。因此调制是为了使天线容易辐射。

（3）实现频率分配：为使各个无线电台发出的信号互不干扰，每个电台都分配有不同的频率。这样利用调制技术把各种语音、音乐、图像等基带信号调制到不同的载频上，以便用户任意选择各个电台，收听所需节目。

（4）实现多路复用：如果传输信道的通带较宽，可以用一个信道同时传输多路基带信号，只要把各个基带信号分别调制到不同的频带内，然后将它们合在一起送入信道传输即可。这种在频域上实行的多路复用称为频分复用（FDM）。

（5）提高系统抗噪声性能：通过本章的学习将会看到，不同的调制系统会具有不同的抗噪声性能。例如 FM 系统抗噪声性能要优于 AM 系统抗噪声性能。

3.1.3 模拟调制分类

调制器的模型通常可用一个三端非线性网络来表示，如图 3-1 所示。图中 $m(t)$ 为输入调制信号，即基带信号；$c(t)$ 为载波信号；$s(t)$ 为输出已调信号。调制的本质是进行频谱变换，它把携带消息的基带信号的频谱搬移到较高的频带上。经过调制后的已调信号应该具有两个基本特性：一是仍然携带有原来基带信号的消息；二是具有较高的频谱，适合于信道传输。

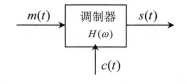

图 3-1　调制器模型

根据不同的 $m(t)$、$c(t)$ 和不同的调制器功能，可将调制分成如下几类。

（1）根据调制信号 $m(t)$ 的不同分类：调制信号 $m(t)$ 有模拟信号和数字信号之分，因此调制可以分成模拟调制和数字调制。

（2）根据载波 $c(t)$ 的不同分类：载波通常有连续波和脉冲波之分，因此调制可以分为连续波调制和脉冲波调制。

连续波调制：载波信号 $c(t)$ 为一个连续波形，通常用单频余弦波或正弦波。

脉冲波调制：载波信号 $c(t)$ 为一个脉冲序列，通常用矩形周期脉冲序列，此时调制器输出的已调信号为脉冲振幅调制（PAM）信号、脉冲宽度调制（PWM）信号或脉冲相位调制（PPM）信号，其中 PAM 调制最常见。

（3）根据所调载波参数不同分类：载波的参数有幅度、频率和相位，因此调制可以分为幅度调制、频率调制和相位调制。

幅度调制：载波信号 $c(t)$ 的振幅随调制信号 $m(t)$ 的大小变化而变化。如调幅（AM）等。

频率调制：载波信号 $c(t)$ 的频率随调制信号 $m(t)$ 的大小变化而变化。如调频（FM）等。

相位调制：载波信号 $c(t)$ 的相位随调制信号 $m(t)$ 的大小变化而变化。如调相（PM）等。

（4）根据调制器频谱特性 $H(\omega)$ 的不同分类：调制器的频谱特性 $H(\omega)$ 对调制信号的影响表现在已调信号与调制信号频谱之间的关系，因此根据两者之间的关系可以分为线性调制

和非线性调制。

线性调制：输出已调信号 $s(t)$ 的频谱和调制信号 $m(t)$ 的频谱之间呈线性搬移关系。即调制信号 $m(t)$ 与已调信号 $s(t)$ 的频谱之间没有发生变化，仅是频率的位置发生了变化。如振幅调制（AM）、双边带（DSB）、单边带（SSB）、残留边带（VSB）等调制方式。

非线性调制：输出已调信号 $s(t)$ 的频谱和调制信号 $m(t)$ 的频谱之间呈非线性关系。即输出已调信号的频谱与调制信号频谱相比发生了根本性变化，出现了频率扩展或增生，如 FM、PM 等。

3.2 线性调制原理

如果输出已调信号的频谱和输入调制信号的频谱之间满足线性搬移关系，则称为线性调制，通常也称为幅度调制。线性调制的主要特征是调制前后的信号频谱从形状上看没有发生根本变化，仅仅是频谱的幅度和位置发生了变化。在线性调制中，余弦载波的幅度参数随输入基带信号的变化而变化。线性调制具体有振幅调制（AM）、双边带调制（DSB）、单边带调制（SSB）及残留边带调制（VSB）4 种。在具体介绍这 4 种线性调制以前，我们首先介绍一下线性调制的一般原理。

3.2.1 线性调制一般原理

线性调制是用调制信号去控制载波的振幅，使其按调制信号的规律而变化的过程。幅度调制器的一般模型如图 3-2 所示。

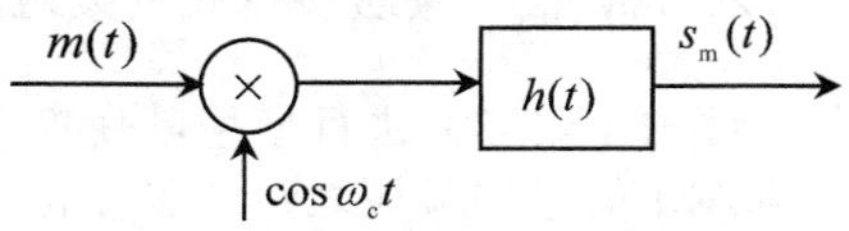

设调制信号 $m(t)$ 的频谱为 $M(\omega)$，滤波器传输特性为 $H(\omega)$，其冲激响应为 $h(t)$，输出已调信号的时域和频域表达式为

图 3-2 幅度调制器的一般模型

$$s_{\mathrm{m}}(t) = [m(t) \cdot \cos \omega_{\mathrm{c}} t] * h(t) \tag{3.2-1}$$

$$S_{\mathrm{m}}(\omega) = \frac{1}{2}[M(\omega + \omega_{\mathrm{c}}) + M(\omega - \omega_{\mathrm{c}})] \cdot H(\omega) \tag{3.2-2}$$

式中，ω_{c} 为载波角频率，$H(\omega) \Leftrightarrow h(t)$。

由以上表示式可见，对于幅度调制信号，在波形上，它的幅度随基带信号而变化；在频谱结构上，它的频谱完全是基带信号频谱在频域内的简单搬移。由于这种搬移是线性的，因此幅度调制常称为线性调制。

在图 3-2 中的一般模型中，适当选择滤波器的特性 $H(\omega)$ 便可得到各种幅度调制信号。例如 AM、DSB、SSB 及 VSB 等。

3.2.2 振幅调制

振幅调制（AM）信号产生的原理图如图 3-3 所示。

AM 信号调制器由加法器、乘法器和带通滤波器（BPF）组成。图中带通滤波器的作用是让处在该频带范围内的调幅信号顺利通过，同时抑制带外

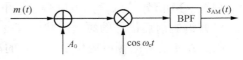

图 3-3 AM 信号的产生

噪声和各次谐波分量进入下级系统。

1. AM 信号时域表达式及时域波形图

AM 信号时域表达式为

$$s_{AM}(t) = [A_0 + m(t)]\cos\omega_c t \tag{3.2-3}$$

式中，A_0 为外加的直流分量；$m(t)$ 为输入调制信号，它的最高频率为 f_m，无直流分量；ω_c 为载波的频率。为了实现线性调幅，必须要求

$$|m(t)|_{max} \leq A_0 \tag{3.2-4}$$

否则将会出现过调幅现象，在接收端采用包络检波法解调时，会产生严重的失真。如调制信号为单频信号时，常定义 $\beta_{AM} = (A_m / A_0) \leq 1$ 为调幅指数。

AM 信号的波形如图 3-4 所示，图中认为调制信号是单频正弦信号，可以清楚地看出 AM 信号的包络完全反映了调制信号的变化规律。

2. AM 信号频域表达式及频域波形图

对式（3.2-3）进行傅里叶变换，就可以得到 AM 信号的频域表达式 $S_{AM}(\omega)$ 如下，即

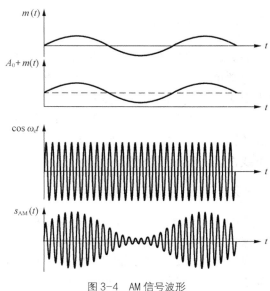

图 3-4　AM 信号波形

$$S_{AM}(\omega) = \mathscr{F}[s_{AM}(t)]$$

$$= \frac{1}{2}[M(\omega + \omega_c) + M(\omega - \omega_c)] + \pi A_0[\delta(\omega + \omega_c) + \delta(\omega - \omega_c)] \tag{3.2-5}$$

式中，$M(\omega)$ 是调制信号 $m(t)$ 的频谱。AM 信号的频谱图如图 3-5 所示。

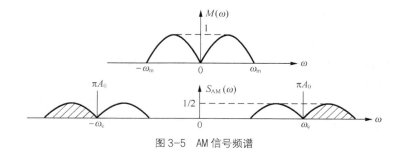

图 3-5　AM 信号频谱

通过 AM 信号的频谱图可以得出以下结论：

（1）调制前后信号的频谱形状没有变化，仅仅是信号频谱的位置发生了变化。

（2）AM 信号的频谱由位于 $\pm\omega_c$ 处的冲激函数和分布在 $\pm\omega_c$ 处两边的边带频谱组成。

（3）调制前基带信号的频带宽度为 f_m，调制后 AM 信号的频带宽度变为

$$B_{AM} = 2f_m \qquad (3.2\text{-}6)$$

一般我们把频率的绝对值大于载波频率的信号频谱称为上边带（USB），如图 3-5 中阴影所示，把频率的绝对值小于载波频率的信号频谱称为下边带（LSB）。

3．AM 信号平均功率

AM 信号在 1Ω 电阻上的平均功率等于 $s_{AM}(t)$ 的均方值。

$$P_{AM} = \overline{s_{AM}^2(t)} = \overline{[A_0 + m(t)]^2 \cos^2 \omega_c t}$$
$$= \overline{A_0^2 \cos^2 \omega_c t} + \overline{m^2(t)\cos^2 \omega_c t} + \overline{2A_0 m(t)\cos^2 \omega_c t}$$

通常假设调制信号没有直流分量，即 $\overline{m(t)} = 0$，因此

$$P_{AM} = \frac{A_0^2}{2} + \frac{\overline{m^2(t)}}{2} = P_c + P_s \qquad (3.2\text{-}7)$$

式中，$P_c = A_0^2/2$ 为载波功率；$P_s = \overline{m^2(t)}/2$ 为边带功率。

由此可见，AM 信号的总功率包括载波功率和边带功率两部分。其中只有边带功率才与调制信号有关，也就是说，载波分量不携带信息。

4．AM 信号调制效率

通常把边带功率 P_s 与信号的总功率 P_{AM} 的比值称为调制效率，用符号 η_{AM} 表示。

$$\eta_{AM} = \frac{P_s}{P_{AM}} = \frac{\overline{m^2(t)}}{A_0^2 + \overline{m^2(t)}} \qquad (3.2\text{-}8)$$

在不出现过调幅的情况下，$\beta = 1$ 时，如果 $m(t)$ 为常数，则最大可以得到 $\eta_{AM} = 0.5$；如果 $m(t)$ 为正弦波时，可以得到 $\eta_{AM} = 33.3\%$。一般情况下，β 不一定都能达到 1，因此 η_{AM} 是比较低的，这是振幅调制的最大缺点。

5．AM 信号的解调

AM 信号的解调一般有两种方法，一种是相干解调法，也叫同步解调法；另一种是非相干解调法，也叫包络检波法。由于包络检波法电路很简单，而且又不需要本地提供同步载波，因此，对 AM 信号的解调大都采用包络检波法。

（1）相干解调法

用相干解调法接收 AM 信号的原理方框如图 3-6 所示。

相干解调法一般由带通滤波器（BPF）、乘法器和低通滤波器（LPF）组成。相干解调法的工作原理是：AM 信号经信道传输后，必定叠加有噪声，进入 BPF 后，BPF 一方面使 AM 信号顺利通过，另一方面抑制带外噪声。AM 信号 $s_{AM}(t)$ 通过 BPF 后与本地载波 $\cos \omega_c t$ 相乘，进入 LPF。LPF 的截止频率设定为 ω_c（也可以为 ω_m），它不允许频率大于截止频率 ω_c 的成分通过，因此 LPF 的输出仅为需要的信号。图中各点信号表达式分别如下：

$$s_{AM}(t) = [A_0 + m(t)]\cos\omega_c t$$

$$z(t) = s_{AM}(t) \cdot \cos\omega_c t = [A_0 + m(t)] \cdot \cos\omega_c t \cdot \cos\omega_c t$$

$$= \frac{1}{2}(1 + \cos 2\omega_c t)[A_0 + m(t)]$$

$$m_o(t) = \frac{1}{2}m(t) \tag{3.2-9}$$

式中，常数 $A_0/2$ 为直流成分，可以方便地用一个隔直电容除去。

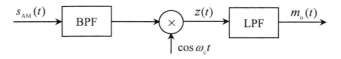

图 3-6　AM 信号的相干解调法

相干解调法中的本地载波 $\cos\omega_c t$ 是通过对接收到的 AM 信号进行同步载波提取而获得的。本地载波必须与发送端的载波保持严格的同频同相。如何进行同步载波提取将在第 7 章中介绍。

相干解调法的优点是接收性能好，但要求在接收端提供一个与发送端同频同相的载波。

（2）非相干解调法

AM 信号非相干解调法的原理框图如图 3-7 所示，它由 BPF、线性包络检波器（linear envelope detector，LED）和 LPF 组成。图中 BPF 的作用与相干解调法中的 BPF 作用完全相同；LED 把 AM 信号的包络直接提取出来，即把一个高频信号直接变成低频信号；LPF 起平滑作用。

图 3-7　AM 信号的非相干解调法

包络检波法的优点是实现简单，成本低，不需要同步载波，但系统抗噪声性能较差（存在门限效应）。

AM 信号的调制效率低，主要原因是 AM 信号中有一个载波，它消耗了大部分发射功率。下面介绍抑制载波双边带调制系统。

3.2.3　抑制载波双边带调制

抑制载波双边带调制（DSB-SC）信号产生的原理图如图 3-8 所示，DSB 信号调制器由乘法器和 BPF 组成。图中 BPF 的中心频率应在 ω_c 处，频带宽度应为 $2f_m$。

1. DSB 信号时域表达式及时域波形图

DSB 信号的时域表达式为

$$s_{\text{DSB}}(t) = m(t)\cos\omega_c t \qquad\qquad (3.2\text{-}10)$$

DSB 信号的时域波形如图 3-9 所示，DSB 信号与 AM 信号波形的区别是：DSB 信号在调制信号极性变化时会出现反向点。

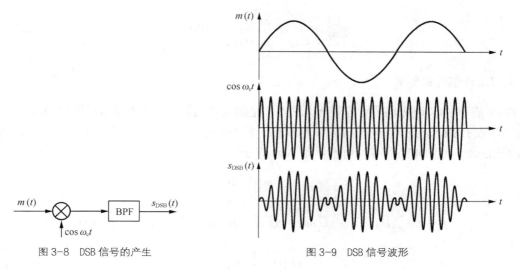

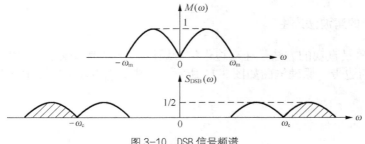

图 3-8 DSB 信号的产生　　　　　　　　图 3-9 DSB 信号波形

2. DSB 信号频域表达式及频域波形图

对式（3.2-10）进行傅里叶变换，可以得到 DSB 信号的频域表达式如下，即

$$S_{\text{DSB}}(\omega) = \mathscr{F}[s_{\text{DSB}}(t)] = \frac{1}{2}\left[M(\omega+\omega_c) + M(\omega-\omega_c)\right] \qquad (3.2\text{-}11)$$

DSB 信号频谱图如图 3-10 所示。由图可知，DSB 信号的频谱是由位于载频 $\pm\omega_c$ 处两边的边带（上边带和下边带）组成。

图 3-10 DSB 信号频谱

DSB 与 AM 信号的频谱区别是：在载频 $\pm\omega_c$ 处没有冲激函数。DSB 信号的频带宽度为

$$B_{\text{DSB}} = 2f_m \qquad\qquad (3.2\text{-}12)$$

3. DSB 信号平均功率

DSB 信号的平均功率 P_{DSB} 可以用下式计算：

$$P_{\text{DSB}} = \overline{s_{\text{DSB}}^2(t)} = \overline{[m(t)\cos\omega_c t]^2}$$
$$= \frac{1}{2}\overline{m^2(t)} = P_s \tag{3.2-13}$$

DSB 信号的平均功率只有边带功率 P_s，没有载波功率 P_c，因此 DSB 调制效率 η_{DSB} 为

$$\eta_{\text{DSB}} = \frac{P_s}{P_{\text{DSB}}} = \frac{\overline{m^2(t)}/2}{\overline{m^2(t)}/2} = 100\% \tag{3.2-14}$$

4．DSB 信号的解调

DSB 信号的解调只能采用相干解调法，这是因为包络检波器取出的信号严重失真。相干解调法接收 DSB 信号的原理图与 AM 信号相干解调法原理图一样，如图 3-6 所示。但此时解调器的输入信号是 DSB 信号，而不再是 AM 信号。

$$s_{\text{DSB}}(t) = m(t)\cdot\cos\omega_c t$$

$$z(t) = s_{\text{DSB}}(t)\cdot\cos\omega_c t = m(t)\cdot\cos\omega_c t\cdot\cos\omega_c t = \frac{1}{2}m(t)(1 + \cos 2\omega_c t)$$

$$m_o(t) = \frac{1}{2}m(t) \tag{3.2-15}$$

DSB 调制效率虽然达到了 100%，但 DSB 调制信号的频谱由上、下两个边带组成，而且上、下边带携带的信息完全一样，因此，只需选择其中一个边带传输即可。如果只传输一个边带，则可以节省一半的发射功率。

3.2.4　单边带调制

单边带调制（SSB）是指在传输信号的过程中，只传输上边带或下边带而达到节省发射功率和系统频带的目的。

1．SSB 信号的滤波法产生

产生 SSB 信号最直观的方法是让双边带信号通过一个边带滤波器，保留所需要的一个边带，滤除不需要的边带。原理框图如图 3-11 所示。其中 $H_{\text{SSB}}(\omega)$ 是单边带滤波器，其传输特性如图 3-12 所示。

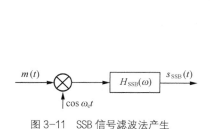

图 3-11　SSB 信号滤波法产生

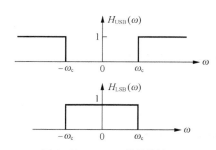

图 3-12　$H_{\text{SSB}}(\omega)$ 传输特性

2. SSB 信号的频域表达式及频谱图

由 SSB 信号的滤波产生法可得到 SSB 信号的频域表达式如下：

$$S_{\mathrm{SSB}}(\omega) = S_{\mathrm{DSB}}(\omega) \cdot H_{\mathrm{SSB}}(\omega) = \frac{1}{2}\left[M(\omega + \omega_{\mathrm{c}}) + M(\omega - \omega_{\mathrm{c}}) \right] \cdot H_{\mathrm{SSB}}(\omega) \qquad （3.2\text{-}16）$$

对上边带调制来讲

$$H_{\mathrm{SSB}}(\omega) = \begin{cases} 1, & |\omega| \geqslant \omega_{\mathrm{c}} \\ 0, & |\omega| < \omega_{\mathrm{c}} \end{cases} \qquad （3.2\text{-}17）$$

对下边带调制来讲

$$H_{\mathrm{SSB}}(\omega) = \begin{cases} 0, & |\omega| \geqslant \omega_{\mathrm{c}} \\ 1, & |\omega| < \omega_{\mathrm{c}} \end{cases} \qquad （3.2\text{-}18）$$

由 SSB 信号的频域表达式可得 SSB 信号的频谱图如图 3-13 所示。

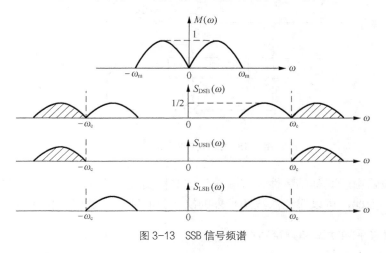

图 3-13　SSB 信号频谱

3. SSB 信号的时域表达式及其波形

直接得到一般信号的 SSB 表达式是比较困难的。我们可以先求得单频正弦信号的 SSB 调制信号，然后把一般信号表示成许多正弦信号之和，将所有正弦信号的单边带调制信号相加就是一般信号的单边带调制信号，用此方法就可以求得一般信号的 SSB 信号时域表达式。单频正弦信号的单边带信号时域波形图如图 3-14 所示，在此只画出单频信号上边带调制后的信号波形图。

设单频信号 $m(t) = A\cos\omega_{\mathrm{m}}t$，其单边带调制信号的时域表达式为：

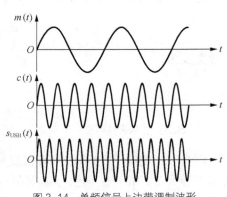

图 3-14　单频信号上边带调制波形

$$s_{SSB}(t) = \frac{A}{2}\cos(\omega_c \pm \omega_m)t = \frac{A}{2}\cos\omega_m t \cdot \cos\omega_c t \mp \frac{A}{2}\sin\omega_m t \cdot \sin\omega_c t \quad （3.2\text{-}19）$$

式中，上面的符号表示传输上边带信号，下面的符号表示传输下边带信号。进一步可以得到一般信号的单边带调制信号的时域表达式为：

$$s_{SSB}(t) = \frac{1}{2}m(t) \cdot \cos\omega_c t \mp \frac{1}{2}\hat{m}(t) \cdot \sin\omega_c t \quad （3.2\text{-}20）$$

式中 $\hat{m}(t)$ 是将 $m(t)$ 中所有频率成分均相移90°后得到的结果。实际上 $\hat{m}(t)$ 是调制信号 $m(t)$ 通过一个宽带滤波器的输出，这个宽带滤波器叫做希尔伯特滤波器，即 $\hat{m}(t)$ 是 $m(t)$ 的希尔伯特变换。关于希尔伯特变换的相关知识可参阅其他文献资料。

4．SSB 信号的相移法产生

根据 SSB 信号的时域表达式（3.2-20），可以构成相移法产生单边带信号的原理方框图，如图 3-15 所示，它由希尔伯特滤波器、乘法器和合路器组成。

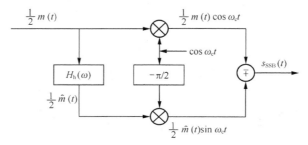

图 3-15　相移法产生单边带信号

单边带滤波器由于其陡峭特性，实际设计中难以实现，而相移法产生单边带信号可以不用边带滤波器，因此，可以避免滤波法带来的缺点。其缺点是宽带移相网络比较难实现。

5．SSB 信号平均功率和频带宽度

由以上分析可知，单边带信号产生的工作过程是将双边带调制中的一个边带完全抑制掉，所以它的发送功率和传输带宽都应该是双边带调制时的一半，即单边带发送功率为

$$P_{SSB} = \frac{1}{2}P_{DSB} = \frac{1}{4}\overline{m^2(t)} \quad （3.2\text{-}21）$$

频带宽度为

$$B_{SSB} = f_m \quad （3.2\text{-}22）$$

6．SSB 信号的接收

因为 SSB 信号的包络没有直接反映出基带调制信号的波形，所以单边带信号的解调只能用相干解调法。相干解调法原理框图与 DSB 的相干解调法一样，只是现在接收到的是 SSB 信号，而不再是 DSB 信号。

$$s_{\text{SSB}}(t) = \frac{1}{2}[m(t) \cdot \cos\omega_c t \mp \hat{m}(t)\sin\omega_c t]$$

$$z(t) = s_{\text{SSB}}(t) \cdot \cos\omega_c t = \frac{1}{2}[m(t)\cdot\cos\omega_c t \mp \hat{m}(t)\sin\omega_c t] \cdot \cos\omega_c t$$

$$= \frac{1}{4}m(t)(1 + \cos 2\omega_c t) \mp \frac{1}{4}\hat{m}(t)\sin 2\omega_c t$$

$$m_o(t) = \frac{1}{4}m(t) \tag{3.2-23}$$

【**例 3-1**】　已知调制信号 $m(t) = \cos(2\,000\pi t)$，载波为 $2\cos10^4\pi t$，分别写出 AM、DSB、USB 和 LSB 信号的表示式，并画出频谱图。

解：AM 信号为

$$s_{\text{AM}}(t) = 2[A_0 + \cos(2\,000\pi t)] \cdot \cos10^4\pi t$$

$$= 2A_0\cos10^4\pi t + \cos(1.2\times10^4\pi t) + \cos(0.8\times10^4\pi t)$$

DSB 信号为

$$s_{\text{DSB}}(t) = 2\cos(2000\pi t)\cdot\cos10^4\pi t$$

$$= \cos(1.2\times10^4\pi t) + \cos(0.8\times10^4\pi t)$$

USB 信号为 $$s_{\text{USB}}(t) = \cos(1.2\times10^4\pi t)$$

LSB 信号为 $$s_{\text{LSB}}(t) = \cos(0.8\times10^4\pi t)$$

其频谱图分别如图 3-16 中的（a）、（b）、（c）、（d）所示。

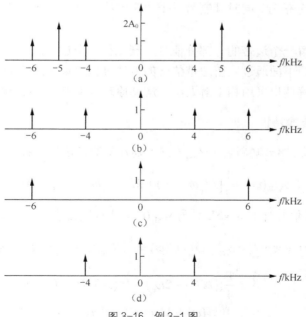

图 3-16　例 3-1 图

3.2.5 残留边带调制

残留边带调制（VSB）是介于 SSB 与 DSB 之间的一种调制方式，它既克服了 DSB 信号占用频带宽的缺点，又解决了 SSB 滤波器难以实现的问题。

1. VSB 调制与解调原理

VSB 信号调制与解调的方框图如图 3-17 所示。VSB 信号的调制器与双边带、单边带调制器一样，不同的只是乘法器后面的滤波器。如后面接双边带滤波器，则得到双边带输出信号；接单边带滤波器，则得到单边带输出信号；接残留边带滤波器，则得到残留边带输出信号。

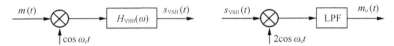

图 3-17 VSB 调制和解调原理

双边带、单边带滤波器的传输特性前面已经给定，而残留边带滤波器的传输特性如图 3-18 所示。

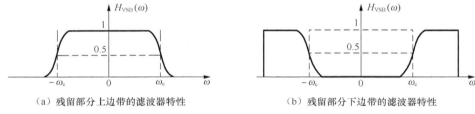

（a）残留部分上边带的滤波器特性 　　　（b）残留部分下边带的滤波器特性

图 3-18 残留边带滤波器特性

由图 3-18 可以看到，残留边带滤波器的特性是让一个边带的绝大部分顺利通过，仅衰减靠近 ω_c 附近的一小部分信号，同时抑制另一个边带的绝大部分信号，只保留靠近 ω_c 附近的一小部分信号。

残留边带这种残留一个边带的一部分信号又衰减另一个边带的一小部分信号的特性会不会出现信号的失真呢？下面通过残留边带信号的解调过程来说明这个问题。

残留边带信号的解调也采用相干解调法，解调原理与 DSB、SSB 信号解调法相同。

2. VSB 滤波器传输特性

设残留边带滤波器的传输特性为 $H_{\text{VSB}}(\omega)$，则残留边带信号的频谱为

$$S_{\text{VSB}}(\omega) = \frac{1}{2}\big[M(\omega - \omega_c) + M(\omega + \omega_c)\big] \cdot H_{\text{VSB}}(\omega) \qquad (3.2\text{-}24)$$

在接收端解调残留边带信号时，将 VSB 信号 $s_{\text{VSB}}(t)$ 和本地载波信号 $\cos\omega_c t$ 相乘，它的频谱为

$$\begin{aligned}
\mathscr{F}\big[s_{\text{VSB}}(t) \cdot \cos\omega_c t\big] &= S_{\text{VSB}}(\omega) * C(\omega) = \frac{1}{2}\big[S_{\text{VSB}}(\omega + \omega_c) + S_{\text{VSB}}(\omega - \omega_c)\big] \\
&= \frac{1}{4}\{[M(\omega - 2\omega_c) + M(\omega)] \cdot H_{\text{VSB}}(\omega - \omega_c) \\
&\quad + [M(\omega) + M(\omega + 2\omega_c)]H_{\text{VSB}}(\omega + \omega_c)\}
\end{aligned} \qquad (3.2\text{-}25)$$

经过 LPF 后，滤除上式中的二次谐波 $M(\omega - 2\omega_c)$ 和 $M(\omega + 2\omega_c)$ 部分，得到的输出信号频谱为

$$M_o(\omega) = \frac{1}{4}\left[M(\omega) \cdot H_{VSB}(\omega - \omega_c) + M(\omega) \cdot H_{VSB}(\omega + \omega_c)\right]$$

$$= \frac{1}{4}M(\omega) \cdot \left[H_{VSB}(\omega - \omega_c) + H_{VSB}(\omega + \omega_c)\right] \tag{3.2-26}$$

因此只要

$$H_{VSB}(\omega - \omega_c) + H_{VSB}(\omega + \omega_c) = 常数 \tag{3.2-27}$$

则

$$M_o(\omega) = \frac{c}{4}M(\omega) \tag{3.2-28}$$

这就是要恢复的基带信号 $m(t)$ 的频谱。上式表明，如果在解调中，式（3.2-27）成立，那么解调后的输出信号是不会失真的。式（3.2-27）就是残留边带滤波器的传输特性，它具有互补对称特性。

3. VSB 信号发送功率和频带宽度

VSB 信号的功率值和频带宽度介于单边带和双边带信号功率与频带宽度之间。

$$P_{SSB} \leqslant P_{VSB} \leqslant P_{DSB} \qquad\qquad B_{SSB} \leqslant B_{VSB} \leqslant B_{DSB} \tag{3.2-29}$$

3.3 线性调制系统抗噪声性能

上一章已经指出，信道加性噪声主要取决于起伏噪声，而起伏噪声又可视为高斯白噪声。因此，本节将要讨论的问题是信道存在加性高斯白噪声时，各种线性调制系统的抗噪声性能。

3.3.1 抗噪声性能分析模型

由于加性噪声只对已调信号的接收产生影响，因而调制系统的抗噪声性能可以用解调器的抗噪声性能来衡量。分析解调器的抗噪声性能的模型如图 3-19 所示。图中，$s_m(t)$ 为已调信号，$n(t)$ 为传输过程中叠加的高斯白噪声。带通滤波器的作用是滤除已调信号频带以外的噪声，因此，经过 BPF 后，到达解调器输入端的信号仍可认为是 $s_m(t)$，噪声为 $n_i(t)$。解调器输出的有用信号为 $m_o(t)$，输出噪声为 $n_o(t)$。

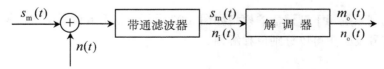

图 3-19 解调器一般模型

对于不同的调制系统，将有不同的 $s_m(t)$，但 $n_i(t)$ 形式是相同的，它是由平稳高斯白噪声经过带通滤波器而得到的。当带通滤波器带宽远小于其中心频率 ω_0 时，$n_i(t)$ 即为平稳高斯窄

带噪声，它的表达式为

$$n_i(t) = n_c(t)\cos\omega_c t - n_s(t)\sin\omega_c t$$

或
$$n_i(t) = V(t)\cos[\omega_c t + \theta(t)] \tag{3.3-1}$$

由随机过程知识可知，窄带噪声 $n_i(t)$ 及其同相分量 $n_c(t)$ 和正交分量 $n_s(t)$ 的均值都为 0，且具有相同的平均功率，即

$$\overline{n_i^2(t)} = \overline{n_c^2(t)} = \overline{n_s^2(t)} = N_i \tag{3.3-2}$$

式中，N_i 为解调器输入噪声 $n_i(t)$ 的平均功率。若白噪声的双边功率谱密度为 $n_0/2$，则单边功率谱密度为 n_0，输入噪声功率为

$$N_i = 2 \times \frac{n_0}{2} \times B = n_0 B \tag{3.3-3}$$

评价一个模拟通信系统质量的好坏，最终是要看解调器的输出信噪比。输出信噪比定义为

$$\frac{S_o}{N_o} = \frac{解调器输出有用信号平均功率}{解调器输出噪声平均功率} = \frac{\overline{m_o^2(t)}}{\overline{n_o^2(t)}} \tag{3.3-4}$$

输出信噪比既与调制方式有关，也与解调方式有关。因此在已调信号平均功率相同，信道噪声功率谱密度也相同的情况下，输出信噪比反映了系统的抗噪声性能。

也可用输出信噪比和输入信噪比的比值 G 来衡量模拟调制系统的质量，即

$$G = \frac{S_o/N_o}{S_i/N_i} \tag{3.3-5}$$

G 称为调制制度增益。式中 S_i/N_i 为输入信噪比，定义为

$$\frac{S_i}{N_i} = \frac{解调器输入已调信号平均功率}{解调器输入噪声平均功率} = \frac{\overline{s_m^2(t)}}{\overline{n_i^2(t)}} \tag{3.3-6}$$

显然，G 越大，表明解调器的抗噪声性能越好。

下面我们在给出已调信号 $s_m(t)$ 和单边噪声功率谱密度 n_0 的情况下，推导出各种解调器的输入及输出信噪比，并在此基础上对各种调制系统的抗噪声性能作出评价。

3.3.2　相干解调输出端信噪比

各种线性调制系统相干解调器的模型如图 3-20 所示。相干解调属于线性解调，故在解调过程中，输入信号及噪声可以分别单独解调。

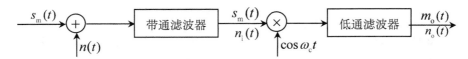

图 3-20　相干解调器模型

1. DSB 调制系统性能

（1）输入信噪比

解调器输入信号 $s_m(t)$ 为：$s_{DSB}(t) = m(t)\cos\omega_c t$，由此可得输入信号功率 S_i 为

$$S_i = \overline{s_m^2(t)} = \frac{1}{2}\overline{m^2(t)} \tag{3.3-7}$$

解调器输入噪声 $n_i(t)$ 为平稳高斯白噪声，因此输入噪声功率 $N_i = \overline{n_i^2(t)} = n_0 B$。因此解调器输入信噪比为

$$\frac{S_i}{N_i} = \frac{\dfrac{1}{2}\overline{m^2(t)}}{n_0 B_{DSB}} = \frac{\overline{m^2(t)}}{2n_0 B_{DSB}} \tag{3.3-8}$$

（2）输出信噪比

由上节中的"DSB 信号的解调"可知解调器输出信号为

$$m_o(t) = \frac{1}{2}m(t)$$

由此可得输出信号功率为

$$S_o = \frac{1}{4}\overline{m^2(t)} \tag{3.3-9}$$

输入解调器的窄带噪声表达式为

$$n_i(t) = n_c(t)\cos\omega_c t - n_s(t)\sin\omega_c t \tag{3.3-10}$$

它与本地载波 $\cos\omega_c t$ 相乘后得

$$\begin{aligned} n_i(t)\cdot\cos\omega_c t &= [n_c(t)\cos\omega_c t - n_s(t)\sin\omega_c t]\cdot\cos\omega_c t \\ &= \frac{1}{2}n_c(t) + \frac{1}{2}[n_c(t)\cos 2\omega_c t - n_s(t)\sin 2\omega_c t] \end{aligned} \tag{3.3-11}$$

经 LPF 后，得解调器输出噪声为

$$n_o(t) = \frac{1}{2}n_c(t) \tag{3.3-12}$$

由此可得输出噪声功率为

$$N_o = \frac{1}{4}\overline{n_c^2(t)} = \frac{1}{4}\overline{n_i^2(t)} = \frac{1}{4}n_0 B_{DSB} \tag{3.3-13}$$

由上两式可求得解调器输出信噪比为

$$\frac{S_o}{N_o} = \frac{\dfrac{1}{4}\overline{m^2(t)}}{\dfrac{1}{4}n_0 B_{DSB}} = \frac{\overline{m^2(t)}}{n_0 B_{DSB}} \tag{3.3-14}$$

（3）调制制度增益

由输入信噪比和输出信噪比可得制度增益 G 为

$$G_{DSB} = \frac{S_o/N_o}{S_i/N_i} = \frac{\dfrac{\overline{m^2(t)}}{n_0 B_{DSB}}}{\dfrac{\overline{m^2(t)}}{2n_0 B_{DSB}}} = 2 \qquad (3.3\text{-}15)$$

DSB 调制系统的制度增益为 2，这就是说，DSB 信号的解调器使信噪比改善一倍。这是因为采用同步解调使输入噪声中的一个正交分量 $n_s(t)$ 被消除的缘故。

【例 3-2】 对 DSB 信号进行相干解调，设接收端输入信号功率为 2mW，载波为 100kHz，并设调制信号 $m(t)$ 的频带限制在 4 kHz，信道噪声双边功率谱密度为 $n_i(f) = 2 \times 10^{-3} \mu\, W/Hz$。

（1）求接收端理想带通滤波器的传输特性 $H(f)$；

（2）求解调器输入端的信噪功率比；

（3）求解调器输出端的信噪功率比；

（4）求解调器输出端的噪声功率谱密度，并用图表示出来。

解：（1）为了保证信号顺利通过及尽可能地滤除噪声，带通滤波器的宽度应等于已调信号的带宽，即 $B = 2f_m = 2 \times 4 = 8$ kHz，其中心频率为 100 kHz，故有

$$H(f) = \begin{cases} K, & 96\text{kHz} \leqslant |f| \leqslant 104\text{kHz} \\ 0, & \text{其他} \end{cases}$$

其中，K 为常数。

（2）已知解调器的输入信号功率 $S_i = 2\text{mW} = 2 \times 10^{-3}\,\text{W}$，输入噪声功率为

$$N_i = 2 \times n_i(f) \times B = 2 \times 2 \times 10^{-3} \times 10^{-6} \times 8 \times 10^3 = 32 \times 10^{-6}\,\text{W}$$

故输入信噪比为

$$\frac{S_i}{N_i} = 62.5$$

（3）因为 DSB 调制制度增益 $G_{DSB} = 2$，故解调器的输出信噪比为

$$\frac{S_o}{N_o} = 2 \times \frac{S_i}{N_i} = 125$$

（4）根据相干解调器的输出噪声与输入噪声功率关系

$$N_o = \frac{1}{4} N_i = 8 \times 10^{-6}\,\text{W}$$

又因解调器中低通滤波器的截止频率为 $f_m = 4\text{kHz}$，故输出噪声的功率谱密度为

$$n_o(f) = \frac{N_o}{2f_m} = \frac{8 \times 10^{-6}}{8 \times 10^3} = 1 \times 10^{-3}\,(\mu\text{W/Hz})\ \text{（双边）}$$

其功率谱如图 3-21 所示。

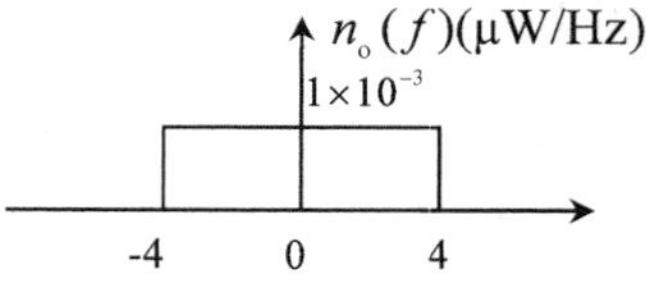

图 3-21　例 3-2 图

2. AM 调制系统性能

AM 调制系统性能分析方法与 DSB 调制系统性能分析方法一样。

（1）输入信噪比

因为 $s_{AM}(t) = [A_0 + m(t)]\cos\omega_c t$，所以输入信号功率为 $S_i = \overline{s_m^2(t)} = A_0^2/2 + \overline{m^2(t)}/2$；解调器输入噪声功率为 $N_i = \overline{n_i^2(t)} = n_0 B_{AM}$。因此输入信噪比为

$$\frac{S_i}{N_i} = \frac{A_0^2/2 + \overline{m^2(t)}/2}{n_0 B_{AM}} = \frac{A_0^2 + \overline{m^2(t)}}{2n_0 B_{AM}} \tag{3.3-16}$$

（2）输出信噪比

由式（3.2-9）得解调器输出信号为 $m_o(t) = m(t)/2$，则输出信号功率为 $S_o = \overline{m^2(t)}/4$；由式（3.3-13）可得解调器输出噪声功率为 $N_o = \overline{n_c^2(t)}/4 = \overline{n_i^2(t)}/4 = n_0 B_{AM}/4$。因此输出信噪比为

$$\frac{S_o}{N_o} = \frac{\overline{m^2(t)}/4}{n_0 B_{AM}/4} = \frac{\overline{m^2(t)}}{n_0 B_{AM}} \tag{3.3-17}$$

（3）调制制度增益

$$G_{AM} = \frac{S_o/N_o}{S_i/N_i} = \frac{\overline{m^2(t)}/n_0 B_{AM}}{\left(A_0^2 + \overline{m^2(t)}\right)/2n_0 B_{AM}} = \frac{2\overline{m^2(t)}}{A_0^2 + \overline{m^2(t)}} \tag{3.3-18}$$

如果调制信号为单频信号 $A_m \cos\omega_m t$，那么 $\overline{m^2(t)} = A_m^2/2$，如果采用百分百调制，即 $A_0 = A_m$，此时 G_{AM} 为最大

$$G_{max} = \frac{2A_m^2/2}{A_0^2 + A_m^2/2} = \frac{2}{3} \tag{3.3-19}$$

上式表明了 AM 调制系统的调制制度增益在单频调制时最多为 2/3。因此 AM 系统的抗噪声性能没有 DSB 系统的抗噪声性能好。

3. SSB 调制系统性能

（1）输入信噪比

因为 $s_{SSB}(t) = \frac{1}{2}m(t)\cdot\cos\omega_c t \mp \frac{1}{2}\hat{m}(t)\cdot\sin\omega_c t$，所以输入信号功率为 $S_i = \overline{s_{SSB}^2(t)} = \overline{m^2(t)}/4$；解调器输入噪声功率为 $N_i = n_0 B_{SSB}$。因此输入信噪比为

$$\frac{S_i}{N_i} = \frac{\overline{m^2(t)}/4}{n_0 B_{SSB}} = \frac{\overline{m^2(t)}}{4n_0 B_{SSB}} \tag{3.3-20}$$

（2）输出信噪比

由式（3.2-23）得解调器输出信号为 $m_o(t) = m(t)/4$，则输出信号功率为 $S_o = \overline{m^2(t)}/16$；由式（3.3-13）可得解调器输出噪声功率为 $N_o = \overline{n_c^2(t)}/4 = \overline{n_i^2(t)}/4 = n_0 B_{SSB}/4$。因此输出信噪比为

$$\frac{S_o}{N_o} = \frac{\overline{m^2(t)}/16}{n_0 B_{SSB}/4} = \frac{\overline{m^2(t)}}{4n_0 B_{SSB}} \tag{3.3-21}$$

（3）调制制度增益

$$G_{\text{SSB}} = \frac{S_\text{o} / N_\text{o}}{S_\text{i} / N_\text{i}} = \frac{\overline{m^2(t)} / 4n_0 B_{\text{SSB}}}{\overline{m^2(t)} / 4n_0 B_{\text{SSB}}} = 1 \tag{3.3-22}$$

SSB 调制系统的制度增益为 1，这是因为在 SSB 系统中，信号和噪声的表示形式中均有正交分量，所以，相干解调过程中，信号和噪声的正交分量均被抑制掉，所以信噪比没有改善。

由以上分析可知，DSB 系统的制度增益是 SSB 系统的 2 倍，这能否说明双边带系统的抗噪声性能比单边带系统好呢？答案是否定的。因为双边带已调信号的平均功率是单边带信号的 2 倍，所以两者的输出信噪比是在不同的输入信号功率情况下得到的。如果在相同的输入信号功率条件下，对这两种调制方式进行比较，可以发现它们的输出信噪比是相等的。因此两者的抗噪声性能是相等的。但双边带信号所需的传输带宽是单边带的 2 倍。

4．VSB 调制系统性能

VSB 调制系统的抗噪声性能的分析方法与上面的相似。但是由于残留边带滤波器的频率特性形状不同，所以抗噪声性能的计算是比较复杂的。但是残留边带不是太大的时候，可近似认为与 SSB 调制系统的抗噪声性能相同。

3.3.3 非相干解调输出端信噪比

由于非相干解调只适用于 AM 信号，因此非相干解调系统性能分析实质就是 AM 信号的性能分析。AM 信号非相干解调系统模型如图 3-22 所示。

图 3-22 非相干解调器模型

1．输入信噪比

AM 信号非相干解调与相干解调时的输入信噪比是一样的。

$$\frac{S_\text{i}}{N_\text{i}} = \frac{[A_0^2 + \overline{m^2(t)}] / 2}{n_0 B_{\text{AM}}} = \frac{A_0^2 + \overline{m^2(t)}}{2n_0 B_{\text{AM}}} \tag{3.3-23}$$

2．输出信噪比

为计算包络检波器的输出信噪比，首先得求出包络检波器的输出信号（包括有用信号及噪声信号），而包络检波器的输出信号就是输入信号的包络，因此，我们只需求出包络检波器输入端有用信号与噪声信号合成以后的信号包络（信号振幅）。输入端的合成信号为

$$s_{AM}(t) + n_i(t) = [A_0 + m(t)]\cos\omega_c t + n_c(t)\cos\omega_c t - n_s(t)\sin\omega_c t$$
$$= [A_0 + m(t) + n_c(t)]\cos\omega_c t - n_s(t)\sin\omega_c t \qquad (3.3\text{-}24)$$
$$= E(t)\cos[\omega_c t + \varphi(t)]$$

其中合成振幅

$$E(t) = \sqrt{[A_0 + m(t) + n_c(t)]^2 + n_s^2(t)} \qquad (3.3\text{-}25)$$

合成相位

$$\varphi(t) = \arctan\frac{n_s(t)}{[A_0 + m(t) + n_c(t)]} \qquad (3.3\text{-}26)$$

这个合成信号输入给包络检波器，包络检波器就能把合成信号的包络 $E(t)$ 提取出来。所以包络检波器的输出信号就是 $E(t)$。由上式可知 $E(t)$ 中既有有用信号，又有噪声信号，两者不是简单的线性相加，所以无法完全分开。因此，计算输出信噪比是件困难的事。为简化分析过程，我们考虑两种特殊情况：一种是大输入信噪比情况；另一种是小输入信噪比情况。

（1）大输入信噪比情况

大输入信噪比条件下，输入信号幅度远大于噪声幅度，即

$$[A_0 + m(t)] \gg n_i(t) = \sqrt{n_c^2(t) + n_s^2(t)}$$
$$[A_0 + m(t)] \gg n_c(t) \qquad (3.3\text{-}27)$$
$$[A_0 + m(t)] \gg n_s(t)$$

把上式条件用于式（3.3-25），$E(t)$ 可近似变换成

$$E(t) \approx A_0 + m(t) + n_c(t) \qquad (3.3\text{-}28)$$

式中，A_0 是直流，可以滤除；第 2 项是有用信号，即 $m_o(t) = m(t)$；第 3 项是噪声。因此大输入信噪比情况下，解调器输出端信号平均功率为

$$S_o = \overline{m_o^2(t)} = \overline{m^2(t)} \qquad (3.3\text{-}29)$$

解调器输出端噪声平均功率为

$$N_o = \overline{n_c^2(t)} = \overline{n_i^2(t)} = n_0 B_{AM} \qquad (3.3\text{-}30)$$

故解调器输出信噪比为

$$\frac{S_o}{N_o} = \frac{\overline{m^2(t)}}{n_0 B_{AM}} \qquad (3.3\text{-}31)$$

调制制度增益为
$$G_{AM} = \frac{S_o / N_o}{S_i / N_i} = \frac{\overline{m^2(t)}/n_0 B_{AM}}{[A_0 + \overline{m^2(t)}]/2n_0 B_{AM}} = \frac{2\overline{m^2(t)}}{A_0 + \overline{m^2(t)}} \qquad (3.3\text{-}32)$$

此结果与相干解调时的结果相同。这说明在大信噪比情况下，采用包络检波法对 AM 信号进行解调和采用相干解调法对 AM 信号进行解调的抗噪声性能近乎相同。

（2）小输入信噪比情况

小输入信噪比条件下，输入信号幅度远小于噪声幅度，即

$$[A_0 + m(t)] << n_i(t) = \sqrt{n_c^2(t) + n_s^2(t)}$$

$$[A_0 + m(t)] << n_c(t) \tag{3.3-33}$$

$$[A_0 + m(t)] << n_s(t)$$

把上式条件用于式（3.3-25），$E(t)$ 可近似变换成

$$E(t) \approx \sqrt{n_c^2(t) + n_s^2(t) + 2n_c(t)[A_0 + m(t)]}$$

$$= \sqrt{[n_c^2(t) + n_s^2(t)]\left\{1 + \frac{2n_c(t)[A_0 + m(t)]}{n_c^2(t) + n_s^2(t)}\right\}}$$

$$= R(t)\sqrt{1 + \frac{2[A_0 + m(t)]}{R(t)}\cos\theta(t)}$$

式中

$$R(t) = \sqrt{n_c^2(t) + n_s^2(t)}$$

$$\cos\theta(t) = \frac{n_c(t)}{R(t)} \tag{3.3-34}$$

利用近似公式：$\sqrt{1+x} \approx 1 + \dfrac{x}{2}$，当 $|x| << 1$ 时，则

$$E(t) \approx R(t)\left[1 + \frac{[A_0 + m(t)]}{R(t)}\cos\theta(t)\right] \tag{3.3-35}$$

$$= R(t) + [A_0 + m(t)]\cos\theta(t)$$

这个结果表明，在解调器输入端没有单独的信号项，只有受到 $\cos\theta(t)$ 调制的 $m(t)\cos\theta(t)$ 项，而 $\cos\theta(t)$ 是一个依赖于噪声的随机函数，因而，有用信号 $m(t)$ 已被噪声扰乱，致使 $m(t)\cos\theta(t)$ 也只能看作噪声。因此，输出信噪比急剧下降，这种现象称为"门限效应"。进一步说，所谓**门限效应**，就是当包络检波器的输入信噪比降低到一个特定的数值后，检波器输出信噪比出现急剧恶化的一种现象，该特定的输入信噪比值称为"门限值"。

有必要指出，用同步解调法解调各种线性调制信号时，由于解调过程可视为信号与噪声分别解调，故解调器输出端总是单独存在有用信号项的，因而，同步解调法不存在门限效应。

由以上分析可知：在大信噪比情况下，AM 信号包络检波器的性能几乎与同步检测器相同。但随着输入信噪比的减小，包络检波器将在一个特定输入信噪比值上出现门限效应。一旦出现门限效应，解调器的输出信噪比将急剧下降。

3.4 非线性调制原理和抗噪声性能

线性调制是通过改变载波的幅度来实现基带调制信号的频谱搬移，而非线性调制除了进

行频谱搬移之外，它所形成的信号频谱不再保持原来基带信号频谱形状。也就是说，已调信号频谱与基带信号频谱之间存在着非线性变换关系。非线性调制通常是通过改变载波的频率或相位来达到的，而频率或相位的变化都可以看成是载波角度的变化，故这种调制又称角度调制。角度调制就是频率调制（FM）和相位调制（PM）的统称。

3.4.1 角度调制概念

角度调制信号的一般表示式为

$$s_m(t) = A\cos[\omega_c t + \varphi(t)] \tag{3.4-1}$$

式中，A 是载波的振幅；$[\omega_c(t) + \varphi(t)]$ 是已调信号的瞬时相位，而 $\varphi(t)$ 为瞬时相位偏移；$d[\omega_c t + \varphi(t)]/dt$ 为信号的瞬时角频率，$d\varphi(t)/dt$ 为瞬时角频率偏移，即相对于 ω_c 的瞬时角频率偏移 $\Delta\omega$。

1. 频率调制

所谓频率调制，是指载波的振幅不变，用基带信号 $m(t)$ 去控制载波的瞬时频率的一种调制方法。调频信号的瞬时频率随着 $m(t)$ 的大小而变化，或者说调频信号的瞬时频偏与 $m(t)$ 成正比关系，即

$$d\varphi(t)/dt = k_f m(t), \qquad \varphi(t) = k_f \int_{-\infty}^{t} m(\tau)d\tau \tag{3.4-2}$$

式中，k_f 称为调频灵敏度。

调频波的表示式为

$$s_{FM}(t) = A\cos[\omega_c t + \varphi(t)] = A\cos[\omega_c t + k_f \int_{-\infty}^{t} m(\tau)d\tau] \tag{3.4-3}$$

式中

$$\omega_c t + k_f \int_{-\infty}^{t} m(\tau)d\tau \quad \cdots \quad 瞬时相位 \qquad \omega_c + k_f m(t) \quad \cdots \quad 瞬时频率$$

$$k_f \int_{-\infty}^{t} m(\tau)d\tau \quad \cdots \quad 瞬时相偏 \qquad k_f m(t) \quad \cdots \quad 瞬时频偏$$

$$k_f \left| \int_{-\infty}^{t} m(\tau)d\tau \right|_{max} \quad \cdots \quad 最大相偏 \qquad k_f |m(t)|_{max} \quad \cdots \quad 最大频偏$$

2. 相位调制

所谓相位调制，是指载波的振幅不变，载波的瞬时相位随着基带调制信号的大小而变化，或者说载波瞬时相位偏移与调制信号成比例关系。即

$$\varphi(t) = k_p m(t) \tag{3.4-4}$$

式中，k_p 为调相灵敏度。调相信号的表示式为

$$s_{PM}(t) = A\cos[\omega_c t + k_p m(t)] \tag{3.4-5}$$

式中

$\omega_c t + k_p m(t)$	$\cdots$	瞬时相位	$\omega_c + k_p[\mathrm{d}m(t)/\mathrm{d}t]$	$\cdots$	瞬时频率
$k_p m(t)$	$\cdots$	瞬时相偏	$k_p[\mathrm{d}m(t)/\mathrm{d}t]$	$\cdots$	瞬时频偏
$k_p\left|m(t)\right|_{\max}$	$\cdots$	最大相偏	$k_p\left|\mathrm{d}m(t)/\mathrm{d}t\right|_{\max}$	$\cdots$	最大频偏

由于 FM 用的比较多，下面主要讨论 FM。

3.4.2 调频信号带宽

为求得调频信号带宽，需求调频信号的频谱，但直接从调频信号的时域表达式求频域表达式比较困难。如果对调频信号的最大相偏加以限制，问题就会简单得多。

调频信号中，如果满足以下条件时，调频信号的频谱宽度比较窄，称为窄带调频（NBFM）。

$$\left|\varphi(t)\right|_{\max} = \left|k_f \int m(t)\mathrm{d}t\right|_{\max} \leqslant \frac{\pi}{6} \quad \text{（或0.5）} \tag{3.4-6}$$

如果最大相位偏移比较大，相应的最大频率偏移也比较大，这时调频信号的频谱比较宽，属于宽带调频（WBFM）。

下面分别讨论 NBFM 和 WBFM 的频谱宽度。

1. NBFM 频谱宽度

把窄带调频的条件应用于式（3.4-3），则 FM 信号的表达式可近似变为

$$s_{\mathrm{NBFM}}(t) \approx A\cos\omega_c t - Ak_f \int_{-\infty}^{t} m(\tau)\mathrm{d}\tau \cdot \sin\omega_c t \tag{3.4-7}$$

由上式可知，窄带调频信号由同相分量和正交分量组成。对上式进行傅里叶变换，可得

$$S_{\mathrm{NBFM}}(\omega) = \pi A[\delta(\omega+\omega_c) + \delta(\omega-\omega_c)] + \frac{Ak_f}{2}\left[\frac{M(\omega-\omega_c)}{(\omega-\omega_c)} - \frac{M(\omega+\omega_c)}{(\omega+\omega_c)}\right] \tag{3.4-8}$$

可以看出，NBFM 信号的频谱由 $\pm\omega_c$ 处的载频和位于载频两侧的边频组成。与 AM 信号的频谱很相似，所不同的是 NBFM 的两个边频在正频域内乘了一个系数 $1/(\omega-\omega_c)$，在负频域内乘了一个系数 $1/(\omega+\omega_c)$，而负频域的边带频谱相位倒转180°。

NBFM 信号的频带宽度与 AM 信号一样，为

$$B_{\mathrm{NBFM}} = 2f_m \tag{3.4-9}$$

2. WBFM 频谱宽度

宽带调频信号的频谱分析比较困难，在此我们只讨论单频信号宽带调频时的带宽。设单频调制信号为 $m(t) = \cos\omega_m t$，则

$$\varphi(t) = k_f \int_{-\infty}^{t} m(\tau)\mathrm{d}\tau = \frac{k_f}{\omega_m}\sin\omega_m t = m_f\sin\omega_m t \tag{3.4-10}$$

式中，$m_f = k_f / \omega_m$ 是调频信号的最大相位偏移，又称调频指数。利用三角公式对式（3.4-3）进行展开，可得调频信号为

$$s_{FM}(t) = A[\cos \omega_c t \cdot \cos(m_f \sin \omega_m t) - \sin \omega_c t \cdot \sin(m_f \sin \omega_m t)] \tag{3.4-11}$$

将上式中的两个因子 $\cos(m_f \sin \omega_m t)$ 和 $\sin(m_f \sin \omega_m t)$ 分别展开成傅里叶级数形式，并用三角公式变换式（3.4-11）可得

$$s_{FM}(t) = A \sum_{-\infty}^{\infty} J_n(m_f) \cos(\omega_c + n\omega_m)t \tag{3.4-12}$$

式中，$J_n(m_f)$ 称为第一类 n 阶贝塞尔（Bessel）函数，它是调频指数 m_f 的函数，其展开式为

$$J_n(m_f) = \sum_{j=0}^{\infty} \frac{(-1)^j (m_f/2)^{2j+n}}{j!(n+j)!} \tag{3.4-13}$$

由式（3.4-13）可见，即使在单频调制情况下，调频波也是由无限多个频率分量所组成，即调频信号的频谱可以扩展到无限宽。但如果把幅度小于 0.1 倍载波幅度的边频忽略不计，则可以得到调频信号的带宽为

$$B_{WBFM} \approx 2(m_f + 1)f_m = 2(\Delta f + f_m) \tag{3.4-14}$$

式中，$\Delta f = m_f \cdot f_m$，称为最大频偏。这就是著名的卡森公式。

【例3-3】 已知某单频调频波的振幅是 10V，瞬时频率为 $f(t) = 10^6 + 10^4 \cos 2\pi \times 10^3 t (Hz)$，试求：

（1）此调频波的表达式；

（2）此调频波的频率偏移、调频指数和频带宽度；

（3）若调制信号频率提高到 $2 \times 10^3 Hz$，调频波的频偏、调频指数和频带宽度如何变化？

解：（1）该调频波的瞬时角频率为

$$\omega(t) = 2\pi f(t) = 2\pi \times 10^6 + 2\pi \times 10^4 \cos 2\pi \times 10^3 t \quad (rad/s)$$

此时，该调频波的总相位 $\theta(t)$ 为

$$\theta(t) = \int_{-\infty}^{t} \omega(\tau) d\tau = 2\pi \times 10^6 t + 10 \sin 2\pi \times 10^3 t$$

因此，调频波的时域表达式 $s_{FM}(t)$ 为

$$s_{FM}(t) = A \cos \theta(t) = 10 \cos(2\pi \times 10^6 t + 10 \sin 2\pi \times 10^3 t)(V)$$

（2）根据频率偏移的定义

$$\Delta f = \left| \Delta f \right|_{max} = \left| 10^4 \cos 2\pi \times 10^3 t \right|_{max} = 10(kHz)$$

调频指数为

$$m_f = \frac{\Delta f}{f_m} = \frac{10^4}{10^3} = 10$$

满足 $m_f >> 1$，认为是宽带调频，因此由式（3.4-14）可得该调频波的带宽为

$$B \approx 2(\Delta f + f_m) = 2(10 + 1) = 22(kHz)$$

（3）若调制信号频率 f_m 由 $10^3\,\text{Hz}$ 提高到 $2\times10^3\,\text{Hz}$，且频率调制时已调波频率偏移与调制信号频率无关，故这时调频信号的频率偏移仍然是 $\Delta f = 10\text{kHz}$，而这时调频指数变为

$$m_f = \frac{\Delta f}{f_m} = \frac{10^4}{2\times10^3} = 5$$

相应调频信号的带宽为

$$B \approx 2(\Delta f + f_m) = 2(10 + 2) = 24(\text{kHz})$$

由上述结果可知，由于 $\Delta f \gg f_m$，带宽主要依赖于最大频偏，所以，虽然调制信号频率 f_m 增加了一倍，但调频信号的带宽 B 变化很小。

3.4.3 调频信号解调输出性能

调频信号的解调有相干解调和非相干解调两种。相干解调仅适用于窄带调频信号，因为窄带调频信号可近似表示成同相分量和正交分量。由于同步解调的原理与前面所述的线性调制同步解调法相同，在此不再详细讨论。调频信号另一种解调法是非相干解调法，它适用于窄带和宽带调频信号，而且不需要同步信号，因而是 FM 系统的主要解调方法。下面我们先讨论非相干解调原理，再分析其抗噪声性能。

1. 调频信号非相干解调原理

调频信号解调的目的是产生正比于输入信号频率的输出电压，或者说产生正比于基带信号的输出电压，因为调频信号频率是正比于基带信号的。

最简单的非相干解调器是具有频率—电压转换特性的鉴频器，如图 3-23 所示。

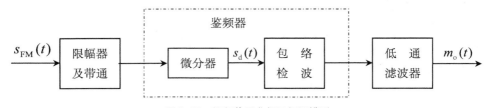

图 3-23　调频信号非相干解调模型

理想鉴频器可看成是带微分器的包络检波器。因为当输入信号为正弦波时，经微分后，其频率信息就会提到振幅中，再通过包络检波，就可把所需频率信息提取出来。解调过程如下。

输入调频信号为

$$s_{\text{FM}}(t) = A\cos\left[\omega_c t + k_f \int_{-\infty}^{t} m(\tau)\mathrm{d}\tau\right] \tag{3.4-15}$$

对输入信号微分后得

$$s_d(t) = -A[\omega_c + k_f m(t)]\sin\left[\omega_c t + k_f \int_{-\infty}^{t} m(\tau)\mathrm{d}\tau\right] \tag{3.4-16}$$

用包络检波器将其振幅取出，并滤去直流后的输出信号为

$$m_o(t) = k_d k_f m(t) \tag{3.4-17}$$

式中 k_d 称为鉴频器灵敏度。

2. 调频系统抗噪声性能

调频系统抗噪声性能的分析方法和分析模型与线性调制系统相似，如图 3-24 所示。

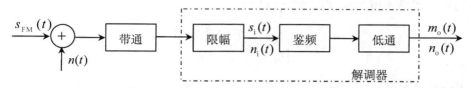

图 3-24 调频系统抗噪声性能分析模型

图中限幅器是为了消除接收信号在幅度上可能出现的畸变。带通滤波器的作用是抑制信号带宽以外的噪声，$n(t)$ 是均值为 0、单边功率谱密度为 n_0 的高斯白噪声，经过带通滤波器变为窄带高斯噪声。

（1）输入信噪比

输入调频信号为

$$s_{FM}(t) = A\cos\left[\omega_c t + k_f \int_{-\infty}^{t} m(\tau)\mathrm{d}\tau\right] \tag{3.4-18}$$

因而输入信号功率为

$$S_i = \overline{s_{FM}^2(t)} = A^2/2 \tag{3.4-19}$$

输入噪声功率为 $N_i = n_0 B_{FM}$。此处的 B 是调频信号带宽。

所以输入信噪比为

$$S_i/N_i = A^2/2n_0 B_{FM} \tag{3.4-20}$$

（2）输出信噪比

由于非相干解调不满足叠加性，无法分别计算信号与噪声功率，因此，也和 AM 信号的非相干解调一样，考虑两种极端情况，即大信噪比情况和小信噪比情况。分析思路如下：将调频信号与窄带高斯白噪声相加，用三角公式化成余弦波合成信号，经微分将频率信息提到振幅处，再经包络提取振幅信息，去直流后就可得到所需的输出有用信号和输出噪声信号，进一步可求得输出信号功率和输出噪声功率。

① 大信噪比情况

经过分析可知，如果在大信噪比情况下，可得输出信号为

$$m_o(t) = \frac{k_f}{2\pi} m(t) \tag{3.4-21}$$

所以输出信号功率为

$$S_o = \overline{m_o^2(t)} = \frac{k_f^2}{4\pi^2} \overline{m^2(t)} \tag{3.4-22}$$

解调器输出噪声为

$$n_o(t) = \frac{1}{2\pi A} \cdot \frac{\mathrm{d}n_s(t)}{\mathrm{d}t} = \frac{1}{2\pi A} n_s'(t) \tag{3.4-23}$$

由于 $\mathrm{d}n_s(t)/\mathrm{d}t$ 实际上就是 $n_s(t)$ 通过微分电路后的输出，故它的功率谱密度应等于 $n_s(t)$ 的功率谱密度乘以理想微分电路的功率传输函数。

设 $n_s(t)$ 的功率谱密度为 $n_i(f)$，则 $n_i(f)$ 为

$$n_i(f) = \begin{cases} n_0, & |f| \leqslant (B/2) \\ 0, & \text{其他} \end{cases}$$

理想微分电路的功率传输函数为 $|H(\omega)|^2 = |\mathrm{j}\omega|^2 = \omega^2$，则 $\mathrm{d}n_s(t)/\mathrm{d}t$ 的功率谱密度 $n_o(f)$ 为

$$n_o(f) = \omega^2 n_0 = (2\pi f)^2 n_0, \qquad |f| \leqslant \frac{B}{2}$$

如图 3-25 所示。

由此可见，$\mathrm{d}n_s(t)/\mathrm{d}t$ 的功率谱密度在频带内不再是均匀的，而是与 f^2 成正比。此时可求得输出噪声功率为

$$N_o = \overline{n_o^2(t)} = \frac{\overline{n_s'^2(t)}}{4\pi^2 A^2} = \frac{1}{4\pi^2 A^2} \int_{-f_m}^{f_m} n_o(f)\mathrm{d}f = \frac{2n_0}{3A^2} f_m^3 \tag{3.4-24}$$

所以解调器输出信噪比为

$$\frac{S_o}{N_o} = \frac{3A^2 k_f^2 \overline{m^2(t)}}{8\pi^2 n_0 f_m^3} \tag{3.4-25}$$

如果调制信号为单频余弦波时，即 $m(t) = \cos\omega_m t$，输出信噪比为

$$\frac{S_o}{N_o} = \frac{3}{2} m_f^2 \frac{A^2/2}{n_0 f_m} \tag{3.4-26}$$

制度增益为

$$G_{FM} = \frac{S_o/N_o}{S_i/N_i} = \frac{3}{2} m_f^2 \frac{B_{FM}}{f_m} \tag{3.4-27}$$

式中，$B_{FM} = 2(m_f+1)f_m$，代入上式得

$$G_{FM} = 3m_f^2(m_f+1) \approx 3m_f^3 \tag{3.4-28}$$

上式表明，大信噪比时调频系统的制度增益是很高的，它与调制指数的立方成正比。

② 小信噪比情况

经过分析可知，当输入信噪比减小到一定程度时，解调器的输出中不存在单独的有用信号项，信号被噪声扰乱，因而输出信噪比急剧下降，这种情况与 AM 包络检波时相似，称为"门限效应"。

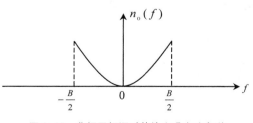

图 3-25 非相干解调时的输出噪声功率谱

综合以上分析可知，调频系统的抗噪声性能比较好，但付出的代价是系统占据的带宽比较宽，而且带宽越宽，即 m_f 越大，输出信噪比也越大，也就是所谓的用带宽换取信噪比。但这种以带宽换取输出信噪比并不是无止境的。随着带宽的增加，输入噪声功率将增大，在输入信号功率不变的条件下，输入信噪比下降，当输入信噪比降到一定程度时，就会出现门限效应，输出信噪比将急剧恶化。在实际中，改善门限效应有许多种方法，目前用的较多的有锁相环解调器和反馈解调器等。另外也可采用"预加重"和"去加重"技术来改善解调器输出信噪比。

【**例 3-4**】 设一宽带频率调制系统，载波振幅为 100V，频率为 100MHz，调制信号 $m(t)$ 的频带限制于 5kHz，$\overline{m^2(t)} = 5\,000\text{V}^2$，$k_f = 500\pi$ rad/(s·V)，最大频偏 $\Delta f = 75\text{kHz}$，并设信道中噪声功率谱密度是均匀的，n_0 为 10^{-3} W/Hz（单边谱），试求：

（1）接收机输入端理想带通滤波器的传输特性 $H(f)$；

（2）解调器输入端的信噪功率比；

（3）解调器输出端的信噪功率比；

（4）若 $m(t)$ 以振幅调制方法传输，并以包络检波器检波，试比较在输出信噪比和所需带宽方面与频率调制系统有何不同？

解：（1）FM 信号带宽为：$B_{\text{FM}} = 2(\Delta f + f_m) = 2(75 + 5) = 160\text{kHz}$

接收机输入端理想带通滤波器的传输特性为

$$H(f) = \begin{cases} 1, & 99.92\text{MHz} \leqslant |f| \leqslant 100.08\text{MHz} \\ 0, & \text{其他} \end{cases}$$

（2）解调器输入信号功率为

$$S_i = \frac{1}{2}A^2 = \frac{1}{2} \times 100^2 = 5\,000\text{W}$$

解调器输入噪声功率为：$N_i = n_0 B = 10^{-3} \times 160 \times 10^3 = 160\text{W}$

解调器输入信噪比为：$S_i / N_i = 5\,000/160 = 31.25$

（3）由式（3.4-22）可得解调器输出信号功率为

$$S_o = \frac{k_f^2}{4\pi^2}\overline{m^2(t)} = \frac{(500\pi)^2}{4\pi^2} \times 5\,000 = 3\,125 \times 10^5\text{W}$$

由式（3.4-24）解调器输出噪声功率为

$$N_o = \frac{2n_o}{3A^2}f_m^3 = \frac{2 \times 10^{-3}}{3 \times 100^2} \times (5 \times 10^3)^3 = 83.3 \times 10^2\text{W}$$

解调器输出信噪比为 $(S_o / N_o)_{\text{FM}} = 3\,125 \times 10^5 /(83.3 \times 10^2) = 3\,7500$

（4）由式（3.3-31）可得 AM 信号包络检波输出信噪比为

$$(S_o / N_o)_{\text{AM}} = \frac{\overline{m^2(t)}}{\overline{n_c^2(t)}} = \frac{\overline{m^2(t)}}{n_0 B_{\text{AM}}} = \frac{5\,000}{10^{-3} \times 2 \times 5 \times 10^3} = 500$$

$$\frac{(S_o / N_o)_{\text{FM}}}{(S_o / N_o)_{\text{AM}}} = 75, \qquad \frac{B_{\text{FM}}}{B_{\text{AM}}} = 16$$

这说明，频率调制系统抗噪性能的提高是以增加传输带宽（降低有效性）作为代价的。

3.5 模拟调制系统性能比较

3.5.1 有效性比较

第 1 章中已经指出模拟通信系统的有效性是用有效传输频带来度量的，而各种模拟调制系统的频带宽度分别为

$$B_{AM} = 2f_m$$
$$B_{DSB} = 2f_m$$
$$B_{SSB} = f_m \tag{3.5-1}$$
$$B_{VSB} = (1 \sim 2)f_m$$
$$B_{FM} = 2(m_f + 1)f_m$$

式中，f_m 为基带调制信号的带宽。就有效性来看，SSB 的带宽最窄，其频带利用率最高；其次是 VSB；接下来是 DSB 和 AM；WBFM 的带宽最宽。

3.5.2 可靠性比较

第 1 章中也已经指出模拟通信系统的可靠性是用接收端最终输出信噪比来度量的。在此我们给出在相同的解调器输入信号功率 S_i、相同噪声功率谱密度 n_0、相同基带信号带宽 f_m 的条件下，各种模拟调制系统的输出信噪比。

$$\left(S_o \middle/ N_o\right)_{AM} = \frac{1}{3} \cdot \frac{S_i}{n_0 f_m}$$

$$\left(S_o \middle/ N_o\right)_{DSB} = \frac{S_i}{n_0 f_m}$$

$$\left(S_o \middle/ N_o\right)_{SSB} = \frac{S_i}{n_0 f_m} \tag{3.5-2}$$

$$\left(S_o \middle/ N_o\right)_{VSB} \approx \frac{S_i}{n_0 f_m}$$

$$\left(S_o \middle/ N_o\right)_{FM} = \frac{3}{2} m_f^3 \cdot \frac{S_i}{n_0 f_m}$$

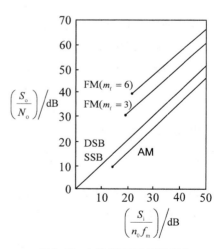

图 3-26　各种模拟调制系统性能

就可靠性而言，WBFM 的输出信噪比最大，抗噪声性能最好；其次是 DSB、SSB 和 VSB；AM 抗噪声性能最差。图 3-26 给出了各种模拟调制系统的性能曲线，图中的圆点表示门限点。

由图可知，门限点以上，DSB、SSB 的信噪比比 AM 高 4.7dB，而 FM（m_f =6）的信噪比比 AM 高 22dB。从图中也可看出：FM 的调频指数 m_f 越大，抗噪声性能越好，但占据的带宽将越宽，频带利用率也将越低。

3.5.3 特点及应用

AM 调制的优点是接收设备简单；缺点是功率利用率低，抗干扰能力差，在传输中如果载波受到信道的选择性衰落，则在包络检波时会出现过调失真，信号频带较宽，频带利用率不高。因此 AM 调制方式用于通信质量要求不高的场合，目前主要用于中波和短波的调幅广播中。

DSB 调制的优点是功率利用率高，但带宽与 AM 相同，接收要求同步解调，设备较复杂。只用于点对点的专用通信，运用不太广泛。

SSB 调制的优点是功率利用率和频带利用率都较高，抗干扰能力和抗选择性衰落能力均优于 AM，而带宽只有 AM 的一半；缺点是发送和接收设备都较复杂。鉴于这些特点，SSB 调制方式普遍用在频带比较拥挤的场合，如短波波段的无线电广播和频分复用系统中。

VSB 调制的优点在于部分抑制了发送边带，同时又利用平缓滚降滤波器补偿了被抑制部分。VSB 的性能与 SSB 相当。VSB 解调原则上也需要同步解调，但在某些 VSB 系统中，附加一个足够大的载波，就可用包络检波法解调，这种方式综合了 AM、SSB 和 DSB 三者的优点。所有这些特点使 VSB 对商用电视广播系统特别具有吸引力。

宽带 FM 的抗干扰能力强，可以实现带宽与信噪比的互换，因而宽带 FM 广泛应用于长距离高质量的通信系统中，如空间和卫星通信、调频立体声广播、超短波电台等。窄带 FM 具有良好的抗快衰落能力，对微波中继系统颇有吸引力。宽带 FM 的缺点是频带利用率低，存在门限效应，因此在接收信号弱，干扰大的情况下宜采用窄带 FM，这就是小型通信机常采用窄带调频的原因。另外，窄带 FM 采用相干解调时不存在门限效应。各种调制方式的用途总结见表 3-1。

表 3-1 常用调制方式的用途

调 制 方 式		用 途 举 例
线性调制	常规双边带调制 AM	广播
	双边带调制 DSB	立体声广播
	单边带调制 SSB	短波无线电话通信
	残留边带调制 VSB	电视广播、传真
非线性调制	频率调制 FM	微波中继、卫星通信、广播
	相位调制 PM	中间调制方式

3.6 频分复用与多级调制

3.6.1 频分复用

前面介绍的线性调制和非线性调制都是针对单路信号而言的，在实际应用中为了充分发挥信道的传输能力，往往把多路信号合在一起在信道内同时传输，这种把在一个信道上同时传输多路信号的技术称为复用技术。

实现信号多路复用的基本途径之一是采用调制技术，它通过调制把不同路信号搬移到不同载频上来实现复用，这种技术称为频分复用（FDM）。另一类是时分复用（TDM），是利用不同的时间间隙来传输不同的话路信号的。关于 TDM 的内容将在后面章节介绍。

频分复用是将信道带宽分割成互不重叠的许多小频带,每个小频带能顺利通过一路信号。这样可以利用前面介绍的调制技术,把不同的信号搬移到相应的频带上,随后把它们合在一起发送出去。如图 3-27 所示为一个实现 n 路信号频分复用的系统组成方框图,图中各路信号调制采用 SSB 方式,也可以采用 DSB、VSB、FM 等调制方式。发送端每路信号调制前的 LPF 的作用是限制基带信号的频带宽度,避免信号在合路后产生频率相互重叠。

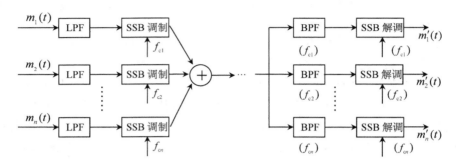

图 3-27 频分复用系统

n 路信号复用后的合路信号的频谱如图 3-28 所示。

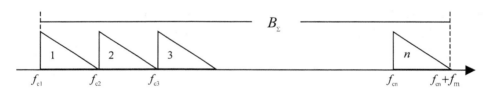

图 3-28 频分复用信号频谱

通过 FDM 后的合路信号的频谱可以看出,合路后的每路信号的频谱互不重叠,合路后的频带宽度为

$$B_{\text{FDM}} = n \cdot B_{\text{SSB}} \tag{3.6-1}$$

如果采用 DSB 调制,那么 B_{SSB} 应替换成 B_{DSB}。

在频分复用系统的接收端,可以利用相应的带通滤波器(BPF)来区分开各路信号频谱,然后通过各自的相干解调器便可恢复各路调制信号。

频分复用系统的最大优点是信道复用率高,允许复用的路数多,同时分路也很方便。因此,它成为目前模拟通信中主要的一种复用方式,特别是在有线和微波通信系统中,应用十分广泛。频分复用系统的主要缺点是设备较为复杂,另一缺点是滤波器特性不够理想和信道内存在非线性而产生路间干扰。

频分复用后的信号原则上可以在信道中传输,但有时为了更好地利用信道的传输特性,也可以再进行一次调制。

3.6.2 复合调制和多级调制

在模拟调制系统中,除单独采用前面讨论过的各种幅度调制和频率调制外,还会遇到复合调制和多级调制。

复合调制就是对同一载波进行两种或更多种的调制。例如，对一个调频波再进行一次振幅调制，所得结果就变成了调频调幅波。

多级调制是将同一基带信号实施两次或更多次的调制过程，前后级的调制方式可以是相同的，也可以是不同的。

【**例 3-5**】 设有一个频分多路复用系统，副载波用 SSB 调制，主载波用 FM 调制。如果有 60 路等幅的音频输入通路，则每路频带限制在 3.3kHz 以下，防护频带为 0.7kHz。

（1）如果最大频偏为 800kHz，试求传输信号的带宽；

（2）试分析与第 1 路相比，第 60 路输出信噪比降低的程度（假定鉴频器输入的噪声是白噪声，且解调器中无去加重电路）。

解：（1）60 路 SSB 信号的带宽为：$B = [60 \times (3.3 + 0.7)] = 240\text{kHz}$

调频器输入信号的最高频率为：$f_H = f_L + B$

当频分复用 SSB 信号的最低频率 $f_L = 0$ 时，$f_H = B = 240\text{kHz}$，即 $f_m = 240\text{kHz}$，故 FM 信号带宽为

$$B_{FM} = 2(\Delta f + f_m) = [2 \times (800 + 240)] = 2\,080\text{kHz}$$

（2）思路：因为鉴频器输出噪声功率谱密度与频率平方成正比，可简单表示成 kf^2，所以接收端各个带通滤波器输出噪声功率不同，带通滤波器的通频带越高，输出噪声功率越大。鉴频器输出的各路 SSB 信号功率与它们所处的频率位置无关，因此，各个 SSB 解调器输出信噪比不同。第 1 路 SSB 信号位于整个频带的最低端，第 60 路 SSB 信号处于频带的最高端。故第 60 路 SSB 解调器输出信噪比最小，而第 1 路信噪比最高。

第 1 路，频率范围为 0～4kHz，因而噪声功率为

$$N_{o1} = k \int_0^4 f^2 \mathrm{d}f$$

第 60 路，频率范围为 236～240kHz，因而噪声功率为

$$N_{o60} = k \int_{236}^{240} f^2 \mathrm{d}f$$

两者之比为

$$\frac{N_{o60}}{N_{o1}} = \frac{240^3 - 236^3}{4^3} = \frac{679\,744}{64}$$

故与第 1 路相比，第 60 路输出信噪比降低的分贝数为

$$\left(10\lg\frac{679\,744}{64}\right)\text{dB} = (10\lg 10\,621)\text{dB} \approx 40\text{dB}$$

3.7 模拟通信系统应用实例

3.7.1 载波电话系统

在一对传输线上同时传输多路模拟电话称为载波电话。多路载波电话采用单边带调制的

频分复用方式，相应的复用设备称为载波机。在数字电话使用之前载波电话曾被大量应用于长途通信，是频分复用的一种典型应用。在载波电话系统中，每路电话信号限带于 0.3～3.4kHz，各路信号间留有保护间隔，因此每路取 4 kHz 作为标准频带。单边带调制后其带宽与调制信号相同。考虑到大容量载波电话在传输中合路和分路的方便，载波电话有一套标准的等级，见表 3-2。

表 3-2　　　　　　　　　　　　　　　多路载波电话标准分群等级

分群等级	容量（路数）	带宽	基本频带/kHz
基　　群	12	48kHz	60～108
超　　群	60=5×12	240kHz	312～552
基本主群	300=5×60	1 200kHz	812～2 044
基本超主群	900=3×300	3 600kHz	8 516～12 388
12M Hz 系统	2 700=3×900	10.8MHz	
60M Hz 系统	10 800=12×900	43.2MHz	

各种等级群路信号的形成过程可由频谱图说明。用一个直角三角形表示 0～4kHz 的一路电话基带信号，三角形的垂直边代表高频端，另一端代表低频端。经过一次调制以后若取上边带，则已调信号的频谱与调制信号的频谱在形状上是一致的，但若取下边带则形状是对称的，即频谱形状倒置。

对 3 路话音基带信号进行上边带调制形成一个前群；对 4 个前群进行下边带调制形成一个基群。一个基群的频谱是由 4 个前群合成的，其频谱搬移过程如图 3-29 所示。

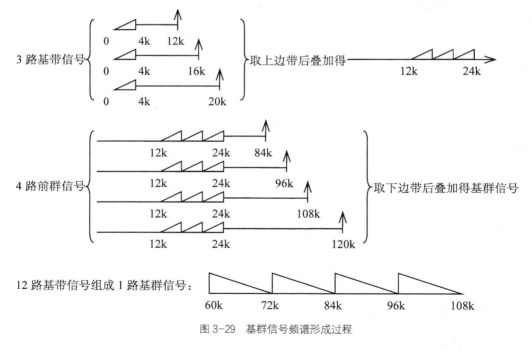

图 3-29　基群信号频谱形成过程

同理可画出超群、基本主群和基本超主群的频谱。表 3-2 中所列的基本频带指的是单边带调制后群路信号的频率范围，并不是在实际信道中传输的频带。在送入信道前常常还要进行一次频率搬移，以适合于信道的传输特性。

3.7.2 调幅广播

模拟幅度调制是无线电最早期的远距离传输技术。在幅度调制中，以声音信号控制高频率正弦信号的幅度，并将幅度变化的高频率正弦信号放大后通过天线发射出去成为电磁波辐射。电磁波的频率 f（Hz）、波长 λ（m）和传播速度 c（m/s）之间的关系是

$$\lambda = \frac{c}{f} \tag{3.7-1}$$

自由空间中电磁波的传播速度为 $c = 3 \times 10^8 \, \text{m/s}$。显然，电磁波的频率和波长呈反比关系。波动的电信号要能够有效地从天线发送出去，或者有效地从天线将信号接收回来，需要天线的等效长度至少达到波长的 1/4。声音转换为电信号后其波长约为 15～15 000km，实际中不可能制造出这样长度和范围的天线进行有效信号收发。因此需要将声音这样的低频信号从低频段搬移到高频段上去，以便通过较短的天线发射出去。例如，移动通信所使用的 900MHz 频率段的电磁波信号波长约为 0.33m，其收发天线的尺寸应为波长的 1/4，即约 8cm。而调幅广播中波频率范围为 550～1 605kHz，短波约为 3～30MHz，其波长范围在几十米到几百米，相应的天线就要长一些。调幅广播采用的是常规调幅方式，使用的波段分为中波和短波两种。

3.7.3 调频广播

调频广播的质量明显优于调幅广播。在普通单声道的调频广播中，取调制信号的最高频率 f_{m} 为 15kHz，最大频偏 Δf_{max} 为 75kHz，由卡森公式可算出调频信号的带宽为

$$B = 2\left(f_{\text{m}} + \Delta f_{\text{max}}\right) = 2 \times (15 + 75) = 180 \text{kHz}$$

规定各电台之间的频道间隔为 200kHz。

双声道立体声调频广播与单声道调频广播是兼容的，左声道信号 L 和右声道信号 R 的最高频率也为 15kHz。左声道和右声道相加形成和信号（L+R），相减形成差信号（L−R）。差信号对 38kHz 的副载波进行双边带调制，连同和信号形成一个频分复用信号作为调频立体声广播的调制信号，其形成过程如图 3-30 所示，频谱如图 3-31 所示。0～15kHz 用于传送（L+R）信号，23～53kHz 用于传送（L−R）信号，59～75kHz 则用于辅助信道。（L−R）信号的载波频率为 38kHz，在 19kHz 处发送一个单频信号用作立体声指示，并作为接收端提取同频同相相干载波使用。在普通调频广播中只发送 0～15kHz 的（L+R）信号。

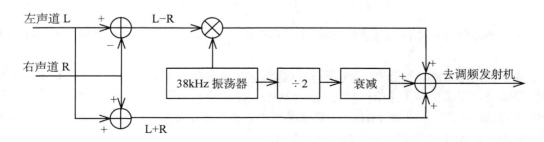

图 3-30 立体声广播信号的形成

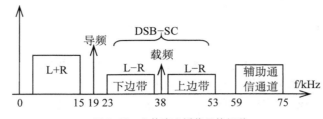

图 3-31 立体声广播信号的频谱

接收立体声广播后先进行鉴频，得到频分复用信号。对频分复用信号进行相应的分离，以恢复出左声道信号 L 和右声道信号 R，其原理如图 3-32 所示。

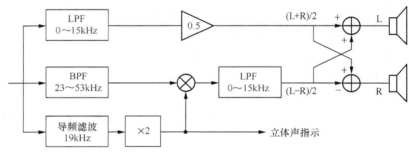

图 3-32 立体声广播信号的解调

调频广播使用的载频为 87～108MHz，与地面电视的载频同处于甚高频（VHF）频段。在我国电视频道中第 5 频道和第 6 频道之间留有较宽的频率间隔，以提供调频广播使用。

3.7.4　地面广播电视

由电视塔发射的电视节目称地面广播电视。电视信号是由不同种类的信号组合而成的，这些信号的特点不同，所以采用了不同的调制方式。图像信号是 0～6MHz 宽带视频信号，为了节省已调信号的带宽，又因难以采用单边带调制，所以采用残留边带调制，并插入很强的载波。接收端可用包络检波的方法恢复图像信号，因而使接收机得到简化。伴音信号则采用宽带调频方式，不仅保证了伴音信号的音质，而且对图像信号的干扰也很小。伴音信号的最高频率 $f_\mathrm{m}=15$ kHz，最大频偏 $\Delta f_\mathrm{max}=50$ kHz，由卡森公式可计算出伴音调频信号的频带宽度为

$$B = 2\left(f_\mathrm{m} + \Delta f_\mathrm{max}\right) = 2 \times \left(15 + 50\right) = 130\mathrm{kHz}$$

又考虑到图像信号和伴音信号必须用同一副天线接收，因此图像载频和伴音载频不得相隔太远。

我国黑白电视的频谱如图 3-33 所示，残留边带的图像信号和调频的伴音信号形成一个频分复用信号。图像信号主边带标称带宽为 6MHz，残留边带标称带宽为 0.75MHz，为使滤波器制作容易，底宽定为 1.25 MHz。图像载频与伴音载频相距 6.5 MHz，伴音载频与邻近频道的间隔为 0.25 MHz，电视信号总频宽为 8 MHz。

彩色电视和黑白电视是兼容的。在彩色电视信号中，除了亮度信号即黑白电视信号以外，

还有两路色彩信号 R－Y（红色与亮度之差）和 B－Y（蓝色与亮度之差）。我国彩色电视使用 PAL 制，这两路色差信号对 4.43 MHz 彩色副载波进行正交的抑制载波双边带调制，即两路信号对相同频率而相位差90°的两个载波分别进行抑制载波双边带调制。彩色电视信号的频谱如图 3-34 所示。

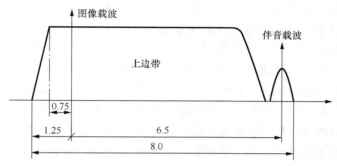

图 3-33　黑白电视信号的频谱

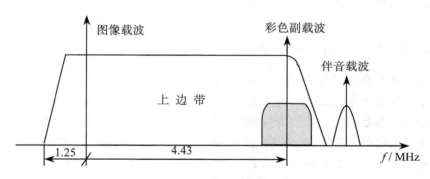

图 3-34　彩色电视信号频谱

3.7.5　卫星直播电视

　　与地面广播电视不同，卫星直播电视是由卫星发送或转发电视信号，一般用户利用天线可以直接收看的电视广播技术。卫星直播电视系统示意图如图 3-35 所示。地面发射站以定向微波波束将电视节目信号经上行线路发往卫星，卫星上的星载转发器接收信号后，经变频和放大处理再以定向微波波束经下行线路向预定的地区发射。地面接收站收转或用简单的接收设备就可以收看发射站播放的电视节目。地面接收站有专业的和简易的，前者供转播使用，后者供个人或集体收看使用。

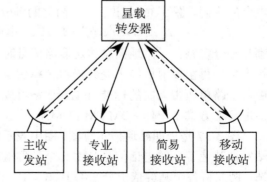

图 3-35　卫星直播电视系统示意图

　　利用置于室外直径小于 1m 的抛物面天线及廉价的卫星电视接收机就能达到满意的接收效果，这是卫星直播电视的最终目标。为达到这样的目的，星载转发器的功率应有上千瓦或更大。但目前星载转发器的功率只有约 100W，而且普通家用电视机不能直接接收卫星电视，因此目前多数采用集体接收的方式，即用大天线接收卫星信号，经放大和转换，再经电缆电视提供给用户。

与地面广播电视相比，卫星直播电视的优点是十分明显的，它以较小的功率服务于广大地区。若要覆盖一个地域辽阔的国家，发射功率只需 1kW 以上，而且接收质量较高。但地面广播电视的发射功率一般在 10kW 以上，服务半径在 100km 之内。

在卫星直播电视中，图像传输采用调频方式，伴音信号的传输可以是单路伴音，也可以是多路伴音，而且调制方式不同。取图像信号的最高频率 f_m 为 6MHz，最大频偏 Δf_{max} 为 7MHz，再留有 1 MHz 的保护间隔，图像信号的总带宽为 27 MHz。

伴音信号分为单路伴音和多路伴音两种，多路伴音用于同时传送多种语言。在和图像基带信号合成之前伴音信号首先要进行一次调制。单路伴音采用 FM 方式，信号的抗干扰能力强，但占用了较宽的频带。多路伴音采用数字化传输。多路伴音信号先形成时分复用的 PCM 信号，然后对副载波进行四相差分相移键控（4DPSK）的数字调制。经过一次调制后的伴音信号与图像信号相加成为频分复用的电视基带信号，送到调制器对 70 MHz 的中频载波进行调频，然后送到发射机，经变频、放大后形成发射信号。卫星直播电视使用的频段均有相应规定。

3.7.6　通信卫星的频分多址方式

国际通信卫星是为全球服务的通信卫星，使用的是位于赤道上空约 35 800km 高度上的同步卫星。为了实现多个地面站之间的通信，必须采用多种多址方式。

复用和多址方式都是利用一条信道传输多路信号，实现多路信号共享资源的传输。它们在技术上有很多共同之处，也有一些区别。多路复用是指在同一信道上传输多路信号的技术，通常在中频或基带实现。多址通信是指处于不同地址的多个用户共享信道资源，实现各用户之间相互通信的方式，通常在射频实现。多址方式有频分多址（FDMA）、码分多址（CDMA）和时分多址（TDMA）。国际通信卫星使用多址方式，目的是使在卫星覆盖区内的多个地面站，通过一颗卫星的中继，建立双址和多址之间的通信，早期的国际通信卫星使用 FDMA 方式。

频分多址方式是按频率高低不同，把各地面站发射的信号排列在卫星工作频带内的某个位置上，这样就可按照频率不同来区分各地面站的站址。这种方式类似于普通收音机中各个电台的排列。图 3-36 给出了一个简化的频分多址方式原理图。图中只画出了发射系统，其中 f_A，f_B，…，f_K 是各地面站发射的载波频率，B_s 为一个转发器的带宽。每个载波所传送的都是频分多路信号。地面站传送多路信号时要先对各路信号进行频分复用，然后对副载波进行调频，再由发射机经上变频器将频率变换到指定频率上。每个地面站发送的频分多路信号由若干路单边带调制的标准 4kHz 话路组成，这样就可以用来与若干其他地面站通信。这种多址复用方式常记作 FDM/FM/FDMA。

图 3-37 是地面站通信示意图，图中表示的是 A 站向 F 站发送多路电话信号的情况。设 A 站发往其他各站的电话信号是由 5 个基群组成的频分复用信号，每个基群预分配给一个对方站，例如将各个基群依次分配给 B、C、D、E、F 各站。当 A 站的用户与 F 站的用户通话时，就把相应的话路复用到给 F 站的基群内。A 站的 FDM 信号对 A 站的发射载波 f_A 进行调频，并向卫星发射。F 站收到经卫星转发的信号后，通过接收机的解调器和滤波器选出发给本站的基群，再经长途电话局将各路电话信号送到被呼叫的用户。

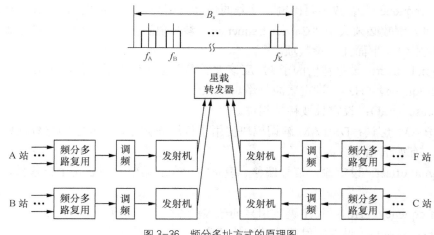

图 3-36 频分多址方式的原理图

当 F 站的用户回答 A 站呼叫时，通话过程与上述过程类似。要指出的是，不管 A 站与 F 站有无用户通话，A 站与 F 站的载波 f_A 和 f_F 都是一直在工作着的。

一颗卫星上装有多个转发器，每个转发器有自己的发送器、接收器以及相应的发送频段、接收频段。一个星载转发器的带宽为 36MHz，共可传输 400 多路频分多路电话信号或一路广播电视。

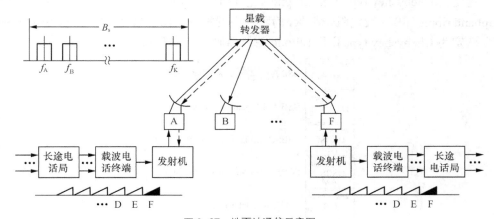

图 3-37 地面站通信示意图

3.8 MATLAB/Simulink 模拟通信系统建模与仿真

3.8.1 模拟调制解调模块

MATLAB 中提供的模拟调制解调模块如图 3-38 所示，下面分别介绍各个模块的参数设置方法。

（1）DSB AM 调制：DSB AM 调制模块对输入信号进行双边带幅度调制。输出为通带表示的调制信号。输入和输出信号都是基于采样的实数标量信号。

模块中，如果输入一个时间函数 $u(t)$，则输出为 $[u(t)+k]\cos(2\pi f_c t+\theta)$。其中 k 为 "Input signal offset" 参数，f_c 为 "Carrier frequency" 参数，θ 为 "Initial phase" 参数。在通常情况

下，"Carrier frequency"参数项要比输入信号的最高频率高很多。根据 Nyquist 采样理论，模型中采样时间的倒数必须大于"Carrier frequency"参数项的两倍。其他模块类似处理。DSB AM 调制模块中包含下面几个参数项。

Input signal offset：设定补偿因子 k，应该大于等于输入信号最小值的绝对值。

Carrier frequency（Hz）：设定载波频率。

Initial phase（rad）：设定载波初始相位。

（2）DSB AM 解调：DSB AM 解调模块使用了低通滤波器，因此它的参数项比调制模块参数项要多，有如下几项。

Input signal offset：设定输入信号偏移。模块中所有解调信号减去这个偏移量，得到输出数据。

Carrier frequency（Hz）：设定调制信号的载波频率。

Initial phase（rad）：设定发射载波的初始相位。

Lowpass filter design method：滤波器的产生方法，包括 Butterworth、Chebyshev type I、Chebyshev type II、Elliptic 等。

Filter order：设定滤波阶数。

Cutoff frequency（Hz）：设定低通滤波器的截止频率。

Passband ripple（dB）：设定通带起伏，为通带中的峰-峰起伏。只有当"Lowpass filter design method"选定为 Chebyshev type I 和 Elliptic 滤波器时，本项有效。

Stopband ripple（dB）：设定阻带起伏，为阻带中的峰-峰起伏。只有当"Lowpass filter design method"选定为 Chebyshev type II 和 Elliptic 滤波器时，本项有效。

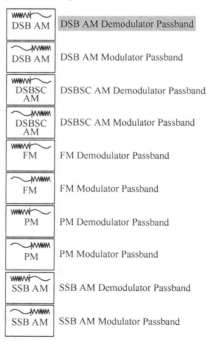

图 3-38　模拟调制解调模块

（3）SSB AM 调制：SSB AM 调制模块使用希尔伯特滤波器进行单边带幅度调制。如果

输入一个时间函数 $u(t)$，则输出为 $u(t)\cos(2\pi f_c t + \theta) \mp \hat{u}(t)\sin(2\pi f_c t + \theta)$。其参数有如下几项。

Carrier frequency（Hz）和 Initial phase（rad）的含义与 DSB AM 调制模块相同。

Sideband to modulate：传输方式设定项。有 upper 和 lower 两种，分别为上边带传输和下边带传输。

Hilbert Transform filter order：设定用于希尔伯特转化的 FIR 滤波器的长度。

（4）SSB AM 解调：与 DSB AM 解调模块的参数项相同。

（5）DSBSC AM 调制：见 DSB AM 调制模块中相应两个参数项。

（6）DSBSC AM 解调：与 DSB AM 解调模块的参数项相同。

（7）FM 调制：模块中，如果输入一个时间函数 $u(t)$，则输出为 $\cos(2\pi f_c t + 2\pi K_c$ $\int_0^t u(\tau)\mathrm{d}\tau + \theta)$。其参数有如下几项。

Carrier frequency（Hz）和 Initial phase（rad）的含义与 DSB AM 相同。

Frequency deviation（Hz）：表示载波频率的频率偏移。

（8）FM 解调：其参数项如下。

Carrier frequency（Hz）和 Initial phase（rad）：见 DSB AM 调制模块。

Frequency deviation（Hz）：见 FM 调制模块。

Hilbert Transform filter order：见 SSB AM 调制模块。

（9）PM 调制：模块中，如果输入一个时间函数 $u(t)$，则输出为 $\cos(2\pi f_c t + K_c u(t) + \theta)$。其参数含义与 FM 调制模块相同。

（10）PM 解调：与 FM 解调模块的参数项相同。

3.8.2　调幅广播系统建模与仿真

对中波调幅广播传输系统进行仿真，模型参数指标参照实际系统设置。

（1）基带信号：音频，最大幅度为 1。基带测试信号频率在 100～6 000Hz 内可调。

（2）载波：给定幅度的正弦波，为简单起见，初相设为 0，频率为 550～1 605kHz 可调。

（3）接收机选频滤波器带宽为 12kHz，中心频率为 1 000kHz。

（4）在信道中加入噪声。当调制指数为 0.3 时，设计接收机选频滤波器输出信噪比为 20dB，要求计算信道中应该加入噪声的方差，并能够测量接收机选频滤波器实际输出信噪比。

1．信道噪声方差的计算

系统工作最高频率为调幅载波频率 1 605kHz，设计仿真采样率为最高工作频率的 10 倍左右，因此取仿真步长为

$$t_{\text{step}} = \frac{1}{10 f_{\max}} = 6.23 \times 10^{-8}\text{s} \tag{3.8-1}$$

相应的仿真带宽为仿真采样率的一半，即

$$W = \frac{1}{2 t_{\text{step}}} = 8\ 025.7\text{kHz} \tag{3.8-2}$$

设基带信号为 $m(t) = A\cos 2\pi F t$，载波为 $c(t) = \cos 2\pi f_c t$，则调制指数为 m_{a} 的调制输出信

号 $s(t)$ 为

$$s(t) = (1 + m_a \cos 2\pi Ft) \cos 2\pi f_c t \tag{3.8-3}$$

显然，$s(t)$ 的平均功率为

$$P = \frac{1}{2} + \frac{m_a^2}{4} \tag{3.8-4}$$

设信道无衰减，其中加入的白噪声功率谱密度为 $n_0/2$，那么仿真带宽 $(-W, W)$ 内噪声样值的方差为

$$\sigma^2 = \frac{n_0}{2} \times 2W = n_0 W \tag{3.8-5}$$

设接收选频滤波器的功率增益为 1，带宽为 B，则选频滤波器输出噪声功率为

$$N = \frac{n_0}{2} \times 2B = n_0 B \tag{3.8-6}$$

因此，接收选频滤波器输出信噪比为

$$SNR_{out} = \frac{P}{N} = \frac{P}{n_0 B} = \frac{P}{\sigma^2 B / W} \tag{3.8-7}$$

故信道中的噪声方差为

$$\sigma^2 = \frac{P}{SNR_{out}} \frac{W}{B} \tag{3.8-8}$$

代入设计要求的输出信噪比 SNR_{out} 可计算出相应信道中应加入的噪声方差值，计算程序和结果如下：

```
SNR_dB=20;                    % 设计要求的输出信噪比（dB）
SNR=10.^（SNR_dB/10）;
m_a=0.3;                      % 调制度
P=0.5+（m_a^2）/4;            % 信号功率
W=8025.7e3;                   % 仿真带宽 Hz
B=12e3;                       % 接收选频滤波器带宽 Hz
sigma2=P/SNR*W/B              % 计算结果：信道噪声方差
sigma2 =
    3.4945
```

2. 系统模型

根据实际中波调幅广播传输系统设计仿真模型，如图 3-39 所示。其中，系统仿真步进以及零阶保持器采样时间时隔、噪声源采样时间间隔均设置为 $6.23e-8s$，基带信号为幅度是 0.3 的 1 000Hz 正弦波，载波为幅度是 1 的 1MHz 正弦波。用加法器和乘法器实现调幅，用 Random Number 模型产生零均值方差等于 3.494 5 的噪声样值序列，并用加法器实现 AWGN 信道。接收带通滤波器用 Analog Filter Design 模块实现，可设置为 2 阶带通的，通带为 $2*pi*(1e6-6e3) \sim 2*pi*(1e6+6e3)rad/s$。为了测量输出信噪比，以参数完全相同的另外两个滤波器模块分别对纯信号和纯噪声滤波，最后利用统计模块计算输出信号功率和噪声功率，继而计算输出信噪比。

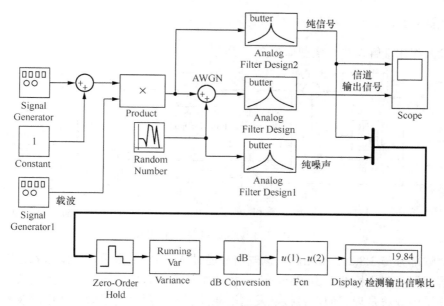

图 3-39 中波调幅广播传输系统仿真模型

3. 仿真结果

某次仿真执行后，测试信噪比结果，如图 3-39 所示。接收滤波器输出的调幅信号和发送调幅信号的波形仿真结果，如图 3-40 所示。

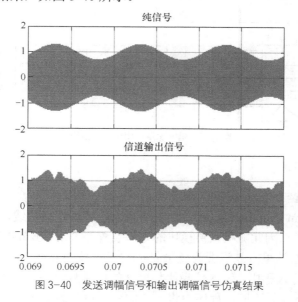

图 3-40 发送调幅信号和输出调幅信号仿真结果

3.8.3 调幅包络检波和相干解调仿真

以 3.8.2 小节中的调幅广播系统为传输模型，在不同输入信噪比条件下仿真测量包络检波解调和同步相干解调的输出信噪比，观察包络检波解调的门限效应。

1. 系统模型

包络检波和相干解调仿真模型如图 3-41 所示。

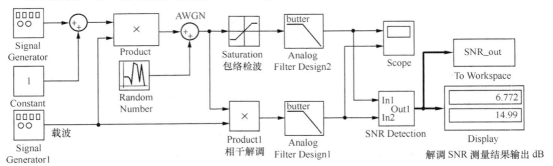

图 3-41　包络检波和相干解调仿真模型

图中调幅部分与 3.8.2 小节相同。调幅信号通过 AWGN 信道后，分别送入包络检波器和同步相干解调器。包络检波器由 Saturation 模块来模拟具有单向导通性能的检波二极管，同频相干所使用的载波是理想的，直接从发送端载波引入。两解调器后接低通滤波器解调出基带信号送入示波器显示，同时送入信噪比测试模块，该模块内部结构如图 3-42 所示。在该模块中，输入的两路解调信号通过滤波器将信号和噪声近似分离，之后通过零阶保持模块将信号离散化，再由 buffer 模块和方差模块分别计算信号和噪声分量的功率，最后，由分贝转换模块 dB Conversion 和 Fun 函数模块计算出两解调器的输出信噪比。计算输出采用 Display 显示的同时，也送入工作空间，以便编程作出解调性能曲线。

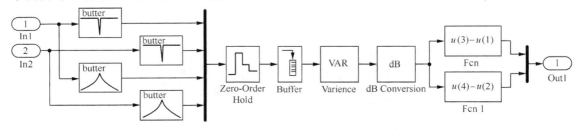

图 3-42　信噪比测试模块内部结构

2. 参数设置

调制部分参数设置与 3.8.2 小节相同。

随机噪声（Random Number 模块）：由于要求作出解调性能曲线，即输出信噪比和输入信噪比之间的关系曲线，因此随机噪声模块的方差设置与 3.8.2 小节不同。3.8.2 小节中，方差固定为 3.494 5，但在这里方差设置为变量 sigma2，具体的数据将由 MATLAB 程序计算得到。MATLAB 程序执行过程中，输入信噪比将以 2 的增量从-10 变化到 30，随着输入信噪比的不同，计算所得的方差将不同，程序中将方差的变量也设为 sigma2。程序在调用 Simulink 仿真模型时，就会将程序计算所得的 sigma2 的值赋给 Random Number 模块。

包络检波器（Saturation 模块）：上下门限分别设置为 inf 和 0。

低通滤波器：两个低通滤波器的参数相同，截止频率为 6kHz 的 2 阶低通滤波器。

带通滤波器：两个带通滤波器参数相同，其中心频率为 1 000Hz，带宽为 200Hz，对应于发送基带测试信号频率，其输出近似视为纯信号分量。

带阻滤波器：两个带阻滤波器参数也相同，其中心频率为 1 000Hz，带宽为 200Hz，其输出可近似视为信号中的噪声分量。

Buffer 模块：缓冲区长度设置为 1.605 1e+005 个样值，这样将在 0.01s 内进行一次统计计算。

To Workspace 模块：设置为只将最后一次仿真结果以数组（Array）格式送入工作空间，变量名为 SNR_out，它含有两个元素，即两个解调器输出信号的检测信噪比。

3．仿真结果

当设定信道噪声方差为 1 时，输出信噪比如图 3-41 所示的 Display 模块输出结果。由图可知，包络检波输出 SNR 为 6.772，相干解调输出 SNR 为 14.99，验证了相干解调输出 SNR 比包络检测输出 SNR 要大的结果。解调信号波形如图 3-43 所示。

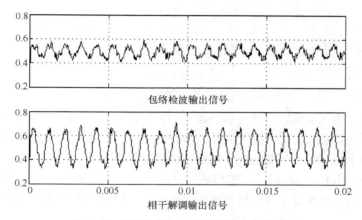

图 3-43　噪声方差为 1 时的解调输出信号波形

图中上面波形为包络检波输出信号，下面波形为相干解调输出信号。由图可知，相干解调输出信号比包络检测输出信号要大，而且波形中噪声成分要小一些。

为了得出解调性能曲线，可将噪声方差设置成 MATLAB 变量，并将输出 SNR 用变量的形式输出到工作空间，然后编写脚本程序，让系统在若干信道信噪比条件下执行仿真并记录结果，最后绘出性能曲线。脚本程序如下：

```
SNR_in_dB=-10:2:30;
SNR_in=10.^(SNR_in_dB./10);        % 信道信噪比
m_a=0.3;                           % 调制度
P=0.5+(m_a^2)/4;                   % 信号功率
for k=1:length(SNR_in)
    sigma2=P/SNR_in(k);            % 计算信道噪声方差并送入仿真模型
    sim('ch5example2.mdl');        % 执行仿真
    SNRdemod(k,:)=SNR_out;         % 记录仿真结果
end
plot(SNR_in_dB,SNRdemod);
xlabel('输入信噪比 dB');
ylabel('解调输出信噪比 dB');
legend('包络检波','相干解调');
```

程序执行之后，得出的仿真结果如图 3-44 所示。

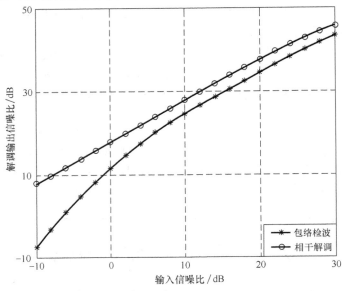

图 3-44　包络检波和相干解调输出性能曲线

图中给出了不同输入信噪比下两种解调器输出信噪比曲线。从图中可知，高输入信噪比情况下，相干解调输出信噪比比包络检波法好 3dB 左右，但是在低输入信噪比情况下，包络检波输出信号质量急剧下降，通过仿真验证了包络检波的门限效应。当然，这里相干解调假定提取的载波是理想的。实际中，接收机采用锁相环恢复载波，当信道噪声严重时，锁相环可能失锁，这时相干解调将失败。可尝试用调幅解调模块构建实际相干解调模型并进行性能测试。

3.8.4　调频立体声广播系统的建模与仿真

1. 调频立体声发射机建模与仿真

（1）仿真模型：根据图 3-30 所示的立体声广播信号形成原理，可建立调频立体声发射机仿真模型，如图 3-45 所示。用 Signal Generator 和 Voltage-Controlled Oscillator 模块产生的 500Hz～15kHz 的扫频信号作为音源，并通过两个参数不同的滤波器来模拟不同的传输路径特性。得出的左右两路信号经过相互加减、平衡调制和导频叠加之后得出立体声基带信号，最后通过 Zero-Order Hold 和 Spectrum Scope 模块将其频谱显示出来。

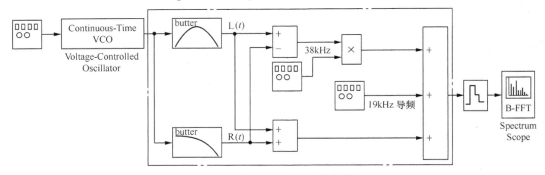

图 3-45　调频立体声发射机仿真模型

（2）参数设置：图中各模块参数设置如下。

信号发生器：产生振幅为 1，频率为 10Hz 的正弦波。

压控振荡器：输出振幅为 1，静态频率为 500Hz 和 15kHz 的中间点，输入灵敏度为
（15kHz–500Hz）/2。

带通滤波器：通带为 1.5kHz～15kHz 的 1 阶 Butterworth 带通滤波器。

低通滤波器：截止频率为 5kHz 的 1 阶 Butterworth 低通滤波器。

频谱示波器：缓存长度 1 024，缓存交叠 512，FFT 长度 512，谱平均点数 2，显示器位
置 get（0,'defaultfigureposition'），频率单位 Hertz，频率范围 [0 ··· Fs/2]，幅度刻度
Magnitude-squared，输入信号采样时间 Inherit sample increment from input，Y 轴最小刻度–5，
Y 轴最大刻度 150。

（3）仿真结果：仿真步长设置为 1/1e6，仿真运行结果如图 3-46 所示。

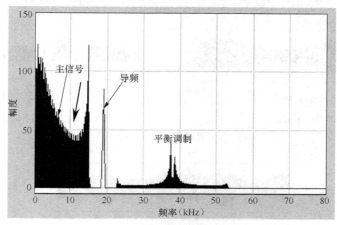

图 3-46　调频立体声基带信号频谱仿真结果

2．调频立体声接收机建模与仿真

（1）仿真模型：根据图 3-30 所示的立体声广播信号形成原理和图 3-32 所示立体声广播信号
解调原理，可建立调频立体声发射机、接收机仿真模型，如图 3-47 所示。图中子系统"发射机"
就是对图 3-45 中虚线所围部分的封装，左右声道测试信号的产生与发射机相同，为了进行比较，
在此用示波器显示出原始左右声道信号。立体声副信号解调的载波是通过对导频的二倍频锁相环
电路来提取的（虚线所围部分），模型中设置了一手动切换开关来模拟锁相环失锁情况。

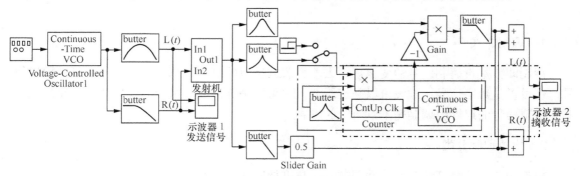

图 3-47　调频立体声接收机仿真模型

（2）参数设置：发射机模块内部及之前各模块参数设置与调频立体声发射机相同；接收机部分各滤波器的通带设置请参照图 3-32；压控振荡器设为输出振幅为 1，静态频率为 38kHz，输入灵敏度为 500；计数器设为最大计数值和原始值分别设成 1 和 0，以便对振荡器输出的 38 kHz 波形进行 2 分频得到 19 kHz 波形，与提取的导频进行相位比较。

（3）仿真结果：仿真步长设置为 1/1e6。把手动开关打到下面，系统运行在同步方式下，仿真运行结果如图 3-48 所示。由图可知，接收信号与发送信号波形一样，即实现正确解码。当把手动开关打到上面时，系统运行在失步状态下，仿真运行结果如图 3-49 所示。通过比较发送信号和接收信号波形，可发现解码后的信号与原信号差别很大，即解码错误。

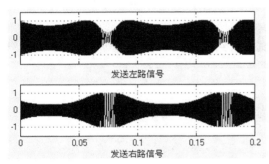
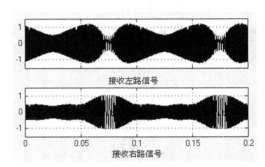

（a）示波器 1 显示的发送信号　　　　　　　　　　（b）示波器 2 显示的输出信号

图 3-48　同步时调频立体声解码测试结果

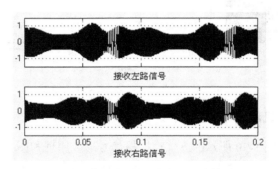

图 3-49　失步时调频立体声解码测试结果

小　结

1．调制方式

调制即按基带调制信号的变化规律去改变载波参数的过程。基带调制信号可以是模拟信号，也可以是数字信号；载波可以是连续波，也可以是脉冲波，组合后就有 4 种调制方式。其中模拟信号的连续波调制是本章研究的内容。

2．模拟调制分类

模拟调制包括幅度调制（线性调制）和角度调制（非线性调制）。

幅度调制就是按基带调制信号的变化规律去改变载波的幅度。这种调制方式基带调制信号的频谱和已调信号的频谱形状是一样的，只是位置不同而已，因此称为线性调制。

角度调制就是按基带调制信号的变化规律去改变载波的相角，包括频率调制和相位调制两种。这种调制方式已调信号的频谱已不再是基带调制信号频谱的简单搬移，而是发生了根本性变化，出现了频率扩展或增生，因此是非线性调制。

3．线性调制分类

线性调制方式有 AM、DSB、SSB 和 VSB 四种。

类　　型	时域表达式	解调方法	带　　宽	用　　途
AM	$s_{AM}(t) = [A_o + m(t)]\cos\omega_c t$	包络检波 相干解调	$2f_H$	广播
DSB	$s_{DSB}(t) = m(t)\cos\omega_c t$	相干解调	$2f_H$	立体声广播
SSB	$s_{SSB}(t) = m(t)\cdot\cos\omega_c t \mp \hat{m}(t)\cdot\sin\omega_c t$	相干解调	f_H	短波无线电话通信
VSB		相干解调	$(1\sim 2)f_H$	电视广播、传真

4．非线性调制分类

非线性调制包括频率调制和相位调制两种。

参数	FM	PM
关键点	$\Delta\omega(t) = k_f m(t)$	$\varphi(t) = k_p m(t)$
时域表达式	$s_{FM}(t) = A\cos[\omega_c t + k_f \int_{-\infty}^{t} m(\tau)d\tau]$	$s_{PM}(t) = A\cos[\omega_c t + k_p m(t)]$
相偏	$\varphi(t) = k_f \int_{-\infty}^{t} m(\tau)d\tau$	$\varphi(t) = k_p m(t)$
最大相偏	$\varphi_{max} = k_f \left| \int_{-\infty}^{t} m(\tau)d\tau \right|_{max}$	$\varphi_{max} = k_p |m(t)|_{max}$
频偏	$\Delta\omega(t) = k_f m(t)$	$\Delta\omega(t) = k_p[dm(t)/dt]$
最大频偏	$\Delta\omega = k_f |m(t)|_{max}$	$\Delta\omega = k_p |dm(t)/d|_{max}$

5．各模拟调制系统的抗噪声性能

模拟调制系统性能可用解调器输出信噪比来衡量。在相同解调器输入信号功率 S_i，相同噪声功率谱密度 n_0，相同基带信号 f_m 的条件下，各种模拟调制系统的输出信噪比分别为：

$$\left(S_o \middle/ N_o\right)_{AM} = \frac{1}{3} \cdot \frac{S_i}{n_0 f_m}$$

$$\left(S_o \middle/ N_o\right)_{DSB} = \frac{S_i}{n_0 f_m}$$

$$\left(S_o \middle/ N_o\right)_{SSB} = \frac{S_i}{n_0 f_m}$$

$$\left(S_o \middle/ N_o\right)_{VSB} \approx \frac{S_i}{n_0 f_m}$$

$$\left(S_o \middle/ N_o\right)_{FM} = \frac{3}{2} m_f^3 \cdot \frac{S_i}{n_0 f_m}$$

6. 各模拟调制系统的比较

对各种模拟调制系统的有效性和可靠性进行比较可知：SSB 带宽最窄，有效性最好，其次是 VSB，接下来是 DSB、AM，而 FM 的带宽最宽；但 FM 的输出信噪比最大，可靠性最好，其次是 DSB、SSB、VSB，而 AM 的抗噪声性能最差。

当 AM、FM 采用非相干解调时，存在门限效应，相干解调不存在门限效应。门限效应一旦出现，输出信噪比将急剧恶化。

7. 模拟通信系统应用实例

在载波电话系统、调幅广播、调频广播、地面广播电视、卫星直播电视、通信卫星的频分多址方式等系统中都应用了模拟通信技术。

8. MATLAB/Simulink 模拟通信系统建模与仿真

介绍 Simulink 中各模拟调制解调模块及其参数含义，并对调幅广播系统、调幅的包络检波和相干解调、调频立体声广播系统进行建模与仿真。

习　　题

3-1. 填空题

（1）在模拟通信系统中，有效性与已调信号带宽的定性关系是（　　），可靠性与解调器输出信噪比的定性关系是（　　）。

（2）鉴频器输出噪声的功率谱密度与频率的定性关系是（　　），采用预加重和去加重技术的目的是（　　）。

（3）在 AM、DSB、SSB 和 FM 四个通信系统中，可靠性最好的是（　　），有效性最好的是（　　），有效性相同的是（　　），可靠性相同的是（　　）。

（4）在 VSB 系统中，无失真传输信息的两个条件是（　　）和（　　）。

（5）某调频信号的时域表达式为 $10\cos(2\pi \times 10^6 t + 5\sin 10^3 \pi t)$，此信号的载频是（　　）Hz，最大频偏是（　　）Hz，信号带宽是（　　）Hz，当调频灵敏度为 5kHz/V 时，基带信号的时域表达式为（　　）。

3-2．根据图 3-50 所示的调制信号波形，试画出 DSB 及 AM 信号的波形图，并比较它们分别通过包络检波器后的波形差别。

3-3．已知调制信号 $m(t) = \cos(2\,000\pi t) + \cos(4\,000\pi t)$，载波为 $\cos 10^4 \pi\, t$，进行单边带调制，试确定该单边带信号的表示式，并画出频谱图。

3-4．已知 $m(t)$ 的频谱如图 3-51 所示，试画出单边带调制相移法中各点频谱变换关系。

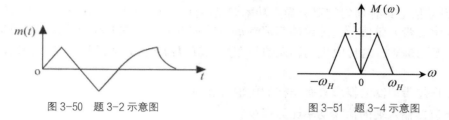

图 3-50　题 3-2 示意图　　　　　　　　图 3-51　题 3-4 示意图

3-5．将调幅波通过残留边带滤波器产生残留边带信号。若此信号的传输函数 $H(\omega)$ 如图 3-52 所示（斜线段为直线）。当调制信号为 $m(t) = A[\sin(100\pi t) + \sin(6\,000\pi t)]$ 时，试确定所得残留边带信号的表达式。

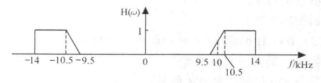

图 3-52　题 3-5 示意图

3-6．设某信道具有均匀的双边噪声功率谱密度 0.5×10^{-3} W/Hz，在该信道中传输抑制载波的双边带信号，并设调制信号 $m(t)$ 的频带限制在 5kHz，而载波为 100kHz，已调信号的功率为 10kW。若接收机的输入信号在加至解调器之前，先经过一理想带通滤波器滤波，试问：

（1）该理想带通滤波器应具有怎样的传输特性 $H(\omega)$？

（2）解调器输入端的信噪功率比为多少？

（3）解调器输出端的信噪功率比为多少？

（4）求出解调器输出端的噪声功率谱密度，并用图形表示出来。

3-7．若对某一信号用 DSB 进行传输，设加至接收机的调制信号 $m(t)$ 的功率谱密度为

$$P_{\mathrm{m}}(f) = \begin{cases} \dfrac{n_{\mathrm{m}}}{2} \cdot \dfrac{|f|}{f_{\mathrm{m}}}, & |f| \leqslant f_{\mathrm{m}} \\ 0, & |f| > f_{\mathrm{m}} \end{cases}$$

试求：

（1）接收机的输入信号功率；

（2）接收机的输出信号功率；

（3）若叠加于 DSB 信号的白噪声具有双边功率谱密度为 $n_0/2$，设解调器的输出端接有截止频率为 f_{m} 的理想低通滤波器，那么，输出信噪功率比为多少？

3-8．设某信道具有均匀的双边噪声功率谱密度 0.5×10^{-3} W/Hz，在该信道中传输振幅调

制信号，并设调制信号 $m(t)$ 的频带限制在 5kHz，而载频是 100kHz，边带功率为 10kW。载波功率为 40kW。若接收机的输入信号先经过一个合适的理想带通滤波器，然后再加至包络检波器进行解调。试求：

（1）解调器输入端的信噪功率比；

（2）解调器输出端的信噪功率比；

（3）制度增益 G。

3-9．设某信道具有均匀的双边噪声功率谱密度 0.5×10^{-3} W/Hz，在该信道中传输抑制载波的单边（上边带）带信号，并设调制信号 $m(t)$ 的频带限制在 5kHz，而载频是 100kHz，已调信号功率是 10kW。若接收机的输入信号在加至解调器之前，先经过一理想带通滤波器滤波，试问：

（1）该理想带通滤波器应具有怎样的传输特性 $H(\omega)$？

（2）解调器输入端的信噪功率比为多少？

（3）解调器输出端的信噪功率比为多少？

3-10．某线性调制系统的输出噪声功率为 10^{-9} W，该机的输出信噪比为 20dB，由发射机输出端到解调器输入端之间总的传输损耗为 100dB，试求：

（1）双边带发射机输出功率；

（2）单边带发射机输出功率。

3-11．某角调波为 $s_m(t) = 10\cos(2 \times 10^6 \pi t + 10\cos 2\,000\pi t)$，

（1）计算其最大频偏，最大相偏和带宽；

（2）试确定该信号是 FM 信号还是 PM 信号。

3-12．设调制信号 $m(t) = \cos 4\,000\pi t$，对载波 $c(t) = 2\cos 2 \times 10^6 \pi t$ 分别进行调幅和窄带调频。

（1）写出已调信号的时域和频域表示式；

（2）画出频谱图；

（3）讨论两种方式的主要异同点。

3-13．已知调频信号 $s_m(t) = 10\cos[(10^6 \pi t) + 8\cos(10^3 \pi t)]$，调制器的频偏 $k_f = 200$Hz/V，试求：

（1）载频 f_c、调频指数和最大频偏；

（2）调制信号 $m(t)$。

3-14．有一宽带调频系统，相应参数如下：$n_0 = 10^{-6}$ (W/Hz)，$f_c = 1$(MHz)，$f_m = 5$(kHz)，$S_i = 1$(kW)，此外，$\overline{m^2(t)} = 50$(V²)，$k_f = 1.5\pi \times 10^4$ (rad/s v)，$\Delta f = 75$(kHz)，试求：

（1）带通滤波器的中心频率与带宽；

（2）解调器输入端信噪比；

（3）解调器输出端信噪比；

（4）调制制度增益。

3-15．已知调制信号是 8MHz 的单频余弦信号，若要求输出信噪比为 40dB，试比较制度增益为 2/3 的 AM 系统和调频指数为 5 的 FM 系统的带宽和发射功率。设信道噪声单边功率谱密度 $n_0 = 5 \times 10^{-15}$ W/Hz，信道损耗为 60 dB。

3-16．设有某两级调制系统，共有 60 路音频信号输入，每路信号功率相同，带宽为 4kHz

（含防护带）。这 60 路信号先对副载波作单边带调制（取上边带，且第一副载波频率为 312 kHz），形成频分复用信号后再对主载波作 FM 调制。若系统未采用预加重技术，接收机采用时域微分鉴频器解调，且鉴频器输入噪声为白噪声，试计算：在接收机解调输出端，第 60 路信噪比相对于第 1 路信噪比的比值。

3-17．在 MATLAB 和 Simulink 开发平台上设计常规双边带幅度调制、相干解调系统。系统参数如下：信源取频率为 3K、幅度为 1 的正弦信号，载波频率为信源频率的 30 倍，调制指数为 2/3。

（1）测试调制前后信号波形、信号频谱。

（2）比较信道输入信噪比分别为 1 和 20 两种情况下，输出波形有何不同。

（3）测试上述系统的输出信噪比，并用数字显示器显示。

（4）用 MATLAB 语言编程，绘出输出信噪比与输入信噪比之间的关系。

第 **4** 章　模拟信号数字化传输

自然界的许多信息经各种传感器感知后是模拟量。随着数字信号处理技术的快速发展，通常将模拟信号转变成数字信号，再通过数字通信系统进行传输和交换。模拟信号经过数字化后在数字通信系统中传输，简称模拟信号的数字传输，已广泛应用于现代通信的各个领域。

要实现模拟信号数字化传输，首先要把模拟信号通过编码变成数字信号。语音信号的编码称为语音编码，图像信号的编码称为图像编码，两者虽然各有其特点，但基本原理是一致的。电话业务是最早发展起来的，到目前还依然在通信中有最大的业务量，所以语音编码在模拟信号编码中占有重要的地位。

现有的语音编码技术大致可分为波形编码和参量编码两类。波形编码是直接把时域波形变换为数字代码序列，数码率通常在 16～64kbit/s 范围内，接收端重建信号的质量好。参量编码是利用信号处理技术，提取语音信号的特征参量，再变换成数字代码，其数码率在 16 kbit/s 以下，最低可到 1 kbit/s 的数量级，但接收端的重建信号的质量不够好。本章只介绍波形编码原理。

4.1　抽样定理

模拟信号数字化的第一步就是抽样。抽样就是将时间上连续的模拟信号变为时间上离散的抽样值的过程。能否由离散样值序列重建原始模拟信号是抽样定理要回答的问题。抽样定理是任何模拟信号数字化的理论基础。

4.1.1　低通抽样定理

低通抽样定理：一个频带限制在（ 0 ， f_H ）内的时间连续信号 $m(t)$ ，如果抽样频率 f_s 大于或等于 $2f_H$ ，则可以由样值序列 $m_s(t)$ 无失真地重建原始信号 $m(t)$ 。

1. 低通抽样定理证明

如图 4-1 所示为抽样信号形成过程。设 $m(t)$ 的频带为（ 0 ， f_H ），抽样过程是将时间连续信号 $m(t)$ 和周期性冲激序列 $\delta_T(t)$ 相乘，用 $m_s(t)$ 表示抽样函数，即

$$m_s(t) = m(t)\delta_T(t)$$

假设 $m(t)$ 、 $\delta_T(t)$ 和 $m_s(t)$ 的频谱分别为 $M(\omega)$ 、 $\delta_T(\omega)$ 和 $M_s(\omega)$ 。按照频域卷积定理可得

$$M_s(\omega) = \frac{1}{2\pi}[M(\omega) * \delta_T(\omega)]$$

因为

$$\delta_T(\omega) = \frac{2\pi}{T}\sum_{n=-\infty}^{\infty}\delta(\omega - n\omega_s) \qquad \omega_s = \frac{2\pi}{T}$$

所以

$$M_s(\omega) = \frac{1}{T}\left[M(\omega) * \sum_{n=-\infty}^{\infty}\delta(\omega - n\omega_s)\right]$$

由卷积关系，上式可写成

$$M_s(\omega) = \frac{1}{T}\sum_{n=-\infty}^{\infty}M(\omega - n\omega_s) \tag{4.1-1}$$

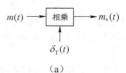

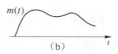

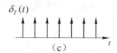

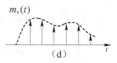

图 4-1　抽样信号形成过程

上式表明，已抽样信号 $m_s(t)$ 的频谱 $M_s(\omega)$ 是无穷多个间隔为 ω_s 的 $M(\omega)$ 相叠加而成，如图 4-2 所示。这表明 $M_s(\omega)$ 包含 $M(\omega)$ 的全部信息。如果 $\omega_s \geqslant 2\omega_H$（$f_s \geqslant 2f_H$），即抽样间隔 $T \leqslant 1/(2f_H)$，抽样后信号的频谱 $M_s(\omega)$ 是 $M(\omega)$ 周期性且不重叠地重复，如图 4-2（b）、（c）所示。如果 $\omega_s < 2\omega_H$，即抽样间隔 $T > 1/(2f_H)$，则抽样后信号的频谱在相邻的周期内发生混叠，如图 4-2（d）所示，此时不可能无失真地重建原信号。因此必须满足 $T \leqslant 1/(2f_H)$，$m(t)$ 才能被 $m_s(t)$ 完全确定，这就证明了抽样定理。显然，$T = 1/(2f_H)$ 是最大允许抽样间隔，称为奈奎斯特间隔，相对应的最低抽样速率 $f_s = 2f_H$ 称为奈奎斯特速率。

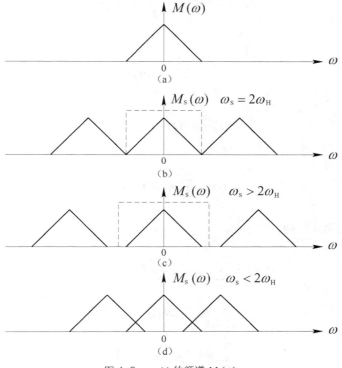

图 4-2　$m_s(t)$ 的频谱 $M_s(\omega)$

此定理告诉我们：若 $m(t)$ 的频谱在某一频率 f_H 以上为零，则 $m(t)$ 中的全部信息完全包含在其间隔不大于 $1/(2f_H)$ 秒的均匀抽样序列里。换句话说，在信号最高频率分量的每一个周期内起码应抽样两次。或者说，抽样速率 f_s（每秒内的抽样点数）应不小于 $2f_H$，若抽样速率 $f_s < 2f_H$，则会产生失真，这种失真叫混叠失真，如图 4-2（d）所示。

2. 低通抽样信号的恢复

让抽样信号 $m_s(t)$ 通过一个理想低通滤波器，就能恢复原始模拟信号，频域上的理解如图 4-2（b）、（c）所示。下面从时域上来理解这一点。假定以最小所需速率对信号 $m(t)$ 抽样，即 $\omega_s = 2\omega_H$，则式（4.1-1）变成

$$M_s(\omega) = \frac{1}{T} \sum_{n=-\infty}^{\infty} M(\omega - 2n\omega_H) \tag{4.1-2}$$

将 $M_s(\omega)$ 通过截止频率为 ω_H 的低通滤波器便可得到频谱 $M(\omega)$，其中滤波器的作用相当于用一门函数 $D_{2\omega_H}(\omega)$ 去乘 $M_s(\omega)$。因此，由式（4.1-2）可得

$$M_s(\omega) \cdot D_{2\omega_H}(\omega) = \frac{1}{T} \sum_{n=-\infty}^{\infty} M(\omega - n\omega_s) \cdot D_{2\omega_H}(\omega) = \frac{1}{T} M(\omega)$$

所以

$$M(\omega) = T[M_s(\omega) \cdot D_{2\omega_H}(\omega)] \tag{4.1-3}$$

由时间卷积定理可得

$$m(t) = Tm_s(t) * \frac{\omega_H}{\pi} S_a(\omega_H t)$$

其中

$$T = \frac{1}{2f_H} = \frac{\pi}{\omega_H}$$

所以

$$m(t) = m_s(t) * S_a(\omega_H t)$$

而抽样函数

$$m_s(t) = \sum_{n=-\infty}^{\infty} m_n \delta(t - nT) \tag{4.1-4}$$

式中，m_n 是 $m(t)$ 的第 n 个抽样。所以

$$
\begin{aligned}
m(t) &= \sum_{n=-\infty}^{\infty} m_n \delta(t - nT) * Sa(\omega_H t) \\
&= \sum_{n=-\infty}^{\infty} m_n S_a[\omega_H(t - nT)] \\
&= \sum_{n=-\infty}^{\infty} m_n S_a[\omega_H t - n\pi]
\end{aligned}
\tag{4.1-5}
$$

从上式可以看出，将每一个抽样值和抽样函数相乘后得到的所有波形叠加起来便是 $m(t)$。

4.1.2 带通抽样定理

实际中遇到的许多信号是带通信号。如果采用低通抽样定理的抽样速率 $f_s \geqslant 2f_H$ 对带通信号抽样，肯定能满足频谱不混叠的要求。但这样选择 f_s 太高了，它会使 $0 \sim f_L$ 一大段频谱空隙得不到利用，降低了信道的利用率。为了提高信道利用率，同时又使抽样后的信号频谱不混叠，该如何选择 f_s 呢？带通抽样定理将回答这个问题。

带通抽样定理：一个带通信号 $m(t)$，其频率限制在 f_L 与 f_H 之间，带宽为 $B = f_H - f_L$，则最小抽样速率应满足 $f_s = 2f_H / m$，其中 m 是一个不超过 f_H / B 的最大整数。

下面分两种情况加以说明。

（1）若最高频率 f_H 为带宽的整数倍，即 $f_H = nB$。此时 $f_H / B = n$ 是整数，$m = n$，所以抽样速率 $f_s = 2f_H / m = 2f_H / n = 2B$。图 4-3 给出了 $f_H = 5B$ 时的频谱图，其中 $f_H = 2.5f_s$，$f_L = 2f_s$，$B = 0.5f_s$。

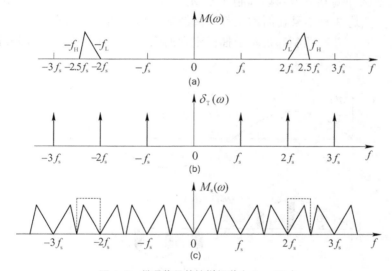

图 4-3 带通信号的抽样频谱（$f_H = 5B$）

图 4-3 中，抽样后信号的频谱 $M_s(\omega)$ 既没有混叠也没有留空隙，而且包含有 $m(t)$ 的频谱 $M(\omega)$（图中虚线所框的部分）。这样，采用带通滤波器就能无失真恢复原信号，且此时抽样速率 $f_s = 2B$，远低于按低通抽样定理时 $f_s = 10B$ 的要求。显然，若 $f_s < 2B$ 时必然会出现混叠失真。由此可知：当 $f_H = nB$ 时，能重建原信号 $m(t)$ 的最小抽样频率为 $f_s = 2B$。

（2）若最高频率 f_H 不为带宽的整数倍，即

$$f_H = nB + kB, \quad 0 < k < 1$$

此时，$f_H / B = n + k$，由定理知，m 是一个不超过 $n + k$ 的最大整数，即 $m = n$，因此能恢复出原信号 $m(t)$ 的最小抽样速率为

$$f_s = \frac{2f_H}{m} = \frac{2(nB + kB)}{n} = 2B(1 + \frac{k}{n}) \tag{4.1-6}$$

式中，n 是一个不超过 f_H / B 的最大整数，$0 < k < 1$。

根据式（4.1-6），当 $f_L \gg B$，n 很大，因此不论 f_H 是否为带宽的整数倍，式（4.1-6）可简化为

$$f_s \approx 2B \tag{4.1-7}$$

实际中广泛应用的高频窄带信号就符合这种情况。由于带通信号一般为窄带信号，容易满足 $f_L \gg B$，因此带通信号通常可按 $2B$ 速率抽样。

4.2 脉冲振幅调制（PAM）

4.2.1 脉冲调制

脉冲调制就是以时间上离散的脉冲串作为载波，用模拟基带信号 $m(t)$ 去控制脉冲串的某参数，使其按 $m(t)$ 的规律变化的调制方式。通常，按基带信号改变脉冲参量（幅度、宽度和位置）的不同，把脉冲调制分为脉幅调制（PAM）、脉宽调制（PDM）和脉位调制（PPM），如图 4-4 所示。虽然这 3 种信号在时间上都是离散的，但被调参量的变化是连续的，因此也都属于模拟信号。3 种脉冲调制都是基于抽样定理的应用。在数十年前的模拟通信时代，它们都有广泛的应用。

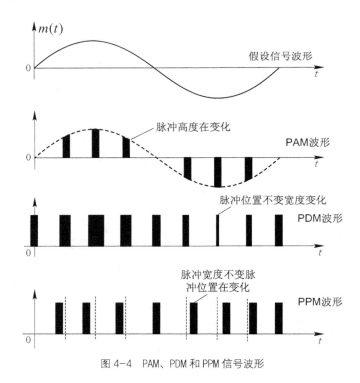

图 4-4 PAM、PDM 和 PPM 信号波形

PAM 信号：PAM 是脉冲载波的幅度随基带信号变化的一种调制方式。满足抽样定理的样值序列就是 PAM 信号。在序列中各样本的幅值 $m(nT_s)$ 构成的包络与 $m(t)$ 成正比。虽然 PAM 不是数字量的信号，但是可以实现多路信号的时间复用（TDM）。

PDM 信号：脉宽调制（PDM）与 PAM 不同，脉冲序列的振幅相等，但脉冲序列的宽度与抽样时刻各 $m(nT_s)$ 的离散值成正比。

PPM 信号：PPM 是脉冲序列的位置在不同方向上的位移大小与信号抽样值 $m(nT_s)$ 成正比。PPM 模拟脉冲信号在光调制和光信号处理技术中均有广泛应用。

4.2.2 PAM 原理

按抽样定理进行抽样得到的信号 $m_s(t)$ 就是一个 PAM 信号。但是，用冲激脉冲序列进行抽样是一种理想抽样的情况，是不可能实现的。在实际中通常采用脉冲宽度相对于抽样周期很窄的窄脉冲序列近似代替冲激脉冲序列，从而实现脉冲振幅调制。通常，用窄脉冲序列进行实际抽样的脉冲振幅调制方式有两种：自然抽样的脉冲调幅和平顶抽样的脉冲调幅。

1. 自然抽样的脉冲调幅

自然抽样过程是信号 $m(t)$ 和周期方波脉冲串 $s(t)$ 的乘积，即抽样器的输出为

$$m_s(t) = m(t) \cdot s(t) \tag{4.2-1}$$

其中

$$s(t) = \sum_{n=-\infty}^{\infty} p(t - nT_s) \tag{4.2-2}$$

方波脉冲 $p(t)$ 的宽度为 τ，周期为 T_s，幅度为 A。自然抽样过程如图 4-5 所示。

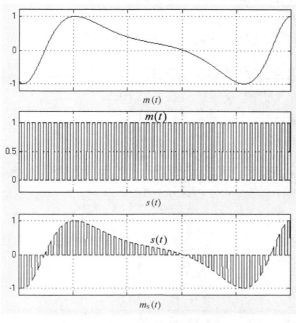

图 4-5 自然抽样过程

这种抽样过程，其实就是一种脉冲幅度调制（PAM）。其中载波为 $s(t)$，调制信号为 $m(t)$。

由于 $s(t)$ 是周期函数，它可以用傅氏级数表示：

$$s(t) = \sum_{n=-\infty}^{\infty} c_n e^{jn\omega_s t} = c_0 + 2\sum_{n=1}^{\infty} c_n \cos n\omega_s t \tag{4.2-3}$$

式中 $\omega_s = 2\pi f_s$，f_s 为抽样速率。c_n 为傅氏级数系数：

$$\begin{aligned}
c_n &= \frac{1}{T_s} \int_{-T_s/2}^{T_s/2} s(t) e^{-jn\omega_s t} dt \\
&= \frac{1}{T_s} \int_{-\tau/2}^{\tau/2} A \cdot e^{-jn\omega_s t} dt \\
&= \frac{A\tau}{T_s} \cdot \frac{\sin(n\omega_s \tau/2)}{n\omega_s \tau/2}
\end{aligned} \tag{4.2-4}$$

随着谐波次数 n 的增加，幅度 c_n 减小。由式（4.2-1）、式（4.2-3）得到

$$m_s(t) = m(t) \cdot \sum_{n=-\infty}^{\infty} c_n e^{jn\omega_s t} = \sum_{n=-\infty}^{\infty} c_n m(t) e^{jn\omega_s t} \tag{4.2-5}$$

根据傅氏变换的频移性质（调制定理）可知，若 $m(t)$ 的频谱为 $M(\omega)$，即 $m(t) \leftrightarrow M(\omega)$，则有

$$m(t)e^{jn\omega_s t} \leftrightarrow M(\omega - n\omega_s)$$

于是有

$$m_s(t) \leftrightarrow M_s(\omega) = \sum_{n=-\infty}^{\infty} c_n M(\omega - n\omega_s) \tag{4.2-6}$$

由式（4.2-6）可知，抽样器输出信号的频谱是一个无限频谱，它等于无穷多个原信号频谱平移 $n\omega_s$ 后并乘以 c_n 后相加，即 $c_n M(\omega - n\omega_s)$（$n = 0, \pm 1, \pm 2, \cdots$）。若 $m(t)$ 为带限的低通信号，且 $\omega_s \geq 2\omega_H$，则频谱 $c_n M(\omega - n\omega_s)$ 不会重叠，如图 4-6 所示。

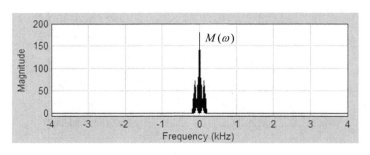

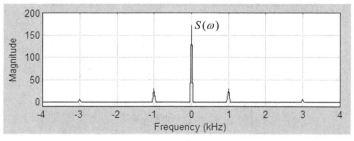

图 4-6　自然抽样信号频谱（$\omega_s \geq 2\omega_H$）

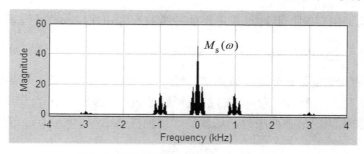

图 4-6 自然抽样信号频谱 $(\omega_s \geqslant 2\omega_H)$（续）

由图 4-6 可以看出，此时用一个截止频率为 $\omega_c(\omega_H < \omega_c < \omega_s - \omega_H)$ 的低通滤波器便可以从 $M_s(\omega)$ 提取 $M(\omega)$，恢复原来的模拟信号 $m(t)$。但是，若 $\omega_s < 2\omega_H$，则频谱就会有混叠，如图 4-7 所示。低通滤波器取出信号的频谱和 $M(\omega)$ 就有差别，因此不能无失真地恢复信号 $m(t)$。

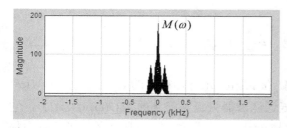 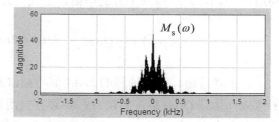

图 4-7 自然抽样信号频谱 $(\omega_s < 2\omega_H)$

比较理想抽样和自然抽样，发现它们的不同之处是：理想抽样的频谱被常数 $1/T_s$ 加权，因而信号带宽为无穷大；自然抽样频谱的包络按 Sa 函数随频率增高而下降，因而带宽是有限的，且带宽与脉宽 τ 有关。τ 越大，带宽越小，这有利于信号的传输，但 τ 大会导致时分复用的路数减小，显然 τ 的大小要兼顾带宽和复用路数这两个互相矛盾的要求。

2．平顶抽样的脉冲调幅

平顶抽样又叫瞬时抽样，它与自然抽样的不同之处在于它抽样后信号为矩形脉冲信号，矩形脉冲的幅度即为瞬时抽样值。平顶抽样 PAM 信号在原理上可以由理想抽样和脉冲形成电路产生，其原理框图及波形如图 4-8 所示，其中脉冲形成电路的作用就是把冲激脉冲变为矩形脉冲。

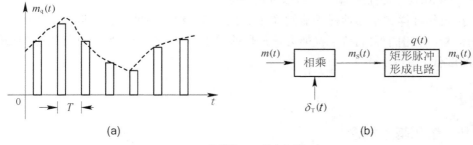

图 4-8 平顶抽样信号及其产生原理框图

设基带信号为 $m(t)$，矩形脉冲形成电路的冲激响应为 $q(t)$，$m(t)$ 经过理想抽样后得到的信号 $m_s(t)$ 为 $m_s(t) = \sum\limits_{n=-\infty}^{\infty} m(nT_s)\delta(t-nT_s)$，这就是说，$m_s(t)$ 是由一系列被 $m(nT_s)$ 加权的冲激序列组成，而 $m(nT_s)$ 就是第 n 个抽样值幅度。经过矩形脉冲形成电路，每当输入一个冲激信号，在其输出端便产生一个幅度为 $m(nT_s)$ 的矩形脉冲 $q(t)$，因此在 $m_s(t)$ 作用下，输出便产生一系列被 $m(nT_s)$ 加权的矩形脉冲序列，这就是平顶抽样 PAM 信号 $m_q(t)$。它表示为

$$m_q(t) = \sum_{n=-\infty}^{\infty} m(nT_s)q(t-nT_s) \tag{4.2-7}$$

设脉冲形成电路的传输函数为 $H(\omega) = Q(\omega)$，则输出的平顶抽样信号频谱 $M_q(\omega)$ 为

$$M_q(\omega) = M_s(\omega)Q(\omega) \tag{4.2-8}$$

利用式（4.1-2）取样 $M_s(\omega)$ 的结果，上式变为

$$M_q(\omega) = \frac{1}{T_s}Q(\omega)\sum_{n=-\infty}^{\infty} M(\omega - 2n\omega_H) = \frac{1}{T_s}\sum_{n=-\infty}^{\infty} Q(\omega)M(\omega - 2n\omega_H) \tag{4.2-9}$$

由上式看出，平顶抽样的 PAM 信号频谱 $M_q(\omega)$ 是由 $Q(\omega)$ 加权后的周期性重复的 $M(\omega)$ 所组成，由于 $Q(\omega)$ 是 ω 的函数，如果直接用低通滤波器恢复，得到的是 $Q(\omega)M(\omega)/T_s$，它必然存在失真。为了从 $m_q(t)$ 中恢复原始基带信号 $m(t)$，可采用如图 4-9 所示的解调原理方框图。在滤波之前先用特性为 $1/Q(\omega)$ 频谱校正网络加以修正，则低通滤波器便能无失真地恢复原始基带信号 $m(t)$。

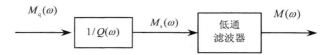

图 4-9　平顶抽样的解调原理方框图

在实际应用中，平顶抽样信号采用抽样保持电路来实现，得到的脉冲为矩形脉冲。在后面将讲到的 PCM 系统的编码中，编码器的输入就是经抽样保持电路得到的平顶抽样脉冲。

在实际应用中，恢复信号的低通滤波器也不可能是理想的，因此考虑到实际滤波器可能实现的特性，抽样速率 f_s 要比 $2f_H$ 选得大一些，一般 $f_s = (2.5 \sim 3)f_H$。例如语音信号频率一般为 $300 \sim 3\,400\text{Hz}$，抽样速率 f_s 一般取 $8\,000\text{Hz}$。

以上按自然抽样和平顶抽样均能构成 PAM 通信系统，也就是说可以在信道中直接传输抽样后的信号，但由于它们抗干扰能力差，目前很少使用。它已被性能良好的脉冲编码调制（PCM）所取代。

4.3　量化

4.3.1　量化基本概念

模拟信号 $m(t)$ 经抽样后得到了样值序列 $m_s(t)$，样值序列在时间上是离散的，但在幅度

上却还是连续的，即有无限多种样值。这种样值无法用有限位数字信号来表示，因为有限位数字信号 n 最多能表示 $M=2^n$ 种电平。因此，必须对样值进一步处理，使它成为在幅度上是有限种取值的离散样值。对幅度进行离散化处理的过程称为量化，实现量化的器件称为量化器。

量化的过程可通过如图 4-10 所示的例子加以说明。其中，$m(t)$ 是模拟信号；抽样速率为 $f_s = 1/T_s$；抽样值用"·"表示；第 k 个抽样值为 $m(kT_s)$；$m_q(t)$ 表示量化信号；$q_1 \sim q_M$ 是预先规定好的 M 个量化电平（这里 $M=7$）；m_i 为第 i 个量化区间的终点电平；电平之间的间隔 $\Delta_i = m_i - m_{i-1}$ 称为量化间隔。量化就是将抽样值 $m(kT_s)$ 转换为 M 个规定电平 $q_1 \sim q_M$ 之一：如果 $m_{i-1} \leqslant m(kT_s) \leqslant m_i$，则 $m_q(kT_s) = q_i$。从上面结果可以看出，量化后的信号 $m_q(t)$ 是对原来信号 $m(t)$ 的近似，当抽样速率一定，量化级数目（量化电平数）增加并且量化电平选择适当时，可以使 $m_q(t)$ 与 $m(t)$ 的近似程度提高。$m_q(kT_s)$ 与 $m(kT_s)$ 之间的误差称为量化误差。对于语音、图像等随机信号，量化误差也是随机的，它像噪声一样影响通信质量，因此又称为量化噪声，通常用均方误差来度量。

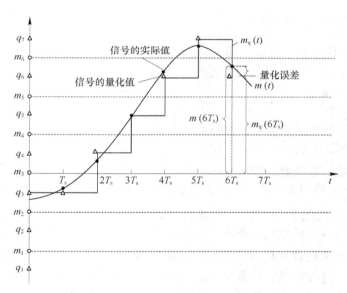

图 4-10　量化过程

下面讨论量化噪声。假设输入的模拟信号 $m(t)$ 是均值为 0，概率密度为 $f(x)$ 的平稳随机过程，并用简化符号 m 表示 $m(kT_s)$，m_q 表示 $m_q(kT_s)$，假设不会出现过载量化，则量化噪声的均方误差（即平均功率）为

$$N_q = E[(m - m_q)^2] = \int_{\infty}^{\infty} (x - m_q)^2 f(x)\mathrm{d}x \tag{4.3-1}$$

若把积分区间分割成 M 个量化间隔，则上式可表示成

$$N_q = \sum_{i=1}^{M} \int_{m_{i-1}}^{m_i} (x - q_i)^2 f(x)\mathrm{d}x \tag{4.3-2}$$

在给定信息源的情况下，$f(x)$ 是已知的。因此，量化误差的平均功率与量化间隔的分割有关，如何使量化误差的平均功率最小或符合一定规律是量化理论所要研究的问题。

4.3.2 均匀量化

把输入信号的取值域按等距离分割的量化称为均匀量化。在均匀量化中，每个量化区间的量化电平均取在各区间的中点，图 4-11 即是均匀量化的例子。其量化间隔 Δ_i 取决于输入信号的变化范围和量化电平数。

若设输入信号的最小值和最大值分别用 a 和 b 表示，量化电平数为 M，则均匀量化时的量化间隔为

$$\Delta_i = \Delta = \frac{b-a}{M} \qquad (4.3\text{-}3)$$

量化器输出 m_q 为

$$m_q = q_i, \quad \text{当} \quad m_{i-1} < m \leqslant m_i$$

式中 m_i 是第 i 个量化区间的终点，可写成 $m_i = a + i\Delta v$；q_i 是第 i 个量化区间的量化电平，可表示为 $q_i = \dfrac{m_i + m_{i-1}}{2}$，$i = 1, 2, \cdots, M$

量化器的输入与输出关系可用量化特性来表示，语音编码常采用如图 4-11（a）所示输入—输出特性的均匀量化器，当输入 m 在

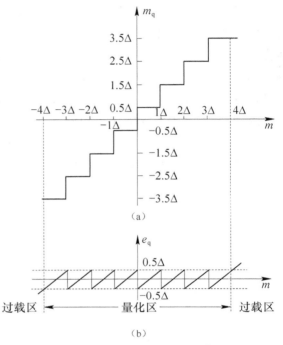

图 4-11　均匀量化特性及量化误差曲线

量化区间 $m_{i-1} < m \leqslant m_i$ 变化时，量化电平 q_i 是该区间的中点值。而相应的量化误差 $e_q = m - m_q$ 与输入信号幅度 m 之间的关系曲线如图 4-11（b）所示。从图中可见，当输入信号幅度在 $(-4\Delta, 4\Delta)$ 时，量化误差的绝对值都不会超过 $\Delta/2$，这段范围称为量化的未过载区。在未过载区产生的噪声称为未过载量化噪声。当输入电压幅度 $m < -4\Delta$ 或 $m > 4\Delta$ 时，量化误差值线性增大，超过 $\Delta/2$，这段范围称为量化的过载区。过载区的误差特性是线性增长的，因而过载误差比量化误差大，对重建信号有很坏的影响。在设计量化器时，应考虑输入信号的幅度范围，使信号幅度不进入过载区，或者只能以极小的概率进入过载区。

上述的量化误差 $e_q = m - m_q$ 通常称为绝对量化误差，它在每一量化间隔内的最大值均为 $\Delta/2$。在衡量量化器性能时，单看绝对误差的大小是不够的，因为信号有大有小，同样大的噪声对大信号的影响可能不算什么，但对小信号而言有可能造成严重的后果，因此在衡量系统性能时应看噪声与信号的相对大小，我们把绝对量化误差与信号之比称为相对量化误差。相对量化误差的大小反映了量化器的性能，通常用量化信噪比 S/N_q 来衡量，它被定义为信号功率与量化噪声功率之比，即

$$\frac{S}{N_q} = \frac{E[m^2]}{E[(m-m_q)^2]} \qquad (4.3\text{-}4)$$

式中，E 表示求统计平均，S 为信号功率，N_q 为量化噪声功率。显然，S/N_q 越大，量化性能越好。下面我们来分析均匀量化时的量化信噪比。

由式（4.3-4）得量化噪声功率 N_q 为

$$N_q = E[(m - m_q)^2] = \int_a^b (x - m_q)^2 f(x)dx = \sum_{i=1}^M \int_{m_{i-1}}^{m_i} (x - q_i)^2 f(x)dx$$

这里 $m_i = a + i\Delta$，$q_i = a + i\Delta - \Delta/2$

一般来说，量化电平数 M 很大，量化间隔 Δ 很小，因而可认为信号概率密度 $f(x)$ 在 Δ 内不变，以 p_i 表示第 i 个量化间隔的概率密度，且假设各层之间量化噪声相互独立，则 N_q 表示为

$$N_q = \sum_{i=1}^M p_i \int_{m_{i-1}}^{m_i} (x - q_i)^2 dx = \frac{\Delta^2}{12} \sum_{i=1}^M p_i \Delta = \frac{\Delta^2}{12} \tag{4.3-5}$$

因假设不出现过载现象，故上式中 $\sum_{i=1}^M p_i \Delta = 1$。由式（4.3-5）可知，均匀量化器不过载量化噪声功率 N_q 仅与 Δ 有关，而与信号的统计特性无关，一旦量化间隔 Δ 给定，无论抽样值大小，均匀量化噪声功率 N_q 都是相同的。

因为信号功率

$$S = E[(m)^2] = \int_a^b x^2 f(x)dx \tag{4.3-6}$$

因此，若给出信号特性和量化特性，便可求出量化信噪比 S/N_q。

【例 4-1】 设一 M 个量化电平的均匀量化器，其输入信号的概率密度函数在区间 $[-a, a]$ 内均匀分布，试求该量化器的量化信噪比。

解：

$$
\begin{aligned}
N_q &= \sum_{i=1}^M \int_{m_{i-1}}^{m_i} (x - q_i)^2 \frac{1}{2a} dx \\
&= \sum_{i=1}^M \int_{-a+(i-1)\Delta}^{-a+i\Delta} (x + a - i\Delta + \frac{\Delta}{2})^2 \frac{1}{2a} dx \\
&= \sum_{i=1}^M \left(\frac{1}{2a}\right)\left(\frac{\Delta^3}{12}\right) = \frac{M \cdot \Delta^3}{24a}
\end{aligned}
$$

因为 $M \cdot \Delta = 2a$，所以 $N_q = \frac{\Delta^2}{12}$，结果与式（4.3-5）相同。又由式（4.3-6）得信号功率

$$S = \int_{-a}^a x^2 \cdot \frac{1}{2a} dx = \frac{\Delta^2}{12} \cdot M^2$$

因而，量化信噪比为

$$\frac{S}{N} = M^2 \text{ 或} \left(\frac{S}{N_q}\right)_{dB} = 10\lg M^2 = 20\lg M$$

由上式可知，量化信噪比随量化电平数 M 的增加而提高，信号的逼真度越好。通常量化电平数应根据对量化信噪比的要求来确定。

均匀量化器广泛应用于线性 A/D 变换接口，例如在计算机的 A/D 变换中，常用的有 8 位、12 位、16 位等不同精度。另外，在遥测遥控系统、仪表、图像信号的数字化接口等中，也都使用均匀量化器。

但在语音信号数字化通信（或叫数字电话通信）中，均匀量化则有一个明显的不足：量化信噪比随信号电平的减小而下降。产生这一现象的原因是均匀量化的量化间隔 Δ 为固定值，量化电平分布均匀，因而无论信号大小如何，量化噪声功率固定不变，当信号 $m(t)$ 较小时，则信号量化噪声功率比也就很小。这样，小信号时的量化信噪比就难以达到给定的要求。为了克服均匀量化的缺点，实际中往往采用非均匀量化。

4.3.3 非均匀量化

非均匀量化是根据信号的不同区间来确定量化间隔的。对于信号取值小的区间，其量化间隔也小；反之，量化间隔就大。非均匀量化是一种在整个动态范围内量化间隔不相等的量化。换言之，非均匀量化是根据输入信号的概率密度函数来分布量化电平，以改善量化性能。由均方误差式（4.3-1）可见，在 $f(x)$ 大的地方，设法降低量化噪声 $(x-m_q)^2$，从而降低均方误差，提高信噪比。非均匀量化与均匀量化相比，有两个主要的优点：

（1）当输入量化器的信号具有非均匀分布的概率密度时，非均匀量化器的输出端可得较高的平均信号量化噪声功率比；

（2）非均匀量化时，量化噪声功率的均方根值基本上与信号抽样值成比例。因此，量化噪声对大、小信号的影响大致相同，即改善了小信号时的量化信噪比。

实际中，非均匀量化的实现方法如图 4-12 所示。在发送端，把抽样值 x 先进行压缩处理，再把压缩后的信号 y 进行均匀量化。在接收端，对信号 y 进行扩张来恢复 x。图 4-13 给出了压缩与扩张的示意图。

图 4-12　非均匀量化的实现

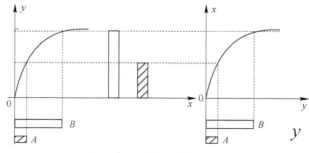

图 4-13　压缩与扩张的示意图

压缩处理就是通过一个非线性变换电路，使得微弱的信号被放大，强的信号被压缩。压缩的输入输出关系表示为

$$y = f(x)$$

式中，x 为归一化输入，y 为归一化输出。归一化是指信号电压与信号最大电压之比，所以归一化的最大值为 1。

接收端用一个传输特性为

$$x = f^{-1}(y)$$

的扩张器来恢复 x。

通常使用的压缩器中，大多采用对数式压缩，即 $y = \ln x$。广泛采用的两种对数压缩特性是 μ 律压缩和 A 律压缩。美国采用 μ 律压缩，我国和欧洲各国均采用 A 律压缩，下面分别讨论这两种压缩的原理。

1. A 压缩律

A 律压缩的压缩特性为

$$y = \begin{cases} \dfrac{Ax}{1 + \ln A}, & 0 \leqslant x \leqslant \dfrac{1}{A} & \text{(a)} \\[3mm] \dfrac{1 + \ln Ax}{1 + \ln A}, & \dfrac{1}{A} \leqslant x \leqslant 1 & \text{(b)} \end{cases} \qquad (4.3\text{-}7)$$

其中，式（4.3-7（b））是 A 律的主要表达式，但它当 $x = 0$ 时，$y \to \infty$，这样不满足对压缩特性的要求，所以当 x 很小时应对它加以修正。A 为压缩参数，$A=1$ 时无压缩，A 值越大压缩效果越明显。图 4-14 给出了 A 为某一取值的归一化压缩特性。A 律压缩特性是以原点奇对称的，为了简便，图中只给出了正半轴部分。图 4-14 中，x 和 y 都在 -1 和 1 之间，取量化级数为 N（在 y 方向上从 -1 到 1 被均匀划分为 N 个量化级）。

2. μ 律压缩

μ 律压缩的压缩特性为

$$y = \frac{\ln(1 + \mu x)}{\ln(1 + \mu)}, \qquad 0 \leqslant x \leqslant 1 \qquad (4.3\text{-}8)$$

其中，μ 是压缩系数，y 是归一化的压缩器输出电压，x 是归一化的压缩器输入电压。图 4-15 给出了 μ 律对数压缩特性。由图可见，$\mu=0$ 时，压缩特性是一条通过原点的直线，故没有压缩效果，小信号性能得不到改善；μ 值越大压缩效果越明显，一般当 $\mu=100$ 时，压缩效果就比较理想了。在国际标准中取 $\mu=255$。另外，需要指出的是 μ 律压缩特性曲线是以原点奇对称的，图中只画出了正向部分。从图中可以看出，纵坐标是均匀的，但由于是非均匀压缩，输入信号 x 就成为非均匀量化了，输入信号越小时量化间隔 Δ 越小；输入信号越大时，量化间隔越大。

早期的 A 律和 μ 律压缩特性是用非线性模拟电路获得的。由于对数压缩特性是连续曲线，且随压缩参数而不同，在电路上实现这样的函数规律是相当复杂的，因而精度和稳定度都受到限制。随着数字电路特别是大规模集成电路的发展，另一种压缩技术——数字压缩，日益获得广泛的应用。它是利用数字电路形成许多折线来逼近对数压缩特性。在实际中常采用的方法有两种：一种是采用 13 折线近似 A 律压缩特性；另一种是采用 15 折线近似 μ 律压缩特性。

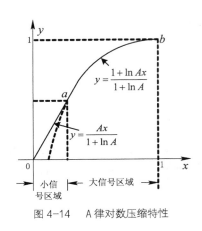

图 4-14 A 律对数压缩特性

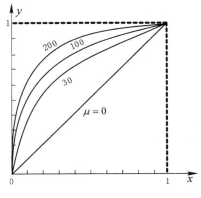

图 4-15 μ 律对数压缩特性

A 律 13 折线主要用于英、法、德等欧洲各国的 PCM 30/32 路基群中，我国的 PCM 30/32 路基群也采用 A 律 13 折线压缩特性。μ 律 15 折线主要用于美国、加拿大和日本等国的 PCM 24 路基群中。CCITT 建议 G.711 规定上述两种折线近似压缩律为国际标准，且在国际间数字系统相互连接时以 A 律为标准。因此这里重点介绍 A 律 13 折线。A 律 13 折线设法用 13 段折线逼近 A=87.6 的 A 律压缩特性。

3. 13 折线

实际中，A 律压缩通常采用 13 折线来近似，13 折线法如图 4-16 所示，图中先把 x 轴的 [0，1]区间分为 8 个不均匀段。其具体分法如下：

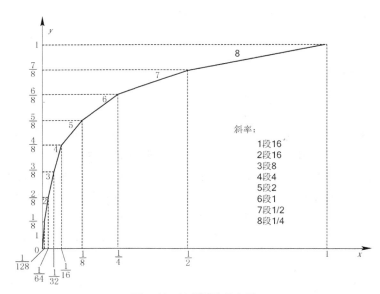

图 4-16 13 折线法示意图

（1）将区间[0，1]一分为二，其中点为 1/2，取区间[1/2，1]作为第 8 段；

（2）将剩下的区间[0，1/2]再一分为二，其中点为 1/4，取区间[1/4，1/2]作为第 7 段；

（3）将剩下的区间[0，1/4]再一分为二，其中点为 1/8，取区间[1/8，1/4]作为第 6 段；

（4）将剩下的区间[0，1/8]再一分为二，其中点为 1/16，取区间[1/16，1/8]作为第 5 段；

（5）将剩下的区间[0，1/16]再一分为二，其中点为 1/32，取区间[1/32，1/16]作为第 4 段；

（6）将剩下的区间[0，1/32]再一分为二，其中点为 1/64，取区间[1/64，1/32]作为第 3 段；

（7）将剩下的区间[0，1/64]再一分为二，其中点为 1/128，取区间[1/128，1/64]作为第 2 段；

（8）最后剩下的区间[0，1/128]作为第 1 段。

然后将 y 轴的[0，1]区间均匀地分成 8 段，从第 1 段到第 8 段分别为[0，1/8]，(1/8，2/8)，(2/8，3/8)，(3/8，4/8)，(4/8，5/8)，(5/8，6/8)，(6/8，7/8)，(7/8，1)，分别与 x 轴的 8 段一一对应。图中第 1 段到第 8 段的斜率分别为：16，16，8，4，2，1，1/2，1/4。因此，除第 1 段、第 2 段外，其他各段折线的斜率都不相同。图 4-16 中只画出了第一象限的压缩特性，第三象限的压缩特性的形状与第一象限的压缩特性的形状相同，且它们以原点为奇对称，所以负方向也有 8 段直线，总共有 16 个线段。但由于正向 1、2 两段和负向 1、2 两段的斜率相同，所以这 4 段实际上为一条直线，因此，正、负双向的折线总共由 13 条直线段构成，这就是 13 折线的由来。

采用上述的方法就可以作出由 8 段直线构成的一条折线，该折线和 A 律压缩近似。下面考察 13 折线与 A 律（$A=87.6$）压缩特性的近似程度。在 A 律对数特性的小信号区分界点 $x=1/A=1/87.6$，相应的 y 取值为 0.183。13 折线中第 1、2 段起始点 y 取值小于 0.183，所以这两段起始点 x、y 的关系可分别由式（4.3-7（a））求得，即

$$y = \frac{Ax}{1+\ln A} = \frac{87.6}{1+\ln 87.6}x$$

$$x = \frac{1+\ln 87.6}{87.6}y$$

当 $y > 0.183$ 时，由式（4.3-7（b））求得，即

$$y - 1 = \frac{\ln x}{1+\ln A} = \frac{\ln x}{\ln eA}$$

$$\ln x = (y-1)\ln eA$$

$$x = \frac{1}{(eA)^{1-y}} \tag{4.3-9}$$

其余 6 段用 $A=87.6$ 代入式（4.3-7（b））计算的 x 值列入表 4-1 中的第 2 行。与按折线分段时的 x 值（第 3 行）进行比较可见，13 折线各段落的分界点与 $A=87.6$ 曲线十分逼近，并且两特性起始段的斜率均为 16，这就是说，13 折线非常逼近 $A=87.6$ 的对数压缩特性。

在 A 律特性分析中可以看出，取 $A=87.6$ 有两个目的：一是使特性曲线原点附近的斜率凑成 16；二是使 13 折线逼近时，x 的 8 段量化分界点近似为 $1/2^n (n=0, 1, 2, \cdots, 7)$，可以按 2 的幂次递减分割，有利于数字化。

表 4-1 $A=87.6$ 与 13 折线压缩特性的比较

Y	0	$\frac{1}{8}$	$\frac{2}{8}$	$\frac{3}{8}$	$\frac{4}{8}$	$\frac{5}{8}$	$\frac{6}{8}$	$\frac{7}{8}$	1
X	0	$\frac{1}{128}$	$\frac{1}{60.6}$	$\frac{1}{30.6}$	$\frac{1}{15.4}$	$\frac{1}{7.79}$	$\frac{1}{3.93}$	$\frac{1}{1.98}$	1
按折线分段时的 x	0	$\frac{1}{128}$	$\frac{1}{64}$	$\frac{1}{32}$	$\frac{1}{16}$	$\frac{1}{8}$	$\frac{1}{4}$	$\frac{1}{2}$	1

4.15 折线

实际中，μ 律压缩通常采用 15 折线来近似。采用 15 折线逼近 μ 律压缩特性（$\mu=255$）的原理与 A 律 13 折线类似，也是把 y 轴均分 8 段，图中先把 y 轴的[0, 1]区间分为 8 个均匀段。对应于 y 轴分界点 $n/8$ 处的 x 轴分界点的值根据式 $y=\dfrac{\ln(1+255x)}{\ln(1+255)}$ 来计算，   即

$$x=\frac{256^{y}-1}{255}=\frac{256^{n/8}-1}{255}=\frac{2^{n}-1}{255}$$

由于第三象限的压缩特性的形状与第一象限的压缩特性的形状相同，且它们以原点为奇对称，所以负方向也有 8 段直线，总共有 16 个线段，但由于正向第 1 段和负向第 1 段的斜率相同，所以这两段实际上为一条直线，因此，正、负双向的折线总共由 15 条直线段构成，这就是 15 折线的由来。15 折线的第 1 段到第 8 段斜率分别为：255/8，255/16，255/32，255/64，255/128，255/256，255/512，255/1 024。和 13 折线的第 1 段到第 8 段斜率相比较可知，15 折线 μ 律中小信号的量化信噪比比 13 折线 A 律大近一倍，但对于大信号来说，μ 律不如 A 律。

4.4 脉冲编码调制（PCM）

在现代通信系统中以 PCM 为代表的编码调制技术已被广泛应用于模拟信号的数字传输。脉冲编码调制（PCM）是把模拟信号变换为数字信号的一种调制方式，其最大特点是把连续输入的模拟信号变换为在时域和振幅上都离散的量，然后将其转化为代码形式传输。它在光纤通信、数字微波通信、卫星通信中均获得了极为广泛的应用。

4.4.1 PCM 通信系统框图

PCM 是一种用一组二进制数字代码来代替连续信号的抽样值，从而实现通信的方式。采用 PCM 的模拟信号数字传输系统如图 4-17 所示。首先，对模拟信息源发出的模拟信号进行抽样，使其成为一系列离散的抽样值，然后将这些抽样值进行量化并编码，变换成数字信号，这时信号便可用数字通信方式传输。经信道传送到接收端的译码器，由译码器还原出抽样值，再经低通滤波器滤出模拟信号。其中，抽样、编码的组合通常称为 A/D 变换；而译码与低通滤波的组合称为 D/A 变换。综上所述，PCM 信号的形成是模拟信号经过"抽样、量化、编码"3 个步骤实现的。图 4-18 给出了 PCM 信号形成示意图。关于抽样和量化的内容在前面

几节已叙述，这节重点是关于编码的叙述。

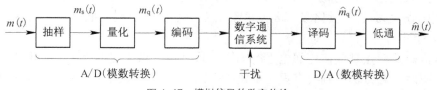

图 4-17　模拟信号的数字传输

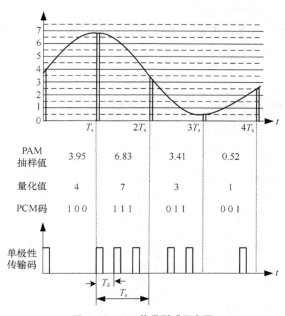

图 4-18　PCM 信号形成示意图

1．常用码型

所谓编码，就是把量化后的信号转换成代码的过程。有多少个量化值就需多少个代码组，代码组的选择是任意的，只要满足与样值成一一对应关系即可。既可以是二元码组，也可是多元码组。目前，常用的二进制码有自然二进制码、折叠二进制码和格雷码。表 4-2 中列出了 16 种电平的各种代码，其中 16 个量化级分成两个部分：0～7 的 8 个量化电平对应于负极性的样值脉冲；8～15 的 8 个量化级对应于正极性的样值脉冲。

（1）自然二进制码就是一般的十进制正整数的二进制表示，编码简单、易记，而且译码可以逐比特独立进行。

（2）折叠二进制码的特点是正、负两半部分，除去最高位后，呈倒影或折叠关系，最高位上半部分为全"1"，下半部分为全"0"。这种码的明显特点是：对于双极性信号，可用最高位表示信号的正、负极性，而用其余的码表示信号的绝对值，即只要正、负极性信号的绝对值相同，则可进行相同的编码。也就是说，用第一位表示极性后，双极性信号可以采用单极性编码方法。因此，采用折叠二进制码可以简化编码的过程。另一特点：对小信号时的误码影响小。例如由大信号的 1111→0111，对于自然二进制码解码后的误差为 8

个量化级；而对于折叠二进制码，误差为 15 个量化级。由此可见，大信号误码对折叠码影响很大。但如果是由小信号的 1000→0000，对于自然二进制码误差为 8 个量化级，而对于折叠二进制码误差为 1 个量化级。因为语音信号中小信号出现的概率较大，这对于语音信号是十分有利的。

（3）格雷码的特点是任何相邻电平的码组，只有一位码位发生变化，即相邻码字的距离恒为 1。译码时，若传输或判决有误，量化电平的误差小。另外，这种码除极性码外，当绝对值相等时，其幅度码相同，故又称反射二进码。但这种码与其所表示的数值之间无直接联系，编码电路比较复杂，一般较少采用。

在 PCM 通信编码中，折叠二进制码是 A 律 13 折线 PCM 30/32 路基群设备中所采用的码型。

表 4-2   常用二进码型

样值脉冲极性	自然二进制码	折叠二进制码	格雷码	量化级序号
正极性部分	1111	1111	1000	15
	1110	1110	1001	14
	1101	1101	1011	13
	1100	1100	1010	12
	1011	1011	1110	11
	1010	1010	1111	10
	1001	1001	1101	9
	1000	1000	1100	8
负极性部分	0111	0000	0100	7
	0110	0001	0101	6
	0101	0010	0111	5
	0100	0011	0110	4
	0011	0100	0010	3
	0010	0101	0011	2
	0001	0110	0001	1
	0000	0111	0000	0

2. 码位的选择与安排

至于码位的选择，它不仅关系到通信质量的好坏，而且还涉及设备的复杂程度。码位数的多少，决定了量化分层的多少，反之，若信号量化分层数一定，则编码位数也被确定。在信号变化范围一定时，用的码位数越多，量化分层越细，量化误差就越小，通信质量当然就更好。但码位数越多，设备越复杂，同时还会使总的传码率增加，传输带宽加大。

PCM 编码采用 8 位折叠二进制码，对应有 $M = 2^8 = 256$ 量化级，即正、负输入幅度范围内各有 128 个量化级。这需要将 13 折线中的每个折线段再均匀划分 16 个量化级，由于每个段落长度不均匀，因此正或负输入的 8 个段落被划分成 8×16=128 个不均匀的量化级。按折叠二进码的码型，这 8 位码的安排如下：

极性码   段落码   段内码

C_1 $C_2C_3C_4$ $C_5C_6C_7C_8$

第 1 位码 C_1 的数值 "1" 或 "0" 分别表示信号的正、负极性，称为极性码。

第 2 至第 4 位码 $C_2C_3C_4$ 为段落码，表示信号绝对值处在哪个段落，3 位码的 8 种可能状态分别代表 8 个段落的起点电平，如表 4-3 所示。但应注意，段落码的每一位不表示固定的电平，只是用它们的不同排列码组表示各段的起始电平，如图 4-19 所示。

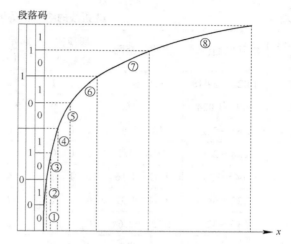

表 4-3	段落码		
段落 序号	段落码		
	C_2	C_3	C_4
8	1	1	1
7	1	1	0
6	1	0	1
5	1	0	0
4	0	1	1
3	0	1	0
2	0	0	1
1	0	0	0

图 4-19　段落码与各段的关系

第 5 至第 8 位码 $C_5C_6C_7C_8$ 为段内码，这 4 位码的 16 种可能状态分别用来代表每一段落内的 16 个均匀划分的量化级。段内码与 16 个量化级之间的关系见表 4-4。

表 4-4		段内码		
电 平 序 号	段 内 码	电 平 序 号	段 内 码
	$C_5C_6C_7C_8$		$C_5C_6C_7C_8$
15	1 1 1 1	7	0 1 1 1
14	1 1 1 0	6	0 1 1 0
13	1 1 0 1	5	0 1 0 1
12	1 1 0 0	4	0 1 0 0
11	1 0 1 1	3	0 0 1 1
10	1 0 1 0	2	0 0 1 0
9	1 0 0 1	1	0 0 0 1
8	1 0 0 0	0	0 0 0 0

在 13 折线编码方法中，虽然各段内的 16 个量化级是均匀的，但因段落长度不等，故不同段落间的量化级是非均匀的。小信号时，段落短，量化间隔小；反之，量化间隔大。13 折线中的第 1、2 段最短，只有归一化的 1/128，再将它等分 16 小段，每一小段长度为 1/2 048。这是最小的量化级间隔，它仅有输入信号归一化值的 1/2 048，记为 Δ，代表一个量化单位。第 8 段最长，它是归一化值的 1/2，将它等分 16 小段后，每一小段归一化长度为 1/32，包含 64 个最小量化间隔，记为 64Δ。如果以非均匀量化时的最小量化间隔 $\Delta=1/2\ 048$ 作为输入 x 轴的单位，那么各段的起点电平分别是 0、16、32、64、128、256、512、1 024 个量化单位，具体见表 4-5。按照二进制编码位数 N 与量化级数 M 的关系：$M=2^N$，均匀量化需要编 11 位

码，而非均匀量化只要编 7 位码。通常把按非均匀量化特性的编码称为非线性编码；按均匀量化特性的编码称为线性编码。可见，在保证小信号时的量化间隔相同的条件下，7 位非线性编码与 11 位线性编码等效。由于非线性编码的码位数减少，因此设备简化，所需传输系统带宽减小。

表 4-5   13 折线的编码和量化电平

量化级序号	电平范围(Δ)	量化值范围	段落码 $C_2C_3C_4$			起始电平(Δ)	量化间隔(Δi)	归一化值	段内码对应权值(Δ) $C_5C_6C_7C_8$			
8	1 024～2 048	1/2～1	1	1	1	1 024	64	1/32	512	256	128	64
7	512～1 024	1/4～1/2	1	1	0	512	32	1/64	256	128	64	32
6	256～512	1/8～1/4	1	0	1	256	16	1/128	128	64	32	16
5	128～256	1/16～1/8	1	0	0	128	8	1/256	64	32	16	8
4	64～128	1/32～1/16	0	1	1	64	4	1/512	32	16	8	4
3	32～64	1/64～1/32	0	1	0	32	2	1/1 024	16	8	4	2
2	16～32	1/128～1/64	0	0	1	16	1	1/2 048	8	4	2	1
1	0～16	0～1/128	0	0	0	0	1	1/2 048	8	4	2	1

4.4.2   逐次反馈型编码实现

编码器的任务是根据输入的样值编码成相应的 8 位二进制代码。PCM 系统编码的实现方法有很多种，如级联逐次比较型编码、级联型编码、逐次反馈型编码、级联反馈混合型编码、脉冲循环编码、脉冲计数型编码等。从编码速度和编码复杂程度来看，这些编码方法各有利弊。下面重点介绍最常用的逐次反馈型编码器。除第 1 位极性码外，其他 7 位二进制代码是通过类似天平称重物的过程来逐次比较确定的。

图 4-20 给出了逐次反馈型编码器的电路框图。整个编码器由抽样保持电路、极性判决、全波整流器、本地解码器和或门组成。它的工作原理如下：

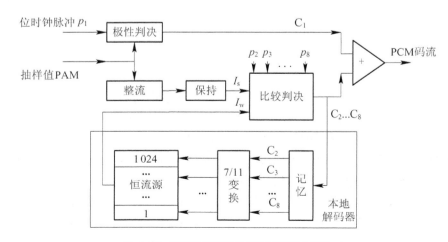

图 4-20   逐次反馈型线性编码器原理方框图

（1）保持电路对一个样值 I_s 在编码期间内保持不变；

（2）极性判决电路编出极性码 C_1，当信号 $I_s>0$，$C_1=1$，当 $I_s<0$，$C_1=0$；

（3）p_1，p_2，$\cdots$，p_8 为编码所需的位脉冲，p_i 脉冲来时编 C_i 位码。

（4）本地解码器的功能是在反馈码和位脉冲的作用下，经过一系列逻辑操作，用逐步逼近的方法有规律控制标准电流 I_w 去和样值比较，每比较一次出一位码。当 $I_s>I_w$ 时，出"1"码，反之出"0"码，直到 I_w 和抽样值 I_s 逼近为止，完成对输入样值的非线性量化和编码。比较 7 次后，样值与所有码位的解码值之差变得很小。下面我们通过一个例子来说明编码过程。

【例 4-2】　设输入信号抽样值 I_s=+1 200Δ（Δ 为一个量化单位，表示输入信号归一化值的 1/2 048），采用逐次比较型编码器，按 A 律 13 折线编成 8 位码 $C_1C_2C_3C_4C_5C_6C_7C_8$。

解：编码过程如下。

（1）确定极性码 C_1：由于输入信号抽样值 I_s 为正，故极性码 $C_1=1$。

（2）确定段落码 $C_2C_3C_4$：

段落码 C_2 是用来表示输入信号抽样值 I_s 处于 13 折线 8 个段落中的前 4 段还是后 4 段，故确定 C_2 的标准电流应选为 I_w=128Δ，第一次比较结果为 $I_s>I_w$，故 $C_2=1$，说明 I_s 处于 5～8 段。

C_3 是用来进一步确定 I_s 处于 5～6 段还是 7～8 段，故确定 C_3 的标准电流应选为 I_w=512Δ，第 2 次比较结果为 $I_s>I_w$，故 $C_3=1$，说明 I_s 处于 7～8 段。

同理，C_4 是用来进一步确定 I_s 处于 7 段还是 8 段，故确定 C_4 的标准电流应选为 I_w=1 024Δ，第 3 次比较结果为 $I_s>I_w$，所以 $C_4=1$，说明 I_s 处于第 8 段。

经过以上 3 次比较得段落码 $C_2C_3C_4$ 为"111"，I_s 处于第 8 段，起始电平为 1 024Δ。

（3）确定段内码 $C_5C_6C_7C_8$：段内码是在已知输入信号抽样值 I_s 所处段落的基础上，进一步表示 I_s 在该段落的哪一量化级（量化间隔）。参看表 4-5 可知，第 8 段的 16 个量化间隔均为 Δ_8=64Δ，故确定 C_5 的标准电流（取中间）应选为 I_w=段落起始电平+8×（量化间隔）= 1 024Δ+8×64Δ=1 536Δ，第 4 次比较结果为 $I_s<I_w$，故 $C_5=0$，说明 I_s 处于前 8 级（0～7 量化间隔）。

同理，确定 C_6 的标准电流为 I_w=1 024Δ+4×64Δ=1 280Δ，第 5 次比较结果为 $I_s<I_w$，故 $C_6=0$，表示 I_s 处于前 4 级（0～3 量化间隔）。

确定 C_7 的标准电流为 I_w=1 024+2×64=1 152Δ，第 6 次比较结果为 $I_s>I_w$，故 $C_7=1$，表示 I_s 处于 2～3 量化间隔。

最后，确定 C_8 的标准电流为 I_w=1 024+3×64=1 216Δ=1 152Δ+1×64Δ=1 216Δ，第 7 次比较结果为 $I_s<I_w$，故 $C_8=0$，表示 I_s 处于序号为 2 的量化间隔。

由以上过程可知，非均匀量化（压缩及均匀量化）和编码实际上是通过非线性编码一次实现的。经过以上 7 次比较，对于模拟抽样值+1 200Δ，编出的 PCM 码组为 11110010。它表示输入信号抽样值 I_s 处于第 8 段序号为 2 的量化级。

逐次反馈型编码器的编码过程是将已编码字反馈到本地解码器，每到一个比较脉冲编出 1 位码，码字以串行方式输出。从编码速度来看，要比级联型编码器慢，但电路简单，精度高，适用于中速编码。

4.4.3　逐次反馈型译码实现

译码的作用是把接收端收到的 PCM 信号还原成相应的 PAM 信号，即实现数/模变换（D/A

变换）。A 律 13 折线译码器原理框图如图 4-21 所示，与图 4-20 中本地译码器基本相同，所不同的是增加了极性控制部分和带有寄存读出的 7/12 位码变换电路。

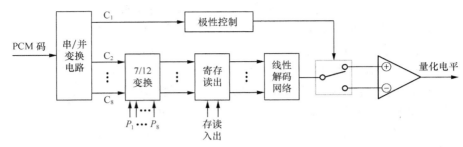

图 4-21　A 律 13 折线译码器原理方框图

极性控制部分的作用是根据收到的极性码 C_1 是 "1" 还是 "0" 来辨别 PCM 信号的极性，使译码后的 PAM 信号的极性恢复成与发送端相同的极性。

串/并变换记忆电路的作用是将输入的串行 PCM 码变为并行码，并记忆下来，与编码器中译码电路的记忆作用基本相同。

7/12 变换电路是将 7 位非线性码转变为 12 位线性码。在编码器的本地译码电路中采用 7/11 位码变换，使得量化误差有可能大于本段落量化间隔的一半。为使量化误差均小于段落内量化间隔的一半，译码器的 7/12 变换电路使输出的线性码增加一位码，人为地补上半个量化间隔，从而改善量化信噪比。

12 位线性解码电路主要是由恒流源和电阻网络组成，与编码器中解码网络类似。它是在寄存读出电路的控制下，输出相应的 PAM 信号。

【**例 4-3**】　设某量化值的编码为 11110010，求译码后的量化电平。

解：C_1=1，信号为正；$C_2 C_3 C_4$=111，落在第 8 段，起始值为 1 024Δ；$C_5 C_6 C_7 C_8$=0 010，则编码电平为　1 024Δ +(0×512+0×256+1×128+0×64)Δ =1 152Δ。则编码电平=+1 152Δ。由于编码电平为该量化级的最低电平（起始电平），它比量化值低 Δ_i/2 电平，因此译码时应补上 Δ_i /2 项。由于第 8 段的量化间隔为 64Δ，因此译码后的量化电平等于 1 152Δ ＋ Δ_8/2=1 184。量化误差等于 1 200Δ － 1 184Δ ＝16Δ。

4.4.4　PCM 编码速率及信号带宽

在 A 律 13 折线编码中规定编码位数 N=8。在一般的 PCM 编码中，编码位数则要根据量化电平数 M 确定，即满足 $N=\log_2 M$ 的关系。当确定抽样速率 f_s 后，抽样周期即抽样间隔为

$$T_s = \frac{1}{f_s} \tag{4.4-1}$$

在一个抽样周期 T_s 内要编 N 位码，每个二进制码元的宽度即码元周期为

$$T_b = \frac{T_s}{N} \tag{4.4-2}$$

用二进制码表示的 PCM 编码信号的码元速率为

$$R_s = \frac{1}{T_b} = \frac{N}{T_s} = f_s N = f_s \log_2 M \tag{4.4-3}$$

PCM 编码信号可以是直接的基带传输，也可以是经调制后的频带传输，所需要的带宽与传输方式有关，计算方法将在第 5 章和第 6 章经讨论后得出。这里先引用一个具体结论，如果 PCM 信号采用矩形脉冲传输，脉冲宽度为 τ，则 PCM 信号的第一零点带宽为

$$B = \frac{1}{\tau} \qquad (4.4\text{-}4)$$

第一零点带宽又称谱零点带宽。

二进制码元的占空比 D 为脉冲宽度 τ 与码元宽度 T_b 的比值，即

$$D = \frac{\tau}{T_b} \qquad (4.4\text{-}5)$$

已知码元周期 T_b 和占空比 D 即可计算 PCM 信号的第一零点带宽。当编码码组中的位数 N 越多，码元宽度 T_b 就越小，占用的带宽 B 就越大。传输 PCM 信号所需要的带宽要比模拟基带信号的带宽大得多。

【例 4-4】 模拟信号的最高频率为 4 000Hz，以奈奎斯特频率抽样并进行 PCM 编码，编码信号的波形为矩形，占空比为 1。

（1）按 A 律 13 折线编码，计算 PCM 信号的第一零点带宽；

（2）设量化电平数 $M = 128$，计算 PCM 信号的第一零点带宽。

解： （1）因为以奈奎斯特频率抽样，所以抽样频率为

$$f_s = 2f_H = 2 \times 4 \times 10^3 = 8 \times 10^3 \text{（Hz）}$$

A 律 13 折线编码的位数 $N = 8$，所以 PCM 信号的码元速率为

$$R_s = f_s N = 8 \times 10^3 \times 8 = 64 \text{（kBaud）}$$

当矩形波的占空比为 1 时，脉冲宽度为

$$\tau = T_b = \frac{1}{R_s}$$

PCM 信号的第一零点带宽为

$$B = \frac{1}{\tau} = R_s = 64 \text{（kHz）}$$

（2）量化电平数 $M = 128$，编码位数为

$$N = \log_2 M = \log_2 128 = 7$$

PCM 信号的码元速率为

$$R_s = f_s N = 8 \times 10^3 \times 7 = 56 \text{（kBaud）}$$

PCM 信号的第一零点带宽为

$$B = \frac{1}{\tau} = R_s = 56 \text{（kHz）}$$

4.4.5　PCM 抗噪声性能

PCM 系统的噪声主要有两种：量化噪声和加性噪声。PCM 系统的低通滤波器的输出

信号为

$$\hat{m}(t) = m(t) + n_q(t) + n_e(t)$$

其中，$m(t)$ 是接收端输出的信号成分；$n_q(t)$ 是由量化引起的输出噪声成分；$n_e(t)$ 是由信道加性噪声引起的输出噪声成分。

在接收端输出信号的总信噪比为

$$\frac{S_o}{N_o} = \frac{E[m^2(t)]}{N_q + N_e} \qquad (4.4\text{-}6)$$

其中，N_q 是量化噪声的平均功率；N_e 是信道加性噪声的平均功率。

量化噪声和信道加性噪声相互独立，所以我们先分别讨论它们单独作用时系统的性能，然后再分析系统总的抗噪声性能。

1. 量化噪声对系统的影响

假设发送端采用理想冲激抽样，则抽样器输出为 $m_s(t) = \sum\limits_{n=-\infty}^{\infty} m(nT_s)\delta(t-nT_s)$，则量化信号可表示为

$$
\begin{aligned}
m_{sq}(t) &= \sum_{n=-\infty}^{\infty} m_q(nT_s)\delta(t-nT_s) \\
&= \sum_{n=-\infty}^{\infty} m(nT_s)\delta(t-nT_s) + \sum_{n=-\infty}^{\infty} [m_q(nT_s) - m(nT_s)]\delta(t-nT_s) \\
&= \sum_{n=-\infty}^{\infty} [m(nT_s)\delta(t-nT_s) + e_q(nT_s)\delta(t-nT_s)]
\end{aligned}
$$

其中，$e_q(t)$ 是由量化引起的误差。其功率谱密度为

$$G_{eq}(\omega) = \frac{1}{T_s} E[e_q^2(kT_s)]$$

设输入信号在区间 $[-a, a]$ 具有均匀分布的概率密度，对其进行均匀量化，其量化级数为 M，则有量化噪声的功率 N_q 为

$$N_q = E[e_q^2(kT_s)] = \frac{\Delta^2}{12} \qquad (4.4\text{-}7)$$

其中，Δ 是量化间隔。所以量化误差 $e_q(t)$ 的功率谱密度为

$$G_{eq}(\omega) = \frac{1}{T_s} \cdot \frac{\Delta^2}{12}$$

因此，低通滤波器输出的量化噪声成分 $n_q(t)$ 的功率谱密度为

$$G_{nq}(\omega) = G_{eq}(\omega) \, |\, H(\omega)\,|^2$$

式中，$H(\omega)$ 是低通滤波器的传输特性，假设其是带宽为 ω_H 的理想低通滤波器，即

$$H(\omega) = \begin{cases} 1 & , \quad |\omega| < \omega_{\mathrm{H}} \\ 0 & , \qquad 其他 \end{cases}$$

则有

$$G_{\mathrm{nq}}(\omega) = \begin{cases} G_{\mathrm{eq}}(\omega) & , \quad |\omega| < \omega_{\mathrm{H}} \\ 0 & , \qquad 其他 \end{cases}$$

因此，低通滤波器输出的量化噪声功率为

$$N_{\mathrm{q}} = E[n_{\mathrm{q}}^{2}(t)] = \int_{-\omega_{\mathrm{H}}}^{\omega_{\mathrm{H}}} G_{\mathrm{nq}}(\omega)\mathrm{d}\omega = \frac{1}{T_{\mathrm{s}}^{2}}\frac{\Delta^{2}}{12} \qquad （4.4\text{-}8）$$

采用同样的方法，可求得接收端低通滤波器输入端的信号功率谱密度为

$$S_{\mathrm{i}} = G_{\mathrm{sq}}(\omega) = \frac{1}{T_{\mathrm{s}}}\frac{(M^{2}-1)\Delta^{2}}{12}$$

则低通滤波器输出信号的功率谱密度为

$$G_{\mathrm{so}}(\omega) = G_{\mathrm{eq}}(\omega)\,|H(\omega)|^{2}$$

$$G_{\mathrm{so}}(\omega) = \begin{cases} G_{\mathrm{sq}}(\omega) & , \quad |\omega| < \omega_{\mathrm{H}} \\ 0 & , \qquad 其他 \end{cases}$$

所以低通滤波器输出的信号功率为

$$S_{\mathrm{o}} = E[m^{2}(t)] = \int_{-\omega_{\mathrm{H}}}^{\omega_{\mathrm{H}}} G_{\mathrm{so}}(\omega)\mathrm{d}\omega = \frac{1}{T_{\mathrm{s}}^{2}}\frac{(M^{2}-1)\Delta^{2}}{12}$$

通常情况下有 $M \gg 1$，所以有

$$S_{\mathrm{o}} = \frac{1}{T_{\mathrm{s}}^{2}}\frac{M^{2}\Delta^{2}}{12} \qquad （4.4\text{-}9）$$

根据式（4.4-8）和式（4.4-9）可以得到 PCM 系统输出端的量化信号与量化噪声的平均功率比为

$$\frac{S_{\mathrm{o}}}{N_{\mathrm{q}}} = M^{2} \qquad （4.4\text{-}10）$$

对于二进制编码，设其编码位数为 N，则式（4.4-10）又可写为

$$\frac{S_{\mathrm{o}}}{N_{\mathrm{q}}} = 2^{2N} \qquad （4.4\text{-}11）$$

由上式可见，PCM 系统输出端量化信号与量化噪声的平均功率比将仅仅依赖于每个

编码码组的位数 N，且随 N 按指数增加。众所周知，对于一个带限为 f_H Hz 的信号，按抽样定理，要求每秒最少传输 $2f_H$ 个抽样值。经 N 位编码后，则每秒要传送 $2Nf_H$ 个二进制脉冲。因此，系统的总带宽 B 至少应等于 Nf_H Hz，即 N 应为 B/f_H，所以式（4.4-11）又可写成

$$\frac{S_o}{N_q} = 2^{2B/f_H} \tag{4.4-12}$$

这说明，PCM 系统输出的信号量化噪声功率比还和系统带宽 B 成指数关系。

2．加性噪声对系统的影响

由于信道中始终存在加性噪声，因而会影响接收端判决器的判决结果，即可能会将二进制的"0"错判为"1"，或把二进制的"1"错判为"0"。由于 PCM 系统中每一码组都代表着一定的抽样量化值，所以只要其中有一位或多位码元发生误码，则译码输出值的大小将会与原抽样值不同。其差值就是加性噪声所造成的失真，并以噪声的形式反映到输出，我们用信号噪声功率比来衡量它。

在加性噪声为高斯噪声的情况下，每一码组中出现的误码都是彼此独立的，我们通过图 4-22 来计算由于误码而造成的噪声功率。

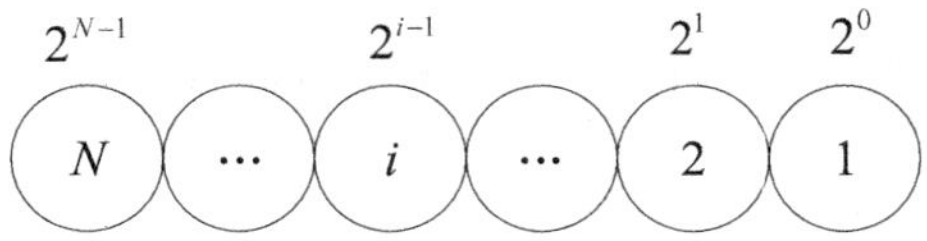

图 4-22　一个自然编码组

对于 N 位自然二进制码组来说，从低位到高位加权值应该是 2^0，2^1，…，2^{i-1}，…，2^{N-1}。设量化级之间的间隔为 Δv，则对应第 i 位码的抽样值为 $2^{i-1}\Delta v$。如果第 i 位发生错码，则其误差是 $\pm 2^{i-1}\Delta v$。可以看出，最高位发生误码造成的误差最大，是 $\pm 2^{i-1}\Delta v$；最低位误码时误差最小，只有 $\pm\Delta v$。因为已假设每一码元发生错误的概率相同，并把每一码组中只有一码元发生错误引起的误差电压设为 Q_Δ，所以一个码组由于误码在译码器输出端造成的平均误差功率为

$$E[Q_\Delta^2] = \frac{1}{N}\sum_{i=1}^{N}(2^{i-1}\Delta)^2 = \frac{(\Delta)^2}{N}\sum_{i=1}^{N}(2^{i-1})^2 = \frac{2^{2N}-1}{3N}\Delta^2$$

$$\approx \frac{2^{2N}}{3N}\Delta^2$$

由于错误码元之间的平均间隔为 $1/p_e$ 个码元，而一个码组又有 N 个码元，所以错误码组之间的平均间隔为 $1/Np_e$ 个码组，其平均间隔时间为

$$\bar{T} = \frac{T_s}{Np_e}$$

由于假定发送端采用理想抽样，因此，接收译码器输出端由误码造成的误差功率谱密度为

$$G_e(\omega) = \frac{1}{\bar{T}}E[Q_\Delta^2] = \frac{Np_e}{T_s}\frac{2^{2N}}{3N}\Delta^2$$

因此在理想低通滤波器输出端，由误码引起的噪声功率谱密度为

$$G_{eo}(\omega) = G_e(\omega) \mid H(\omega) \mid^2$$

即

$$G_{eo}(\omega) = \begin{cases} G_e(\omega), & |\omega| < \omega_H \\ 0, & \text{其他} \end{cases}$$

所以噪声功率为

$$N_e = E[n_e^2(t)] = \int_{-\omega_H}^{\omega_H} G_{eo}(\omega)\mathrm{d}\omega = \frac{2^{2N} p_e \Delta^2}{3T_s^2} \tag{4.4-13}$$

由式（4.4-9）及式（4.4-13），得到仅考虑信道加性噪声时 PCM 系统的输出信噪比为

$$\frac{S_o}{N_e} = \frac{1}{4p_e} \tag{4.4-14}$$

从上式可以看出，由于误码引起的信噪比与误码率成反比。

3．PCM 系统接收端输出信号的总信噪比

由式（4.4-8）、式（4.4-9）及式（4.4-13）可求得 PCM 系统输出端总的信号噪声功率比为

$$\frac{S_o}{N_o} = \frac{E[m^2(t)]}{N_q + N_e} = \frac{M^2}{1 + 4p_e 2^{2N}} = \frac{2^{2N}}{1 + 4p_e 2^{2N}} \tag{4.4-15}$$

在接收端输入大信噪比的情况下，误码率 p_e 将极小，于是 $4p_e 2^{2N} \ll 1$，式（4.4-15）近似为

$$\frac{S_o}{N_o} \approx 2^{2N} \tag{4.4-16}$$

这与式（4.4-11）中只考虑量化噪声情况下的系统输出信噪比是相同的。

在接收端输入小信噪比的情况下，有 $4p_e 2^{2N} \gg 1$，则式（4.4-15）又可近似为

$$\frac{S_o}{N_o} \approx \frac{2^{2N}}{4p_e 2^{2N}} = \frac{1}{4p_e} \tag{4.4-17}$$

这与式（4.4-14）中只考虑噪声干扰时系统的输出信噪比是相同的。由于在基带传输时误码率降到 10^{-6} 以下是不难的，所以此时通常用式（4.4-16）来估算 PCM 系统的性能。

4.5　差分脉冲编码调制（DPCM）

64kbit/s 的 A 律或 μ 的对数压扩 PCM 编码已经在大容量的光纤通信系统和数字微波系统中得到了广泛的应用。但 PCM 信号占用频带要比模拟通信系统中的一个标准话路带宽（3.1kHz）宽很多倍，这样，对于大容量的长途传输系统，尤其是卫星通信，采用 PCM 方式的经济性能是很难与模拟通信相比的。

多年来，人们一直研究压缩数字化语音占用频带的工作，也即研究如何在相同质量指标的条件下降低数字化语音的数码率，以提高数字通信系统的频带利用率。

通常把数码率低于 64kbit/s 的语音编码方法称为语音压缩编码技术。语音压缩编码方法很多，其中在差分脉冲编码调制（DPCM）的基础上发展起来的自适应差分脉冲编码调制（ADPCM）是语音压缩中复杂度较低的一种编码方法，它可以 32kbit/s 数码率上达到 64kbit/s 的 PCM 数字电话语音质量。近年来，ADPCM 已作为长途传输中一种新型的国际通用的语音编码方法。

4.5.1 差分脉冲编码调制

DPCM 的原理是基于模拟信号的相关性。语音信号和图像信号经抽样后得到样值序列，经分析可知，当前时刻的样值与前面相邻的若干时刻的样值之间有明显的关联。这样，可以根据前些时刻的样值来预测当前时刻的样值。预测值和实际值之差为差值。大量统计的结果是，在大多数时间内，信号本身的功率比差值的功率要大得多，如果只传送这些差值来代替信号，那么码组所需的位数就可以显著减小。差分脉码调制就是利用样值之间的关联进行高效率波形编码的一种典型方法。图 4-23 给出了 DPCM 系统原理框图。

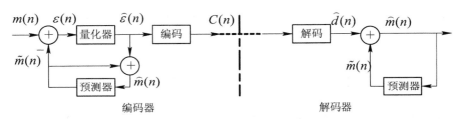

图 4-23 DPCM 原理方框图

图中输入抽样信号为 $m(n)$，接收端重建信号为 $\hat{m}(n)$，$\varepsilon(n)$ 是输入信号与预测信号 $\tilde{m}(n)$ 的差值，$\hat{\varepsilon}(n)$ 为量化后的差值，$C(n)$ 是 $\hat{\varepsilon}(n)$ 经编码后输出的数字码。编码器中的预测器与解码器中的预测器完全相同。因此，在无传输误码的条件下，解码器输出的重建信号 $\hat{m}(n)$ 与编码器中的 $\hat{m}(n)$ 完全相同。对照图 4-23 可写出差值 $\varepsilon(n)$ 和重建信号 $\hat{m}(n)$ 的表达式分别为

$$\varepsilon(n) = m(n) - \tilde{m}(n) \qquad (4.5\text{-}1)$$

$$\hat{m}(n) = \tilde{m}(n) + \hat{\varepsilon}(n) \qquad (4.5\text{-}2)$$

DPCM 的总量化误差 $e(n)$ 定义为输入信号 $m(n)$ 与解码器输出的重建信号 $\hat{m}(n)$ 之差，即

$$
\begin{aligned}
e(n) &= m(n) - \hat{m}(n) \\
&= [\tilde{m}(n) + \varepsilon(n)] - [\tilde{m}(n) + \hat{\varepsilon}(n)] \\
&= \varepsilon(n) - \hat{\varepsilon}(n)
\end{aligned}
\qquad (4.5\text{-}3)
$$

由上式可知，在这种 DPCM 系统中，总量化误差只和差值信号的量化误差有关。系统总的量化信噪比 SNR 定义为

$$SNR = \frac{E[m^2(n)]}{E[e^2(n)]} = \frac{E[m^2(n)]}{E[\varepsilon^2(n)]} \frac{E[\varepsilon^2(n)]}{E[e^2(n)]} = G_p \cdot SNR_q \qquad (4.5\text{-}4)$$

由上式可知，SNR_q 是把差值序列作为信号时的量化信噪比，与 PCM 系统考虑量化误差

时所计算的信噪比相当。G_p 可理解为 DPCM 系统相对于 PCM 系统而言的信噪比增益，称为预测增益。如果能够选择合理的预测规律，差值功率 $E[\varepsilon^2(n)]$ 就能甚小于样值功率 $E[m^2(n)]$，G_p 就会大于 1，该系统就会获得增益。对 DPCM 系统的研究就是围绕着如何使 G_p 和 SNR_q 这两个参数取最大值而逐步完善起来的。

4.5.2　自适应差分脉冲编码调制

由式（4.5-4）可知，减小 $E[\varepsilon^2(n)]$ 或 $E[e^2(n)]$ 都可使 SNR 提高。为了减小 $E[\varepsilon^2(n)]$ 就必须使差值 $\varepsilon(n)$ 减小，即要得到最佳的预测；为了减小 $E[e^2(n)]$，则必须使量化误差 $e(n)$ 减小，即要达到最佳的量化。对语音信号进行预测和量化是复杂的技术问题，这是因为语音信号在较大的动态范围内变化，所以只有采用自适应系统，才能得到最佳的性能。有自适应系统的 DPCM 称为自适应差分脉码调制，记作 ADPCM。自适应可包括自适应预测和自适应量化，也可以两者均包括。

图 4-23 中的预测器用线性预测的方法产生预测信号 $\tilde{m}(n)$。N 阶预测器的输出 $\tilde{m}(n)$ 是前 N 个重建信号 $\hat{m}(n-i)$ 的线性组合，即

$$\tilde{m}(n) = \sum_{i=1}^{N} a_i \hat{m}(n-i) \qquad (4.5\text{-}5)$$

式中，a_i 为预测系数，N 为预测阶数。当量化误差比较小时，重建信号近似为抽样信号，此时可将上式表示为

$$\tilde{m}(n) = \sum_{i=1}^{N} a_i m(n-i) \qquad (4.5\text{-}6)$$

式（4.5-6）表明，第 n 个抽样信号的预测值决定于 N 个预测系数 a_i 及前 N 个抽样信号 $m(n-i)$。如果预测系统能随着信号的统计特性进行自适应调整，使预测误差始终保持最小，就可以使预测增益 G_p 最大，实现自适应的最佳预测。

图 4-23 中的量化器对差值信号 $\varepsilon(n)$ 进行量化。量化噪声的平均功率与输入差值信号的平均功率有关。使量化器的动态范围、分层电平和量化电平随差值信号 $\varepsilon(n)$ 的变化而自适应调整，就能使量化器始终处于最佳状态，产生的量化噪声功率最小。这样就能得到最佳的自适应量化。

如果 DPCM 的预测增益为 6dB～11dB，自适应预测器可使信噪比改善 4 dB，自适应量化使信噪比改善 4dB～7dB，则 ADPCM 比 PCM 可改善 16dB～21dB，相当于编码位数可以减少 3～4 位。实际使用的 ADPCM 系统为 32kbit/s，与 64kbit/s 的 PCM 系统相比，在质量不变的条件下提高了信道的利用率。

ADPCM 是在 PCM 之后发展起来的编码技术，国际电信联盟（ITU）建议 PCM 数字电话用于公用网内的市话传输，而 ADPCM 则用于公用网中的长话传输。

4.6　增量调制（DM）

1946 年，法国工程师 De Loraine 提出了增量调制，简称 DM 或 ΔM，它是继 PCM 后出现的又一种语音信号编码方法。与 PCM 相比，ΔM 的编解码器简单，抗误码性能好，在比特

率较低时有较高的信噪比。增量调制在军事和工业部门的专用通信网和卫星通信中都得到了广泛应用，近年来在高速超大规模集成电路中用作 A/D 转换器。

4.6.1 简单增量调制

当取样频率远大于奈奎斯特频率时，样值之间的关联程度增强，这样就可以进一步简化 DPCM 系统，仅用一位编码表示抽样时刻波形的变化趋向，这种编码方法称为增量调制。

1. 增量调制信号编码

增量调制就是将信号瞬时值与前一个抽样时刻的量化值之差进行量化，而且只对这个差值的符号进行编码。因此量化只限于正和负两个电平，即用一位码来传输一个抽样值。如果差值为正，则发"1"码；如果差值为负，则发"0"码。显然，数码"1"和"0"只是表示信号相对于前一时刻的增减，而不代表信号值的大小。由于 DM 前后两个样值的差值的量化编码，所以 DM 实际上是最简单的一种 DPCM 方案，预测值仅用前一个样值来代替，即当图 4-23 所示的 DPCM 系统的预测器是一个延迟单元，量化电平取为 2 时，该 DPCM 系统就是一个简单 DM 系统，如图 4-24 所示，图（a）为编码器，图（b）为解码器。其硬件实现电路如图 4-25 所示。

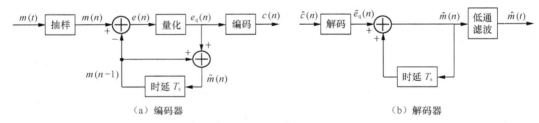

（a）编码器　　　　　　　　　　　　　　　　（b）解码器

图 4-24　DM 系统原理框图

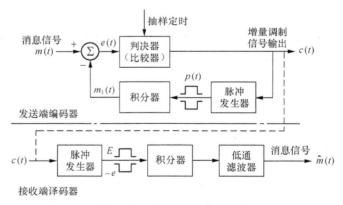

图 4-25　DM 系统硬件实现框图

我们借助于图 4-26 来进一步理解增量调制的基本原理。

首先，根据信号的幅度大小和抽样频率确定阶梯信号的台阶 σ。在抽样时刻 t_i，比较信号 $m(t_i)$ 和前一时刻的阶梯波形取值 $m'(t_i - \Delta t)$，其中 $\Delta t = 1/f_s$。如果 $m(t_i) > m'(t_i - \Delta t)$，则 $m'(t_i)$ 用 $m'(t_i - \Delta t)$ 上升一个台阶 σ 表示，此时编码器输出"1"码；如果 $m(t_i) < m'(t_i - \Delta t)$，

则 $m'(t_i)$ 用 $m'(t_i - \Delta t)$ 下降一个台阶 σ 表示，此时编码器输出"0"码。

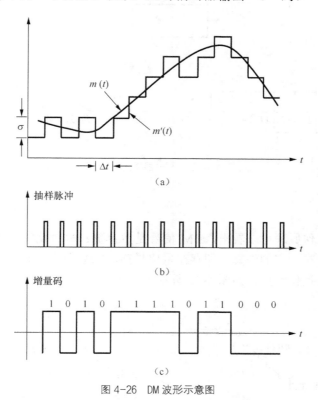

图 4-26 DM 波形示意图

下次编码按上述方法将 $m'(t_i)$ 与 $m(t_i + \Delta t)$ 比较，使之上升或下降一个台阶 σ 电压去逼近模拟信号。如果抽样频率足够高，台阶电压足够小，则阶梯波形 $m'(t)$ 近似为 $m(t)$，而上升台阶和下降台阶的二进制代码分别用"1"和"0"表示。这个过程就是增量编码。如图 4-26 所示的模拟信号 $m(t)$ 采用增量调制编码编出的二进制代码为：1010111101000。

2．增量调制信号译码

接收端收到"1"码，就使输出上升一个台阶电压 σ；接收端收到"0"码，就使输出下降一个台阶电压 σ；这些上升和下降的电压 σ 的累积就可以近似地恢复出阶梯波形 $m'(t)$。

增量调制信号的译码器可由一个积分器来实现，如图 4-27（a）所示，当积分器的输入为"1"码时（即输入为 $+E$ 脉冲电压），就以固定斜率上升一个 ΔE（ΔE 等于 σ），当积分器的输入为"0"码时（即输入为 $-E$ 脉冲电压），就以固定斜率下降一个 ΔE。图 4-27（b）、（c）中表示了积分器的输入和输出波形。积分器的输出波形并不是阶梯波形，而是一个斜变波形。但因 ΔE 等于 σ，所以在所有抽样时刻 t_i 上斜变波形与阶梯波形的值相同。因而，斜变波形与原来的模拟信号也近似。由于 RC 积分器实现起来容易，且能满足译码要求，所以通常采用 RC 积分器，其 RC 的乘积应远大于一个二进码的脉冲宽度。积分器输出虽已接近原来模拟信号，但往往含有不必要的高次谐波分量，故需再经低通滤波器平滑，这样，就可得到十分接近模拟信号的输出信号。

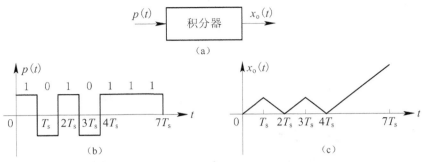

图 4-27　积分器译码原理

3．量化噪声

从增量调制的工作原理可以看出，DM 信号是按台阶 σ 来量化的，所以译码器输出信号与原模拟信号相比存在一定的失真，即存在量化噪声，DM 系统中的量化噪声有两种形式：一般量化噪声和过载量化噪声，如图 4-28 所示。

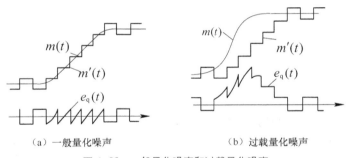

（a）一般量化噪声　　　　　（b）过载量化噪声

图 4-28　一般量化噪声和过载量化噪声

一般量化噪声：由图 4-28（a）可知，由于 DM 信号是按台阶 σ 来量化的，因而也必然存在量化误差 $e_q(t)$，也就是所谓的一般量化噪声。一般量化误差可以表示为

$$e_q(t) = m(t) - m'(t)$$

正常情况下，$e_q(t)$ 在 $(-\sigma, +\sigma)$ 范围内变化。假设随时间变化的 $e_q(t)$ 在区间 $(-\sigma, +\sigma)$ 上均匀分布，则 $e_q(t)$ 的平均功率可表示为

$$E[e_q^2(t)] = \int_{-\sigma}^{+\sigma} e^2 f_q(e)\mathrm{d}e = \frac{1}{2\sigma}\int_{-\sigma}^{+\sigma} e^2 \mathrm{d}e = \frac{\sigma^2}{3}$$

上式表明，DM 的量化噪声功率与量化间距电压的平方成正比。因此，对于一般量化噪声，台阶 σ 大，则量化噪声大；台阶 σ 小，则量化噪声小。

过载量化噪声：由图 4-28（b）可知，当模拟信号斜率陡变时，由于台阶 σ 是固定的，而且每秒内台阶数是确定的（即采样频率一定时），因此阶梯波形就会跟不上模拟信号的变化而产生很大的失真，这样的失真称为过载失真，它产生过载噪声。这是在正常工作时必须而且可以避免的噪声。

　　下面来分析过载量化噪声与哪些因素有关。首先观察影响斜变波形上升（或下降）的最大斜率的因素。从图 4-28 中可看出斜变波形的最大变化斜率出现在连续为"1"码或连续为"0"码时，其波形最大斜率为

$$\frac{\sigma}{\Delta t} = \sigma \ f_s$$

其中，f_s 为采样频率。

　　信号的变化斜率为 $\mathrm{d}m(t)/\mathrm{d}t$，当信号的变化斜率大于斜变波形的斜率时，即

$$\frac{\mathrm{d}m(t)}{\mathrm{d}t} > \sigma \ f_s$$

此时编码器产生过载失真。

　　假设输入信号 $m(t) = A\cos\omega_c t$，则

$$\left|\frac{\mathrm{d}m(t)}{\mathrm{d}t}\right| = \omega_c A \sin\omega_c t$$

由上式可见，信号的最大变化率是当 $\sin\omega_c t = 1$ 时，则信号的变化率最大为

$$\left|\frac{\mathrm{d}m(t)}{\mathrm{d}t}\right|_{\max} = \omega_c A$$

　　在输入信号为正弦情况下，不过载条件为

$$\omega_c A \leqslant \sigma \ f_s$$

所以临界的过载振幅 $A_{\max}$ 为

$$A_{\max} = \frac{\sigma f_s}{\omega_c} \tag{4.6-1}$$

　　由上式可以看出，当输入信号的幅度增大或频率过高时，容易引起过载失真。为了不发生过载失真，可以增大 f_s 或 σ。但是，采用大的台阶 σ 虽然能减小过载噪声，但却增大了一般量化噪声。因此，DM 系统的抽样频率 f_s 必须选得足够高，因为这样，既能减小过载噪声，又能降低一般量化噪声，从而使 DM 系统的量化噪声减小到给定的容许数值。一般 DM 系统中的抽样频率要比 PCM 系统的抽样频率高得多。

4．增量调制抗噪声性能

　　增量调制系统的信噪比与 PCM 相似，包括两部分。

（1）量化产生的量化信噪比

　　在分析存在量化噪声的系统性能时，认为信道加性噪声很小，不造成误码。则接收端检测器输出的 $\hat{p}(t)$ 近似为 $p(t)$，而接收端积分器的输出即为 $m_q(t)$，而积分器输出端的误差波形正是量化误差波形 $e_q(t)$，因此若求出 $e_q(t)$ 的平均功率，则可求出系统的量化噪声功率。

　　只要 DM 系统不发生过载，就有量化误差 $|e_q(t)| < \sigma$，假设 $e_q(t)$ 在区间 $(-\sigma, +\sigma)$ 上均匀分布，则 $e_q(t)$ 的一维概率密度函数可表示为

$$f_q(e) = \frac{1}{2\sigma} \ , \quad -\sigma \leqslant e \leqslant +\sigma$$

则量化误差波形 $e_q(t)$ 的平均功率为

$$E[e_q{}^2(t)] = \int_{-\sigma}^{+\sigma} e^2 f_q(e)\mathrm{d}e = \frac{1}{2\sigma}\int_{-\sigma}^{+\sigma} e^2 \mathrm{d}e = \frac{\sigma^2}{3}$$

从 $e_q(t)$ 的波形图可以粗略地看出：$e_q(t)$ 的变化频率最高为采样频率 f_s，最低为 0。假定 $e_q(t)$ 的功率在其频率范围内均匀分布，则 $e_q(t)$ 的功率谱密度为

$$P_s(f) = \frac{\sigma^2}{3f_s} \ , \ 0 < f < f_s$$

$e_q(t)$ 通过低通滤波器后的量化噪声功率为

$$N_q = P_s(f)f_H = \frac{\sigma^2 f_m}{3f_s} \tag{4.6-2}$$

从上式中可以看出，DM 系统输出的量化噪声功率与量化台阶 σ 及比值 f_m / f_s 有关（f_m 为低通滤波器的截止频率），而和输入信号的幅度无关。但是，上述条件是在未过载的情况下得到的。

假设输入信号 $m(t) = A\cos\omega_c t$，则

$$\left|\frac{\mathrm{d}m(t)}{\mathrm{d}t}\right| = \omega_c A\sin\omega_c t$$

由上式可见，信号的最大变化率是当 $\sin\omega_c t = 1$ 时，则信号的变化率最大为

$$\left|\frac{\mathrm{d}m(t)}{\mathrm{d}t}\right|_{\max} = \omega_c A$$

在输入信号为正弦情况下，不过载条件为

$$\omega_c A \leqslant \sigma \cdot f_s$$

所以临界的过载振幅 $A_{\max}$ 为

$$A_{\max} = \frac{\sigma f_s}{\omega_c}$$

在临界条件下，系统的输出信号的功率为最大值，此时，信号的功率为

$$S_o = \frac{A_{\max}{}^2}{2} = \frac{\sigma^2 f_s^2}{2\omega_c^2} = \frac{\sigma^2 f_s^2}{8\pi^2 f_c^2} \tag{4.6-3}$$

由式（4.6-2）和式（4.6-3）可求得临界条件下，输出最大的信噪比为

$$\left(\frac{S_o}{N_q}\right)_{\max} = \frac{3}{8\pi^2}\frac{f_s^3}{f_c^2 f_m} \approx 0.04\frac{f_s^3}{f_c^2 f_m} \tag{4.6-4}$$

式中，f_s 为采样频率，f_c 为信号的频率，f_m 为低通滤波器的截止频率。从式（4.6-4）可以看出，在临界条件下，量化信噪比与采样频率的 3 次方成正比，与信号频率的平方成反比，与低通滤波器的截止频率成反比。所以，提高采样频率对改善量化信噪比大有好处。

（2）加性噪声引起的误码信噪比

加性干扰的影响使数字信号产生误码。在 DM 调制中，不管是将"0"错成"1"，还是将"1"错成"0"，产生的误差绝对值都是一样的，都等于 $|\pm 2E|$，这样，一个码发生错码时所引起的功率误差即 $(2E)^2$。假定每个码的错误是独立的，且误码的可能性均等，总误码率为 p_e，则解调时脉冲调制器输出的误差脉冲的平均功率为

$$N_s = (2E)^2 p_e$$

以上误码功率，经过积分器，再经过低通滤波器才输出误差信号。误差信号功率 N_e 可通过图 4-27 所示波形的功率谱密度、积分器的传递函数、低通滤波器的传递函数求得。

误码脉冲的功率谱密度为

$$P_c(\omega) = \left| E T_s \frac{\sin(\pi f_c T_s)}{\pi f_c T_s} \right|^2$$

如图 4-27 中每个脉冲宽度为 T_s，则其单边功率谱主要集中在 0 到第一个零点 $f_s = 1/T_s$ 之间。当然，整个噪声功率并非均匀的，但整个噪声功率等效带宽为 $f_s/2$。因此，等效的噪声功率谱密度为

$$\widehat{P}_c(\omega) = \frac{N_e}{(f_s/2)} = \frac{(2E)^2 P_e}{(f_s/2)} = \frac{8E^2 P_e}{f_s} \quad (0 < f < \frac{f_s}{2})$$

为求解积分器输出的功率谱密度，必须先求出积分器的传递函数。积分器的输入信号为 $x_i(t)$，输出信号为 $x_o(t)$，积分器的传输特性为

$$H(\omega) = \frac{X_o(\omega)}{X_i(\omega)}$$

$$= \frac{\sigma \sin(\pi f_c T_s)}{\pi f_c T_s} e^{-j\omega_c T_s/2} \left(\frac{1}{j\omega}\right) \Bigg/ \left[E T_s \frac{\sin(\pi f_c T_s)}{\pi f_c T_s} e^{-j\omega_c T_s/2} \right]$$

$$= \frac{\sigma}{E T_s} \left(-j\frac{1}{\omega_c}\right)$$

因此，积分器输出的功率谱为

$$P_o(\omega) = \widehat{P}_c(\omega) |H(\omega)|^2$$

$$= \frac{8E^2 P_e}{f_s} \frac{\sigma^2}{E^2 T_s^2 \omega^2}$$

$$= \frac{2\sigma^2 P_e}{T_s \pi^2 f_c^2} \quad \left(0 < f < \frac{f_s}{2}\right)$$

上式在误码造成的信噪比为

$$\frac{S_o}{N_e} = \frac{\sigma^2 f_s^2}{8\pi^2 f^2} \Big/ (\frac{2\sigma^2 P_e}{T_s \pi^2 f_1}) = \frac{f_1 f_s}{16 f^2 P_e}$$

从上式可以看出，在已知信号频率 f、抽样频率 f_s 及低通滤波器截止频率 f_m 时，DM 系统输出的误码信噪比与误码率成反比。

考虑到量化信噪比及误码信噪比，DM 系统输出总信噪比由下式决定

$$\frac{S_o}{N_q + N_e} = \frac{3f_1 f_s^3}{8\pi^2 f_1 f_m f^2 + 48 P_e f^2 f_s^2} \tag{4.6-5}$$

5. PCM 系统与 DM 系统比较

根据式（4.4-11），有

$$\left(\frac{S_o}{N_q}\right)_{PCM} = 2^{2N}$$

当用 dB 表示时，上式变为

$$\left(\frac{S_o}{N_q}\right)_{PCM} = 6N \text{ dB}$$

而 DM 系统的性能可由式（4.6-4）来衡量，即

$$\left(\frac{S_o}{N_q}\right)_{DM} \approx 0.04 \frac{f_s^2}{f_c^2 f_m}$$

若 DM 与 PCM 数据传输速率相同，则 $f_s = N \cdot 2 f_m$，代入上式得

$$\left(\frac{S_o}{N_q}\right)_{DM} \approx 0.04 \frac{(2N f_m)^3}{f_c^2 f_m} = 0.32 N^3 \left(\frac{f_m}{f_c}\right)^2$$

当用 dB 表示时，上式变为

$$\left(\frac{S_o}{N_q}\right)_{DM} \approx 10 \lg \left[0.32 N^3 \left(\frac{f_m}{f_c}\right)^2\right] \text{dB}$$

因为 $f_c \leqslant f_m$，若取 f_c 为 1 000Hz，f_m 为 3 000Hz，则上式变为

$$\left(\frac{S_o}{N_q}\right)_{DM} \approx 30 \lg 1.42 N \text{ dB}$$

由 PCM 与 DM 系统的 S_o / N_q 可以看出，在相同的传输速率下，如果 PCM 系统的编码位数 N 小于 4，则它的性能将比 DM 系统差；如果 N 大于 4，PCM 的性能将超过 DM 系统，且随 N 的增大，性能越来越好。

PCM 系统一般用于大容量的干线通信，其特点是：多路信号统一编码，一般采用 8 位编码（语音信号），编码设备复杂，但质量较好。

DM 一般适用于小容量支线通信，话路增减方便灵活，其特点是：单路信号单用一个编码设备，设备简单，一般数码率比 PCM 的低，质量次于 PCM。

4.6.2 自适应增量调制

在简单增量调制中，量阶 Δ 是固定不变的，所以量化噪声的平均功率是不变的。量化信噪比可以表示为

$$SNR = \frac{S_o}{N_q} = \frac{S_o}{S_{max}} \frac{S_{max}}{N_q}$$

当信号功率 S 下降时，量化信噪比也随之下降。例如当抽样频率为 32kHz 时，设信噪比最低限度为 15dB，信号的动态范围只有 11 dB 左右，远不能满足通信系统对动态范围（40dB～50dB）的要求。

为了改进简单 ΔM 的动态范围，类似于 PCM 系统中采用的压扩方法，要采用自适应增量调制的方案，其基本原理是采用自适应方法使量阶 Δ 的大小跟踪输入信号的统计特性而变化。如果量阶能随信号瞬时压扩，则称为瞬时压扩 ΔM，记作 ADM。如果量阶 Δ 随音节时间间隔（5ms～20ms）中信号平均斜率变化，则称为连续可变斜率增量调制，记作 CVSD。

目前已批量生产的增量调制终端机中,通常采用数字检测音节压扩自适应增量调制方式,简称数字压扩增量调制，其功能方框图如图 4-29 所示。

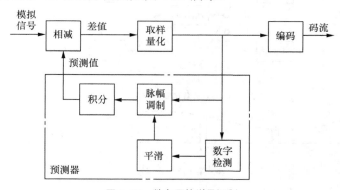

图 4-29 数字压扩增量调制

与图 4-25 所示的简单增量调制系统对比，主要差别在虚线方框内的预测器构成上。图 4-29 中数字检测电路检测输出码流中连 1 码和连 0 码的数目，该数目反映了输入语音信号连续上升或连续下降的趋势，与输入语音信号的强弱相对应。检测电路根据连码的数目输出宽度变化的脉冲，平滑电路按音节周期（5～20ms）的时间常数把脉冲平滑为慢变化的控制电压，这样得到的控制电压与语音信号在音节内的平均斜率成正比。控制电压加到脉幅调制电路的控制端，通过改变调制电路的增益以改变输出脉冲的幅度，使脉冲幅度随信号的平均斜率变化，这样便得到随信号斜率自动改变的量阶。数字压扩 ΔM 与简单 ΔM 相比，编码器能正常工作的动态范围有很大的改进。

4.7 时分复用及应用实例

4.7.1 时分复用

一般而言，抽样脉冲是相当窄的，因此已抽样信号只占用了有限的时间。而在两个抽样

脉冲之间将空出较大的时间间隔，我们可以利用这些时间间隔传输其他信号的抽样值，达到用一条信道同时传输多个基带信号的目的。

时分多路复用建立在抽样定理基础上，因为抽样定理使连续的基带信号变成在时间上离散的抽样脉冲，这样，当抽样脉冲占据较短时间时，在抽样脉冲之间就留出了时间空隙。利用这种空隙便可以传输其他信号的抽样值，因此，就有可能在一条信道同时传送若干个基带信号。时分复用基本原理是：将传输时间分割为若干个互不重叠的时隙，各个信号按照一定的顺序占用各自的时隙。在发端，按照这一顺序将各个信号进行复接；在收端，按照这一顺序再将各个信号进行分接。本节以图 4-30 来说明 N 路 PAM 信号时分复用的实现，同样，对于其他的脉冲及脉冲数字调制方式也是可以时分复用的。N 路信号 $f_1(t)$，$f_2(t)$，$\cdots$，$f_n(t)$，经过输入低通滤波器 LPF 之后变成严格带限信号，被加到发送转换开关的相应位置。转换开关每 T_s 秒按顺序依次对各路信号分别抽样一次。最后合成的多路 PAM 信号是 N 路抽样信号的总和。

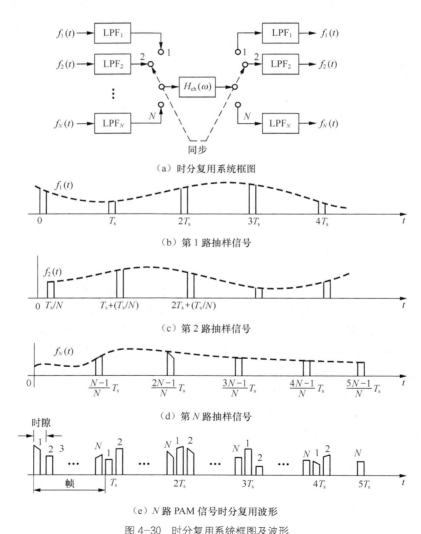

（a）时分复用系统框图

（b）第 1 路抽样信号

（c）第 2 路抽样信号

（d）第 N 路抽样信号

（e）N 路 PAM 信号时分复用波形

图 4-30 时分复用系统框图及波形

在一个抽样周期 T_s 内，由各路信号的一个抽样值组成的一组脉冲叫做一帧，而一帧中相邻两个抽样脉冲之间的时间间隔称为一个时隙，用 T_1 表示：

$$T_1 = \tau + \tau_g = \frac{T_s}{N}$$

其中，τ 是抽样脉冲宽度，τ_g 叫做防护时隙，用来避免邻路抽样脉冲的相互重叠。合成的多路 PAM 信号按顺序送入信道。在送入信道之前，根据信道特性可先进行调制，将信号变换成适于信道传输的形式。在接收端，有一个与发送端转换开关严格同步的接收转换开关，顺序地将各路抽样信号分开并送入相应的低通滤波器，恢复出各路调制信号。

由抽样定理可知，频带限制在 f_m(Hz)的连续信号可以由每秒 $2f_m$ 个抽样值来代替。若每路基带信号的频率范围为 $0 \sim f_m$，则 N 路时分复用的 PAM 信号由每秒 $2Nf_m$ 个脉冲组成。因此每秒 $2Nf_m$ 个抽样值也就确定地对应着一个频带宽度为 Nf_m（Hz）的连续信号。换句话说，可以认为这 $2Nf_m$ 个抽样值是由频带限制在 $0 \sim Nf_m$ 的连续信号经抽样得到的。所以传输 N 路时分复用 PAM 信号所需要的信道带宽 B 至少应该等于 Nf_m，即应满足下式：$B \geqslant Nf_m$。

4.7.2 数字电话系统

图 4-31 给出了 PCM 30/32 路设备方框图。

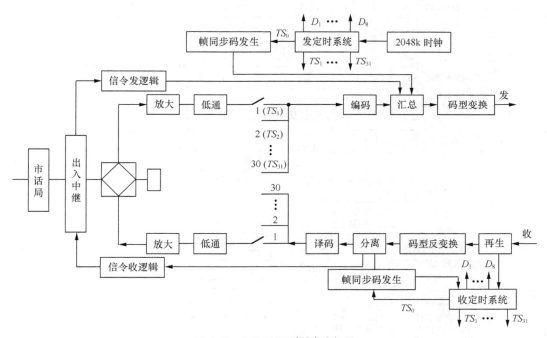

图 4-31 PCM 30/32 路设备方框图

该方框图是按群路编译码方式画出的。输入的第 1 路话音信号经二线进入混合线圈，并经放大、低通滤波和抽样。抽样信号与各路已抽样信号合在一起进行量化与编码，变成 PCM 信号，最后变换成适合信道传输的码型送至四线信道。接收端将收到的 PCM 信号经再生、译码，变换成 PAM 信号，分路后的 PAM 信号经低通滤波器恢复成模拟信号，然后经放大、混合器线圈输出。其他各路的发送与接收的过程均与第 1 路相同。由于大规模集成电路的发展，编码和译码可做在一个芯片上，称单路编译码器。目前厂家生产的 PCM 30/32 路系统几乎都是单路编译码器构成的，这时每话路的相应样值各自编成 8 位码以后再合成总的话音码流，然后再与帧同步码和信令码汇总，经码型变换后再发送出去。

4.7.3 数字电话系统帧结构与速率

时分复用的基本原理是将时间分割成若干路时隙，每一路信号分配一个时隙，帧同步码和其他业务信号、信令信号再分配一个或两个时隙，这种按时隙分配的重复性比特即为帧结构。在 PCM 基群设备中是以帧结构为单位，将各种信息规律性地相互交插汇成 2 048 kbit/s 的高速码流。

由于 PCM 基群的话路只占用 30 个时隙，而帧同步码及每个话路的信令信号码等非语音信息占用两个时隙，因此这种帧结构的基群被称为 PCM 30/32 路系统。

PCM 30/32 路系统的高次群，如二次群、三次群等均是以基群系统作为基本单元的，所以 PCM 基群也被称作一次群。

根据 CCITT 建议，基群系统的帧结构如图 4-32 所示。

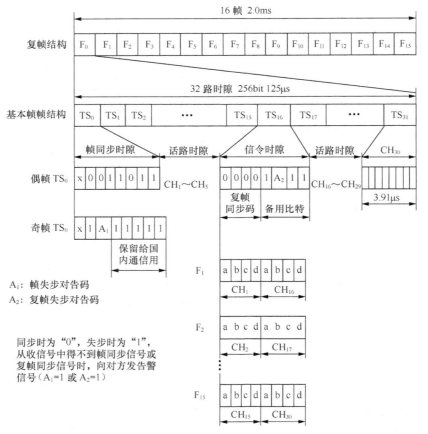

图 4-32　PCM 30/32 路帧结构

PCM 30/32 路基群的最大帧结构是复帧，1 个复帧内有 16 个子帧，编号为 F_0，F_1，…，F_{15}，其中，称 F_0，F_2，…，F_{14} 为偶帧，称 F_1，F_3，…，F_{15} 为奇帧，每帧有 32 个时隙，

T_{s0}，T_{s1}，…，T_{s31}，每个时隙内有 8 个比特，构成一个码字，当某一时隙用于传送语音信号时，这个时隙通常传送该信号抽样频率为 8kHz，且每样值编 8 比特码的 PCM 码字，语音信号样值抽样速率为 8kHz，帧周期 $T_s = 125\mu s$。当然，各时隙也可传送非语音编码的数字信号。

图 4-32 中子帧的 32 个时隙的构成如下：

（1）偶帧 F_0，F_2，…，F_{14} 的 T_{s0} 用于传送帧同步码，码型为 0011011；

（2）奇帧的 T_{s0} 用于传送帧失步对告码等；

（3）每一子帧 T_{s0} 的第 1 比特用于 CRC 校验码，不用时为 "1"；

（4）T_{s1}，T_{s2}，…，T_{s15} 及 T_{s17}，T_{s18}，…，T_{s31} 共 30 个时隙用于传送第 1 至 30 路的信息信号；

（5）T_{s16} 用于传送复帧同步信号、复帧失步对告及各路的信令（挂机、拨号、占用等）信号。当 T_{s16} 用于传随路信令时，它的安排是子帧 F_0 的 T_{s16} 时隙用于传复帧失步对告码及复帧同步码，F_1 子帧的 T_{s16} 时隙传送第 1 路和第 16 路的信令信号，F_2 子帧的 T_{s16} 时隙传送第 2 路和第 17 路信令信号，依次类推，每一子帧内的 T_{s16} 时隙只能传送 2 路信令信号码，这样 30 路的信令信号传送一遍需要 15 个子帧的 T_{s16} 时隙，每个话路信令信号码的重复周期为一个复帧周期。复帧同步码为 0000，为避免出现假复帧同步，各话路的信令信号比特 abcd 不可同时为 0，到目前为止 d 比特不用，此时要固定发 "1"，若 bcd 均不用，要固定发 "101"。

当前我们所用的基群设备，T_{s16} 一般用于传随路信令信号，时隙结构如图 4-32 所示。T_{s16} 时隙也可用于速率达到 64kbit/s 的公共信道信令获得信号定位，可组成特定公共信道信令规范的一部分。

PCM 30/32 路系统的语音信号带宽通常限制在 3.4kHz 左右，抽样频率 $f_s = 8$kHz，所以帧长度 $T_s = \dfrac{1}{8k} = 125(\mu s)$。每 1 帧占 125μs，每 1 时隙为 $125/32 = 3.9\mu s$。每比特占用时间为 $3.9/8 = 0.488\mu s$。而复帧周期为 $125\mu s \times 16 = 2ms$。每 1 时隙均采用 8 位二进制编码，所以，传输码速率为

$$R_B = f_s \times N \times n = 8\ 000 \times 32 \times 8 = 2.048\text{MB}$$

因码元是二进制，所以传信速率为 $R_b = 2.048\text{Mbit/s}$。

4.7.4 数字复接技术

在数字通信系统中，为了扩大传输容量，通常将若干个低等级的支路比特流汇集成一个高等级的比特流在信道中传输。这种将若干个低等级的支路比特流合成为高等级比特流的过程称为数字复接。我国在 1995 年以前，一般均采用准同步数字序列（PDH）的复用方式。1995 年以后，随着光纤通信网的大量使用，开始采用同步数字序列（SDH）的复用方式。原有的 PDH 数字传输网可逐步纳入 SDH 网。

1. 数字复接原理

数字复接实质上是对数字信号的时分多路复用。数字复接系统组成原理如图 4-33 所示。数字复接设备由数字复接器和数字分接器组成。数字复接器是把两个或两个以上的支路（低次群），按时分复用方式合并成一个单一的高次群数字信号设备，它由定时、码速调整和复接单元等组成。数字分接器的功能是把已合路的高次群数字信号分解成原来的低次群数字信号，它由帧同步、定

时、数字分接和码速恢复等单元组成。定时单元给设备提供一个统一的基准时钟。码速调整单元是把速率不同的各支路信号调整成与复接设备定时完全同步的数字信号，以便由复接单元把各个支路信号复接成一个数字流。另外在复接时还需要插入帧同步信号，以便接收端正确接收各支路信号。分接设备的定时单元是由接收信号中提取时钟，并分送给各支路进行分接用。

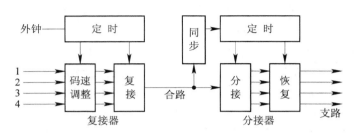

图 4-33　数字复接系统组成原理

在数字复接器中，码速调整单元就是完成对输入各支路信号的速率和相位进行必要的调整，形成与本机定时信号完全同步的数字信号，使输入到复接单元的各支路信号同步。定时单元受内部时钟或外部时钟控制，产生复接需要的各种定时控制信号。调整单元及复接单元受定时单元控制。

在分接器中，合路数字信号和相应的时钟同时送给分接器。分接器的定时单元受合路时钟控制，因此它的工作节拍与复接器定时单元同步。同步单元从合路信号中提出帧同步信号，用它再去控制分接器定时单元。恢复单元把分解出的数字信号恢复出来。

同步复接是指待复接的支路是同一时钟源，这种同源信号流相互间是严格同步的，不需要码速率的调整就可进行复接。准同步复接是指待复接的支路使用各自独立的时钟源，虽然它们的标称码速率完全一样，但由于各种时钟频率都有一定的容差，各支路的瞬时码速率不会完全相同，这种异源信号流复接时，首先要进行码速率的调整，然后再复接。PCM 3 次和 4 次以下的高次群都是采用准同步复接方式，称为准同步数字序列（PDH）。CCITT 推荐了两大系列高次群复接体制，一种是以 30 路为基群的 30×4=120 路二次群制式；一种是以 24 路为基群的 24×4=96 路二次群制式。对于 4 次以上的高次群，CCITT 又制定了同步数字序列（SDH），以适应宽带综合业务数字网（B-ISDN）的传输需求。SDH 的第一级比特率（STM-1）：155.52Mbit/s，4 个 STM-1 复接得到 STM-4，比特率：622.08Mbit/s。

国家	单位	基群	二次群	三次群	四次群	**STM-1**	**STM-4**	**STM-16**
欧洲 中国	路数	30	120	480	1 920	155.52 Mbit/s	622.08 Mbit/s	2 488.32 Mbit/s
	kbit/s	2 048	8 448	34 368	139 264			
北美 日本	路数	24	96	672 或 480	4 032 或 1 440			
	kbit/s	1 544	6 312	44 736 或 32 064	274 176 或 97 723			

2．数字复接中的码速变换

几个低次群数字信号复接成一个高次群数字信号时，如果各个低次群（例如 PCM 30/32

系统）的时钟是各自产生的，即使它们的标称数码率相同，都是 2 048kbit/s，但它们的瞬时数码率也可能是不同的。因为各个支路的晶体振荡器的振荡频率不可能完全相同（CCITT 规定 PCM 30/32 系统的瞬时数码率在 2 048kbit/s±100bit/s），几个低次群复接后的数码就会产生重叠或错位。这样复接合成后的数字信号流，在接收端是无法分接恢复成原来的低次群信号的。因此，数码率不同的低次群信号是不能直接复接的。为此，在复接前要使各低次群的数码率同步，同时使复接后的数码率符合高次群帧结构的要求。由此可见，将几个低次群复接成高次群时，必须采取适当的措施，以调整各低次群系统的数码率使其同步，这种同步是系统与系统之间的同步，称系统同步。

系统同步的方法有两种，即同步复接和异步复接。同步复接是用一个高稳定的主时钟来控制被复接的几个低次群，使这几个低次群的码速统一在主时钟的频率上，这样就达到系统同步的目的。这种同步方法的缺点是主时钟一旦出现故障，相关的通信系统将全部中断。它只限于在局部区域内使用。异步复接是各低次群使用各自的时钟。这样，各低次群的时钟速率就不一定相等，因而在复接时先要进行码速调整，使各低次群同步后再复接。

不论同步复接还是异步复接，都需要码速变换。虽然同步复接时各低次群的数码率完全一致，但复接后的码序列中还要加入帧同步码、对端告警码等码元，这样数码率就要增加，因此需要码速变换。

CCITT 规定以 2 048kbit/s 为一次群的 PCM 二次群的数码率为 8 448kbit/s。按理说，PCM 二次群的数码率是 4×2 048kbit/s=8 192kbit/s。当考虑到 4 个 PCM 一次群在复接时插入了帧同步码、告警码、插入码和插入标志码等码元，这些码元的插入，使每个基群的数码率由 2 048kbit/s 调整到 2 112kbit/s，这样 4×2 112kbit/s=8 448kbit/s。码速调整后的速率高于调整前的速率，称正码速调整。

正码速调整方框图如图 4-34 所示。每一个参与复接的数码流都必须经过一个码速调整装置，将瞬时数码率不同的数码流调整到相同的、较高的数码率，然后再进行复接。

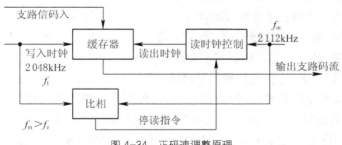

图 4-34 正码速调整原理

码速调整装置的主体是缓冲存储器，还包括一些必要的控制电路、输入支路的数码率 =2.048Mbit/s±100bit/s，输出数码率为=2.112Mbit/s。所谓正码速调整就是因此而得名的。

假定缓存器中的信息原来处于半满状态，随着时间的推移，由于读出时钟大于写入时钟，缓存器中的信息势必越来越少，如果不采取特别措施，终将导致缓存器中的信息被取空，再读出的信息将是虚假的信息。为了防止缓存器的信息被取空，采取了如下措施：一旦缓存器中的信息比特数降到规定数量时，就发出停读指令，读出时钟被扣除一个比特。由于没有读出时钟，缓存器中的信息就不能读出去，而这时信息仍往缓存器存入，因此缓存器中的信息就增加一个比特。读出时钟何时被扣除一个比特是通过输入支路的数码率与输出数码率之间相位比较来控制的。

我国采用正码速调整的异步复接帧结构。下面以二次群复接为例，分析其工作原理。根据 ITU-TG.742 建议，二次群由 4 个一次群合成，一次群码率为 2.048Mbit/s，二次群码率为 8.448 Mbit/s。二次群每一帧共有 848 个比特，分成四组，每组 212 比特，称为子帧，子帧码率为 2.112Mbit/s。也就是说，通过正码速调整，使输入码率为 2.048 Mbit/s 的一次群码率调整为 2.112 Mbit/s。然后将四个支路合并为二次群，码率为 8.448 Mbit/s。采用正码速调整的二次群复接子帧结构如图 4-35 所示。

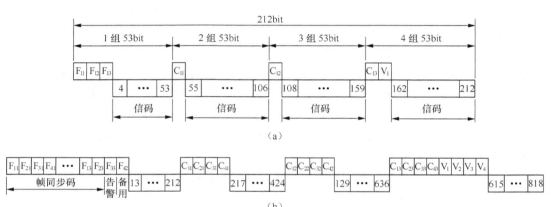

图 4-35　二次群复接子帧结构

由子帧结构可以看出，一个子帧有 212 个比特，分为 4 组，每组 53 个比特。第 1 组中的前 3 个比特 F_{11}、F_{12}、F_{13} 用于帧同步和管理控制，然后是 50bit 信息。第 2、3、4 组中的第一个比特 C_{11}、C_{12}、C_{13} 为码速调整标志比特。第 4 组的第 2 比特（本子帧第 161 比特）V_1 为码速调整插入比特，其作用是调整基群码速，使其瞬时码率保持一致并和复接器主时钟相适应。具体调整方法是：在第一组结束时刻进行是否需要调整的判决，若需要进行调整，则在 V_1 位置插入调整比特；若不需要调整，则 V_1 位置传输信息比特。为了区分 V_1 位置是插入调整比特还是传输信息比特，用码速调整标志比特 C_{11}、C_{12}、C_{13} 来标志。若 V_1 位置插入调整比特，则在 C_{11}、C_{12}、C_{13} 位置插入 3 个"1"；若 V_1 位置传输信息比特，则在 C_{11}、C_{12}、C_{13} 位置插入 3 个"0"。

在复接器中，4 个支路都要经过这样的调整，使每个支路的码率都调整为 2.112 Mbit/s，然后按比特复接的方法复接为二次群，码率为 8.448 Mbit/s。在分接器中，除了需要对各支路信号分路外，还要根据 C_{11}、C_{12}、C_{13} 的状态将插入的调整比特扣除。若 C_{11}、C_{12}、C_{13} 为"111"，则 V_1 位置插入的是调整比特，需要扣除；若 C_{11}、C_{12}、C_{13} 为"000"，则 V_1 位置是传输信息比特，不需要扣除。采用 3 位码"111"和"000"来表示两种状态，具有一位纠错能力，从而提高了对 V_1 性质识别的可靠性。

以上是二次群的复接原理，三次群或更高群的复接原理与二次群的复接原理相似，感兴趣的读者可参考有关书籍。

3．SDH 简介

SDH 是一整套可进行同步数字传输、复用和交叉连接的标准化数字信号的结构等级。

SDH 传送网所传输的信号由不同等级的同步传送模块（STM-N）信号所组成，N 为正整数。ITU-T 目前已规定的 SDH 同步传输模块以 STM-1 为基础，接口速率为 155.52Mbit/s。更高的速率以整数倍增加，为 155.52×NMbit/s，它的分级阶数为 STM-N，是将 N 个 STM-1 同步复用而成。

根据 G.707 的定义，在 SDH 体系中，同步传送模块是用来支持复用段层连接的一种信息结构，它由信息净荷区和段开销区一起形成一种重复周期为 125μs 的块状帧结构。这些信息安排得适于在选定的媒质上，以某一与网络相同步的速率进行传输。G.707 规定的 STM-N 帧结构如图 4-36 所示。ITU-T 已定义的 N 为 1，4，16 和 64，即有 STM-1、STM-4、STM-16 和 STM-64 四个复用等级。STM-N 帧结构由再生段开销（RSOH）、管理单元指针（AUPTR）、复用段开销（MSOH）和信息净荷（Pay load）几部分组成。每一帧都是 9 行 270×N 列，每列宽度为 1 个字节（8 比特）。信息的发送是先从左到右，再从上到下。每字节内的权值最高位在最左边，称比特 1，它总是第一个发送。

图 4-36　STM-N 帧结构

SDH 的复接结构如图 4-37 所示。在复用过程中所用的复用单元有：n 阶容器 C-n、n 阶虚容器 VC-n、n 阶支路单元 TU-n 和支路单元组 TUG-n、n 阶管理单元 AU-n 和管理单元组 AUG-n，n 数值的大小表明阶位的高低。

首先，各种速率等级的数据流先进入相应的不同接口容器 C-n。容器 C-n 是一种信息结构，主要完成适配功能，让那些最常使用的准同步数字体系信号能够进入有限数目的标准容器。它为对应等级的虚容器 VC-n 形成相应的网络同步信息净负荷。由标准容器出来的数据流加上通道开销后就构成了所谓的虚容器 VC-n，这是 SDH 中最重要的一种信息结构，主要支持通道层连接。通道层又有低阶通道和高阶通道之分，高阶通道由低阶通道复用而成或直接由 VC-4（VC-3）形成。VC 的包封速率是与网络同步的，因而不同 VC 的包封是互相同步的，而包封内部却允许装载各种不同容量的准同步支路信号。除了在 VC 的组合点和分解点外，VC 在 SDH 网中传输时总是保持完整不变，因而可以作为一个独立的实体在通道中任一点取出或插入，进行同步复用和交叉连接处理，十分方便和灵活。由 VC 出来的数据流再按图 4-37 规定路线进入管理单元或支路单元。

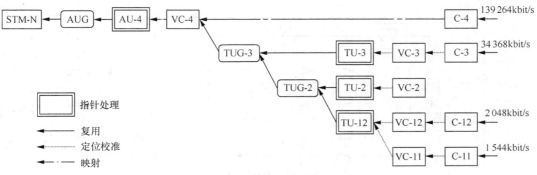

图 4-37　SDH 的复接结构

AU 是一种为高阶通道层和复用段层提供适配功能的信息结构，它由高阶 VC 和 AUPTR 组成。其中 AUPTR 用来指明高阶 VC（VC-3/4）的帧起点与复用段帧起点之间的时间差，但 AUPTR 本身在 STM-N 帧内位置是固定的。一个或多个在 STM 帧中占有固定位置的 AU 组成管理单元组 AUG，它由若干个 AU-3 或单个 AU-4 按字节间插入方式均匀组成。单个 AUG 与段开销 SOH 一起形成一个 STM-1，N 个 AUG 与 SOH 结合即构成 STM-N。

TU-n 是一种为低阶通道层与高阶通道层提供适配功能的信息结构，它由低阶虚容器（VC-1/2）和支路单元指针（TUPTR）组成。

一个或多个在高阶 VC-n 净负荷中占有固定位置的 TU 组成支路单元组 TUG，共有 TUG-2 和 TUG-3 两种。它们使得由不同容量的 TU-n 构成的混合净荷容量可以为传送网络提供尽可能多的灵活性。由图 4-37 可知，一个 TU-2 或几个同样的 TU-12 复用在一起组成一个 TUG-2，一个 TU-3 或几个 TUG-2 复用在一起组成一个 TUG-3。

在 AU 和 TU 中要进行速率调整，因而低一级数据流在高一级数据流中的起始位置是浮动的。为了准确地确定起始点的位置，设置 AUPTR 和 TUPTR 分别对高阶 VC 在相应 AU 帧内的位置以及 VC-1，2，3 在相应 TU 帧内的位置进行灵活动态的定位。最后，在 N 个 AUG 的基础上再附加段开销 SOH 便形成了最终的 STM-N 帧结构。

同步复用和映射方法是 SDH 最有特色的特点之一，它通过灵活的软件配置来方便地实现数字复用，已经逐步成为数字复用的主导设备。

4.8 Matlab/Simulink PCM 串行传输系统建模与仿真

4.8.1 PCM 编码器建模与仿真

1. 编码器模型

根据 PCM 编码原理，构造如图 4-38 所示的编码模型来对例 4-2 中抽样值进行编码。图中 Saturation 作为限幅器，将输入信号幅度值限制在 PCM 编码的定义范围内，Relay 模块的门限设置为 0，其输出作为 PCM 编码输出的最高位——极性位。样值取绝对值后，用 Look-Up Table（查表）模块进行 13 折线近似压缩，并用增益模块将样值范围放大到 0～127，然后用间距为 1 的 Quantizer 进行四舍五入取整，最后将整数编码为 7 位二进制序列，作为 PCM 编码的低 7 位。虚线框所围部分封装为一个 PCM 编码子系统，以备后用。

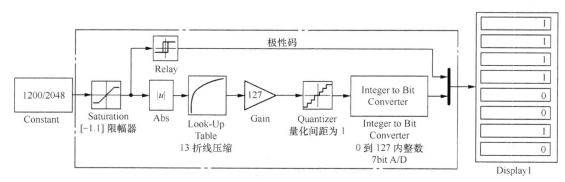

图 4-38　PCM 编码器

2．参数设置

限幅器：上限值为 1，下限值为-1。

Relay：上门限值和下门限值都设置为 eps，大于上门限值时的输出值设置为 1，小于下门限值时的输出值设置为 0。

13 折线近似压缩：输入数组设置为[0，1/128，1/64，1/32，1/16，1/8，1/4，1/2，1]，输出数组设置为[0:1/8:1]。

3．仿真结果

单击运行仿真模型，得仿真结果为 11110010，见图 4-38 中显示器显示结果，与例 4-2 计算结果相同。

4.8.2　PCM 译码器建模与仿真

PCM 译码是编码的逆过程，因此可根据编码器仿真模型构造如图 4-39 所示的译码器模型。图中 PCM 编码子系统就是图 4-38 中虚线所围部分。PCM 解码器中首先分离并行数据中的最高位（极性码）和 7 位数据，然后将 7 位数据转换为整数值，再进行归一化、扩张后与双极性的极性码相乘得出解码值。可以将该模型中虚线所围部分封装为一个 PCM 解码子系统以备后用。图中各模块的参数设置跟编码器相反。仿真结果已显示在图 4-39 中。

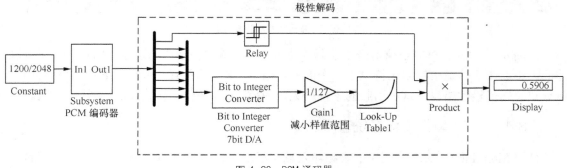

图 4-39　PCM 译码器

4.8.3　PCM 串行传输系统建模与仿真

PCM 串行传输系统先对模拟信号进行抽样，然后对抽样值进行 PCM 编码，编码后的信号以串行形式进行传输，在传输信道中加入随机误码，在接收端首先进行串并转换，后进行 PCM 解码，并输出结果。系统仿真模型如图 4-40 所示。

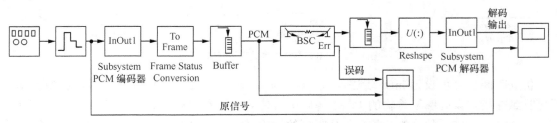

图 4-40　PCM 串行传输系统

图中信号发生器产生振幅为 1、频率为 200Hz 的正弦波作为信源。采样速率参考 PCM 数字电话系统设置成 8kHz。PCM 编码器编码后的数据用 Frame Status Conversion 模块转换为帧存储格式，然后通过 Buffer 模块串行化输出，在此，Buffer 的大小要设置为 1。信道错误比特率设为 0.01，以观察信道误码对 PCM 传输的影响。信道后的 Buffer 模块的 Buffer 大小设为 8，以实现 PCM 码（8 个比特）的串并转换。用 Reshape 模块转换成一维数组后送给 PCM 解码器。仿真模型中没有对 PCM 解码结果作低通滤波处理，但实际系统中 PCM 解码输出总是经过低通滤波后送入扬声器的。

仿真采样率必须是仿真模型中最高信号速率的整数倍，在此模型中信道传输速率最高，为 64kbit/s，故仿真步进设置为 1/64 000s。仿真结果如图 4-41 所示。

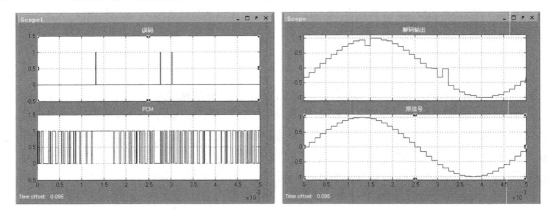

图 4-41　PCM 串行传输仿真结果

由图 4-41 可见，对应于信道产生误码的位置，解码输出波形中出现了干扰脉冲，干扰脉冲的大小取决于信道中错误比特位于一个 PCM 编码字串中的位置，位于最高位（极性）时，将导致解码值极性错误，这时引起的干扰最大，而位于最低位的误码引起的干扰最轻微。

4.8.4　PCM 串行传输系统音质测试

使用 Simulink 中 DSP 模块库的音频输入输出模块可以测试 PCM 串行传输系统解码音质的好坏，测试模型如图 4-42 所示。事先用录音机录制一段语音，保存为一个 wav 文件，模型中用 From Wave File 模块取入，Gain 模块可用于调整输入声音信号的幅度。用上节中的 PCM 串行传输系统进行编码、传输和解码，解码的语音通过扬声器播放。

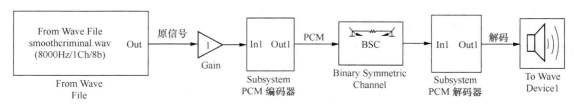

图 4-42　PCM 串行传输系统音质测试模型

仿真时间长度可设为 inf，步进设为 1/64 000s。设置 BSC 信道的误码率后，启动仿真，即可听到在指定误码率下传输的 PCM 解码语音信号。设置 BSC 信道的误码率分别为 0.1，0.01，0.001，0.000 1 等，执行仿真，从听到的输出音质中，将发现误码率在 0.01 数量级上语音基本可懂，但解码输出信号中"咯咯"的噪声很严重；误码率在 0.001 数量级上解码噪声仍然是比较明显的，但音质已经大为改善；误码率在 0.000 1 数量级上解码噪声就不明显了。在 PCM 电话系统中，对话音解码通常要求误码率在 10^{-3} 或 10^{-4} 以下，对于数据通信，对误码率要求更加严格，如果信道误码率不能满足要求，可采用纠错编码来进一步降低传输误码率。读者可自行编程绘出以上系统的信噪比与信道噪声、放大器放大倍数等之间的关系。

小　结

1. 抽样

抽样包括理想抽样、自然抽样和平顶抽样。理想抽样以冲激脉冲序列作为抽样脉冲，可作为理论分析来阐明抽样定理。自然抽样可采用模拟双向开关来实现，在接收端可用低通滤波器无失真恢复。平顶抽样可采用抽样保持电路来实现，它所产生的失真（"孔径"失真）可采用均衡滤波器来校正。为了保证 A/D 变换的正常工作，在变换期间应保持抽样值恒定，因此 A/D 变换中实际上应用了平顶抽样。抽样结果得到 PAM 信号，其信息包含在脉冲振幅中（仍可恢复），但时间上的离散为模拟信号的数字化以及 TDM 奠定了基础。

2. 量化

量化是把模拟信号变换为数字信号，同时不可避免地出现了量化误差。量化分为均匀量化和非均匀量化。均匀量化是量化间隔等长的量化，它所引起的量化噪声功率为定值，因而小信号时量化信噪比降低。非均匀量化的量化间隔随信号电平大小而变化，目的是使量化信噪比均匀（提升小信号信噪比，压减大信号信噪比）。非均匀量化包括对数压缩和均匀量化两部分。对数压缩有 A 律、μ 律之分，在实现时均采用折线近似。对应于发射端的压缩，在接收端需采用扩张。

3. 编码

编码是把多进制数字信号变换为二进制数字信号。对于均匀量化，编码位数每增加 1 位，量化信噪比增加 6dB。对应于均匀量化的编码称为线性 PCM，它广泛应用于线性 A/D 变换接口。对应于非均匀量化的编码称为对数 PCM，它主要用于电话通信。

4. A 律 PCM 编码

A 律 PCM 编码采用 13 折线特性来近似 $A=87.6$ 的 A 律压缩特性。画这种特性时，在第一象限（第三象限也是）内沿 x 轴对归一化值按 2 的幂次分为 8 段，每段内再等分为 16 个量化间隔。第（1）、（2）段的量化间隔最小为 Δ，第 8 段的量化间隔最大为 64Δ，这正是非均匀之意。此外，归一化值 1 等于 2 048Δ，因此，就小信号量化信噪比而言，A 律 PCM 的 7bit 等效于线性 PCM 时的 11bit，可节省 4bit。PCM 信号的码速率 $f_b = f_s$ N，相应地带宽 $B = f_s$ $N \geqslant 2Nf_H$。这表明 PCM 信号带宽至少是模拟信号带宽的 2N 倍。

5. DPCM 和 DM

DPCM 对前后样本之差值进行量化、编码，DM 只用 1bit 来表明差值的极性。与 PCM

相比，它们的数码率降低，从而带宽也可减少。DM 的突出问题是应避免过载量化噪声。

6．TDM

TDM 就是在时域上实施复用。与 FDM 相比，其主要优点是由于各路信号不再同时出现，避免了由于传输非线性而引起的串话。然而，还需要防止由于传输特性不理想引起的码间干扰而出现的串话。

7．PCM 和 TDM 的应用实例——数字电话系统

PCM 30/32 路电话系统方框图、帧结构与基群速率及数字复接技术。

8．PCM 串行传输系统建模与仿真

讲解 PCM 编码器建模与仿真、PCM 解码器建模与仿真及 PCM 串行传输系统建模与仿真，最后测试用 PCM 串行传输系统传输语音信号时的音质好坏。

习　题

4-1．若一个信号为 $s(t) = \sin(314t)/314t$，则最小抽样频率为多少才能保证其无失真地恢复？在用最小抽样频率对其抽样时，为保存 3 分钟的抽样，需要保存多少个抽样值？

4-2．设输入抽样器的信号为门函数 $G_\tau(t)$，宽度 $\tau = 200\text{ms}$，若忽略其频谱的第 10 个零点以外的频率分量，试求最小抽样速率。

4-3．某信号波形如图 4-3 所示，用 $n=3$ 的 PCM 传输，假定抽样频率为 8kHz，并从 $t = 0$ 时刻开始抽样。试标明：

（1）各抽样时刻的位置；

（2）各抽样时刻的抽样值；

（3）各抽样时刻的量化值；

（4）将各量化值编成折叠二进制码。

4-4．设信号 $m(t) = 3 + A\cos\omega t$，其中 $A = 10\text{V}$。若 $m(t)$ 被均匀量化为 40 个电平，试确定所需的二进制码组的位数 N 和量化间隔 Δv。

4-5．已知模拟信号抽样的概率密度 $f(x)$ 如图 4-44 所示。若按四电平进行均匀量化，试计算信号量化噪声功率比。

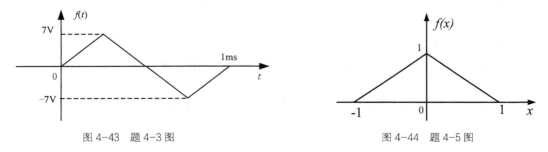

图 4-43　题 4-3 图　　　　　　　　图 4-44　题 4-5 图

4-6．采用 13 折线 A 律编码，设最小的量化间隔为 1 个量化单位，已知抽样脉冲值为 −95

量化单位

（1）试求出此时编码器输出码组，并计算量化误差；

（2）写出对应于该 7 位码（不包括极性码）的均匀量化 11 位码。

4-7．采用 13 折线 A 律编码电路，设接收端收到的码组为"01010010"、最小量化间隔为 1 个量化单位：

（1）试问译码器输出为多少量化单位；

（2）写出对应于该 7 位码（不包括极性码）的均匀量化 11 位码。

4-8．在 A 律 PCM 语音通信系统中，试写出当归一化输入信号抽样值等于 0.3 时，输出的二进制码组。

4-9．已知话音信号的最高频率 $f_m = 3\ 400\text{kHz}$，今用 PCM 系统传输，要求信号量化噪声比 $\dfrac{S_o}{N_o} \geqslant 30\text{dB}$，试求此 PCM 系统所需的理论最小基带频宽。

4-10．信号 $m(t) = M \sin 2\pi f_0 t$ 进行简单增量调制，若台阶 σ 和抽样频率选择得既保证不过载，又保证不致因信号振幅太小而使增量调制器不能正常编码，试证明此时要求 $f_s > \pi f_0$。

4-11．对 10 路带宽均为 300～3 400Hz 的模拟信号进行 PCM 时分复用传输。抽样速率为 8 000Hz，抽样后进行 8 级量化，并编为自然二进制码，码元波形是宽度为 τ 的矩形脉冲，且占空比为 1。试求传输此时分复用 PCM 信号所需的带宽。

4-12．若 12 路话音信号（每路信号的最高频率为 4kHz）进行抽样和时分复用，将所有的脉冲用 PCM 系统传输。设传输信号的波形为矩形脉冲，宽度为 τ，且占空比为 1。

（1）抽样后信号按 64 级量化，求 PCM 基带信号第一零点频宽；

（2）若抽样后信号按 128 级量化，PCM 二进制基带信号第一零点频宽又为多少？

4-13．信号 $f(t)$ 的最高频率为 $f_m = 25\text{kHz}$，按奈奎斯特速率进行抽样后，采用 PCM 方式传输，量化级数 $N = 258$，采用自然二进制码，若系统的平均误码率 $P_e = 10^{-3}$

（1）求传输 10 秒钟后错码的数目；

（2）若 $f(t)$ 为频率 $f_m = 25\text{kHz}$ 的正弦波，求 PCM 系统输出的总输出信噪比。

4-14．某信号的最高频率为 2.5kHz，量化级数为 128，采用二进制编码，每一组二进制码内还要增加 1bit 用来传递信令信号。采用 30 路复用，误码率为 10^{-3}。试求传输 10 秒后平均的误码比特数为多少。

4-15．试建立 Simulink 模型，研究信道误码对增量调制的语音质量影响。增量调制的采样率为 32kHz。

第 **5** 章　数字信号基带传输系统

来自数据终端的原始数据信号，如计算机输出的二进制序列、电传机输出的代码或 PCM 码组、ΔM 序列等都是数字信号。这些信号都有一个共同的特点，就是它的频谱都是从零频或零频附近开始，其功率主要集中在一个有限的频带范围内，这种信号通常称作数字基带信号。

在传输距离不太远的情况下，数字基带信号可以不经过载波调制，只对其波形作适当调整（例如形成升余弦等）进行传输，这种传输方式称为数字信号的基带传输，该系统称为数字基带传输系统。但大多数信道，如各种无线信道和光信道，是带通型的，不能传输低频分量或直流分量，数字基带信号必须经过调制器调制，使其成为数字频带信号再进行传输，接收端通过解调器进行解调。这种经过调制和解调的数字信号传输方式称频带传输，该系统称为数字频带传输系统。本章介绍数字信号的基带传输，下一章介绍数字信号的频带传输。

5.1　数字基带传输系统构成

数字基带传输系统框图如图 5-1 所示，它主要由脉冲形成器、发送滤波器、信道、接收滤波器和抽样判决器等部件组成。为保证数字基带系统正常工作，通常还应有同步系统。

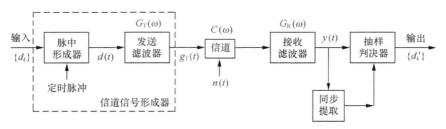

图 5-1　数字基带传输系统

图中各部分原理及作用如下。

脉冲形成器：输入的是由电传机、计算机等终端设备发送来的二进制数据序列或是经模/数转换后的二进制脉冲序列，用 $\{d_k\}$ 表示，它们一般是脉冲宽度为 T 的单极性码。脉冲形成器的作用是将 $\{d_k\}$ 变换成比较适合信道传输的码型，并提供同步定时信息，使信号适合信道传输，保证收发双方同步工作。

发送滤波器：发送滤波器的传输函数为 $G_T(\omega)$，其作用是将输入的矩形脉冲变换成适合信道传输的波形。这是因为矩形波含有丰富的高频成分，若直接送入信道传输，容易产生失真。

信道：信道传输函数为 $C(\omega)$。基带传输的信道通常为有线信道，如市话电缆和架空明线等，信道的传输特性通常是变化的，信道中还会引入噪声。在通信系统的分析中，常常把噪声等效，集中在信道引入。这是由于信号经过信道传输，受到很大衰减，在信道的输出端信噪比最低，噪声的影响最为严重，以它为代表最能反映噪声干扰影响的实际情况。但如果认为只有信道才引入噪声，其他部件不引入噪声，是不正确的。

接收滤波器：接收滤波器的传输函数为 $G_R(\omega)$，它的主要作用是滤除带外噪声，对信道特性进行均衡，使输出信噪比尽可能大并使输出的波形最有利于抽样判决。

抽样判决器：它的作用是在信道特性不理想及有噪声干扰的情况下，正确恢复出原来的基带信号。为保证正确恢复信号，同步系统是必不可少的。

如图 5-2 所示是数字基带传输系统各点信号波形。

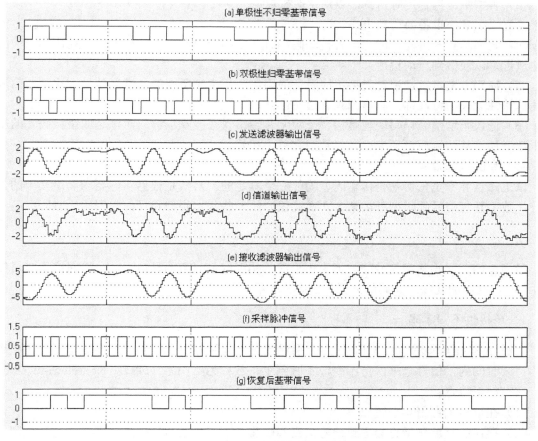

图 5-2　数字基带传输系统各点信号波形

图 5-2 中（a）是输入的基带信号，这是常见的全占空单极性信号；（b）是进行码型变换后的信号，即脉冲形成器的输出信号；（c）是进行波形变换后的信号，即发送滤波器的输出信号；（d）是信道输出信号，与信道输入信号（c）相比，存在衰减、失真和噪声干扰；（e）是接收滤波器输出的信号；（f）是位同步信号；（g）是抽样、判决、再生后的信号。如图 5-2 所示，当信道失真不严重和噪声不太大时，接收端能正确恢复基带信号，但若信道失真较大

或噪声较大时，接收端会产生误判，从而引起误码。研究误码产生的原因和减小误码的方法是本章讨论的重点。

5.2 数字基带信号常用码型

5.2.1 数字基带信号码型设计原则

数字基带信号是数字信息的电脉冲表示，电脉冲的形式称为码型。通常把数字信息的电脉冲表示过程称为码型编码或码型变换，由码型还原为数字信息称为码型译码。

不同的码型具有不同的频域特性，合理地设计码型使之适合于给定信道的传输特性，是基带传输首先要考虑的问题。通常，在设计数字基带信号码型时应考虑以下原则。

（1）码型中低频、高频分量尽量少。

（2）码型中应包含定时信息，以便定时提取。

（3）码型变换设备要简单可靠。

（4）码型具有一定检错能力，若传输码型有一定的规律性，就可根据这一规律性来检测传输质量，以便做到自动检测。

（5）编码方案对发送消息类型不应有任何限制，适合于所有的二进制信号。这种与信源的统计特性无关的特性称为对信源具有透明性。

（6）低误码增殖，误码增殖是指单个数字传输错误在接收端解码时，造成错误码元的平均个数增加。从传输质量要求出发，希望它越小越好。

（7）高的编码效率。

以上几点并不是任何基带传输码型均能完全满足的，常常是根据实际要求满足其中的一部分。数字基带信号的码型种类繁多，在此仅介绍一些基本码型和目前常用的一些码型。

5.2.2 二元码

最简单的二元码基带信号的波形为矩形波，幅度取值只有两种电平，分别对应于二进制码 1 和 0。常用的几种二元码的波形如图 5-3 所示。

1. 单极性不归零码

如图 5-3（a）所示，"1" 和 "0" 分别对应正电平和零电平或负电平和零电平。在整个码元持续时间内，信号电平保持不变，不回到零，故称为不归零（NRZ，Nonreturn-to-Zero）码。它有如下特点。

（1）在信道上占用频带较窄。

（2）存在的直流分量将会导致信号失真和畸变，而且由于直流分量的存在，无法使用一些交流耦合的线路和设备。

（3）不能直接提取位同步信息。

（4）接收单极性 NRZ 码时，判决电平一般取 "1" 码电平的一半。由于信道特性随机变化，容易带来接收信号电平的波动，所以判决门限不能稳定在最佳电平上，使抗噪声性能变差。

由于单极性 NRZ 码的缺点，数字基带信号传输中很少采用这种码型，它只适合用在导线连接的近距离传输。

2．单极性归零码

如图 5-3（b）所示，在传送"1"码时发送 1 个脉冲宽度小于码元宽度的归零脉冲；在传送"0"码时不发送脉冲。其特征是所用脉冲宽度比码元持续时间小，即还没有到码元终止时刻信号电平就回到零，故称其为归零（RZ，Return-to-Zero）码。脉冲宽度 τ 与码元持续时间 T_s 之比 τ/T_s 称为占空比。单极性 RZ 码与单极性 NRZ 码比较，除仍具有单极性码的一般缺点外，主要优点是可以直接提取同步信号。是其他波形提取位定时信号时需要采用的一种过渡波形。

3．双极性不归零码

如图 5-3（c）所示，"1"、"0"分别对应正、负电平。其特点除了与单极性 NRZ 码的特点（1）和（3）相同外，还有以下特点：

（1）从统计平均的角度看，如果"1"和"0"等概时无直流分量，但当"1"和"0"不等概时，仍有直流成分。

（2）接收端判决门限设在零电平，与接收信号电平波动无关，容易设置并且稳定，因此抗噪声性能强。

4．双极性归零码

如图 5-3（d）所示，"1"和"0"分别用归零正、负脉冲表示，相邻脉冲间必有零电平区域存在。因此，在接收端根据接收波形归于零电平便知道 1 个码元已接收完毕，准备下个码元的接收。也就是说正负脉冲的前沿起到了启动信号的作用，脉冲的后沿起到了终止信号的作用，因此，收发之间无需特别的定时信息，各符号独立地构成了起止方式，这种方式也称为自同步方式。此外，双极性归零码也具有双极性不归零码的抗噪声性能强、码型中不含直流成分的优点，因此得到了较为广泛的应用。

5．差分码

差分码是利用前后码元电平的相对极性来传送信息的一种相对码。差分码有"0"差分码和"1"差分码两种。对于"0"差分码，它是利用相邻前后码元极性改变表示"0"，不变表示"1"。而"1"差分码则是利用相邻前后码元极性改变表示"1"，不变表示"0"，如图 5-3（e）所示。这种码的特点是：即使接收端收到的码元极性与发送端完全相反，也能正确进行判决。

6．双相码

双相码（Bi-phase Code）又称数字分相码或曼彻斯特（Manchester）码。它的特点是每个二进制代码分别用两个具有不同相位的二进制代码来表示。如"1"码用 10 表示，"0"码用 01 表示，如图 5-3（f）所示。该码的优点是无直流分量，最长的连"0"和连"1"数为 2，定时信息丰富，编译码电路简单。但其码元速率比输入的信码速率提高了一倍。数据通信中的以太网采用的就是双相码。

双相码当极性反转时会引起译码错误，为解决此问题，可以采用差分码的概念，将数字双相码中用绝对电平表示的波形改为用相对电平变化来表示。这种码型称为差分双相码或差分曼彻斯特码，数据通信的令牌网就采用这种码型。

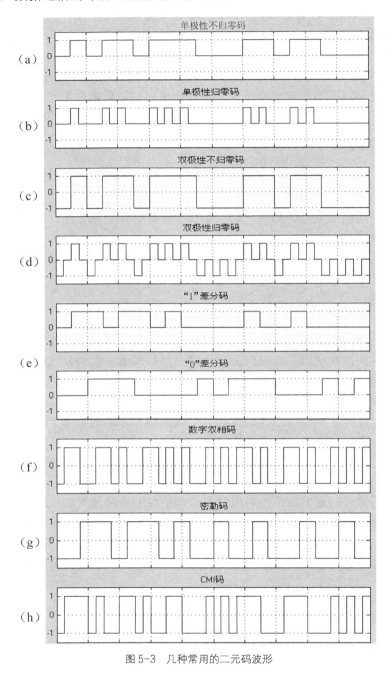

图 5-3　几种常用的二元码波形

7.密勒码

密勒（Miller）码又称为延迟调制码，它是双相码的一种变形。编码规则如下："1"码用码元持续中心点出现跃变来表示，即用 10 或 01 来表示，如果是连"1"时则须交替。"0"码有两种情况，单个 "0" 时，在码元持续时间内不出现电平跃变，且与相邻码元的边界处也不跃变；连 "0" 时，在两个 "0" 码的边界处出现电平跃变，即 00 和 11 交替。密勒码的波形如图 5-3（g）所示。密勒码中脉冲最大宽度为 $2T_s$，即两个码元周期，这一性质可用来进行误码检错。

8．传号反转码

传号反转（Coded Mark Inversion，CMI）码的编码规则是："0" 码用 01 表示，"1" 码用 00 和 11 交替表示。CMI 码的波形如图 5-3（h）所示。它的优点是没有直流分量，且有频繁出现的波形跳变，便于定时信息提取，具有误码监测能力。CMI 码同样也有因极性反转而引起的译码错误问题。

5.2.3　三元码

三元码指的是用信号幅度的 3 种取值表示二进制码，三种幅度的取值为：+1，0，−1。这种表示方法通常不是由二进制到三进制的转换，而是某种特定取代关系，所以三元码又称为准三元码或伪三元码。三元码种类很多，被广泛用做脉冲编码调制的线路传输码型。

1．传号交替反转码

传号交替反转（Alternative Mark Inverse，AMI）码又称双极性方式码、平衡对称码、交替极性码等。在这种码型中的 "0" 码与零电平对应，"1" 码对应极性交替的正、负电平，如图 5-4（a）所示。这种码型把二进制脉冲序列变为三电平的符号序列，其优点如下：

（1）在 "1"、"0" 码不等概情况下，也无直流成分，且零频附近的低频分量小。

（2）即使接收端收到的码元极性与发送端完全相反，也能正确判决。

（3）只要进行全波整流就可以变为单极性码。如果 AMI 码是归零的，变为单极性归零后就可提取同步信息。

2．n 阶高密度双极性码

n 阶高密度双极性码记作 HDB$_n$（High Density Bipolar）码，可看作 AMI 码的一种改进。使用这种码型的目的是解决原信码中出现连 0 串时所带来的问题。HDB$_n$ 码中应用最广泛的是 HDB$_3$ 码。

HDB$_3$ 码其编码原理是这样的：先把消息变成 AMI 码，然后检查 AMI 的连 "0" 情况，如果没有 3 个以上的连 "0" 串，那么这时的 AMI 码与 HDB$_3$ 码完全相同。当出现 4 个或 4 个以上的连 "0" 时，则将每 4 个连 "0" 串的第 4 个 "0" 变换成 "1" 码。这个由 "0" 码变换来的 "1" 码称为破坏脉冲，用符号 V 表示；而原来的二进制码 "1" 称为信码，用符号 B 表示。当信码序列中加入破坏脉冲以后，信码 B 和破坏脉冲 V 的正负极性必须满足以下两个条件。

（1）B 码和 V 码各自都应始终保持极性交替变化的规律，以便确保输出码中没有直流成分。

（2）V 码必须与前一个信号同极性，以便和正常的 AMI 码区分开来。

但是当两个 V 码之间的信号 B 的数目是偶数时，以上两个条件就无法满足，此时应该把后面的那个 V 码所在的连 "0" 串中的第一个 "0" 变为补信码 B'，即 4 个连 "0" 串变为 " B'00V "，其中 B' 的极性与前面相邻的 B 码极性相反，V 码的极性与 B' 的极性相同。如果两 V 码之间的 B 码数目是奇数，就不用再加补信码 B'。

下面例子中（a）是一个二进制数字序列，（b）是对应的 AMI 码，（c）是信码 B 和破坏脉冲 V 的位置，（d）是 B 码、B' 码和 V 码的位置以及它们的极性，（e）是编码后的 HDB$_3$ 码。其中 +1 表示正脉冲，−1 表示负脉冲。HDB$_3$ 码的波形如图 5-4（b）所示。

（a）代码	0	1	0	0	0	0	1	1	0	0	0	0	0	1	0	1	0
（b）AMI 码	0	+1	0	0	0	0	−1	+1	0	0	0	0	0	−1	0	+1	0
（c）B 和 V	0	B	0	0	0	V	B	B	0	0	0	V	0	B	0	B	0
（d）B B' 和 V 极性	0	B$_+$	0	0	0	V$_+$	B$_-$	B$_+$	B'$_-$	0	0	V$_-$	0	B$_+$	0	B$_-$	0
（e）HDB$_3$	0	+1	0	0	0	+1	−1	+1	−1	0	0	−1	0	+1	0	−1	0

在接收端译码时，由两个相邻的同极性码找到破坏脉冲 V，从 V 码开始向前连续 4 个码（包括 V 码）变为 4 连 "0"。经全波整流后可恢复原单极性码。

HDB$_3$ 的优点是无直流成分，低频成分少，即使有长连 "0" 码时也能提取位同步信息；缺点是编译码电路比较复杂。

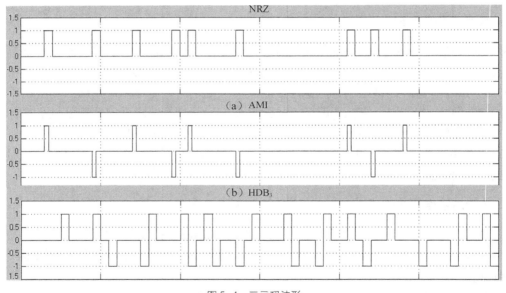

图 5-4　三元码波形

3. BNZS 码

BNZS 码是 N 连 "0" 取代双极性码的缩写。与 HDB$_n$ 码相类似，该码可看做 AMI 码的另一种改进。当连 "0" 数小于 N 时，遵从传号极性交替规律，但当连 0 数为 N 或超过 N 时，则用带有破坏点的取代节来替代。常用的是 B6ZS 码，它的取代节为 0VB0VB，该码也有与 HDB$_n$ 码相似的特点。

5.2.4　多元码

当数字信息有 M 种符号时，称为 M 元码，相应地要用 M 种电平表示它们，称多元码。

在多元码中，每个符号可以用来表示一个二进制码组。也就是说，对于 n 位二进制码组来说，可以用 $M = 2^n$ 元码来传输。与二元码传输相比，在码元速率相同的情况下，它们的传输带宽是相同的，但是多元码的信息传输速率提高到 $\log_2 M$ 倍。

多元码在频带受限的高速数字传输系统中得到了广泛的应用。例如，在综合业务数字网中，数字用户环的基本传输速率为 144kbit/s，若以电话线为传输媒介，所使用的线路码型为四元码 2B1Q。在 2B1Q 中，2 个二进制码元用 1 个四元码表示，如图 5-5 所示。

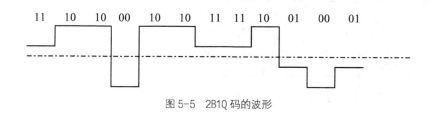

图 5-5　2B1Q 码的波形

多元码通常采用格雷码表示，相邻幅度电平所对应的码组之间只相差 1bit，这样就可以减小在接收时因错误判定电平而引起的误比特率。

多元码不仅用于基带传输，而且更广泛地用于多进制数字调制的传输中，以提高频带利用率。

5.3　数字基带信号功率谱

5.3.1　数字基带信号功率谱密度

上节介绍了典型数字基带信号的时域波形，从信号传输的角度来看，还需要进一步了解数字基带信号的频域特性。通过频谱分析，我们可以了解信号需要占据的频带宽度、所包含的频率分量、有无直流分量、有无定时分量等。这样，我们才能针对信号频谱的特点来选择相匹配的信道，以及确定是否可以从信号中提取定时信号。

在实际通信中，被传送的信息事先是无法知道的，因此数字基带信号是随机的脉冲序列。由于随机信号不能用确定的时间函数表示，也就没有确定的频谱函数，所以只能用功率谱来描述它的频域特性。根据随机信号分析理论，若求功率谱表达式，应先求出随机序列的自相关函数，这样的方法相当复杂。较简单的方法是由随机过程功率谱的原始定义出发，求出简单码型的功率谱密度。

设二进制的随机脉冲序列如图 5-6（a）所示，其中，假设 $g_1(t)$ 表示"0"码，$g_2(t)$ 表示"1"码。$g_1(t)$ 和 $g_2(t)$ 在实际中可以是任意的脉冲，但为了便于在图上区分，这里我们把 $g_1(t)$ 画成宽度为 T_s 的方波，把 $g_2(t)$ 画成宽度为 T_s 的三角波。

现在假设序列中任一码元时间 T_s 内 $g_1(t)$ 和 $g_2(t)$ 出现的概率分别为 P 和 $1-P$，且认为它们的出现是统计独立的，则数字基带信号 $s(t)$ 可表示为

$$s(t) = \sum_{n=-\infty}^{\infty} s_n(t) \tag{5.3-1}$$

其中

$$s_n(t) = \begin{cases} g_1(t - nT_s), & \text{以概率} P \\ g_2(t - nT_s), & \text{以概率} (1-P) \end{cases} \tag{5.3-2}$$

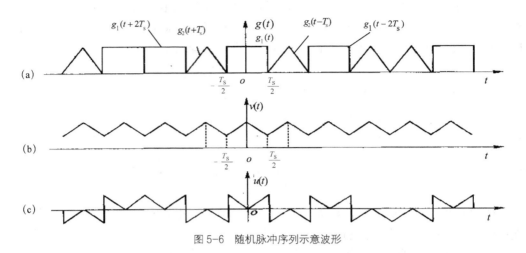

图 5-6　随机脉冲序列示意波形

　　为了使频谱分析的物理概念清楚，推导过程简化，我们把 $s(t)$ 分解成稳态波 $v(t)$ 和交变波 $u(t)$。所谓稳态波，即是随机序列 $s(t)$ 的统计平均分量，它取决于每个码元内出现 $g_1(t)$ 和 $g_2(t)$ 的概率加权平均，且每个码元统计平均波形相同，因此可表示为

$$v(t) = \sum_{n=-\infty}^{\infty} \left[Pg_1(t - nT_s) + (1-P) g_2(t - nT_s) \right] = \sum_{n=-\infty}^{\infty} v_n(t) \tag{5.3-3}$$

其波形如图 5-6（b）所示，显然 $v(t)$ 是一个以 T_s 为周期的周期函数。

　　交变波 $u(t)$ 是 $s(t)$ 与 $v(t)$ 之差，即

$$u(t) = s(t) - v(t) \tag{5.3-4}$$

其中第 n 个码元为

$$u_n(t) = s_n(t) - v_n(t) \tag{5.3-5}$$

于是

$$u(t) = \sum_{n=-\infty}^{\infty} u_n(t) \tag{5.3-6}$$

其中，$u_n(t)$ 可根据式（5.3-2）、式（5.3-3）表示为

$$u_n(t) = \begin{cases} g_1(t - nT_s) - Pg_1(t - nT_s) - (1-P)g_2(t - nT_s) \\ \quad = (1-P)\left[g_1(t - nT_s) - g_2(t - nT_s) \right], & \text{以概率} P \\ g_2(t - nT_s) - Pg_1(t - nT_s) - (1-P)g_2(t - nT_s) \\ \quad = -P\left[g_1(t - nT_s) - g_2(t - nT_s) \right], & \text{以概率} (1-P) \end{cases} \tag{5.3-7}$$

或者写成

$$u_n(t) = a_n\left[g_1(t - nT_s) - g_2(t - nT_s) \right] \tag{5.3-8}$$

其中

$$a_n = \begin{cases} 1-P, & \text{以概率} P \\ -P, & \text{以概率} (1-P) \end{cases} \tag{5.3-9}$$

显然 $u(t)$ 是随机脉冲序列，其波形如图 5-6（c）所示。

下面根据式（5.3-3）和式（5.3-6），分别求出稳态波 $v(t)$ 和交变波 $u(t)$ 的功率谱，然后根据式（5.3-4）的关系，将两者的功率谱合并起来，就可得到随机基带脉冲序列 $s(t)$ 的频谱特性。

1. $v(t)$ 的功率谱密度

由于 $v(t)$ 是以 T_s 为周期的周期信号，故

$$v(t) = \sum_{n=-\infty}^{\infty} \left[Pg_1(t-nT_s) + (1-P)g_2(t-nT_s) \right]$$

可以展开成傅氏级数

$$v(t) = \sum_{m=-\infty}^{\infty} C_m e^{j2\pi mf_s t} \tag{5.3-10}$$

式中

$$C_m = \frac{1}{T_s} \int_{-T_s/2}^{T_s/2} v(t) e^{-j2\pi mf_s t} dt \tag{5.3-11}$$

由于在（$-T_s/2$，$T_s/2$）范围内（相当 $n=0$），$v(t) = Pg_1(t) + (1-P)g_2(t)$，所以

$$C_m = \frac{1}{T_s} \int_{-T_s/2}^{T_s/2} \left[Pg_1(t) + (1-P)g_2(t) \right] e^{-j2\pi mf_s t} dt$$

又由于 $Pg_1(t) + (1-P)g_2(t)$ 只存在（$-T_s/2$，$T_s/2$）范围内，所以上式的积分限可以改为从 $-\infty$ 到 ∞，因此

$$\begin{aligned} C_m &= \frac{1}{T_s} \int_{-\infty}^{\infty} \left[Pg_1(t) + (1-P)g_2(t) \right] e^{-j2\pi mf_s t} dt \\ &= f_s \left[PG_1(mf_s) + (1-P)G_2(mf_s) \right] \end{aligned} \tag{5.3-12}$$

式中

$$G_1(mf_s) = \int_{-\infty}^{\infty} g_1(t) e^{-j2\pi mf_s t} dt \qquad G_2(mf_s) = \int_{-\infty}^{\infty} g_2(t) e^{-j2\pi mf_s t} dt \qquad f_s = \frac{1}{T_s}$$

再根据周期信号功率谱密度与傅氏系数 C_m 的关系式，有

$$\begin{aligned} P_v(f) &= \sum_{m=-\infty}^{\infty} |C_m|^2 \delta(f-mf_s) \\ &= \sum_{m=-\infty}^{\infty} \left| f_s \left[PG_1(mf_s) + (1-P)G_2(mf_s) \right] \right|^2 \delta(f-mf_s) \end{aligned} \tag{5.3-13}$$

可见稳态波的功率谱 $P_v(f)$ 是冲击强度取决于 $|C_m|^2$ 的离散线谱，根据离散谱可以确定随机序列是否包含直流分量（$m=0$）和定时分量（$m=1$）。

2. $u(t)$ 的功率谱密度

$u(t)$ 是功率型的随机脉冲序列，它的功率谱密度可采用截短函数和求统计平均的方法求出，根据功率谱密度的原始定义，有

$$P_u(f) = \lim_{N \to \infty} \frac{E\left[|U_T(f)|^2\right]}{(2N+1)T_s} \tag{5.3-14}$$

其中，$U_T(f)$ 是 $u(t)$ 的截短函数 $u_T(t)$ 的频谱函数；E 表示统计平均；截取时间 T 是 $(2N+1)$ 个码元的长度，即

$$T = (2N+1)T_s \tag{5.3-15}$$

式中，N 为一个足够大的数值，且当 $T \to \infty$ 时，意味着 $N \to \infty$。

现在先求出频谱函数 $U_T(f)$。由式（5.3-6）和式（5.3-8）可得

$$u_T(t) = \sum_{n=-N}^{N} u_n(t) = \sum_{n=-N}^{N} a_n\left[g_1(t-nT_s) - g_2(t-nT_s)\right] \tag{5.3-16}$$

则

$$\begin{aligned}
U_T(f) &= \int_{-\infty}^{\infty} u_T(t)e^{-j2\pi ft}dt \\
&= \sum_{n=-N}^{N} a_n \int_{-\infty}^{\infty}\left[g_1(t-nT_s)-g_2(t-nT_s)\right]e^{-j2\pi ft}dt \\
&= \sum_{n=-N}^{N} a_n e^{-j2\pi fnT_s}\left[G_1(f)-G_2(f)\right]
\end{aligned} \tag{5.3-17}$$

式中

$$G_1(f) = \int_{-\infty}^{\infty} g_1(t)e^{-j2\pi ft}dt$$
$$G_2(f) = \int_{-\infty}^{\infty} g_2(t)e^{-j2\pi ft}dt$$

于是

$$\begin{aligned}
|U_T(f)|^2 &= U_T(f)U_T^*(f) \\
&= \sum_{m=-N}^{N}\sum_{n=-N}^{N} a_m a_n e^{j2\pi f(n-m)T_s}\left[G_1(f)-G_2(f)\right]\left[G_1(f)-G_2(f)\right]^*
\end{aligned} \tag{5.3-18}$$

求统计平均为

$$E\left[|U_T(f)|^2\right] = \sum_{m=-N}^{N}\sum_{n=-N}^{N} E(a_m a_n)e^{j2\pi f(n-m)T_s}\left[G_1(f)-G_2(f)\right]\left[G_1^*(f)-G_2^*(f)\right] \tag{5.3-19}$$

当 $m=n$ 时，

$$a_m a_n = a_n^2 = \begin{cases} (1-P)^2, & \text{以概率}P \\ P^2, & \text{以概率}1-P \end{cases}$$

所以

$$E\left[a_n^2\right] = P(1-P)^2 + (1-P)P^2 = P(1-P) \tag{5.3-20}$$

当 $m \neq n$ 时,

$$a_m a_n = \begin{cases} (1-P)^2, & \text{以概率} P^2 \\ P^2, & \text{以概率} (1-P)^2 \\ -P(1-P), & \text{以概率} 2P(1-P) \end{cases}$$

所以

$$E\left[a_m a_n\right] = P^2(1-P)^2 + (1-P)^2 P^2 + 2P^2(1-P)(P-1) = 0 \tag{5.3-21}$$

由以上计算可知式(5.3-19)的统计平均值仅在 $m = n$ 时存在,即

$$E\left[\left|U_T(f)\right|^2\right] = \sum_{n=-N}^{N} E(a_n^2)\left|G_1(f) - G_2(f)\right|^2 \tag{5.3-22}$$
$$= (2N+1)P(1-P)\left|G_1(f) - G_2(f)\right|^2$$

根据式(5.3-14),可求得交变波的功率谱

$$P_u(f) = \lim_{N \to \infty} \frac{(2N+1)P(1-P)\left|G_1(f) - G_2(f)\right|^2}{(2N+1)T_s} \tag{5.3-23}$$
$$= f_s P(1-P)\left|G_1(f) - G_2(f)\right|^2$$

由此可见,交变波的功率谱 $P_u(f)$ 是连续谱,它与 $g_1(t)$ 和 $g_2(t)$ 的频谱以及出现概率 P 有关。根据连续谱可以确定随机序列的带宽。

3. $s(t) = u(t) + v(t)$ 的功率谱密度 $P_s(f)$

将式(5.3-13)和式(5.3-23)相加,可得到随机序列 $s(t)$ 的功率谱密度为

$$P_s(f) = P_u(f) + P_v(f)$$
$$= f_s P(1-P)\left|G_1(f) - G_2(f)\right|^2 \tag{5.3-24}$$
$$+ \sum_{m=-\infty}^{\infty} \left|f_s\left[PG_1(mf_s) + (1-P)G_2(mf_s)\right]\right|^2 \delta(f - mf_s)$$

上式是双边功率谱密度表示式。如果写成单边形式,则有

$$P_s(f) = 2f_s P(1-P)\left|G_1(f) - G_2(f)\right|^2$$
$$+ f_s^2\left|PG_1(0) + (1-P)G_2(0)\right|^2 \delta(f) \tag{5.3-25}$$
$$+ 2f_s^2 \sum_{m=1}^{\infty}\left|PG_1(mf_s) + (1-P)G_2(mf_s)\right|^2 \delta(f - mf_s), \quad f \geqslant 0$$

由上式可知,随机脉冲序列的功率谱密度可能包含连续谱 $P_u(f)$ 和离散谱 $P_v(f)$。对于连续谱而言,由于代表数字信息的 $g_1(t)$ 和 $g_2(t)$ 不能完全相同,故 $G_1(f) \neq G_2(f)$,因而 $P_u(f)$ 总是存在的;而离散谱是否存在,取决于 $g_1(t)$ 和 $g_2(t)$ 的波形及其出现的概率 P,下面举例说明。

5.3.2 功率谱密度计算举例

1. 单极性不归零码

设一个单极性二进制信号 $g_1(t)$ 是高度为 1、宽度为 T_s 的矩形脉冲，$g_2(t) = 0$，它们的傅里叶变换分别为

$$G_1(f) = T_s S_a(\pi f T_s) \qquad G_2(f) = 0 \qquad G_1(0) = T_s \qquad (5.3\text{-}26)$$

$$v(t) = \sum_{n=-\infty}^{\infty} P g_1(t - nT_s) \qquad (5.3\text{-}27)$$

用公式计算

$$P_v(f) = f_s^2 |P G_1(0)|^2 \delta(f) = f_s^2 P^2 T_s^2 \delta(f) = P^2 \delta(f) \qquad (5.3\text{-}28)$$

$$P_u(f) = f_s P(1-P) |G_1(f)|^2 = P(1-P) T_s S_a^2(\pi f T_s) \qquad (5.3\text{-}29)$$

特例：$P = 0.5$ 时，

$$P_v(f) = 0.25\delta(f) \qquad (5.3\text{-}30)$$

$$P_u(f) = 0.25 T_s S_a^2(\pi f T_s) \qquad (5.3\text{-}31)$$

因此单极性不归零码的双边功率谱密度为

$$P_s(f) = 0.25 T_s S_a^2(\pi f T_s) + 0.25\delta(f) \qquad (5.3\text{-}32)$$

只有直流分量和连续谱，而没有 mf_s 等离散谱。随机序列的带宽取决于连续谱，实际由单个码元的频谱函数 $G(f)$ 决定，该频谱的第一个零点在 $f = f_s$，因此单极性不归零信号的带宽为 $B_s = f_s$，如图 5-7 所示。

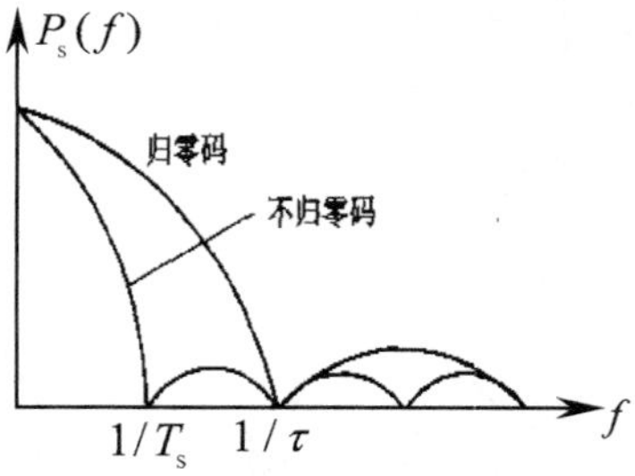

2. 单极性归零码

假设 $g_1(t)$ 为半占空比、高度为 1 的矩形脉冲，即 $\tau / T_s = 1/2$，则

$$G_1(f) = \tau S_a(\pi f \tau) = \frac{T_s}{2} S_a\left(\frac{\pi f T_s}{2}\right) \qquad (5.3\text{-}33)$$

图 5-7 二进制基带信号的功率谱密度

若 $P = 1/2$，代入式（5.3-24）可得单极性归零码的双边功率谱密度为

$$P_s(f) = \frac{T_s}{16} S_a^2\left(\frac{\pi f T_s}{2}\right) + \frac{1}{16} \sum_{m=-\infty}^{\infty} S_a^2\left(\frac{m\pi}{2}\right) \delta(f - mf_s) \qquad (5.3\text{-}34)$$

当 $m = 0$ 时，$S_a^2\left(\frac{m\pi}{2}\right) = S_a^2(0) \neq 0$，因此离散谱中有直流分量；当 m 为奇数时，$S_a^2\left(\frac{m\pi}{2}\right) \neq 0$，此时有离散谱，其中 $m = 1$ 时，$S_a^2\left(\frac{\pi}{2}\right) \neq 0$，表明有定时信号；当 m 为偶数时，$S_a^2\left(\frac{m\pi}{2}\right) = 0$，

此时无离散谱。单极性半占空比归零信号的带宽为 $B_s = 2f_s$。

3. 双极性不归零码和双极性归零码

双极性码一般应用时都满足 $g_1(t) = -g_2(t)$，$P = 0.5$，此时

$$P_s(f) = 4f_s P(1-P)|G_1(f)|^2 + \sum_{m=-\infty}^{\infty} \left|f_s(2P-1)G_1(mf_s)\right|^2 \delta(f-mf_s) \tag{5.3-35}$$
$$= f_s|G_1(f)|^2$$

当 $g_1(t)$ 高为 1 时，双极性不归零码的双边功率谱密度为

$$P_s(f) = P_u(f) = T_s S_a^2(\pi f T_s) \tag{5.3-36}$$

当 $g_1(t)$ 高为 1、占空比为 0.5 时，双极性归零码的双边功率谱密度为

$$P_s(f) = P_u(f) = \frac{T_s}{4} S_a^2 \left(\frac{\pi f T_s}{2}\right) \tag{5.3-37}$$

上面举的例子都是以矩形脉冲为基础的，但上节中我们已经指出由于矩形脉冲的带宽为无穷大，故矩形脉冲不实用，也无法物理实现。从图 5-7 可以看到，$P_s(f)$ 在第一个零点以后，还有不少的部分能量，如果信道带宽限制在 0 到第一个零点范围，势必引起波形传输的较大失真，如果采用以升余弦脉冲为基础的二进制码，即把宽度为 T_s 的矩形脉冲用宽度为 $2T_s$ 的升余弦脉冲代替，如图 5-8 所示，经分析计算可知它们的功率谱密度分布比矩形脉冲的更集中在连续功率谱密度的第一个零点以内。如果信道带宽限制在第一个零点范围以内，传输波形就不会引起太大的失真。

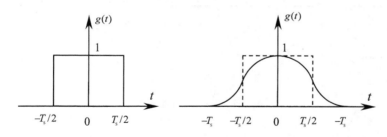

图 5-8　宽度为 T_s 的矩形脉冲和宽度为 $2T_s$ 的升余弦脉冲

通过上述讨论可知，分析随机脉冲序列的功率谱密度之后，就可知道信号功率的分布。根据主要功率集中在哪个频段，便可确定信号带宽，从而考虑信道带宽和传输网络的传输函数等。同时利用其离散谱是否存在这一特点，可以明确能否从脉冲序列中直接提取所需的离散分量和采取怎样的方法从序列中获得所需的离散分量，以便在接收端利用这些分量获得位同步定时脉冲等。

5.4 数字基带传输中码间串扰

5.4.1 码间串扰概念

我们假定发端采用双极性码，当输入二进制码元序列中的"1"码时，经过信道信号形成

器后，输出一个正的升余弦波形，而当输入"0"码时，则输出负的升余弦波形，分别如图 5-9（a）、（b）所示。当输入的二进制码元序列为 1110 时，经过实际信道以后，信号将有延迟和失真，在不考虑噪声影响下，接收滤波器输出端得到的波形如图 5-9（c）所示，第 1 个码元的最大值出现在 t_0 时刻，而且波形拖得很宽，这个时候对这个码元的抽样判决时刻应选择在 $t = t_0$ 时刻。对第 2 个码元判决时刻应选在（$t_0 + T_s$），依此类推，我们将在 $t = (t_0 + 3T_s)$ 时刻对第 4 个码元 0 进行判决。从图 5-9 中可以看到：在 $t = (t_0 + 3T_s)$ 时刻，第 1 码元、第 2 码元、第 3 码元等的值还没有消失，这样势必影响第 4 个码元的判决。即接收端接收到的前 3 个码元的波形串到第 4 个码元抽样判决的时刻，影响第 4 个码元的抽样判决。这种影响就叫做码间串扰。

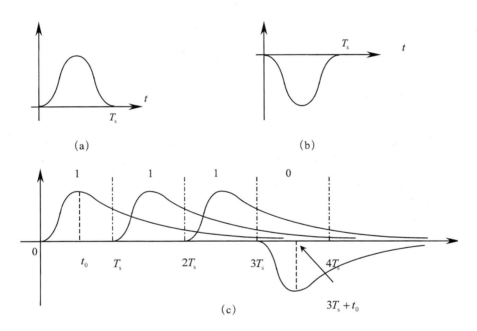

图 5-9　码间串扰示意图

5.4.2　码间串扰数学分析

为了对码间串扰进行数学分析，可将图 5-1 画成如图 5-10 所示的简化图。

图 5-10　数字基带传输系统简化图

其中总的传输函数为

$$H(\omega) = G_T(\omega)C(\omega)G_R(\omega) \tag{5.4-1}$$

此外，为方便起见，假定输入的脉冲序列为单位冲激序列 $\delta(t)$，发送滤波器的输入信号可以表示为

$$d(t) = \sum_{k=-\infty}^{\infty} a_k \delta(t - kT_s) \tag{5.4-2}$$

其中，a_k 为第 k 个码元，对于二进制数字信号，a_k 的取值为 0、1（单极性信号）或 +1、−1（双极性信号）。由图 5-10 可以得到

$$y(t) = \sum_{k=-\infty}^{\infty} a_k h(t - kT_s) + n_R(t) \tag{5.4-3}$$

式中，$h(t)$ 是 $H(\omega)$ 的傅里叶反变换，是系统的冲击响应，可表示为

$$h(t) = \frac{1}{2\pi} \int_{-\infty}^{\infty} H(\omega) e^{j\omega t} d\omega \tag{5.4-4}$$

$n_R(t)$ 是加性噪声 $n(t)$ 通过接收滤波器后产生的输出噪声。

抽样判决器对 $y(t)$ 进行抽样判决，以确定数字信息序列 $\{a_k\}$。为了判定其中第 j 个码 a_j 的值，应在 $t = t_0 + jT_s$ 瞬间对 $y(t)$ 抽样，这里 t_0 是传输时延，通常取决于系统的传输函数 $H(\omega)$。显然此抽样值为

$$y(t_0 + jT_s) = \sum_{k=-\infty}^{\infty} a_k h(t_0 + jT_s - kT_s) + n_R(t_0 + jT_s)$$
$$= \sum_{k=-\infty}^{\infty} a_k h\big[(j-k)T_s + t_0\big] + n_R(t_0 + jT_s) \tag{5.4-5}$$

把 $j = k$ 的一项单独列出时

$$y(t_0 + jT_s) = a_j h(t_0) + \sum_{\substack{k=-\infty \\ j \neq k}}^{\infty} a_k h\big[(j-k)T_s + t_0\big] + n_R(t_0 + jT_s) \tag{5.4-6}$$

其中，第 1 项 $a_j h(t_0)$ 是输出基带信号的第 j 个码元在抽样瞬间 $t = t_0 + jT_s$ 所取得的值，它是 a_j 的依据；第 2 项 $\sum_{\substack{k=-\infty \\ j \neq k}}^{\infty} a_k h\big[(j-k)T_s + t_0\big]$ 是除第 j 个码元外的其他所有码元脉冲在 $t = t_0 + jT_s$ 瞬间所取值的总和，它对当前码元 a_j 的判决起着干扰的作用，所以称为码间串扰。由于 a_k 是随机的，码间串扰值一般也是一个随机变量；第 3 项 $n_R(t_0 + jT_s)$ 是输出噪声在抽样瞬间的值，它是一个随机变量。由于随机性的码间串扰和噪声存在，使抽样判决电路可能产生误判。

5.4.3　码间串扰消除

要消除码间串扰，从式（5.4-6）可知，只要

$$\sum_{\substack{k=-\infty \\ j \neq k}}^{\infty} a_k h\big[(j-k)T_s + t_0\big] = 0 \tag{5.4-7}$$

即可消除码间串扰，但 a_k 是随机变化的，要想通过各项互相抵消使码间串扰为 0 是不行的。从码间串扰各项影响来说，当然前一码元的影响最大，因此，最好让前一个码元的波形在到达后一个码元抽样判决时刻已衰减到 0，如图 5-11（a）所示的波形。但这样的波形也不易实现，因此比较合理的是采用如图 5-11（b）所示的波形，虽然其到达 $(t_0 + T_s)$ 以前并没有衰减

到 0，但可以让它在 $(t_0 + T_s)$、$(t_0 + 2T_s)$ 等后面码元的取样判决时刻正好为 0。但考虑实际应用时，定时判决时刻不一定非常准确，如果像图 5-11（b）这样的 $h(t)$ 尾巴拖得太长，当判决时刻略有偏差时，任一个码元都会对后面的多个码元产生串扰，或者说任一个码元都要受到前面几个码元的串扰。因此，除了要求 $h(t)$ 在 $(t_0 + T_s)$、$(t_0 + 2T_s)$ 等时刻的值为 0 以外，还要求 $h(t)$ 适当衰减得快一些，即尾巴不要拖得太长。

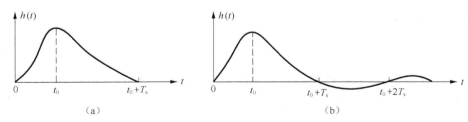

图 5-11　理想的传输波形

5.5　无码间串扰基带传输系统

5.5.1　无码间串扰基带传输系统要求

根据上节对码间串扰的讨论，对无码间串扰基带传输系统提出两条要求。

（1）基带信号经过传输后在抽样点上无码间串扰，也即瞬时抽样值应满足

$$h[t_0 + (j-k)T_s] = \begin{cases} 1, & j = k \\ 0, & j \neq k \end{cases} \tag{5.5-1}$$

令 $k' = j - k$，并考虑 k' 也为整数，可用 k 表示，则上式可写成

$$h(t_0 + kT_s) = \begin{cases} 1, & k = 0 \\ 0, & k \neq 0 \end{cases} \tag{5.5-2}$$

（2）$h(t)$ 尾部衰减快。

从理论上讲，以上两条可以通过合理地选择信号的波形和信道特性达到。下面从研究理想基带传输系统出发，得到奈奎斯特第一定理和无码间串扰传输的频域特性 $H(\omega)$ 满足的条件，最后讨论升余弦滚降传输特性。

5.5.2　理想基带传输系统

理想基带传输系统的传输特性具有理想低通特性，其传输函数为

$$H(\omega) = \begin{cases} 1, & |\omega| \leqslant \dfrac{\pi}{T} \\ 0, & \text{其他 } \omega \end{cases} \tag{5.5-3}$$

如图 5-12（a）所示，其带宽 $B = 1/2T$，对其进行傅里叶反变换得

$$h(t) = \frac{1}{2\pi} \int_{-\infty}^{\infty} H(\omega) \mathrm{e}^{\mathrm{j}\omega t} \mathrm{d}\omega = \frac{1}{2\pi} \int_{-\pi/T}^{\pi/T} \mathrm{e}^{\mathrm{j}\omega t} \mathrm{d}\omega$$

$$= \int_{-2\pi B}^{2\pi B} \frac{1}{2\pi} \mathrm{e}^{\mathrm{j}\omega t} \mathrm{d}\omega = 2B S_{\mathrm{a}}(2\pi Bt) \tag{5.5-4}$$

$h(t)$ 是冲激响应，如图 5-12（b）所示。

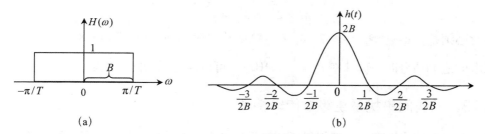

图 5-12　理想基带传输系统的 $H(\omega)$ 和 $h(t)$

从图 5-12 中可以看到，$h(t)$ 在 $t = 0$ 时有最大值 $2B$，而在 $t = k/2B$（k 为非零整数）的其他瞬间均为 0。因此，如果令码元宽度 $T_{\mathrm{s}} = 1/2B$，就可以满足式（5.5-2）的要求，在接收端当 $k/2B$ 时刻（忽略 $H(\omega)$ 造成的传输时延）抽样值中无串扰值积累，从而消除码间串扰。

由上可见，如果信号经传输后整个波形发生变化，但只要其特定点的抽样值保持不变，那么用抽样的方法，仍然可以准确无误地恢复原始信号，这就是奈奎斯特第一准则（又称为第一无失真条件）的本质。在图 5-12 所示的理想基带传输系统中，码元间隔 $T_{\mathrm{s}} = 1/2B$ 称为奈奎斯特间隔，码元传输速率 $R_{\mathrm{s}} = 1/T_{\mathrm{s}} = 2B$ 称为奈奎斯特速率。

下面讨论频带利用率的问题。所谓频带利用率是指码元速率 R_{s} 和带宽 B 的比值，即单位频带所能传输的码元速率，其表示式为

$$\eta = R_{\mathrm{s}} / B \quad \text{(Baud/Hz)} \tag{5.5-5}$$

显然理想低通传输函数的频带利用率为 2Baud/Hz。这是最大的频带利用率，因为如果系统用高于 $1/T$ 的码元速率传送码元时，将产生码间串扰。若降低码元速率，即增加码元宽度 T_{s}，使 T_{s} 等于 $1/2B$ 的 2，3，4⋯等大于 1 的整数倍，由图 5-12 可见，在抽样点上也不会出现码间串扰。但是，这意味着频带利用率要降低。

【**例 5-1**】　某基带系统的频率特性是截止频率为 1MHz、幅度为 1 的理想低通滤波器。

（1）求此基带系统无码间串扰的码速率。

（2）设此系统传输信息速率为 3Mbps，能否无码间串扰传输？

解：（1）根据无码间串扰传输的频域特性要求，该系统最大无码间串扰传输速率为

$$R_{\mathrm{s}} = 2B = 2 \quad \text{(MBaud)}$$

当降低码元速率时，即增加码元宽度 T_{s}，使 T_{s} 等于 $1/2B$ 的 2，3，4⋯等大于 1 的整数倍，在抽样点上也不会出现码间串扰。因此该基带系统无码间串扰的码速率为

$$R_{\mathrm{s}} = \frac{2}{k} \quad \text{(MBaud)}$$

（2）设传输独立等概的 M 进制信号，则

$$R_s = \frac{3}{\log_2 M} \quad (\text{MBaud})$$

$$\log_2 M = \frac{3}{R_s}$$

$$M = 2^{\frac{3}{R_s}} = 8^{\frac{1}{R_s}} = 8^{\frac{k}{2}}$$

因 M 必须是正整数，所以 $k = 2$，4，6…等偶数，此时可把 M 写成 $M = 8^n$（$n = 1$，2，3…），即当采用 8^n 进制信号时，码速率 $R_s = \frac{1}{n}$（MHz），可以满足无码间串扰条件。

5.5.3 无码间串扰系统等效传输特性

从前面讨论的结果可知，理想低通传输系统具有最大的码元速率和频带利用率，但实际上这种理想基带传输系统并未得到应用。这首先是因为这种理想低通的传输特性在物理上是无法实现的；其次，即使能设法实现接近于理想特性的传输函数，但由于这种理想系统的冲激响应 $h(t)$ 的尾巴很大，即衰减型振荡起伏很大，如果抽样定时发生某些偏差，或外界条件对传输特性稍加影响，信号频率发生漂移等都会导致码间串扰明显增加。因此我们要寻求其他形式的无码间串扰传输特性。

根据式（5.5-2），在假设信道和接收滤波器所造成的延迟 $t_0 = 0$ 时，无码间串扰的基带系统冲激响应应满足下式：

$$h(kT_s) = \begin{cases} 1, & k = 0 \\ 0, & k \neq 0 \end{cases} \tag{5.5-6}$$

下面我们来推导符合以上条件的 $H(\omega)$。因为

$$h(t) = \frac{1}{2\pi} \int_{-\infty}^{\infty} H(\omega) e^{j\omega t} d\omega$$

所以在 $t = kT_s$ 时，有

$$h(kT_s) = \frac{1}{2\pi} \int_{-\infty}^{\infty} H(\omega) e^{j\omega kT_s} d\omega \tag{5.5-7}$$

把上式的积分区间用分段积分代替，每段长为 $2\pi / T_s$，如图 5-13 所示，则上式可写成

$$h(kT_s) = \frac{1}{2\pi} \sum_i \int_{(2i-1)\pi/T_s}^{(2i+1)\pi/T_s} H(\omega) e^{j\omega kT_s} d\omega \tag{5.5-8}$$

令 $\omega' = \omega - \frac{2i\pi}{T_s}$，则有 $d\omega' = d\omega$，$\omega = \omega' + \frac{2i\pi}{T_s}$。且当 $\omega = \frac{(2i \pm 1)\pi}{T_s}$ 时，$\omega' = \pm\frac{\pi}{T_s}$，于是

$$
\begin{aligned}
h(kT_s) &= \frac{1}{2\pi} \sum_i \int_{-\pi/T_s}^{\pi/T_s} H\left(\omega' + \frac{2i\pi}{T_s}\right) e^{j\omega' kT_s} e^{j2\pi ik} d\omega' \\
&= \frac{1}{2\pi} \sum_i \int_{-\pi/T_s}^{\pi/T_s} H\left(\omega' + \frac{2i\pi}{T_s}\right) e^{j\omega' kT_s} d\omega'
\end{aligned}
\tag{5.5-9}
$$

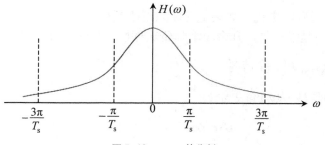

图 5-13　$H(\omega)$ 的分割

当上式之和为一致收敛时，求和与积分的次序可以互换，于是有

$$h(kT_\text{s}) = \frac{1}{2\pi} \int_{-\pi/T_\text{s}}^{\pi/T_\text{s}} \sum_i H\left(\omega + \frac{2i\pi}{T_\text{s}}\right) \text{e}^{\text{j}\omega kT_\text{s}} \text{d}\omega \tag{5.5-10}$$

这里，我们已把变量 ω' 重新记为 ω。

由傅里叶级数可知，若 $F(\omega)$ 是周期为 $2\pi/T_\text{s}$ 的频率函数，则可得

$$F(\omega) = \sum_n f_n \text{e}^{-\text{j}n\omega T_\text{s}}$$

$$f_n = \frac{T_\text{s}}{2\pi} \int_{-\pi/T_\text{s}}^{\pi/T_\text{s}} F(\omega) \text{e}^{\text{j}n\omega T_\text{s}} \text{d}\omega \tag{5.5-11}$$

将上式与式（5.5-10）对照，我们发现，$h(kT_\text{s})$ 就是 $\dfrac{1}{T_\text{s}} \sum_i H\left(\omega + \dfrac{2\pi i}{T_\text{s}}\right)$ 的指数型傅里叶级数的系数，即有

$$\frac{1}{T_\text{s}} \sum_i H\left(\omega + \frac{2\pi i}{T_\text{s}}\right) = \sum_k h(kT_\text{s}) \text{e}^{-\text{j}\omega kT_\text{s}} \qquad |\omega| \leqslant \frac{\pi}{T_\text{s}} \tag{5.5-12}$$

在无码间串扰时域条件（式（5.5-2））的要求下，我们得到无码间干扰时的基带传输特性应满足

$$\frac{1}{T_\text{s}} \sum_i H\left(\omega + \frac{2\pi i}{T_\text{s}}\right) = 1 \qquad |\omega| \leqslant \frac{\pi}{T_\text{s}} \tag{5.5-13}$$

即

$$\sum_i H\left(\omega + \frac{2i\pi}{T_\text{s}}\right) = T_\text{s} \qquad |\omega| \leqslant \frac{\pi}{T_\text{s}} \tag{5.5-14}$$

或

$$\sum_i H\left(\omega + \frac{2i\pi}{T_\text{s}}\right) = 常数 \qquad |\omega| \leqslant \frac{\pi}{T_\text{s}} \tag{5.5-15}$$

上式称为无码间串扰的等效特性，又称为奈奎斯特第一准则。其含义是：将 $H(\omega)$ 分割

为 $2\pi/T_s$ 宽度,各段在 ($-\pi/T_s$,π/T_s) 区间内能叠加成一个矩形频率特性,那么它以 R_s 速率传输基带信号时,无码间串扰。如果不考虑系统的频带,从消除码间串扰来看,基带传输特性 $H(\omega)$ 的形式并不是唯一的,升余弦滚降传输特性就是使用较多的一类。

5.5.4 升余弦滚降传输特性

升余弦滚降传输特性 $H(\omega)$ 可表示为

$$H(\omega) = H_1(\omega) + H_2(\omega) \tag{5.5-16}$$

如图 5-14 所示。$H(\omega)$ 就是将 $H_1(\omega)$ 按 $H_2(\omega)$ 的滚降特性进行"圆滑"后得到的,这种"圆滑"称之为滚降。

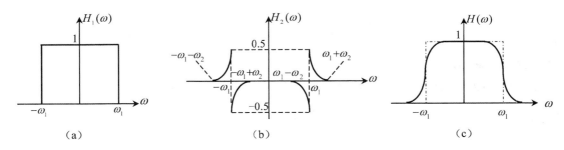

图 5-14 升余弦滚降传输特性

$H_2(\omega)$ 对于 ω_1 具有奇对称的幅度特性,其上、下截止角频率分别为 $\omega_1 + \omega_2$、$\omega_1 - \omega_2$。它的选取可根据需要选择,定义滚降系数为

$$\alpha = \frac{\omega_2}{\omega_1} \tag{5.5-17}$$

其中,ω_1 为无滚降时的截止频率,ω_2 为滚降部分的截止频率。不同的 α 有不同的滚降特性。图 5-15 画出了按余弦滚降的 3 种滚降特性和冲激响应。具有滚降系数 α 的余弦滚降特性 $H(\omega)$ 为

$$H(\omega) = \begin{cases} T_s, & |\omega| \leqslant \dfrac{(1-\alpha)\pi}{T_s} \\ \dfrac{T_s}{2}\left[1 + \sin\dfrac{T_s}{2\alpha}\left(\dfrac{\pi}{T_s} - \omega\right)\right], & \dfrac{(1-\alpha)\pi}{T_s} < |\omega| < \dfrac{(1+\alpha)\pi}{T_s} \\ 0, & |\omega| \geqslant \dfrac{(1+\alpha)\pi}{T_s} \end{cases} \tag{5.5-18}$$

而相应的 $h(t)$ 为

$$h(t) = \frac{\sin \pi t/T_s}{\pi t/T_s} \; \frac{\cos \alpha \pi t/T_s}{1 - 4\alpha^2 t^2/T_s^2} \tag{5.5-19}$$

实际的 $H(\omega)$ 可按不同的 α 来选取。由图 5-15 可以看出:$\alpha = 0$ 时,就是理想低通特性;$\alpha = 1$ 时,是实际中常采用的升余弦频谱特性,这时,$H(\omega)$ 可表示为

$$H(\omega) = \begin{cases} \dfrac{T_s}{2}\left(1 + \cos\dfrac{\omega T_s}{2}\right), & |\omega| < \dfrac{2\pi}{T_s} \\ 0, & |\omega| \geqslant \dfrac{2\pi}{T_s} \end{cases} \tag{5.5-20}$$

其单位冲激响应为

$$h(t) = \frac{\sin \pi t/T_s}{\pi t/T_s}\;\frac{\cos \pi t/T_s}{1 - 4t^2/T_s^2} \tag{5.5-21}$$

由图 5-15 和式（5.5-21）可知，升余弦滚降系统的 $h(t)$ 满足抽样值上无串扰的传输条件，且各抽样值之间又增加了一个零点，其尾部衰减较快（与 t^2 成反比），这有利于减小码间串扰和位定时误差的影响。但这种系统的频谱宽度是 $\alpha = 0$ 时的 2 倍，因而频带利用率为 1 Baud/Hz，是最高利用率的一半。若 $0 < \alpha < 1$ 时，带宽 $B = (1 + \alpha)/2T_s$（Hz），频带利用率为

$$\eta = \frac{2}{1 + \alpha} \quad \text{(Baud/Hz)} \tag{5.5-22}$$

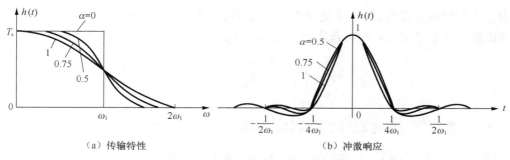

（a）传输特性　　　　　　　　　（b）冲激响应

图 5-15　余弦滚降系统

【例 5-2】　设某数字基带传输系统的传输特性 $H(\omega)$ 如图 5-16 所示。其中 α 为某个常数（$0 \leqslant \alpha \leqslant 1$）。

（1）检验该系统能否实现无码间干扰传输。

（2）试求该系统的最大码元传输速率为多少，这时系统的频带利用率为多少。

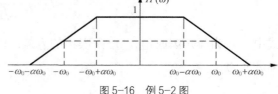

图 5-16　例 5-2 图

解：（1）由作图法可知，该系统在 $(-\omega_0, \omega_0)$ 内 $H(\omega)$ 叠加为一个值，即当传输速率 $R_s = \dfrac{\omega_0}{\pi}$ 时，该系统可以实现无码间干扰传输。

（2）该系统的最大码元传输速率为 $R_s = \dfrac{\omega_0}{\pi}$，带宽 $B = \dfrac{\omega_0 + \alpha\omega_0}{2\pi} = \dfrac{1 + \alpha}{2\pi}\omega_0$

此时系统的频带利用率为

$$\eta = \frac{R_s}{B} = \frac{\omega_0}{\pi} \cdot \frac{2\pi}{(1 + \alpha)\omega_0} = \frac{2}{1 + \alpha}$$

5.6 无码间串扰时噪声对传输性能的影响

码间串扰和信道噪声是影响接收端正确判决而造成误码的两个因素。上节讨论了不考虑噪声影响时，能够消除码间串扰的基带传输特性。本节来讨论在无码间串扰的条件下，噪声对基带信号传输的影响，即计算噪声引起的误码率。若认为信道噪声只对接收端产生影响，则抗噪声性能分析模型如图 5-17 所示。

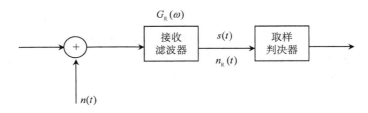

图 5-17 抗噪声性能分析模型

设二进制接收波形为 $s(t)$，信道噪声 $n(t)$ 通过接收滤波器后的输出噪声为 $n_R(t)$，则接收滤波器的输出是信号加噪声的混合波形，即 $s(t)+n_R(t)$。设二进制信号波形为双极性，即

$$s(t)=\begin{cases} -A, & \text{发 “0” 码时} \\ A, & \text{发 “1” 码时} \end{cases} \qquad (5.6\text{-}1)$$

5.6.1 发 "0" 码时取样判决器输入端信号加噪声概率分布

由图 5-17 和式（5.6-1）可知，发 "0" 码时，取样判决器输入为 $x(t)=-A+n_R(t)$，其中 $n_R(t)$ 是零均值的高斯噪声，该噪声的概率分布为

$$f(V)=\frac{1}{\sqrt{2\pi}\sigma_n}e^{-\frac{V^2}{2\sigma_n^2}} \qquad (5.6\text{-}2)$$

式中，V 为噪声瞬时值，σ_n^2 是噪声的方差。因此，当发送 "0" 时，判决器接收端信号的概率分布为

$$f_0(x)=\frac{1}{\sqrt{2\pi}\sigma_n}e^{-\frac{(x+A)^2}{2\sigma_n^2}} \qquad (5.6\text{-}3)$$

$f_0(x)$ 是均值为 $-A$ 的高斯分布，其曲线如图 5-18 所示。

5.6.2 发 "1" 码时取样判决器输入端信号加噪声概率分布

发 "1" 码时取样判决器输入为 $x(t)=A+n_R(t)$，它的概率分布为

$$f_1(x)=\frac{1}{\sqrt{2\pi}\sigma_n}e^{-\frac{(x-A)^2}{2\sigma_n^2}} \qquad (5.6\text{-}4)$$

$f_1(x)$ 是均值为 A 的高斯分布，其波形如图 5-18 所示。

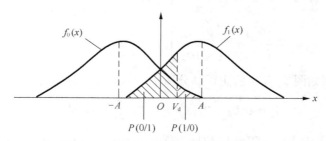

图 5-18 取样判决器输入端信号的概率分布

5.6.3 误码率计算

进行误码率计算时，首先要确定判决准则和判决电平。在 $-A$ 到 A 之间选择一个适当的电平 V_d 作为判决门限，判决规则如下：

$$\begin{cases} x > V_d，\text{判 "1" 码} \\ x < V_d，\text{判 "0" 码} \end{cases}$$

根据判决规则将会出现以下几种情况：

$$\text{发 "1" 码时} \begin{cases} \text{当 } x > V_d，\text{判为 "1" 码（判决正确）} \\ \text{当 } x < V_d，\text{判为 "0" 码（判决错误）} \end{cases}$$

$$\text{发 "0" 码时} \begin{cases} \text{当 } x < V_d，\text{判为 "0" 码（判决正确）} \\ \text{当 } x > V_d，\text{判为 "1" 码（判决错误）} \end{cases}$$

由此可见，误码有两种情况：

（1）在发 "0" 码时误判为 "1" 码；

（2）在发 "1" 码时误判为 "0" 码。

为此，误码率可用下式计算：

$$P_e = P(0)P(1/0) + P(1)P(0/1)$$

其中

$$P(0/1) = P(x < V_d) = \int_{-\infty}^{V_d} f_1(x)\,dx = \int_{-\infty}^{V_d} \frac{1}{\sqrt{2\pi}\sigma_n} e^{-\frac{(x-A)^2}{2\sigma_n^2}}\,dx$$

$$= \frac{1}{2} + \frac{1}{2}\operatorname{erf}\left(\frac{V_d - A}{\sqrt{2}\sigma_n}\right)$$

(5.6-5)

$$P(1/0) = P(x > V_d) = \int_{V_d}^{\infty} f_0(x)\,\mathrm{d}x = \int_{V_d}^{\infty} \frac{1}{\sqrt{2\pi}\sigma_n} \mathrm{e}^{-\frac{(x+A)^2}{2\sigma_n^2}}\,\mathrm{d}x$$

$$= \frac{1}{2} - \frac{1}{2}\mathrm{erf}\left(\frac{V_d + A}{\sqrt{2}\sigma_n}\right) \tag{5.6-6}$$

$P(0/1)$ 和 $P(1/0)$ 分别如图 5-18 中的阴影部分所示。因此系统误码为

$$P_e = P(0)\int_{V_d}^{\infty} f_0(x)\,\mathrm{d}x + P(1)\int_{-\infty}^{V_d} f_1(x)\,\mathrm{d}x \tag{5.6-7}$$

从式（5.6-7）可以看出，误码率与 $P(1)$、$P(0)$、$f_0(x)$、$f_1(x)$ 和 V_d 有关，而 $f_0(x)$ 和 $f_1(x)$ 又与信号的峰值 A 和噪声功率 σ_n^2 有关。通常 $P(1)$ 和 $P(0)$ 是给定的，因此误码率最终由 A、σ_n^2 和门限 V_d 决定。在 A、σ_n^2 一定的条件下，可以找到一个使误码率最小的判决门限电平，这个门限电平称为最佳门限电平。若令

$$\frac{\mathrm{d}P_e}{\mathrm{d}V_d} = 0$$

则可求得最佳门限电平为

$$V_d^* = \frac{\sigma_n^2}{2A}\ln\frac{P(0)}{P(1)} \tag{5.6-8}$$

当 $P(0) = P(1) = 1/2$ 时，

$$V_d^* = 0$$

这时，基带传输系统总误码率为

$$\begin{aligned}
P_e &= \frac{1}{2}P(1/0) + \frac{1}{2}P(0/1) \\
&= \frac{1}{2}\left[1 - \mathrm{erf}\left(\frac{A}{\sqrt{2}\sigma_n}\right)\right] \\
&= \frac{1}{2}\mathrm{erfc}\left(\frac{A}{\sqrt{2}\sigma_n}\right)
\end{aligned} \tag{5.6-9}$$

由该式可见，在发送概率相等，且在最佳门限电平下，系统的总误码率仅依赖于信号峰值 A 与噪声均方根值 σ_n 的比值，而与采用什么样的信号形式无关。若比值 A/σ_n 越大，则 P_e 越小。

5.6.4 单极性情况时误码率计算

以上分析的是双极性信号的情况。对于单极性信号，电平取值为 $+A$（发"1"码时）或 0（发"0"码时）。因此，在发"0"码时，只需将图 5-18 中 $f_0(x)$ 曲线的分布中心由 $-A$ 移到 0 即可。这时式（5.6-8）、式（5.6-9）将分别变成

$$V_d^* = \frac{A}{2} + \frac{\sigma_n^2}{A}\ln\frac{P(0)}{P(1)} \tag{5.6-10}$$

当 $P(0) = P(1) = 1/2$ 时，

$$V_{\mathrm{d}}^* = \frac{A}{2}$$

这时，

$$P_{\mathrm{e}} = \frac{1}{2}\left[1 - \mathrm{erf}\left(\frac{A}{2\sqrt{2}\sigma_n}\right)\right] = \frac{1}{2}\mathrm{erfc}\left(\frac{A}{2\sqrt{2}\sigma_n}\right) \tag{5.6-11}$$

式中，A 是单极性基带波形的峰值。

比较式（5.6-9）和式（5.6-11）可知，在单极性与双极性基带信号的峰值 A 相等、噪声均方根值 σ_n 也相同时，单极性基带系统的抗噪声性能不如双极性基带系统。此外，在等概条件下，单极性的最佳判决门限电平为 $A/2$，当信道特性发生变化时，信号幅度 A 将随之而变化，故判决门限电平也随之改变，而不能保持最佳状态，从而导致误码率增大。而双极性的最佳判决门限电平为 0，与信号幅度无关，因而不随信道特性变化而变化，故能保持最佳状态。因此，基带系统多采用双极性信号进行传输。

【例 5-3】 某二进制数字基带系统所传送的是单极性基带信号，且数字信息"1"和"0"出现概率相等。

（1）若数字信息为"1"时，接收滤波器输出信号在抽样判决时刻的值 $A = 1\mathrm{V}$，且接收滤波器输出噪声是均值为 0，均方根值为 0.2V 的高斯噪声，试求这时的误码率 P_{e}；

（2）若要求误码率 P_{e} 不大于 10^{-5}，试确定 A 至少应该是多少。

解：（1）用 $P(1)$ 和 $P(0)$ 分别表示数字信息"1"和"0"出现的概率，则 $P(1) = P(0) = 0.5$ 时，最佳判决门限为 $V_{\mathrm{d}}^* = \dfrac{A}{2} = 0.5\mathrm{V}$。

已知接收滤波器输出噪声是均值为 0，均方根值为 $\sigma_n = 0.2\mathrm{V}$，误码率为

$$P_{\mathrm{e}} = \frac{1}{2}\mathrm{erfc}\left(\frac{A}{2\sqrt{2}\sigma_n}\right) = \frac{1}{2}\mathrm{erfc}\left(\frac{1}{2\times\sqrt{2}\times 0.2}\right) = 6.21\times 10^{-3}$$

（2）根据 $P_e \leqslant 10^{-5}$，即

$$\frac{1}{2}\mathrm{erfc}\left(\frac{A}{2\sqrt{2}\sigma_n}\right) \leqslant 10^{-5}$$

求得

$$A \geqslant 8.53\sigma_n$$

5.7 眼图

从理论上讲，只要基带传输总特性 $H(\omega)$ 满足奈奎斯特第一准则，就可实现无码间串扰传输。但在实际中，由于滤波器部件调试不理想或信道特性的变化等因素，都可能使 $H(\omega)$ 特性改变，从而使系统性能恶化。为了使系统达到最佳，除了用专门精密仪器进行测试和调整

外，在大量的维护工作中希望用简单的方法和通用仪器也能宏观监测系统的性能，其中一个有用的实验方法就是观察眼图。

具体的做法是：用一个示波器连接在接收滤波器的输出端，然后调整示波器扫描周期，使示波器水平扫描周期与接收序列的码元周期严格同步，并适当调整相位，使波形的中心对准取样时刻，这样在示波器屏幕上看到的图形像"眼睛"，故称为"眼图"。从眼图上可以观察出码间串扰和噪声的影响，从而估计系统性能的优劣程度。

我们可以通过图 5-19 来了解眼图形成原理。为了便于理解，暂先不考虑噪声的影响。如果接收滤波器输出如图 5-19（a）所示的无码间串扰的双极性基带波形，用示波器观察，当示波器扫描周期调整到码元周期 T_s 时，由于示波器的余辉作用，扫描所得的每一个码元波形将重叠在一起，形成如图 5-19（b）所示的迹线细而清晰的大"眼睛"；当接收滤波器输出如图 5-19（c）所示的存在码间串扰的双极性基带波形时，示波器的扫描迹线就不完全重合，于是形成的眼图迹线杂乱，"眼睛"张开得较小，且眼图不端正，如图 5-19（d）所示。由图 5-19（b）和图 5-19（d）可知，眼图的"眼睛"张开得越大，且眼图越端正，表示码间串扰越小，反之，表示码间串扰越大。

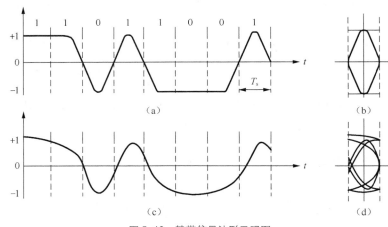

图 5-19　基带信号波形及眼图

当存在噪声时，噪声将叠加在信号上，眼图的迹线更模糊不清，"眼睛"张开得更小。需指出的是，利用眼图只能大致估计噪声的强弱。再有，若扫描周期选为 nT_s，对于二进制信号来说，示波器上将并排显示 n 只"眼睛"。眼图能直观地表明码间串扰和噪声的影响，能评价一个数字基带传输系统的性能优劣，如图 5-20 所示。

该图表示的意义如下：

（1）最佳抽样时刻应选择在眼图中眼睛张开的最大处。

（2）对定时误差的灵敏度，由斜边斜率决定，斜率越大，对定时误差就越灵敏。

（3）在抽样时刻，眼图上下两分支的垂直宽度都表示了最大信号畸变。

（4）图中央的横轴位置对应于判决门限电平。

（5）抽样时刻上，上下两阴影区的间隔距离之半为噪声的容限，噪声瞬时值超过它就可能发生错误判决。

（6）图中倾斜阴影带与横轴相交的区间表示了接收波形零点位置的变化范围，即过零点畸变，它对于利用信号零交点的平均位置来提取定时信息的接收系统有很大影响。

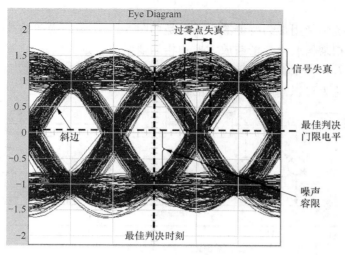

图 5-20　眼图模型

5.8　时域均衡

　　一个实际的基带传输系统由于存在设计误差和信道特性的变化，因而不可能完全满足理想的无失真传输条件，故实际系统码间串扰总是存在的。理论和实践证明：在基带传输系统插入一种可调滤波器将能减少码间串扰的影响，甚至使实际系统的性能十分接近最佳系统性能。这种起补偿作用的可调滤波器称为均衡器。

　　均衡分为频域均衡和时域均衡。所谓频域均衡是利用可调滤波器的频率特性去补偿基带系统的频率特性，使包括均衡器在内的整个系统的总传输函数满足无失真传输条件。而时域均衡则是利用均衡器产生的响应波形去补偿已畸形的波形，使包括均衡器在内的整个系统的冲激响应满足无码间串扰的条件。由于目前数字基带传输系统中主要采用时域均衡，因此这里仅介绍时域均衡原理。

　　时域均衡可用如图 5-21 所示的波形来说明。它是利用波形补偿的方法将失真的波形直接加以校正，而且通过眼图可直接进行调节。

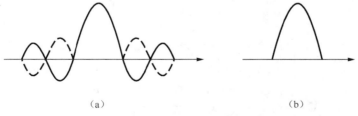

（a）　　　　　　　　　　　　　　（b）

图 5-21　时域均衡基本波形

　　图 5-21（a）中的实线为基带传输中接收到的单个脉冲信号，由于信道不理想产生了失真，出现了"拖尾"，可能造成对其他码元信号的干扰，我们设法加上一个补偿波形。图 5-21（a）中的虚线为补偿波形，其与拖尾波形大小相等，极性相反，经过调整，可将原失真波形

中的"尾巴"抵消掉，如图 5-19（b）所示。因此，消除了对其他码元的串扰，达到了均衡的目的。

在数据传输系统中使用最为普遍的均衡器是如图 5-22 所示的横向滤波器。它由带抽头的延时线、加权系数相乘器或可变增益放大器和相加器组成，延迟线共有 $2N$ 节，每节的延迟时间等于码元宽度 T_s，每个抽头的输出经可变增益放大器加权后相加输出。每个抽头的加权系数是可调的，设置为可以消除码间串扰的数值。

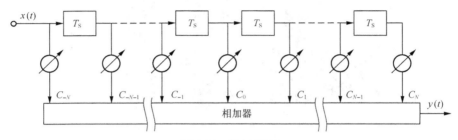

图 5-22　横向滤波器

假设有 $(2N+1)$ 个抽头，加权系数分别为 C_{-N}，C_{-N+1}，$\cdots$，C_{N-1}，C_N。输入波形的脉冲序列为 $\{x_k\}$，输出波形的脉冲序列为 $\{y_k\}$，则有

$$
\begin{aligned}
y_k &= \sum_{i=-N}^{N} C_i x_{k-i} \\
&= C_{-N} x_{k+N} + \cdots + C_{-1} x_{k+1} + C_0 x_k + C_1 x_{k-1} + \cdots + C_N x_{k-N}
\end{aligned}
\tag{5.8-1}
$$

横向滤波器系数可用下式计算得到，这种计算方法称为迫零法。

$$
C = X^{-1} Y \tag{5.8-2}
$$

式中

$$
C = \begin{bmatrix} C_{-N} \\ \vdots \\ C_0 \\ \vdots \\ C_N \end{bmatrix}, \qquad
Y = \begin{bmatrix} y_{-N} \\ \vdots \\ y_0 \\ \vdots \\ y_N \end{bmatrix} = \begin{bmatrix} 0 \\ \vdots \\ 0 \\ 1 \\ 0 \\ \vdots \\ 0 \end{bmatrix},
$$

$$
X = \begin{bmatrix}
x_0 & x_{-1} & \cdots & x_{-N} & x_{-N-1} & \cdots & x_{-2N} \\
\vdots & \ddots & \ddots & \vdots & \ddots & \ddots & \vdots \\
x_{N-1} & \cdots & x_0 & x_{-1} & \cdots & x_{-N} & x_{-N-1} \\
x_N & \cdots & x_1 & x_0 & x_{-1} & \cdots & x_{-N} \\
x_{N+1} & x_N & \cdots & x_1 & x_0 & \cdots & x_{-N+1} \\
\vdots & \ddots & \ddots & \vdots & \ddots & \ddots & \vdots \\
x_{2N} & \cdots & x_{N+1} & x_N & \cdots & x_1 & x_0
\end{bmatrix}
$$

其中，序列 $x_{-2N}, \cdots, x_{2N}$ 是发送端仅在 0 时刻发送一个码元时，接收端收到的取样序列。

【例 5-4】 已知 $x_n = \{0.0,\ 0.24,\ 0.85,\ -0.25,\ 0.10\}$，$n = -2,\ -1,\ 0,\ 1,\ 2$，用迫零法求 3 阶均衡器的系数。

解：3 阶均衡器的系数用矢量 $C = \begin{bmatrix} C_{-1} & C_0 & C_1 \end{bmatrix}^T$ 表示。依据迫零法准则，当均衡器输入序列 x_n 时，其输出 $y_n = \{0\ \ 1\ \ 0\}$，即

$$\begin{bmatrix} y_{-1} \\ y_0 \\ y_1 \end{bmatrix} = X \begin{bmatrix} C_{-1} \\ C_0 \\ C_1 \end{bmatrix} = \begin{bmatrix} 0 \\ 1 \\ 0 \end{bmatrix}$$

式中

$$X = \begin{bmatrix} x_0 & x_{-1} & x_{-2} \\ x_1 & x_0 & x_{-1} \\ x_2 & x_1 & x_0 \end{bmatrix} = \begin{bmatrix} 0.85 & 0.24 & 0 \\ -0.25 & 0.85 & 0.24 \\ 0.1 & -0.25 & 0.85 \end{bmatrix}$$

则

$$\begin{bmatrix} C_{-1} \\ C_0 \\ C_1 \end{bmatrix} = X^{-1} \begin{bmatrix} y_{-1} \\ y_0 \\ y_1 \end{bmatrix} = \begin{bmatrix} 0.85 & 0.24 & 0 \\ -0.25 & 0.85 & 0.24 \\ 0.1 & -0.25 & 0.85 \end{bmatrix}^{-1} \begin{bmatrix} 0 \\ 1 \\ 0 \end{bmatrix} = \begin{bmatrix} 0.282\,6 \\ 1.009 \\ 0.327\,6 \end{bmatrix}$$

时域均衡按调整方式可分为手动均衡和自动均衡。自动均衡又可分为预置式自动均衡和自适应式自动均衡。预置式自动均衡是在实际数传之前先传输预先设计的测试脉冲（如重复频率很低的周期性单脉冲波形），然后接近零调整原理自动（或手动）调整抽头增益；自适应式均衡是在数传过程中连续测出最佳的均衡效果，因此很受重视。这种均衡器过去实现起来比较复杂，但随着大规模、超大规模集成电路和微处理机的应用，其发展十分迅速。

5.9　部分响应系统

前面已经讲过，理想低通滤波器能够实现无码间串扰传输，同时频带利用率最高，达到 2B/Hz。但是理想低通滤波器存在两个问题：第一，理想低通滤波器不易实现；第二，它对应的时间函数在第一个零点以后的"尾巴"振荡幅度较大，这样当定时抖动时造成的码间串扰较大。于是人们提出等效理想低通传输特性，如升余弦传输特性、余弦滚降传输特性等。它们的"尾巴"减小了，但是频带利用率又随之下降了，升余弦滤波器的频带利用率仅为 1B/Hz。由此可见上述各种滤波器提高频带利用率和减小"尾巴"是矛盾的。那么能否找到频带利用率可达 2B/Hz，并且"尾巴"也较小的传输特性呢？

奈奎斯特另一准则告诉我们：有控制地在某些码元的抽样时刻引入码间串扰，而在其余码元的抽样时刻无码间串扰，就能使频带利用率提高并达到理论上的最大值，同时又可以加快"拖尾"的衰减速度，降低对定时精度的要求，通常把这种波形称为**部分响应波形**，即在抽样时刻它利用了前后几个码元波形各自一部分的合成来判决，故而得名"部分响应"。利用这种波形进行传送的基带传输系统称为**部分响应系统**。

5.9.1 第 I 类部分响应系统原理

现在从一个实例来说明部分响应波形的一般特性。如前所述，具有理想低通滤波器特性的传输系统，其冲激响应为 $\sin x/x$ 波形，它虽然可以满足无码间串扰传输条件，而且能达到理论上的极限传输速率（2B/Hz），是频带利用率最高的波形，但是理想低通滤波器是不可实现的。如果我们让两个时间上相隔一个码元间隔 T_s 的 $\sin x/x$ 的波形相加，如图 5-23（a）所示，则由于两个 $\sin x/x$（虚线所示）的"拖尾"正、负相反，相互抵消，从而使合成的波形的"尾巴"衰减加快。

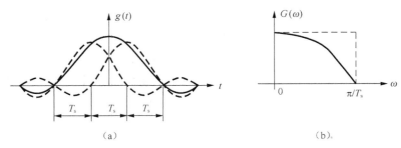

图 5-23　部分响应波形及频谱

其合成波形 $g(t)$ 为

$$g(t) = \frac{\sin\left[\dfrac{\pi}{T_s}\left(t+\dfrac{T_s}{2}\right)\right]}{\dfrac{\pi}{T_s}\left(t+\dfrac{T_s}{2}\right)} + \frac{\sin\left[\dfrac{\pi}{T_s}\left(t-\dfrac{T_s}{2}\right)\right]}{\dfrac{\pi}{T_s}\left(t-\dfrac{T_s}{2}\right)} \tag{5.9-1}$$

经简化后得

$$g(t) = \frac{4}{\pi}\left[\frac{\cos\dfrac{\pi t}{T_s}}{1-\dfrac{4t^2}{T_s^2}}\right] \tag{5.9-2}$$

由此可见，$g(t)$ 的"尾巴"的幅度随 t 按 $1/t^2$ 变化，即 $g(t)$ 的尾巴幅度与 t^2 成反比，这说明它比 $\sin x/x$ 的波形收敛快，"拖尾"衰减也大。

对 $g(t)$ 进行傅里叶变换，求得其频谱函数

$$G(\omega) = \begin{cases} 2T_s\cos\dfrac{\omega T_s}{2}, & |\omega| \leqslant \dfrac{\pi}{T_s} \\ 0, & |\omega| > \dfrac{\pi}{T_s} \end{cases} \tag{5.9-3}$$

显而易见，$G(\omega)$ 是呈余弦型的，如图 5-23（b）所示（图中只画出正频率部分），可见其频谱宽度仍限制在（$-\pi/T_s$，π/T_s）之内，但却改变了陡然截止的频谱特性。

若用 $g(t)$ 作为传送波形，且传送码元的间隔为 T_s，则在抽样时刻上会发生串扰，当前码元的样值将受到前一码元的相同幅度样值的串扰，但与其他码元间不发生串扰，如图 5-24 所示。从表面上看，此系统似乎无法传送速率为 $R_s=1/T_s$ 数字信号，但是由于这种串扰是确定

的，其影响可以消除，故此系统仍能以奈奎斯特速率 $R_s = 1/T_s$ 速率传送数字信号。

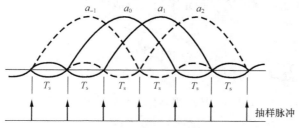

图 5-24　部分响应波形中的码间串扰

由于存在前一码元的串扰，因此系统可能会造成误码的扩散。

设输入的二进制码元序列为 $\{a_k\}$，并设 a_k 的取值为 +1 和 −1。当发送码元 a_k 时，接收波形 $g(t)$ 在第 k 个时刻上获得的样值 c_k 应是 a_k 与前一码元在第 k 个时刻上留下的串扰值之和，即

$$c_k = a_k + a_{k-1} \qquad (5.9\text{-}4)$$

由于串扰值和信码抽样值幅度相等，因此 c_k 将可能有 −2，0，2 三种取值。如果 a_{k-1} 已经判定，则接收端可根据收到的 c_k 减去 a_{k-1} 便可得到 a_k 的值，即

$$a_k = c_k - a_{k-1} \qquad (5.9\text{-}5)$$

但这样的接收方式存在一个问题：因为 a_k 的恢复不仅仅由 c_k 确定，而是必须参考前一码元 a_{k-1} 的判决结果，如果 $\{c_k\}$ 序列中某个抽样值因干扰而发生差错，则不但会造成当前的 a_k 错误，而且还会影响到以后所有的 a_{k+1}，a_{k+2}…的抽样值，我们把这种现象称为误码扩散。例如：

输入信码	1	0	1	1	0	0	0	1	0	1	1
发送端 a_k	+1	−1	+1	+1	−1	−1	−1	+1	−1	+1	+1
发送端 c_k		0	0	+2	0	−2	−2	0	0	0	+2
						↓					
接收端 c_k'		0	0	+2	0	−2	0×	0	0	0	+2
接收端 a_k'	+1	−1	+1	+1	−1	−1	+1	−1	+1	−1	+3

5.9.2　第 I 类部分响应系统组成

为了克服误码扩散现象，现在介绍一种比较实用的部分响应系统。通常，在这种系统中可先将要传的绝对码 a_k 变成相对码 b_k，然后再进行部分响应编码。首先，在发送端将 a_k 变成 b_k，其规则为

$$b_k = a_k \oplus b_{k-1} \qquad (5.9\text{-}6)$$

即

$$a_k = b_k \oplus b_{k-1} \qquad (5.9\text{-}7)$$

式中，⊕ 表示模 2 和。

然后把 b_k 当作发送滤波器的输入码元序列，形成由式（5.9-1）决定的 $g(t)$ 波形，则此时对应式（5.9-4）有

$$c_k = b_k + b_{k-1} \qquad (5.9\text{-}8)$$

显然，对上式进行模 2 处理，则有

$$[c_k]_{\mathrm{mod}2} = [b_k + b_{k-1}]_{\mathrm{mod}2} = b_k \oplus b_{k-1} = a_k \qquad (5.9\text{-}9)$$

或者

$$a_k = [c_k]_{\mathrm{mod}2} \qquad (5.9\text{-}10)$$

上式说明，对接收到的 c_k 作模 2 处理后直接得到发送端的 a_k，此时不需要预先知道 a_{k-1}，因而不存在误码扩散现象。通常，把 a_k 变成 b_k 的过程称为预编码，而把 $c_k = b_k + b_{k-1}$（或 $c_k = a_k + a_{k-1}$）关系称为相关编码。因此，整个上述过程可概括为"预编码—相关编码—模 2 判决"过程。

仍引用上面例子，由输入 a_k 到 a_k' 的过程如下：

a_k		0	1	1	0	0	0	1	0	1	1
b_k	1	1	0	1	1	1	1	0	0	1	0
双极性	+1	+1	−1	+1	+1	+1	+1	−1	−1	+1	−1
c_k		+2	0	0	+2	+2	+2	0	−2	0	0
									↓		
c_k'		+2	0	0	+2	+2	+2	0	0×	0	0
a_k'		0	1	1	0	0	0	1	1×	1	1

判决的规则是

$$c_k = \begin{cases} \pm 2, & \text{判}0 \\ 0, & \text{判}1 \end{cases}$$

此例说明，由当前 c_k 值可直接得到当前的 a_k，所以错误不会传播下去，而是局限在受干扰码元本身位置，这是因为预编码解除了码间的相关性。

上面讨论的属于第 I 类部分响应波形，其系统组成方框图如图 5-25 所示。其中图 5-25（a）为原理方框图，图 5-25（b）为实际系统组成框图。

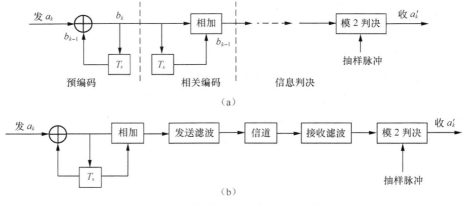

图 5-25　第 I 类部分响应系统组成框图

5.9.3 部分响应系统一般形式

我们将上述例子推广到一般的部分响应系统，利用多个 $\sin x / x$ 脉冲延迟并加权叠加的方法，可以得到系统利用率最高，使波形"拖尾"衰减快，且能消除码间串扰的系统。其表达式为

$$g(t) = R_1 \frac{\sin \dfrac{\pi t}{T_s}}{\dfrac{\pi t}{T_s}} + R_2 \frac{\sin \left[\dfrac{\pi}{T_s}(t - T_s)\right]}{\dfrac{\pi}{T_s}(t - T_s)} + \cdots + R_N \frac{\sin \dfrac{\pi}{T_s}[t - (N-1)T_s]}{\dfrac{\pi}{T_s}[t - (N-1)T_s]} \qquad (5.9\text{-}11)$$

式中，R_1，R_2，$\cdots$，R_N 为加权系数，其取值为正、负整数及 0。例如，当取 $R_1 = 1$，$R_2 = 1$，其余系数均为 0 时，就是前面所讨论的第 I 类部分响应波形。

对应式（5.9-11）所示部分响应波形的频谱函数为

$$G(\omega) = \begin{cases} T_s \displaystyle\sum_{m=1}^{N} R_m \mathrm{e}^{-\mathrm{j}\omega(m-1)T_s}, & |\omega| \leqslant \dfrac{\pi}{T_s} \\ 0, & |\omega| > \dfrac{\pi}{T_s} \end{cases} \qquad (5.9\text{-}12)$$

显然，$G(\omega)$ 在（$-\pi/T_s$，π/T_s）之内有非零值。表 5-1 中列出了常用的 5 类部分响应系统。为了便于比较，我们将 $\sin x / x$ 的理想抽样函数也列入表内，并称其为 0 类。实际中最广泛应用的是第 I 类和 IV 类。

假设发送序列 a_k，则在接收端的 c_k 应为

$$c_k = R_1 a_k + R_2 a_{k-1} + \cdots + R_N a_{k-(N-1)} \qquad (5.9\text{-}13)$$

可见接收到的信号不仅与 a_k 有关，而且与前（$N-1$）个码元有关，这也就是相关编码。由上式得 a_k 为

$$a_k = \frac{1}{R_1} \left(c_k - \sum_{i=1}^{N-1} R_{i+1} a_{k-i} \right) \qquad (5.9\text{-}14)$$

显然，接收端仍会出现误码扩散的现象，为消除这种现象，也应采取预编码的方法。设输入序列为 a_k，发送序列为 b_k，预编码方式为

$$a_k = \left[R_1 b_k + R_2 b_{k-1} + \cdots + R_N b_{k-(N-1)} \right]_{\mathrm{mod}\, L} \qquad (5.9\text{-}15)$$

上式采用模 L 加法运算。式中 a_k、b_k 为 L 进制。这时接收端 c_k 为

$$c_k = R_1 b_k + R_2 b_{k-1} + \cdots + R_N b_{k-(N-1)} \qquad (5.9\text{-}16)$$

若 c_k 采用 $\mathrm{mod}\, L$ 判决，则可直接得到 a_k，并消除误码扩散。

$$\left[c_k \right]_{\mathrm{mod}\, L} = a_k \qquad (5.9\text{-}17)$$

以上分析的部分响应系统，传输的波形除了对预定的 n 个码元有干扰外，对其他码元无

串扰，而且系统频带利用率很高，即 2 B/Hz，我们称此系统为可控码间串扰系统。

表 5-1 部分响应信号

类别	R_1	R_2	R_3	R_4	R_5	$g(t)$	$G(\omega)$，$\omega \leqslant \pi/T_s$	二进制输入时抽样值电平数
0	1					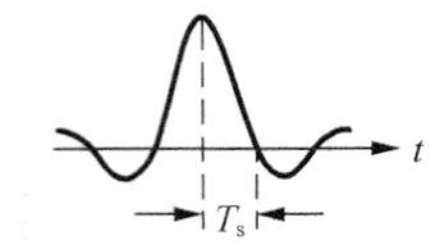	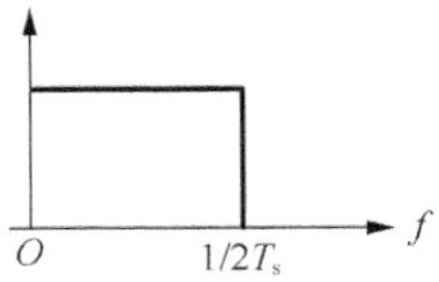	2
I	1	1				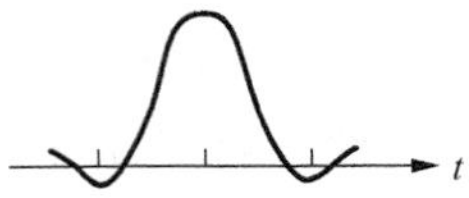	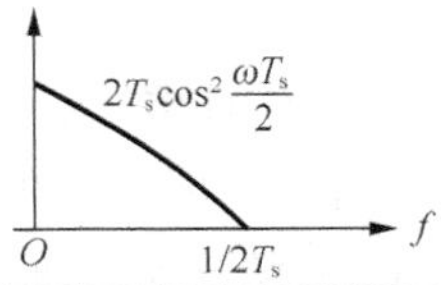 $2T_s\cos^2\dfrac{\omega T_s}{2}$	3
II	1	2	1			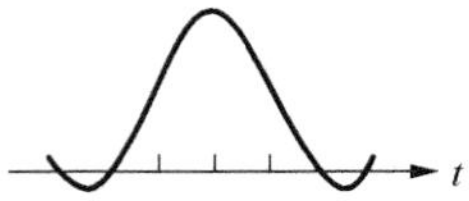	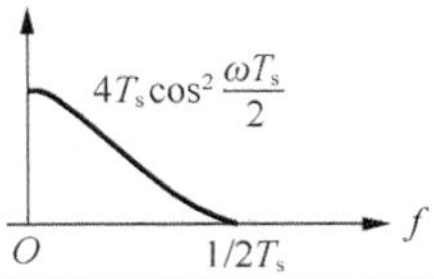 $4T_s\cos^2\dfrac{\omega T_s}{2}$	5
III	2	1	-1			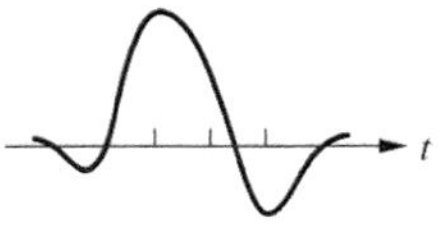	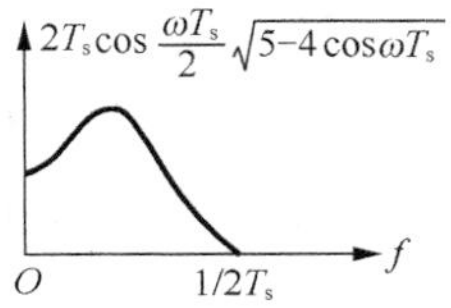 $2T_s\cos\dfrac{\omega T_s}{2}\sqrt{5-4\cos\omega T_s}$	5
IV	1	0	-1			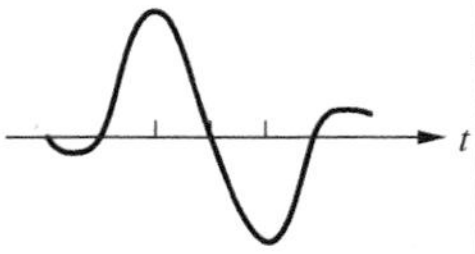	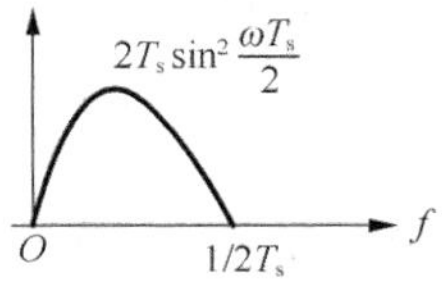 $2T_s\sin^2\dfrac{\omega T_s}{2}$	3
V	-1	0	2	0	-1		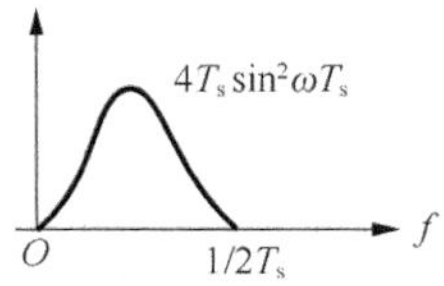 $4T_s\sin^2\omega T_s$	5

5.10 MATLAB/Simulink 数字基带传输系统建模与仿真

5.10.1 基带传输码型建模与仿真

根据前述所知，数字基带码型有二元码、三元码和多元码之分，二元码有单极性不归零码、单极性归零码、双极性不归零码、双极性归零码、差分码、数字双相码、密勒码、CMI 等多种，三元码有 AMI 码、HDB_n 码、BNZS 码等多种，多元码也有很多种。在此只仿真二元码。

1. 单极性不归零、归零码，双极性不归零、归零码和差分码的仿真

仿真模型如图 5-26 所示。图中贝努利二进制信号发生器产生单极性二进制信源，单极性到双极性的变换用通信模块库中的 Unipolar to Bipolar Converter 实现，此处也可以用门限为

0.5 的 Relay 模块实现。归零码是不归零码和时钟相乘得到的。信源输出码元时间间隔为 1s，仿真采样时间间隔为 0.1s，这样可以在时钟周期的 1/10 精度上进行仿真，因此 Rate Transition 模块的采样时间设置成 1/10。设要求的归零码占空比为 50%，因此时钟脉冲模块的脉宽设为 5 个样值周期，脉冲周期设为 10 个样值周期。仿真结果如图 5-27 所示。

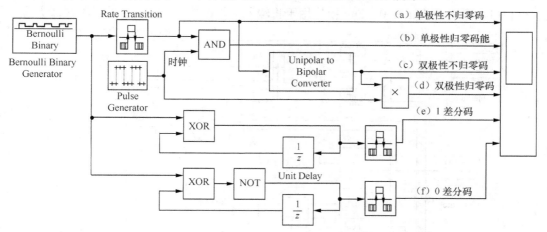

图 5-26　单极性不归零、归零码，双极性不归零、归零码和差分码的仿真模型

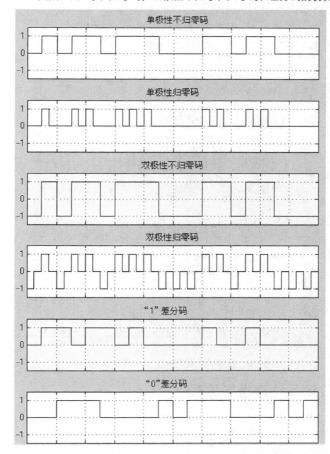

图 5-27　单极性不归零、归零码，双极性不归零、归零码和差分码的仿真波形

2．双相码、密勒码、CMI 码的仿真

仿真模型如图 5-28 所示。图中计数器均为二进制计数器，计数最大值设为 1。Relay 模块用于单极性到双极性的变换或者双极性到单极性的变换，门限均可设为 0.5，但输出值前者设为 1 和−1，后者设为 1 和 0，Fun 模块用于将输入数据减去 1。仿真结果如图 5-29 所示。

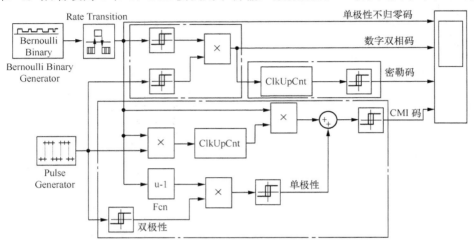

图 5-28　双相码、密勒码、CMI 码的仿真模型

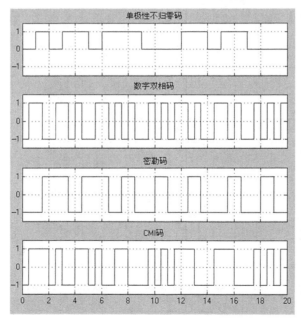

图 5-29　双相码、密勒码、CMI 码的仿真波形

5.10.2　基带传输系统建模与仿真

1．系统组成

基带传输系统包括二进制信源、发送滤波器、高斯信道、接收匹配滤波器、定时提取、

接收采样、判决恢复以及信号测量等组成部分，如图 5-30 所示。

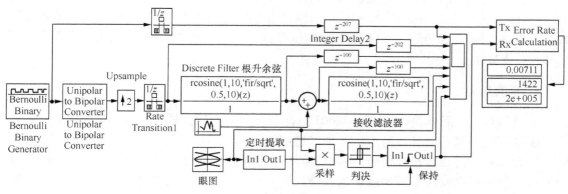

图 5-30 基带传输系统模型

二进制信源输出单极性不归零码，并向接收端提供原始数据以便对比和统计误码率，然后用转换模块将单极性不归零码转换为双极性归零码。因信源数据速率为 1 000bit/s，而系统仿真速率设成 1e4Hz，滤波器采样速率等于系统仿真采样速率，因此数据在进入发送滤波器之前需要速率转换，发送滤波器将信号转换成升余弦信号。接收滤波器和发送滤波器应相互匹配，均为平方根升余弦 FIR 滤波器，用 Discrete Filter 模块实现。高斯信道采用简单的随机数发生器和加法器实现。定时恢复子系统的内部结构如图 5-31 所示，其中采用了锁相环来锁定定时脉冲的二次谐波后，以二分频得出定时脉冲。用乘法器实现采样，然后对采样结果进行门限判决，判决输出结果在一个传输码元间隔内保持不变，从而恢复单极性不归零基带信号。

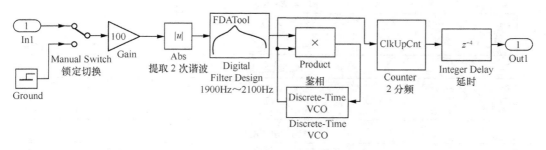

图 5-31 定时恢复子系统内部结构

由于发送滤波器和接收滤波器的滤波均有一定的延迟，在计算误码率时，应将发送信号进行一定量的延迟。同时为了示波器显示信号能上下对齐，因此其他信号也进行一定量的延迟。信号测量部分对接收滤波器输出波形的眼图、收发数据波形以及误码进行测量。

2．参数设置

发送数据率为 1 000bit/s，因此贝努利二进制数据发生器模块的采样时间设置为 1/1 000。平方根升余弦 FIR 滤波器分母系数设置为 1，分子系数通过 rcosine 函数计算，设置为 rcosine

（1,10,'fir/sqrt',0.5,10）。由于传输的是双极性信号，因此判决器门限设置为 0，输出值设为 1 和 0。定时提取子系统内部带通滤波器的通频带设置为 1 900～2 100Hz，VCO 的静态频率设为 1 994Hz，灵敏度为 8Hz/V，输出信号振幅设为 1V，采样时间为 1/10 000。计数器最大计数值设为 1，用于二分频。延时模块的延时量调整到使恢复定时脉冲的上升沿对准眼图最佳采样时刻为最佳。

3．仿真结果

系统仿真运行后，得误码率为 0.007 11，示波器波形图如图 5-32 所示。第 1 个波形为单极性不归零基带信号，是由贝努利二进制信号发生器产生的，第 2 个波形是经过单/双变换后的双极性归零基带信号，第 3 个波形为经发送滤波器变换后的升余弦信号，第 4 个波形为经高斯白噪声信道传输后的信号，第 5 个波形为接收滤波器输出信号，第 6 个波形为采样脉冲信号，第 7 个波形为经过采取、判决、保持后的恢复信号，第一个波形与最后一个波形相同，说明在此阶段没有产生误码。接收到的升余弦信号的眼图波形如图 5-33 所示。

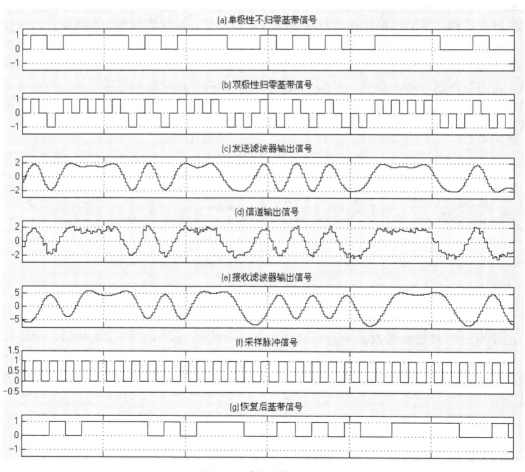

图 5-32　各部分信号波形

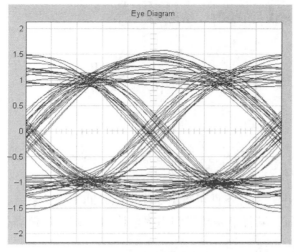

图 5-33 接收信号眼图波形

小　结

1. 常用码型

二元码：二元码有单极性 NRZ、双极性 NRZ、单极性 RZ、双极性 RZ、差分码、Manchester 码、Miller 码、CMI 码等。单极性波形有直流，且接收端判决电平不固定，因而应用受限。双极性波形等概时无直流，且接收端判决电平固定为零，因而应用广泛。与 NRZ 码相比，RZ 码波形的主要缺点是带宽大，主要优点是位与位之间易于分清，尤其是单极性 RZ 码波形存在 f_s 离散分量，可用于位定时。差分码的特点是：即使接收端收到的码元极性与发送端完全相反，也能正确进行判决。Manchester 码、Miller 码、CMI 码都是把 1 位二进制码变换成 2 位二进制码，它们都有无直流、同步信息丰富等优点，但它们的缺点是码元传输速率增加一倍，因此所需信道带宽也要增大。

三元码：常用三元码有 AMI 码、HDB$_3$ 码，它们都是把 1 位二进制信码变换成 1 位三电平取值的码。这 3 种码型都有无直流的特点，而且同步信息丰富，但 AMI 的缺点是连 "0" 码过多时提取定时信息困难，HDB$_3$ 码的缺点是编码比较复杂。

多元码：多元码是用一个码元去代表一组二进制码，在码元速率相同，即其传输带宽相同的情况下，可提高信息传输速率。

2. 基带信号功率谱

二进制基带信号功率谱包括连续谱和离散谱两部分：连续谱可用于决定带宽，离散谱用于查看是否存在直流和其他单频分量，尤其是位定时分量 f_s。

3. 无码间干扰

无码间干扰问题是本章重点内容。它是在不考虑信道噪声的条件下，把发送滤波器、信道、接收滤波器合成一个网络 $H(\omega)$ 统一考虑，并假设输入端单个信号脉冲为 $\delta(t)$，来研究该网络为消除码间干扰需满足的条件。结论是：

时域条件

$$h(kT_s) = \begin{cases} 1, & k = 0 \\ 0, & k \neq 0 \end{cases}$$

频域条件

$$\sum_i H\left(\omega + \frac{2i\pi}{T_s}\right) = 常数, \qquad |\omega| \leqslant \frac{\pi}{T_s}$$

这两个条件均可应用。由此条件可得出 3 类消除码间干扰的系统。

（1）理想 LPF 系统：其优点是频带利用率可达 2Baud/Hz 的最高值；缺点是难以实现，且对位定时精度要求高。

（2）滚降系统：与理想 LPF 系统相比，滚降系统的优点是可实现，且对位定时精度要求降低；缺点是频带利用率降低 $\eta_B = \dfrac{2}{1+\alpha}$（Baud/Hz），$\alpha$ 是滚降系数，$0 \leqslant \alpha \leqslant 1$。

理想 LPF 系统和滚降系统的理论基础都是奈奎斯特第一准则。

（3）部分响应系统。部分响应系统兼具了前两种系统的优点：理想 LPF 系统的 η_B 以及滚降系统的低位定时精度，从而得到广泛应用。其缺点是：经相关编码后，传输信号的电平数增加，从而可靠性降低。因而部分响应系统是以可靠性为代价，来换取有效性的提高。部分响应系统以奈奎斯特第二准则为理论基础。

4．信道噪声的影响

研究信道噪声影响时不考虑码间干扰，即对无码间干扰基带传输系统进行抗噪声性能分析。本书就二进制系统在等概、最佳判决电平条件下，对单极性、双极性两种情况进行了分析，得出了如式（5.6-8）～式（5.6-11）所示的结果。并进一步阐述了从抗噪声性能来看，双极性系统比单极性系统优越。

5．数字基带传输系统建模与仿真

首先对单极性不归零、归零码，双极性不归零、归零码和差分码等基本二元码进行建模与仿真，然后对双相码、密勒码、CMI 码进行建模与仿真，最后通过对升余弦数字基带传输系统的建模与仿真，用示波器观察数字基带传输系统各部分的信号波形，用眼图示波器观察接收到的眼图波形，并计算出系统误码率。

习　题

5-1．设二进制符号序列为 10110010，试以矩形脉冲为例，分别画出相应的单极性码波形、双极性码波形、单极性归零码波形、双极性归零码波形、二进制差分码波形及八电平码波形。

5-2．已知信息序列为 10110010，试编写双相码、密勒码、CMI 码（初始状态自行假设），并画出波形。

5-3. 设信息序列为 00010 01000 00000 01011 10000 00000，试编 AMI 码和 HDB$_3$ 码，并画出波形。

5-4. 设随机二进制序列中的 0 和 1 分别由 $g(t)$ 和 $-g(t)$ 组成，它们的出现概率分别为 P 及 $(1-p)$：

（1）求其功率谱密度及功率；

（2）若 $g(t)$ 为如图 5-34（a）所示波形，T_s 为码元宽度，问该序列是否存在离散分量 $f_s = 1/T_s$？

（3）若 $g(t)$ 改为图 5-34（b），回答题（2）所问。

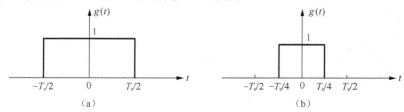

图 5-34 $g(t)$ 信号

5-5. 设某二进制数字基带信号的基本脉冲为三角形脉冲，如图 5-35 所示。图中 T_s 为码元间隔，数字信息"1"和"0"分别用 $g(t)$ 的有无表示，且"1"和"0"出现的概率相等：

（1）求该数字基带信号的功率谱密度，并画出功率谱密度图；

（2）能否从该数字基带信号中提取码元同步所需的频率 $f_s = 1/T_s$ 分量？若能，试计算该分量的功率。

5-6. 设某二进制数字基带信号中，数字信息"1"和"0"分别由 $g(t)$ 及 $-g(t)$ 表示，且"1"与"0"出现的概率相等，$g(t)$ 是升余弦频谱脉冲

$$g(t) = \frac{1}{2} \frac{\cos\left(\dfrac{\pi t}{T_s}\right)}{1 - \dfrac{4t^2}{T_s^2}} Sa\left(\frac{\pi t}{T_s}\right)$$

（1）写出该数字基带信号的功率谱密度表示式，并画出功率谱密度图；

（2）从该数字基带信号中能否直接提取频率 $f_s = 1/T_s$ 的分量？

（3）若码元间隔 $T_s = 10^{-3}(s)$，试求该数字基带信号的传码率及频带宽度。

5-7. 设某双极性数字基带信号的基本脉冲波形如图 5-36 所示。它是高度为 1、宽度 $\tau = T_s/3$ 的矩形脉冲。且已知数字信息"1"的出现概率为 3/4，"0"的出现概率为 1/4：

（1）写出该双极信号的功率谱密度的表示式，并画出功率谱密度图；

（2）由该双极性信号中能否直接提取频率 $f_s = 1/T_s$ 的分量？若能，试计算该分量的功率。

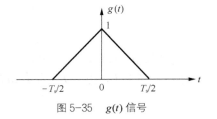

图 5-35 $g(t)$ 信号

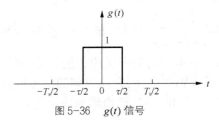

图 5-36 $g(t)$ 信号

5-8. 某基带传输系统接收滤波器输出信号的基本脉冲为如图 5-37 所示的三角形脉冲：

（1）求该基带传输系统的传输函数 $H(\omega)$；

（2）假设信道的传输函数 $C(\omega)=1$，发送滤波器和接收滤波器具有相同的传输函数，即 $G_{\mathrm{T}}(\omega)=G_{\mathrm{R}}(\omega)$，试求这时 $G_{\mathrm{T}}(\omega)$ 或 $G_{\mathrm{R}}(\omega)$ 的表示式。

5-9. 设某基带传输系统具有如图 5-38 所示的三角形传输函数：

（1）求该系统接收滤波器输出基本脉冲的时间表示式；

（2）当数字基带信号的传码率 $R_{\mathrm{s}}=\omega_0/\pi$ 时，用奈奎斯特准则验证该系统能否实现无码间干扰传输。

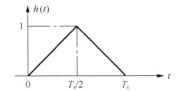 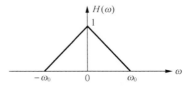

图 5-37　接收滤波器输出信号的基本脉冲　　　　图 5-38　系统传输函数

5-10. 设基带传输系统的发送滤波器、信道及接收滤波器组成总特性为 $H(\omega)$，若要求以 $2/T_{\mathrm{s}}$ 波特的速率进行数据传输，试检验图 5-39 中各种 $H(\omega)$ 是否满足消除抽样点上码间干扰的条件。

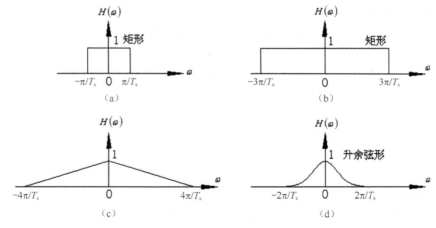

图 5-39　题 5-10 图

5-11. 为了传送码元速率 $R_{\mathrm{s}}=10^3$(Baud) 的数字基带信号，试问系统采用图 5-40 中所画的哪一种传输特性较好，并简要说明其理由。

5-12. 试证明对于单极性基带波形，其最佳门限电平为 $V_{\mathrm{d}}^{*}=\dfrac{A}{2}+\dfrac{\sigma_n^2}{A}\ln\dfrac{P(0)}{P(1)}$；最小误码率 $P_{\mathrm{e}}=\dfrac{1}{2}\mathrm{erfc}\left(\dfrac{A}{2\sqrt{2}\sigma_n}\right)$（"1" 和 "0" 等概出现时）。

5-13. 不考虑码间干扰的二进制基带传输系统，二进制码元序列中，"1" 码判决时刻的信号取值为 1V，"0" 码判决时刻的信号取值为 0，已知噪声均值为 0，方差 σ^2 为 10mW，且数字信息 "1" 和 "0" 的出现概率相等，求误码率 P_{e}。

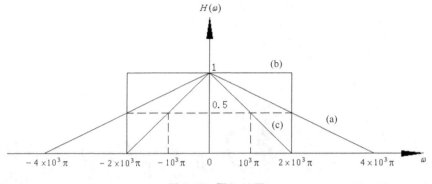

图 5-40 题 5-11 图

5-14． 某二进制数字基带系统所传送的是单极性基带信号，且数字信息"1"和"0"的出现概率相等。

（1）若数字信息为"1"时，接收滤波器输出信号在抽样判决时刻的值 $A=1$V，且接收滤波器输出噪声是均值为 0，均方根值为 0.1V 的高斯噪声，试求这时的误码率 P_e；

（2）若要求误码率 P_e 不大于 10^{-5}，试确定 A 至少应该是多少？

5-15． 一随机二进制序列为 10110001…，符号"1"对应的基带波形为升余弦波形，持续时间为 T_s；符号"0"对应的基带波形恰好与"1"相反：

（1）当示波器扫描周期 $T_0 = T_s$ 时，试画出眼图，并注明最佳抽样判决时刻、判决门限电平及噪声容限值；

（2）当 $T_0 = 2T_s$ 时，试重画眼图。

5-16． 设有一个三抽头的时域均衡器，如图 5-41 所示。$x(t)$ 在各抽样点的值依次为 $x_{-2} = 1/8$，$x_{-1} = 1/3$，$x_0 = 1$，$x_{+1} = 1/4$，$x_{+2} = 1/16$（在其他抽样点均为0）。求均衡器输出序列。

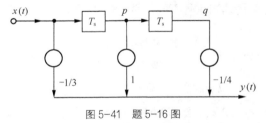

图 5-41 题 5-16 图

5-17． 试画出包括预编码在内的第Ⅳ类部分响应系统组成方框图。

5-18． 设一相关编码系统如图 5-42 所示。图中，理想低通滤波器的截止频率为 $1/2T_s$，通带增益为 T_s。试求该系统的单位冲激响应和频率特性。

图 5-42 题 5-18 图

5-19． 对 AMI、HDB$_3$ 编码器和译码器进行建模与仿真。

5-20． 结合例 5.4 和 5.10.2 小节，仿真带有均衡器的串扰信道基带传输系统。

由于数字基带信号往往具有丰富的低频成分，只适合在低通信道上传输，而实际的通信信道是带通型的，如微波通信、移动通信、卫星通信等所使用的无线信道，有线信道的光纤和数字用户环路的 ADSL 信道等。因此为了使数字信息在带通信道上传输，应把数字基带信号的频谱搬移到合适的带通频带上。通常数字基带信号是对正弦波载波进行调制，即用基带数字信号控制高频正弦载波，把基带数字信号变换成频带数字信号，这就是正弦波数字调制。已调信号通过信道传输到接收端，在接收端再把频带数字信号还原成数字基带信号，这个过程称为数字解调，我们把包括调制和解调过程的数字传输系统称为数字信号的频带传输系统。

数字调制与模拟调制比较，有其相同之处，也有不同的地方。相同点有：（1）载波相同，都是对正弦载波进行调制；（2）调制目的相同，都是把基带信号频谱搬移到正弦载波频率（f_c）附近，以便与信道频率特性相匹配；（3）调制参数相同，由于正弦波有振幅、频率和相位 3 个参量，因而相应地两者都有振幅调制（AM、ASK）、频率调制（FM、FSK）、相位调制（PM、PSK）3 种调制方式。不同点是调制信号不同。两者的不同点见表 6-1。

表 6-1 数字调制和模拟调制的不同

类型	调制信号	调 制 过 程	解 调 过 程
模拟调制	模拟信号（连续取值）	以调制信号对载波参量作连续调制	对已调载波的参量作连续估值
数字调制	数字信号（离散取值）	以载波参量的离散状态来表征数字信息	对已调载波的离散参量进行检测

由于数字信号可看成模拟信号的特殊情况，因而分析模拟调制的方法同样适用于分析数字调制，但数字信号的离散性又决定了数字调制有其特殊性，如可用键控法产生数字调制信号。

在数字调制中，数字基带信号可以是二进制的，也可以是多进制的，对应的就有二进制数字调制与多进制数字调制两种不同的数字调制。本章着重讨论二进制数字调制，包括 3 种基本二进制数字调制方式的原理、已调信号的频谱特点及系统的抗噪性能分析，另外还将简要介绍多进制数字调制方式。

6.1 二进制数字调制

二进制数字调制中，载波的幅度、相位和频率只取两个值。这是最简单的数字调制。

6.1.1　二进制幅度键控

二进制幅度键控（2ASK，Amplitude Shift Keying）是用二进制数字信号去控制正弦载波的振幅参量，用载波振幅的两种不同取值来表征 "1" 或 "0"。如用载波振幅有（载波接通）来表征 "1"，用载波振幅无（载波断开）来表征 "0"，所以又称 OOK（on-off　keying）。

1．2ASK 信号的表达式和波形

2ASK 信号的时域表达式如下所示：

$$e_{2ASK}(t) = b(t)\cos\omega_c t \qquad (6.1\text{-}1)$$

式中，$b(t)$ 可用下式表示：

$$b(t) = \sum_n a_n g(t - nT_s) \qquad (6.1\text{-}2)$$

式中，a_n 可取为 0，+1（或+A），分别对应于数字信息 0，1（也可相反）；T_s 是码元宽度；$g(t)$ 是每个码元期间的基带脉冲波形。为简便起见，假设 $g(t)$ 是高度为 1、宽度等于 T_s 的矩形脉冲，于是 $b(t)$ 就简化为单极性 NRZ 码。$e_{2ASK}(t)$ 的波形如图 6-1 所示。

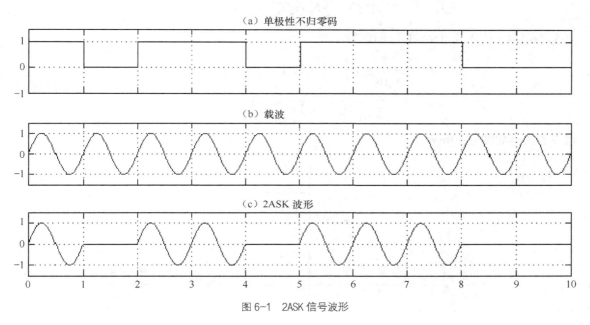

图 6-1　2ASK 信号波形

2．2ASK 信号的产生方法

通常，二进制振幅键控信号的产生方法（调制方法）有两种，如图 6-2 所示。

（1）相乘法：由 2ASK 信号的表达式可知 2ASK 信号是调制信号和载波信号的乘积，因此与一般的模拟幅度调制方法类似，可用相乘法产生 2ASK 信号，如图 6-2（a）所示。

（2）键控法：由 2ASK 信号的波形图可看出 2ASK 信号是用载波信号的有无来表示的，因此可用开关电路来控制载波的通断来产生 2ASK 信号，如图 6-2（b）所示，这里的开关电

路受 $b(t)$ 控制。

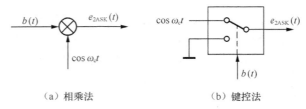

（a）相乘法　　　　　　（b）键控法

图 6-2　2ASK 信号产生方法

3．2ASK 信号的功率谱及带宽

2ASK 信号是调制信号和载波的乘积，是一种特殊的幅度调制信号，因此其功率谱密度为

$$P_e(f) = \frac{1}{4}[P_b(f+f_c) + P_b(f-f_c)] \tag{6.1-3}$$

式中，$P_b(f)$ 是基带信号 $b(t)$ 的功率谱密度，若 $b(t)$ 为单极性 NRZ 码，且等概，则

$$P_b(f) = \frac{T_s}{4}S_a^2(\pi f T_s) + \frac{1}{4}\delta(f) \tag{6.1-4}$$

把式（6.1-4）代入式（6.1-3），即可得

$$\begin{aligned}
P_e(f) = &\frac{T_s}{16}S_a^2[\pi(f-f_c)T_s] + \frac{T_s}{16}S_a^2[\pi(f+f_c)T_s] \\
&+ \frac{1}{16}\delta(f-f_c) + \frac{1}{16}\delta(f+f_c)
\end{aligned} \tag{6.1-5}$$

相应的图形如图 6-3 所示。

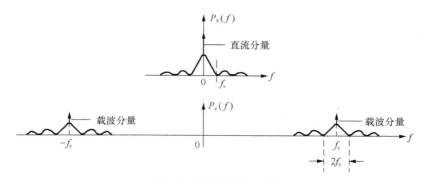

图 6-3　2ASK 信号的功率谱

由图 6-3 可得如下结论。

（1）2ASK 信号的功率谱密度 $P_e(f)$ 是相应的单极性数字基带信号功率谱密度 $P_b(f)$ 形状不变地平移到 $\pm f_c$ 处形成的，所以 2ASK 信号的功率谱密度由连续谱和离散谱两部分组成。它的连续谱取决于数字基带信号基本脉冲的频谱；它的离散谱是位于 $\pm f_c$ 处一对频域冲击函数，这意味着 2ASK 信号中存在着可作载频同步的载波频率 f_c 的成分。

（2）带宽

$$B_{2ASK} = 2R_s, \qquad R_s = \frac{1}{T_s} \tag{6.1-6}$$

频带利用率

$$\eta_b = \frac{R_b}{B} = \frac{R_s}{2R_s} = 0.5 \text{ bit/(s.Hz)} \tag{6.1-7}$$

4．2ASK 信号的解调方法

2ASK 信号有两种基本解调方法，非相干解调法和相干解调法。

（1）非相干解调法：由于二进制信息包含在信号的幅度内，因此可以采用包络检波的方法，这是非相干解调，如图 6-4 所示，图 6-5 是非相干解调时各点信号波形。

图 6-4　2ASK 信号的非相干解调

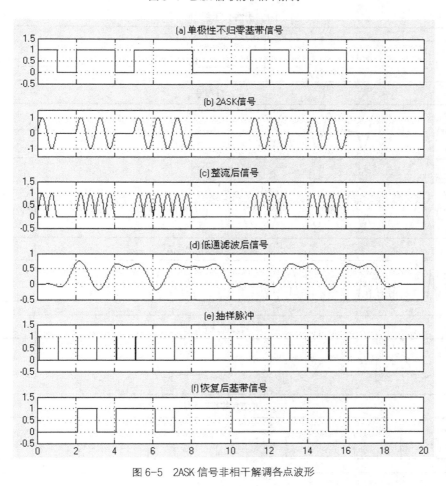

图 6-5　2ASK 信号非相干解调各点波形

（2）相干解调法如图 6-6 所示。

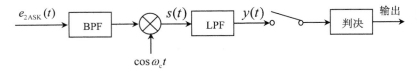

图 6-6　2ASK 信号的相干解调

由式（6.1-1）得 $e_{2ASK}(t) = b(t)\cos\omega_c t$，则

$$s(t) = e_{2ASK}(t)\ \cos\omega_c t = b(t)\cos\omega_c t\ \cos\omega_c t = b(t)\cos^2\omega_c t$$

$$= b(t)\ \frac{1}{2}(1 + \cos 2\omega_c t) = \frac{1}{2}b(t) + \frac{1}{2}b(t)\cos 2\omega_c t \tag{6.1-8}$$

式中，第 1 项是基带信号，第 2 项是以 $2\omega_c$ 为载波的成分，两者频谱相差很远。经低通滤波后，即可输出 $b(t)/2$ 信号。低通滤波器的截止频率为基带数字信号的最高频率。由于噪声影响及传输特性的不理想，低通滤波器输出波形有失真，经抽样判决、整形后再生数字基带脉冲。图 6-7 是相干解调时各点信号波形。

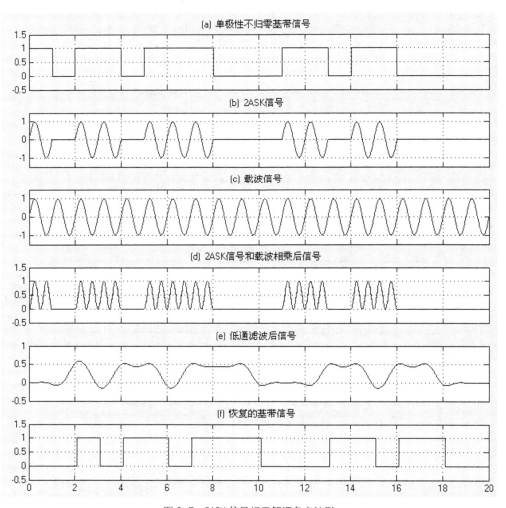

图 6-7　2ASK 信号相干解调各点波形

2ASK 解调器中的抽样判决器的判决电平应取为其解调信号的高电平值的一半（低电平为 0）。由于接收信号电平可能变化，故要求判决电平作相应变化，这正是 2ASK 缺点之一。

6.1.2　二进制移频键控

二进制移频键控（2FSK，Frequency Shift Keying）用两个不同频率（f_1、f_2）的正弦信号分别表示二进制数字 1 和 0。

1. 2FSK 信号的表达式和波形

2FSK 信号可用下式表示：

$$e_{2\text{FSK}}(t) = b(t)\cos\omega_1 t + \overline{b(t)}\cos\omega_2 t \tag{6.1-9}$$

式中，$b(t)$ 是单极性 NRZ 码，$\overline{b(t)}$ 是 $b(t)$ 对应的反码。其波形如图 6-8 所示。

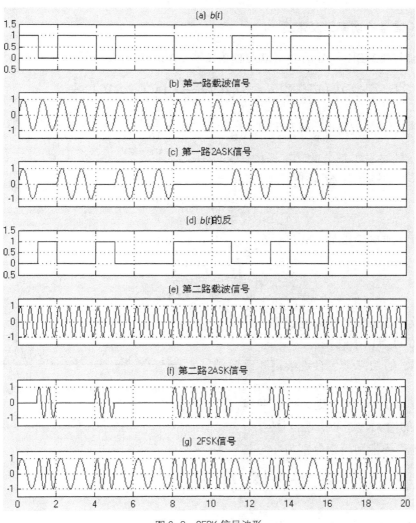

图 6-8　2FSK 信号波形

2. 2FSK 信号的产生方法

2FSK 信号的产生方法（调制方法）也有两种，分别是模拟调频法和键控法，如图 6-9 所示。模拟调频法产生的 2FSK 信号的相位是连续的，而键控法是根据发送比特的取值，开关在两个振荡器之间切换，形成 2FSK 信号，在切换瞬间，两个振荡器产生的信号波形的相位一般是不连续的，因此产生相位不连续的 2FSK 信号。

（a）模拟调频法 　　　　　　　　　　　（b）键控法

图 6-9　2FSK 信号产生方法

3. 2FSK 信号的功率谱及带宽

相位不连续的 2FSK 信号的功率谱可视为 2 个 2ASK 信号功率谱之和，即

$$P_e(f) = \frac{T_s}{16}S_a^2[\pi(f-f_1)T_s] + \frac{T_s}{16}S_a^2[\pi(f+f_1)T_s] + \frac{T_s}{16}S_a^2[\pi(f-f_2)T_s] + \frac{T_s}{16}$$

$$S_a^2[\pi(f+f_2)T_s] + \frac{1}{16}\delta(f-f_1) + \frac{1}{16}\delta(f+f_1) + \frac{1}{16}\delta(f-f_2) + \frac{1}{16}\delta(f+f_2)$$

（6.1-10）

如图 6-10 所示的是右半部分的功率谱图。

设两个载频的频差为 Δf，即

$$\Delta f = |f_2 - f_1| \tag{6.1-11}$$

定义调制指数（或移频指数）h 为

$$h = \frac{|f_2 - f_1|}{R_s} = \frac{\Delta f}{R_s} \tag{6.1-12}$$

式中，R_s 是数字基带信号的码元速率。

由图 6-10 可得以下结论：

（1）2FSK 的功率谱包含连续谱和离散谱（f_1、f_2）；

（2）若 $|f_2 - f_1|$ 较小，则为单峰曲线；而随着 $|f_2 - f_1|$ 的增大，逐渐出现双峰；

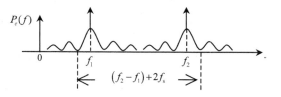

图 6-10　2FSK 信号的功率谱

（3）带宽和频带利用率分别为

$$B_{2FSK} = |f_2 - f_1| + 2R_s, \qquad R_s = \frac{1}{T_s} \tag{6.1-13}$$

$$\eta_b = \frac{R_b}{B_{2FSK}} = \frac{R_s}{|f_2 - f_1| + 2R_s} \tag{6.1-14}$$

　　至于相位连续的 2FSK 信号的功率谱，因为是一个调频信号，求其功率谱就变得十分复杂，在此不再详细讲解。和相位不连续的情况类似，随着两个载频距离的加大，所占带宽也增加，也由单峰变为双峰，但在相同的调制指数情况下，相位连续 FSK 要比相位不连续 FSK 所占用的带宽小，因此频谱效率高。

4．2FSK 信号的解调方法

　　由于一个 2FSK 信号可视为两个 2ASK 信号之和，因此对 2FSK 信号的解调可分解为对两路 2ASK 信号的解调，且同样有非相干解调和相干解调两种方法，如图 6-11 所示。图中应注意两点：

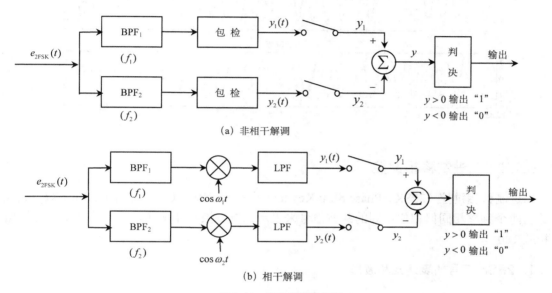

(a) 非相干解调

(b) 相干解调

图 6-11　2FSK 解调器框图

　　（1）图 6-11 中两个带通滤波器的参数不同，BPF_1 用来通过 $2ASK_1$（对应 f_1）信号，因而其中心频率 $f_0 = f_1$，带宽 $B_{BPF1} \geqslant 2R_s$；BPF_2 用来通过 $2ASK_2$（对应 f_2）信号，因而其中心频率 $f_0 = f_2$，带宽 $B_{BPF2} \geqslant 2R_s$；

　　（2）抽样判决器的判决依据是对两路 LPF 输出进行比较，谁大取谁。因而无须另加判决电平，这正是 2FSK 优于 2ASK 之处。

　　【**例 6-1**】　设发送数字信息序列为 10000110110011111001，码元速率为 1 000Baud，现采用如图 6-9（b）所示键控法产生 2FSK 信号，并设 $f_1 = 1kHz$，对应"1"；$f_2 = 1.5kHz$，对应"0"。若两振荡器输出振荡初相均为 0，画出 2FSK 信号波形，并计算其带宽和频带利用率。

　　解：2FSK 波形如图 6-12 所示。

$$B = |f_2 - f_1| + 2R_s = (1.5 - 1) \times 10^3 + 2 \times 10^3 = 2.5 \text{ (kHz)}$$

$$\eta = R_b / B = R_s / B = 1\,000 / 2.5 \times 10^3 = 0.4 \text{ (bit/(s·Hz))}$$

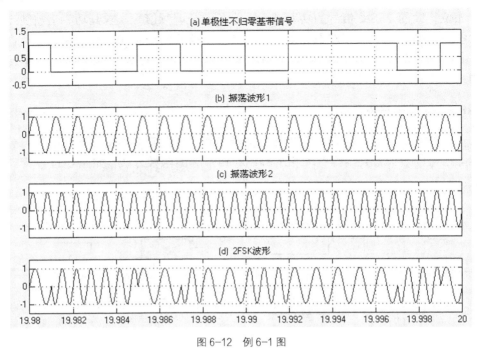

图 6-12　例 6-1 图

6.1.3　二进制移相键控

二进制移相键控（2PSK，Phase Shift Keying）也称作 BPSK（Binary-Phase Shift Keying）。它是用两个频率相同但相位不同的载波信号来表示二进制数字 1 和 0，通常这两个信号的相位相差 180°。

1. 2PSK 信号的表达式和波形

$$e_{2PSK}(t) = b(t)\cos\omega_c t \qquad (6.1\text{-}15)$$

式中，$b(t)$ 是双极性 NRZ 码。由于双极性码在等概时无直流，因而 $e_{2PSK}(t)$ 对应于 DSB-SC 信号，其波形如图 6-13 所示。

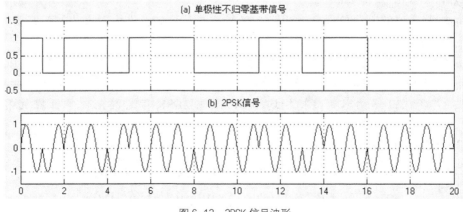

图 6-13　2PSK 信号波形

由图 6-13 可知，二进制数字信号与相位之间是一一对应的关系，即用载波相位的取值来表示所传输的数字序列，或者说已调信号相位的变化都是相对于一个固定的参考相位（未调载波相位）来取值的，这种调制方式称作绝对移相调制。

2. 2PSK 信号的产生方法

2PSK 信号的产生方法（调制方法）也有两种，模拟调制法和键控法，如图 6-14 所示。

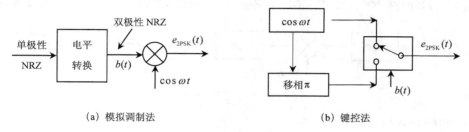

（a）模拟调制法   （b）键控法

图 6-14　2PSK 信号产生方法

3. 2PSK 信号的功率谱及带宽

2PSK 信号也是一种幅度调制信号，它的功率谱表达式和 2ASK 是一样的，即

$$P_{e}(f) = \frac{1}{4}[P_{b}(f+f_{c}) + P_{b}(f-f_{c})] \tag{6.1-16}$$

与 2ASK 所不同的是 2PSK 的基带信号是双极性的 NRZ，当 0、1 等概出现时，无直流分量，即

$$P_{b}(f) = T_{s}S_{a}^{2}\left(\pi f T_{s}\right) \tag{6.1-17}$$

所以，2PSK 信号的功率谱密度为

$$P_{e}(f) = \frac{T_{s}}{4}S_{a}^{2}[\pi(f-f_{c})T_{s}] + \frac{T_{s}}{4}S_{a}^{2}[\pi(f+f_{c})T_{s}] \tag{6.1-18}$$

相应的图形如图 6-15 所示。

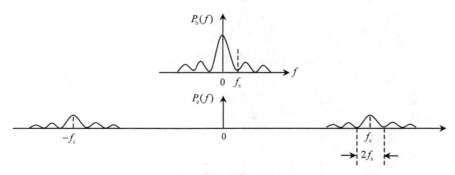

图 6-15　2PSK 信号的功率谱

由图 6-15 可得以下结论：

（1）由于基带信号无直流分量，所以 2PSK 信号的功率谱不存在离散的载波分量。

（2）带宽和频带利用率与 2ASK 相同，即

$$B_{2PSK} = 2R_s, \qquad R_s = \frac{1}{T_s} \tag{6.1-19}$$

$$\eta_b = \frac{R_b}{B} = \frac{R_s}{2R_s} = 0.5 \ bit/(s \cdot Hz) \tag{6.1-20}$$

4．2PSK 信号的解调方法

2PSK 信号以相位传输信息，其振幅、频率恒定，因而只能采用相干解调法，如图 6-16 所示。

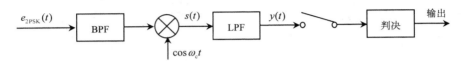

图 6-16　2PSK 信号的解调

因 $e_{2PSK}(t) = b(t)\cos\omega_c t$ ，则

$$\begin{aligned}
s(t) &= e_{2PSK}(t) \ \cos\omega_c t = b(t)\cos\omega_c t \ \cos\omega_c t = b(t)\cos^2\omega_c t \\
&= b(t) \ \frac{1}{2}\left(1 + \cos 2\omega_c t\right) = \frac{1}{2}b(t) + \frac{1}{2}b(t)\cos 2\omega_c t
\end{aligned} \tag{6.1-21}$$

所以

$$y(t) = LPF\left[s(t)\right] = \frac{1}{2}b(t) \tag{6.1-22}$$

图 6-17 是相干解调时各点信号波形。

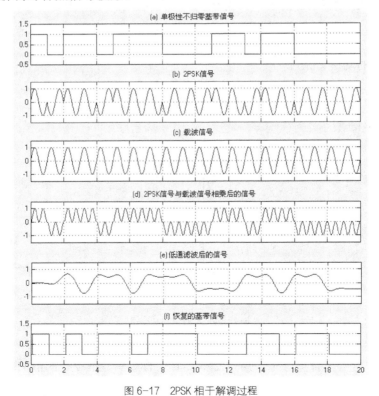

图 6-17　2PSK 相干解调过程

5．相干载波的提取和相位模糊

上面已经指出，2PSK 信号只能采用相干解调，相干解调需要同步载波，而 2PSK 信号的功率谱中不存在离散的载波分量，需要通过非线性变换才能产生。实现这种非线性变换的电路常采用含有锁相环的平方电路，其原理如图 6-18 所示。

图 6-18　平方环相干载波的提取

图 6-18 中 $x(t) = \left[b(t)\cos\omega_c t\right]^2 = \dfrac{1}{2}b^2(t) + \dfrac{1}{2}b^2(t)\cos 2\omega_c t$，由于 $b^2(t) = 1$，所以

$$x(t) = \frac{1}{2} + \frac{1}{2}\cos 2\omega_c t \tag{6.1-23}$$

经过窄带 BPF 后得到频率为 $2f_c$ 的正弦信号，再通过分频即得到频率为 f_c 的正弦信号 $c(t)$。但由于锁相环处于稳定平衡状态时，输出相位 θ_n 有多个可能值，为 π 的整数倍，即

$$c(t) = \cos\left(\omega_c t + \theta_n\right) = \cos\left(\omega_c t + n\pi\right) \tag{6.1-24}$$

这种相位不确定性称作相位模糊。当 n 为偶数时，$c(t)$ 与发送端的信号载波同相，则 2PSK 信号经过相干解调后可得到正确的基带信号，即 $y(t) = b(t)$；当 n 为奇数时，$c(t)$ 与发送端的信号载波反相，则 2PSK 信号经过相干解调后得到的将是原基带信号的反码。因此，由于相位模糊会引起解调信号的不确定性。在整个通信过程中，随时都可能因为某种突发干扰而使锁相环从一个稳定平衡状态转移到另一个稳定平衡状态，使恢复的载波发生相位反转，造成信号解调的错误，因此必须采取措施消除相位模糊带来的影响，这种措施通常就是差分移相键控。

6.1.4　差分移相键控

差分移相键控（2DPSK，Differential Phase-Shift Keying）是用前后相邻码元的载波相位相对变化来表示数字信息。假设前后相邻码元的载波相位差为 $\Delta\varphi$，可定义数字信息与 $\Delta\varphi$ 之间的关系为

$$\Delta\varphi = \begin{cases} 0, & \text{表示数字信息0} \\ \pi, & \text{表示数字信息1} \end{cases} \quad \text{或} \quad \Delta\varphi = \begin{cases} 0, & \text{表示数字信息1} \\ \pi, & \text{表示数字信息0} \end{cases}$$

例如基带信号为 1011011100，则按第一种对应关系可得 2DPSK 信号的相位如下所示。

二进制数字信息		0	0	1	1	1	0	0	1
DPSK 信号相位	0	0	0	π	0	π	π	π	0

或　　DPSK 信号相位　　π　π　π　0　π　0　0　0　π

其信号波形如图 6-19 所示。

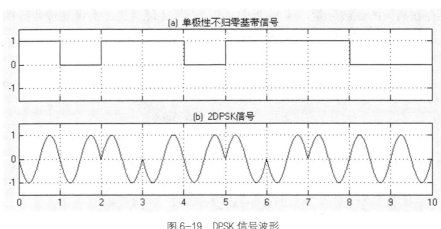

图 6-19　DPSK 信号波形

1. DPSK 信号的产生方法

DPSK 信号的产生方法是先对基带信号（绝对码）a_k 进行差分编码得到差分码（相对码）b_k，再对差分码进行 BPSK 调制（绝对移相调制）。如图 6-20 所示。

图 6-20 中相对码 b_k 与绝对码 a_k 之间的关系为

$$b_k = a_k \oplus b_{k-1} \qquad (6.1\text{-}25)$$

再经过电平变换后得到双极性 NRZ 信号 $b(t)$，与载波相乘即得到 a_k 基带信号的 DPSK 信号。

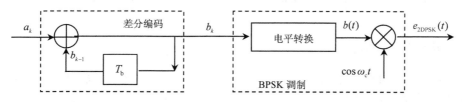

图 6-20　DPSK 产生方法

例如基带信号 00111001 的 2DPSK 信号产生过程如下：

数字基带信号 a_k		0	0	1	1	1	0	0	1	绝对码
差分码 b_k	1	1	1	0	1	0	0	0	1	相对码
电平变换 $b(t)$	+1	+1	+1	−1	+1	−1	−1	−1	+1	极性变换
DPSK 信号相位 φ_n	0	0	0	π	0	π	π	π	0	b_k 绝对移相
$\Delta\varphi = \lvert \varphi_n - \varphi_{n-1} \rvert$		0	0	π	π	π	0	0	π	a_k 相对移相

从上述编码过程可看出：DPSK 的相位 φ_n 的取值不再和 a_k 有一一对应的关系，而当前

码元和前一码元的相位差 $\Delta\varphi_n$ 和 a_k 有一一对应的关系。这样在解调 DPSK 信号时即使所恢复的载波相位 θ_n 发生反转，只要前后码元的相位差不变，就能避免相位模糊对信号解调的影响。

由于基带信号 0、1 等概出现且互不相关时，绝对码和差分码的功率谱相同，因此调制后 DPSK 信号和 BPSK 信号具有相同的功率谱。

【例 6-2】　设发送数字信息序列为 1011011100，码元速率为 1 000Baud：

（1）分别画出当载波频率为 1kHz 时的 2ASK、2PSK、2DPSK 信号波形（2ASK 规则是：1—有载波；0—无载波。2PSK 相位规则是：1—0，0—π；差分编码规则是：1 变 0 不变，并设相对码参考码元为"0"）。

（2）若载波频率改为 1.5kHz，重复（1）题。

（3）计算（1）、（2）两题中 2ASK、2PSK、2DPSK 信号的带宽和频带利用率。

解：（1）由题意知，$R_s = 1000\text{Baud}$，$f_c = 1\text{kHz}$，两者数值相等，因而每个码元宽度内有一周载波。各种波形如图 6-21（a）所示。

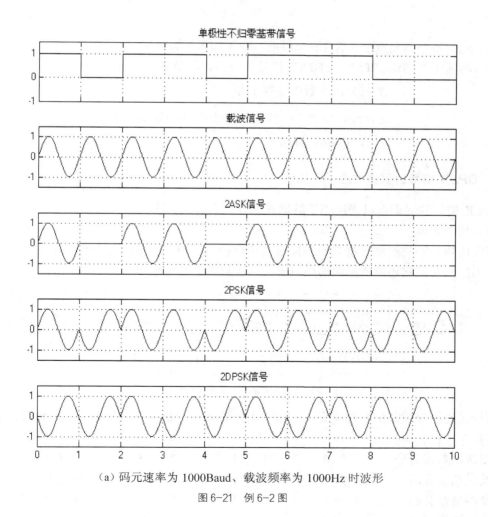

（a）码元速率为 1000Baud、载波频率为 1000Hz 时波形

图 6-21　例 6-2 图

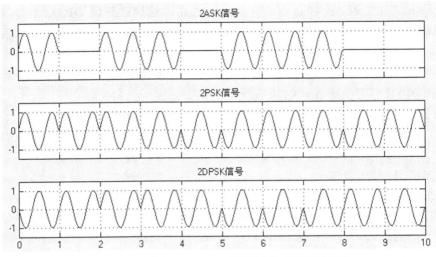

（b）码元速率为 1000Baud、载波频率为 1500Hz 时波形

图 6-21　例 6-2 图（续）

（2）此时每个码元宽度内含 1.5 个载波，波形如图 6-21（b）所示。

（3）两题中 2ASK、2PSK、2DPSK 信号的带宽、频带利用率均相同。

$$B = 2\text{kHz}（数值上等于 2R_s）$$

$$\eta = R_b / B = R_s / B = 1\,000 / 2 \times 10^3 = 0.5(\text{Baud/Hz})$$

$$= 0.5(\text{bit}/(\text{s} \cdot \text{Hz}))$$

2．DPSK 信号的解调方法

DPSK 信号的解调可以采用相干解调或差分相干解调方法。

（1）相干解调

首先用恢复的载波对接收的 DPSK 信号进行相干解调，经抽样判决输出的是相对码，然后经过码反变换把它还原成原始的绝对码。相干解调的原理框图如图 6-22 所示。

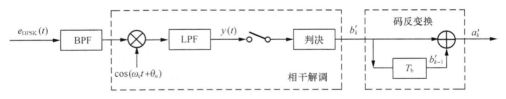

图 6-22　DPSK 信号的相干解调

所以无论恢复载波的相位 θ_n 是 0 或 π，都不影响信号的解调。DPSK 相干解调的过程可用以下例子加以说明：

发送端基带信号		0	0	1	1	1	0	0	1	绝对码
发送端差分码	1	1	1	0	1	0	0	0	1	相对码
接收端差分码	1	1	1	0	1	0	0	0	1	载波相位为 0
码反变换 a'_k		0	0	1	1	1	0	0	1	

接收端差分码　　　　0　0　0　1　0　1　1　1　0　　　载波相位为 π

码反变换 a_k' 　　　　　0　0　1　1　1　1　0　0　1

从以上解调过程可看出，DPSK 信号避免了载波相位模糊的问题。

（2）差分相干解调

差分相干解调的特点是不需要提取相干载波，由接收的信号本身就可以直接解调得到原始基带信号。其工作原理如图 6-23 所示。各点信号波形如图 6-24 所示。其解调原理是直接比较前后码元的相位差，从而恢复发送的二进制数字信息。由于解调的同时完成了码反变换作用，故解调器中不需要码反变换器。由于差分相干解调方式不需要专门的相干载波，因此是一种非相干解调方法。

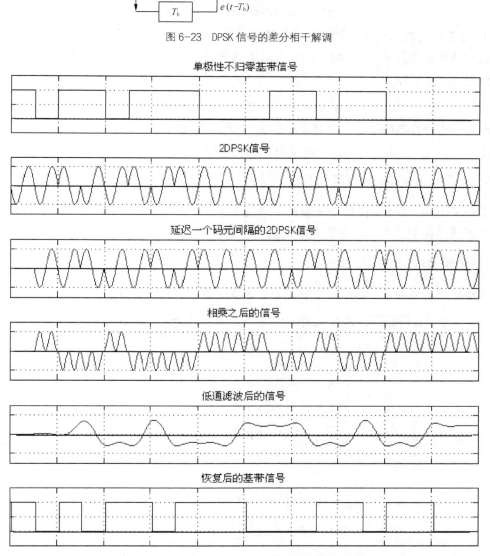

图 6-23　DPSK 信号的差分相干解调

图 6-24　DPSK 差分相干解调各点波形

总的来说，DPSK 避免了相位模糊产生的影响，解调可以不需要相干载波，因此简化了接收设备。在实际应用中，二进制移相键控一般都采用 DPSK 方式。

6.2 二进制数字调制系统抗噪声性能

前一节在讨论二进制数字调制和解调原理时，都没有考虑信道噪声的影响。但由于信道噪声是不可避免的，所以本节将讨论信道存在的高斯白噪声 $w(t)$ 对系统性能的影响。噪声对系统的影响如图 6-25 所示。图中 $n(t)$ 是高斯白噪声 $w(t)$ 经过带通滤波器后得到的窄带噪声。因此输入解调器的是已调信号 $e(t)$ 和窄带噪声 $n(t)$ 的混合信号。其中

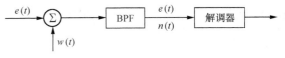

图 6-25 噪声对系统的影响

$$n(t) = n_c(t)\cos \omega_0 t - n_s(t)\sin \omega_0 t \qquad (6.2\text{-}1)$$

式中，ω_0 为带通滤波器的中心频率，等于输入信号的载波频率。$n_c(t)$、$n_s(t)$ 分别为窄带噪声的同相分量和正交分量。设信道的白噪声双边功率谱密度为 $n_0/2$，由窄带噪声的知识可知，它的均值为 0，方差为

$$\overline{n^2(t)} = \overline{n_c^2(t)} = \overline{n_s^2(t)} = \sigma^2 = n_0 B \qquad (6.2\text{-}2)$$

式中，B 为带通滤波器的带宽，同时 $n_c(t)$、$n_s(t)$ 的均值都为 0。

下面分别讨论 2ASK、2FSK、2PSK/2DPSK 系统的抗噪声性能。

6.2.1 2ASK 系统抗噪声性能

由前一节可知，2ASK 信号可采用相干解调法进行解调，也可采用包络检波法进行解调。这两种解调器结构形式不同，分析方法也是不同的。

1. 相干解调法

当考虑噪声影响时，2ASK 信号的相干解调框图就变成如图 6-26 所示。

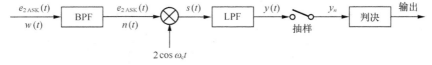

图 6-26 考虑噪声影响时 2ASK 信号的相干解调

设

$$e_{2\text{ASK}}(t) = \begin{cases} A\cos \omega_c t, & \text{发"1"时} \\ 0, & \text{发"0"时} \end{cases} \qquad (6.2\text{-}3)$$

则图中

$$s(t) = \left[e_{2\text{ASK}}(t) + n(t) \right] 2\cos \omega_c t$$

$$= \begin{cases} A\cos \omega_c t \cdot 2\cos \omega_c t + n(t) \cdot 2\cos \omega_c t, & \text{发"1"时} \\ n(t) \cdot 2\cos \omega_c t, & \text{发"0"时} \end{cases} \qquad (6.2\text{-}4)$$

因为

$$A\cos\omega_c t \cdot 2\cos\omega_c t = A + A\cos 2\omega_c t \qquad (6.2\text{-}5)$$

$$
\begin{aligned}
n(t) \cdot 2\cos\omega_c t &= \left[n_c(t)\cos\omega_c t - n_s(t)\sin\omega_c t\right] \cdot 2\cos\omega_c t \\
&= n_c(t) + n_c(t) \cdot \cos 2\omega_c t - n_s(t)\sin 2\omega_c t
\end{aligned}
\qquad (6.2\text{-}6)
$$

所以，经过低通滤波器后，消除 $2\omega_c$ 高频分量后得到

$$y(t) = \begin{cases} A + n_c(t), & \text{发 “1” 时} \\ n_c(t) & \text{发 “0” 时} \end{cases} \qquad (6.2\text{-}7)$$

设抽样时刻 $n_c(t)$ 的抽样值为 n_c，于是抽样器的输出为

$$y_n = \begin{cases} A + n_c, & \text{发 “1” 时} \\ n_c, & \text{发 “0” 时} \end{cases} \qquad (6.2\text{-}8)$$

式中，n_c 为高斯随机变量，$A + n_c$ 也是高斯随机变量。因此发 “1” 时抽样器输出电平的概率密度函数为

$$p_1(y) = \frac{1}{\sqrt{2\pi}\sigma} e^{\frac{-(y-A)^2}{2\sigma^2}} \qquad (6.2\text{-}9)$$

发 “0” 时为

$$p_0(y) = \frac{1}{\sqrt{2\pi}\sigma} e^{\frac{-y^2}{2\sigma^2}} \qquad (6.2\text{-}10)$$

它们的概率密度曲线如图 6-27 所示。

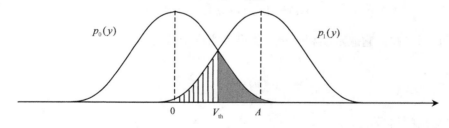

图 6-27　抽样值的概率密度

当 “1”、“0” 等概率出现时，门限电平可以设置为 $V_{th} = A/2$，此时误码率最低，为

$$
\begin{aligned}
P_b &= \frac{1}{2}\int_{A/2}^{\infty} p_0(y)\,\mathrm{d}y + \frac{1}{2}\int_{\infty}^{A/2} p_1(y)\,\mathrm{d}y = \frac{1}{2}\mathrm{erfc}\left(\frac{A}{2\sqrt{2}\sigma}\right) \\
&= \frac{1}{2}\mathrm{erfc}\left(\sqrt{\frac{A^2}{8\sigma^2}}\right) = \frac{1}{2}\mathrm{erfc}\left(\sqrt{\frac{r}{4}}\right)
\end{aligned}
\qquad (6.2\text{-}11)
$$

式中，$r = \dfrac{A^2}{2\sigma^2}$，$A$ 为解调器输入端信号振幅，σ^2 为解调器输入端噪声方差。

2. 包络检波法

当考虑噪声影响时，2ASK 信号的包络检波法解调框图就变成如图 6-28 所示。

图 6-28　考虑噪声影响时 2ASK 信号的包络检波法解调

因为包络检波器提取的是输入信号的振幅，所以我们重点分析输入包络检波器的信号的振幅。

当发 "1" 时，包络检波器的输入信号包括了一个正弦载波信号和窄带噪声，即

$$A\cos\omega_c t + n(t) = A\cos\omega_c t + n_c(t)\cos\omega_c t - n_s(t)\sin\omega_c t$$
$$= r(t)\cos[\omega_c t + \varphi(t)] \tag{6.2-12}$$

式中，$r(t)$ 为混合信号的包络，且

$$r(t) = \sqrt{[A + n_c(t)]^2 + n_s^2(t)} = y(t) \tag{6.2-13}$$

由随机过程知识可知，它服从广义瑞利分布，其概率密度函数为

$$p_1(y) = \frac{y}{\sigma^2} I_0\left(\frac{Ay}{\sigma^2}\right)e^{-\frac{y^2+A^2}{2\sigma^2}}$$

式中，$I_0(x)$ 为 0 阶修正贝塞尔函数。

当发 "0" 时，包络检波器的输入只有窄带噪声，其包络为

$$r(t) = \sqrt{n_c^2(t) + n_s^2(t)} = y(t) \tag{6.2-14}$$

由随机过程知识可知，它服从瑞利分布，其概率密度函数为

$$p_0(y) = \frac{y}{\sigma^2} e^{-\frac{y^2}{2\sigma^2}}$$

所以抽样器输出的信号电平为

$$y_n = \begin{cases} \sqrt{(A + n_c)^2 + n_s^2}, & \text{发 "1" 时} \\ \sqrt{n_c^2 + n_s^2}, & \text{发 "0" 时} \end{cases} \tag{6.2-15}$$

它们的概率密度曲线如图 6-29 所示。

设判决门限为 V_{th}，当 $y > V_{th}$ 时，判决输出为 "1"；当 $y < V_{th}$ 时，判决输出为 "0"。若 V_{th} 选择两曲线交点在 y 轴的投影，此时，阴影面积之和为最小值，即误码率最低，为

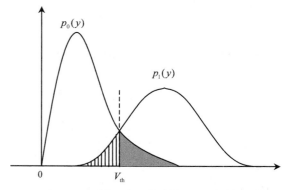

图 6-29　非相干解调时抽样值的概率密度

$$P_b = \frac{1}{2}\int_{V_{th}}^{\infty} p_0(y)\mathrm{d}y + \frac{1}{2}\int_0^{V_{th}} p_1(y)\mathrm{d}y \qquad (6.2\text{-}16)$$

在实际应用的 2ASK 非相干解调中，常常是工作在大信噪比的情况，此时的最佳门限值可近似为 $V_{th} \approx A/2$，此时的误码率为

$$P_b \approx \frac{1}{2}\exp\left(\frac{-A^2}{8\sigma^2}\right) = \frac{1}{2}\exp\left(-\frac{r}{4}\right) \qquad (r \gg 1) \qquad (6.2\text{-}17)$$

6.2.2　2FSK 系统抗噪声性能

由前一节可知，2FSK 信号也有两种解调方法，即相干解调法和包络检波法，下面分别讨论采用这两种解调法时 2FSK 系统的抗噪声性能。

1．相干解调法

当考虑噪声影响时，2FSK 信号的相干解调框图就变成如图 6-30 所示。

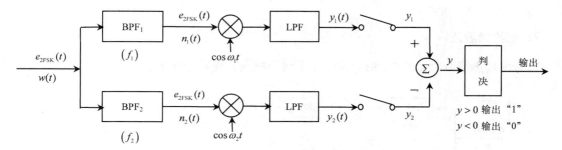

图 6-30　考虑噪声影响时 2FSK 相干解调框图

设发"1"时载波频率为 f_1；发"0"时载波频率为 f_2。

当发"1"时，调谐在 f_1 的上支路带通滤波器输出为信号和窄带噪声的混合：

$$A\cos\omega_1 t + n_1(t) \qquad (6.2\text{-}18)$$

其中

$$n_1(t) = n_{c1}(t)\cos\omega_1 t - n_{s1}(t)\sin\omega_1 t \qquad (6.2\text{-}19)$$

同时，下支路调谐在 f_2 的带通滤波器输出只有窄带噪声 $n_2(t)$，且

$$n_2(t) = n_{c2}(t)\cos\omega_2 t - n_{s2}(t)\sin\omega_2 t \qquad (6.2\text{-}20)$$

与 2ASK 相干解调类似，当发"1"时，上支路的抽样输出为 $y_1 = A + n_{c1}$，下支路的抽样输出为 $y_2 = n_{c2}$。则判决器输入为

$$y = A + n_{c1} - n_{c2} \qquad (6.2\text{-}21)$$

其中，n_{c1}、n_{c2} 都是均值为 0、方差为 σ^2 的高斯随机变量，因此 y 也是一个高斯随机变量。其均值 $E(y) = A$，方差为

$$E\left[\left(A+n_{c1}-n_{c2}\right)^2\right]-A^2=2\sigma^2 \tag{6.2-22}$$

所以发"1"时，接收机判决器的输出电平 y 的概率密度函数为

$$p_1(y)=\frac{1}{\sqrt{2\pi}\,2\sigma}\mathrm{e}^{\frac{-(y-A)^2}{2(2\sigma)^2}} \tag{6.2-23}$$

如果 $y<0$，此时将错误地把"1"判决为"0"，因此发送"1"，错判为"0"的概率为

$$P_{b1}=\int_{-\infty}^{0}p_1(y)\mathrm{d}y=\frac{1}{2}\mathrm{erfc}\left(\sqrt{\frac{A^2}{4\sigma^2}}\right) \tag{6.2-24}$$

同样的分析方法可得发送"0"，错判为"1"的概率为 $P_{b0}=P_{b1}$。

若发"1"、"0"的概率相等（均为 1/2），则总的误码率为

$$P_b=\frac{1}{2}P_{b1}+\frac{1}{2}P_{b0}=\frac{1}{2}\mathrm{erfc}\left(\sqrt{\frac{A^2}{4\sigma^2}}\right)=\frac{1}{2}\mathrm{erfc}\left(\sqrt{\frac{r}{2}}\right) \tag{6.2-25}$$

2. 包络检波法

当考虑噪声影响时，2FSK 信号的非相干解调框图就变成如图 6-31 所示。

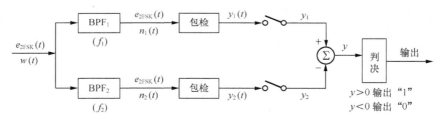

图 6-31　考虑噪声影响时 2FSK 非相干解调框图

当发送"1"时，上支路带通滤波器的输出信号是载波信号和窄带随机信号的混合信号，经包络检波后，其抽样器输出 y_1 服从广义瑞利分布，即

$$p(y_1)=\frac{y_1}{\sigma^2}\ \exp\left[\frac{-(A+y_1)^2}{2\sigma^2}\right]\mathrm{I}_0\left(\frac{Ay_1}{\sigma^2}\right) \tag{6.2-26}$$

同时，下支路的带通滤波器的输出信号只有窄带随机信号，经包络检波后，其抽样器输出 y_2 服从瑞利分布，即

$$p(y_2)=\frac{y_2}{\sigma^2}\ \exp\left[\frac{-y_2^2}{2\sigma^2}\right] \tag{6.2-27}$$

当 $y_2>y_1$ 时，判决器将会判决成"0"，此时就造成了误码。当给定一个 y_1 的值时，由图 6-32

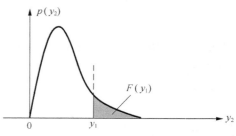

图 6-32　发"1"错判为"0"的概率

可知 $y_2 > y_1$ 的概率为

$$F(y_1) = P(y_2 > y_1) = \int_{y_1}^{\infty} p(y_2)\mathrm{d}y_2 = \exp\left(\frac{-y_1}{2\sigma^2}\right) \tag{6.2-28}$$

对 $F(y_1)$ 求统计平均，即可得到发送"1"而错判成"0"的概率为

$$P_1 = \int_0^{\infty} p(y_1)F(y_1)\mathrm{d}y_1 = \frac{1}{2}\exp\left(\frac{-A^2}{4\sigma^2}\right) \tag{6.2-29}$$

由于解调器的对称性，同理可得发送"0"而错判成"1"的概率为

$$P_0 = P_1 = \frac{1}{2}\exp\left(\frac{-A^2}{4\sigma^2}\right) \tag{6.2-30}$$

因此总的误码率为

$$P_b = \frac{1}{2}P_0 + \frac{1}{2}P_1 = \frac{1}{2}\exp\left(\frac{-A^2}{4\sigma^2}\right) = \frac{1}{2}\exp\left(-\frac{r}{2}\right) \tag{6.2-31}$$

6.2.3　2PSK/2DPSK 系统抗噪声性能

1. 2PSK 相干解调

当考虑噪声影响时，2PSK 信号的相干解调框图就变成如图 6-33 所示。

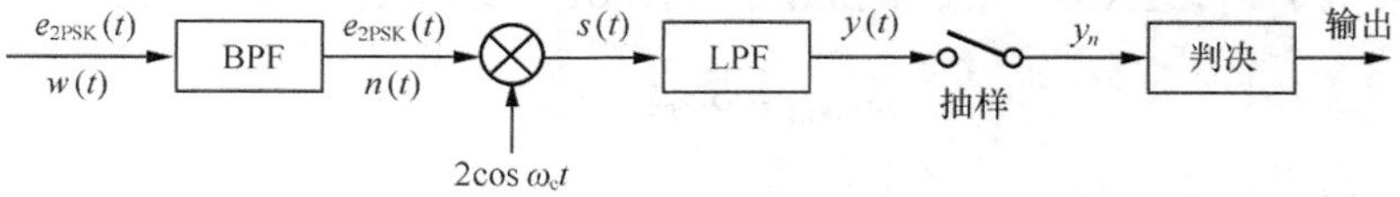

图 6-33　考虑噪声影响时 2PSK 信号的相干解调

设

$$e_{2PSK}(t) = \begin{cases} A\cos\omega_c t, & \text{发 "1" 时} \\ -A\cos\omega_c t, & \text{发 "0" 时} \end{cases} \tag{6.2-32}$$

与 2ASK 信号相干解调分析方法类似，可得抽样器的输出信号为

$$y_n = \begin{cases} A + n_c, & \text{发 "1" 时} \\ -A + n_c, & \text{发 "0" 时} \end{cases} \tag{6.2-33}$$

式中，n_c 为零均值的高斯随机变量。因此发"1"、发"0"时抽样器输出电平的概率密度函数为

$$p_1(y) = \frac{1}{\sqrt{2\pi}\sigma}\mathrm{e}^{\frac{-(y-A)^2}{2\sigma^2}} \qquad p_0(y) = \frac{1}{\sqrt{2\pi}\sigma}\mathrm{e}^{\frac{-(y+A)^2}{2\sigma^2}}$$

它们的概率密度曲线如图 6-34 所示。

当"1"、"0"等概率出现时，门限电平可以设置为 $V_{th} = 0$，此时误码率最低，为

$$P_b = \frac{1}{2}\text{erfc}\left(\sqrt{\frac{A^2}{2\sigma^2}}\right) = \frac{1}{2}\text{erfc}\left(\sqrt{r}\right) \quad (6.2\text{-}34)$$

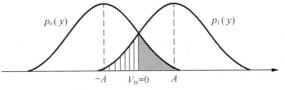

图 6-34　抽样值的概率密度曲线

2．DPSK 解调

由于 DPSK 信号相邻码元不是相互独立的，所以 DPSK 系统的误码分析比较复杂，这里仅给出结果。

DPSK 差分相干解调系统的误码率为

$$P_b = \frac{1}{2}\exp\left(\frac{-A^2}{2\sigma^2}\right) = \frac{1}{2}\exp(-r) \quad （6.2\text{-}35）$$

DPSK 相干解调-码反变换法系统的误码率为

$$P_b = \frac{1}{2}\left[1 - \left(\text{erf}\sqrt{\frac{A^2}{2\sigma^2}}\right)^2\right] = \frac{1}{2}\left[1 - \left(\text{erf}\sqrt{r}\right)^2\right] = \text{erfc}\sqrt{r}\left(1 - \frac{1}{2}\text{erfc}\sqrt{r}\right) \quad （6.2\text{-}36）$$

6.3　二进制调制系统性能比较

6.3.1　频带宽度

当码元宽度为 T_s 时，2ASK 系统和 2PSK（2DPSK）系统的频带宽度近似为 $2/T_s$，即

$$B_{2\text{ASK}} = B_{2\text{PSK}} = \frac{2}{T_s}$$

而 2FSK 系统的频带宽度近似为

$$B_{2\text{FSK}} = |f_2 - f_1| + \frac{2}{T_s}$$

2ASK 系统和 2PSK（2DPSK）系统具有相同的频带宽度，2FSK 系统的频带宽度大于前两者的频带宽度。因此，从频带宽度或频带利用率上看，2FSK 系统最不可取。

6.3.2　误码率比较

在加性高斯白噪声信道条件下，各种二进制数字调制系统的误码率见表 6-2。

表 6-2　　　　　　　　　　　　二进制数字调制系统的误码率

名　　称	相 干 解 调	非相干解调	条　　件
2ASK	$\dfrac{1}{2}\text{erfc}\left(\sqrt{\dfrac{r}{4}}\right)$	$\dfrac{1}{2}\exp\left(-\dfrac{r}{4}\right)$	等概、最佳门限：$\dfrac{a}{2}$
2FSK	$\dfrac{1}{2}\text{erfc}\left(\sqrt{\dfrac{r}{2}}\right)$	$\dfrac{1}{2}\exp\left(-\dfrac{r}{2}\right)$	最佳门限：0

续表

名　称	相　干　解　调	非相干解调	条　件
2PSK	$\dfrac{1}{2}\mathrm{erfc}\left(\sqrt{r}\right)$		最佳门限：0
2DPSK	$\mathrm{erfc}\sqrt{r}\left(1-\dfrac{1}{2}\mathrm{erfc}\sqrt{r}\right)$	$\dfrac{1}{2}\exp(-r)$	

注：表中 $r=\dfrac{A^2}{2\sigma^2}$，A 为解调器输入端信号振幅，σ^2 为解调器输入端噪声方差。

比较表中数据可得以下结论。

（1）横向比较：对同一种调制方式而言，相干解调方式比非相干解调方式的抗噪声性能好，但随着 r 的增大两者逐渐接近。

（2）纵向比较：若要求相同的 P_{b}，则对 r 的要求是

$$r_{\mathrm{2ASK}}=2r_{\mathrm{2FSK}}=4r_{\mathrm{2PSK}} \tag{6.3-1}$$

转换为分贝形式为

$$\left(r_{\mathrm{2ASK}}\right)_{\mathrm{dB}}=3\mathrm{dB}+\left(r_{\mathrm{2FSK}}\right)_{\mathrm{dB}}=6\mathrm{dB}+\left(r_{\mathrm{2PSK}}\right)_{\mathrm{dB}} \tag{6.3-2}$$

即当采用相同的解调方式时，在误比特相同的情况下，所需要的信噪比 2PSK 比 2FSK 低 3dB，2FSK 比 2ASK 低 3dB。

反过来，若信噪比 r 一定，2PSK 系统的误码率低于 2FSK 系统，2FSK 系统的误码率低于 2ASK 系统。

【例 6-3】 采用二进制数字调制通信系统传输 0、1 等概出现的数字信息，若设发射机输出端已调信号振幅 $A_{\mathrm{T}}=10\mathrm{V}$，信道传输的（功率）衰减为 60dB，接收机解调器输入端噪声功率 $N_{\mathrm{i}}=5\mu\mathrm{W}$，求下列情况下的误码率 P_{e}：

（1）2ASK 相干解调；　　　（2）2ASK 非相干解调；

（3）2PSK 相干解调；　　　（4）2DPSK 相干解调；

（5）2DPSK 差分相干解调。

解： 先计算接收端信号振幅 A。因信道功率衰减为 60dB，即

$$20\log\frac{A_{\mathrm{T}}}{A}=60 \ \rightarrow \ \log\frac{A_{\mathrm{T}}}{A}=3 \ \rightarrow \ \frac{A_{\mathrm{T}}}{A}=1000 \ \rightarrow \ A=\frac{10}{1\,000}=0.01$$

所以接收端信噪比为

$$r=\frac{a^2}{2\sigma^2}=\frac{a^2}{2N_{\mathrm{i}}}=\frac{0.01^2}{2\times5\times10^{-6}}=10$$

代入表 6-2 中相应公式，得

（1）$P_{\mathrm{e}}=\dfrac{1}{2}\mathrm{erfc}\left(\sqrt{\dfrac{r}{4}}\right)=\dfrac{1}{2}\mathrm{erfc}\left(\sqrt{2.5}\right)=0.012\,7$

（2）$P_{\mathrm{e}}=\dfrac{1}{2}\exp\left(-\dfrac{r}{4}\right)=\dfrac{1}{2}\exp(-2.5)=0.041$（满足 $r\gg1$ 条件）

（3）$P_e = \frac{1}{2} \text{erfc}(\sqrt{r}) = \frac{1}{2} \text{erfc}(\sqrt{10}) = 3.85 \times 10^{-6}$

（4）$P_e = \text{erfc}\sqrt{r}\left(1 - \frac{1}{2}\text{erfc}\sqrt{r}\right) \approx \text{erfc}\sqrt{r} = 7.7 \times 10^{-6}$ （满足 $P_e \ll 1$ 条件）

（5）$P_e = \frac{1}{2}\exp(-r) = \frac{1}{2}\exp(-10) = 2.27 \times 10^{-5}$

说明：本例题是已知信号功率求误码率。也可反过来，根据误码率要求进行计算，即：$P_e \rightarrow r \rightarrow S_i$，然后根据信道衰减量来求发射信号功率；或根据发射信号功率和信道每千米衰减量来求允许传输距离等。

【例 6-4】 已知 2FSK 信号的两个载频为 $f_1 = 2\,225\text{Hz}$ （对应"1"），$f_2 = 2\,025\text{Hz}$ （对应"0"），信息速率 $R_b = 300\text{bit/s}$，信道频率范围为 $300 \sim 3\,300\text{Hz}$，信道输出端信噪比 $r_c = 3\text{dB}$，试计算：

（1）该 2FSK 信号带宽；

（2）采用非相干解调时的误码率 P_e；

（3）采用相干解调时的误码率 P_e；

（4）与上例的误码率进行比较。

解：（1）$B = |f_2 - f_1| + 2R_s = (2\,225 - 2\,025) + 2 \times 300 = 800\text{Hz}$

（2）先求解调器输入端的信噪比 r。

已知信道带宽为 $B_c = 3\,300 - 300 = 3\,000\text{Hz}$，信道输出端信噪比为 $r_c = 3\text{dB}$，即 $r_c = S/N_c = 2$，而带通滤波器的带宽为 $B_1 = B_2 = 2R_s = 600\text{Hz}$，且 $r = S/N_i$，所以

$$\frac{r}{r_c} = \frac{S/N_i}{S/N_c} = \frac{N_c}{N_i} = \frac{n_0 B_c}{n_0 B_1} = \frac{B_c}{B_1}$$

$$r = \frac{B_c}{B_1} r_c = \frac{3\,000}{600} \times 2 = 10$$

$$P_e = \frac{1}{2}\exp\left(-\frac{r}{2}\right) = \frac{1}{2}\exp(-5) = 3.4 \times 10^{-3}$$

（3）$P_e = \frac{1}{2}\text{erfc}\left(\sqrt{\frac{r}{2}}\right) = \frac{1}{2}\text{erfc}\left(\sqrt{\frac{10}{2}}\right) = 7.9 \times 10^{-4}$

（4）本例与上例的误码率计算结果按递减顺序排列的表格见表 6-3。

表 6-3 $r = 10$ 时各种二进制系统误码率

制式	2ASK		2FSK		2DPSK	2PSK
解调方式	非相干	相干	非相干	相干	差分相干	相干	相干
P_e	0.041	0.012 7	3.4×10^{-3}	7.9×10^{-4}	2.27×10^{-5}	7.7×10^{-6}	3.85×10^{-6}

6.3.3 对信道特性变化的敏感性比较

上节中对二进制数字调制系统抗噪声性能分析都是针对恒参信道条件的。但在实际通信系统中，除恒参信道之外，还有很多信道属于随参信道，也即信道参数随时间变化。因此，

在选择数字调制方式时，还应考虑系统对信道特性的变化是否敏感。在 2FSK 系统中，不需要人为地设置判决门限，它是直接比较两路解调输出的大小来做出判决。2PSK 系统中，判决器的最佳判决门限为 0，与接收机输入信号的幅度无关，因此它不随信道特性的变化而变化。这时，接收机容易保持在最佳判决门限状态。但 2ASK 系统中，判决器的最佳判决门限为 $a/2$，它与接收机输入信号的幅度有关。当信道特性发生变化时，接收机输入信号的幅度 a 将随着发生变化，从而导致最佳判决门限也将随之而变。这时，接收机难以保持在最佳判决门限状态，因此 2ASK 对信道特性变化敏感，性能最差。

6.3.4 设备复杂程度比较

对于二进制幅度键控、移频键控及移相键控这 3 种方式来说，发送端设备的复杂程度相差不多，而接收端的复杂程度则与所选用的调制和解调方式有关。对于同一种调制方式，相干解调的设备要比非相干解调时复杂；而同为非相干解调时，2DPSK 的设备最复杂，2FSK 次之，2ASK 最简单。

上面从几个方面对各种二进制数字调制系统进行了比较。可以看出，在选择调制和解调方式时，要考虑的因素是比较多的。通常，只有对系统的要求做全面的考虑并且抓住其中最主要的要求，才能作出比较恰当的选择。如果抗噪声性能是主要的，则应考虑相干 2PSK 和相干解调-码反变换法的 2DPSK，而不能取 2ASK；如果带宽是主要的要求，则应考虑 2PSK、2DPSK 和 2ASK，而 2FSK 最不可取；如果设备的复杂性是一个必须考虑的重要因素，则非相干解调方式比相干解调方式更为合适。

6.4 多进制数字调制系统

M 进制数字调制信号是正弦载波的幅度、频率或相位取 M 个不同的离散值的信号，相应地分别称作 MASK、MFSK 和 MPSK 信号。也可以把不同的调制方式结合起来，例如把 MASK 和 MPSK 结合起来，产生 M 进制幅度相位联合键控信号 QAM。通常取 $M = 2^n$，其中 n 为正整数。

由于正弦载波参数可取 M 种不同的离散值，即在一个符号间隔内发送的信号波形会有 M 种不同的波形，因此每个信号波形可以携带 $n = \log_2 M$ 比特的信息，那么比特速率就是码元速率的 $\log_2 M$ 倍。即 $R_b = R_s \log_2 M$，R_s 为码元速率。

采用 M 进制调制技术的一个很重要的原因是要提高信道的频带利用率。如 MASK、MPSK 和 MQAM 都可以提高信道的频带利用率，但同时会降低系统的抗噪声性能。因此为了保证一定的误码率，其代价是需要增加发送信号功率。在信道频率资源紧张的无线信道，常常采用这种调制方式以获得高速数据传输。

相反，在 MFSK 调制中，信号所占带宽比较宽，频带利用率也比较低。但在保证一定误码率时所需的信噪比也比较低，因此是以频带利用率来换取信号功率效率的一种调制方法。这种调制方式适合于频率资源不受限制的场合。

6.4.1 多进制数字振幅调制系统

多进制数字振幅调制又称为多电平调制。M 进制振幅调制信号中，正弦载波有 M 种不同的取值，每个符号间隔内发送某一种幅度的载波信号。

1. MASK 信号的表达式和波形

MASK 信号的表达式为

$$e_{MASK}(t) = b(t)\cos\omega_c t = \left[\sum_n a_n g(t - nT_s)\right]\cos\omega_c t \qquad (6.4\text{-}1)$$

式中，$b(t)$ 是数字基带信号；$g(t)$ 为 $b(t)$ 的基本波形，通常是高度为 1、宽度为 T_s 的门函数；T_s 为 M 进制码的码元宽度；a_n 为幅度值，可有 M 种取值，即

$$a_n = \begin{cases} 0, & \text{概率为} P_0 \\ 1, & \text{概率为} P_1 \\ 2, & \text{概率为} P_2 \\ \vdots & \vdots \\ M-1, & \text{概率为} P_{M-1} \end{cases} \qquad (6.4\text{-}2)$$

且

$$\sum_{i=0}^{M-1} P_i = 1 \qquad (6.4\text{-}3)$$

$e_{MASK}(t)$ 的波形如图 6-35 所示。

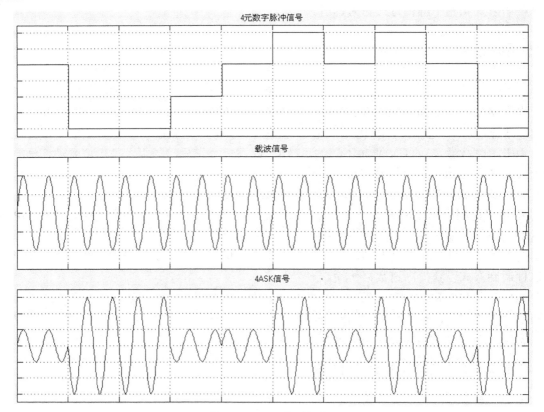

图 6-35　MASK 信号波形图

2．MASK 信号的产生方法

MASK 信号的产生方法（调制方法）基本上与 2ASK 相同，即用乘法器把基带信号和正弦载波相乘就可以得到 MASK 信号，不同的只是基带信号由二电平变为多电平，如果基带信号仍为二进制数字序列，则首先应把二进制码转换成多进制码，再进行相乘，如图 6-36 所示。

图 6-36　MASK 信号的产生

3．MASK 信号的带宽及频带利用率

MASK 信号波形是由 $M-1$ 个 2ASK 信号相加而成，因此 MASK 信号的功率谱也是由 $M-1$ 个 2ASK 信号的功率谱叠加而成的。尽管 $M-1$ 个 2ASK 信号叠加后频谱结构复杂，但就信号的带宽而言，MASK 信号与任一个 2ASK 信号的带宽是相同的，也是基带信号带宽的 2 倍。如果数字基带信号的基本脉冲为 NRZ 方波，功率谱的主瓣宽度等于基带信号的码元速率 R_s。对应的 MASK 信号带宽为

$$B_{\text{MASK}} = 2R_s = 2R_b / \log_2 M \tag{6.4-4}$$

MASK 的频带利用率为

$$\eta_b = \frac{R_b}{B_{\text{MASK}}} = \frac{\log_2 M}{2} \tag{6.4-5}$$

是 2ASK 系统的 $\log_2 M$ 倍。增加 M 就可以增加频带利用率。但不能无限制地增加 M，因为在信号的平均发射功率一定的情况下，M 越大，各码元之间的电平距离越小，在相同的噪声条件下，将增加误码率。在高速数据通信中，很少单独采用 MASK，通常是和相移键控结合形成 QAM 调制方式。

4．MASK 信号的解调方法

接收端 MASK 信号可以采用相干或非相干的方法进行解调。解调后得到多电平的基带信号，可以通过码型变换还原为二进制数字序列。如图 6-37 所示为 MASK 信号采用相干解调法框图。

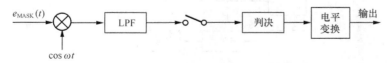

图 6-37　MASK 信号采用相干解调法框图

【例 6-5】　若四进制代码与电平的对应关系为：$00 \to -3$，$10 \to -1$，$11 \to +1$，$01 \to +3$，画出当信码为 10 11 00 00 10 10 01 10 00 00 时的四进制基带信号波形 $b(t)$ 和 4ASK 信号波形 $e_{\text{4ASK}}(t)$。

解： 四进制基带波形和 4ASK 信号波形如图 6-38 所示。

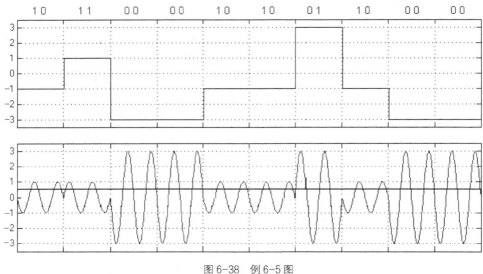

图 6-38 例 6-5 图

6.4.2 多进制数字频率调制系统

多进制数字频率调制简称多频制，是 2FSK 方式的推广。它用多个频率的正弦载波分别代表不同的数字信息。

1. MFSK 系统方框图

MFSK 系统的组成框图如图 6-39 所示。图中发送端采用键控选频的方式，串/并变换和逻辑电路将输入的二进制码元序列分组（k 个二进制码元组成一组），并转换成多进制码

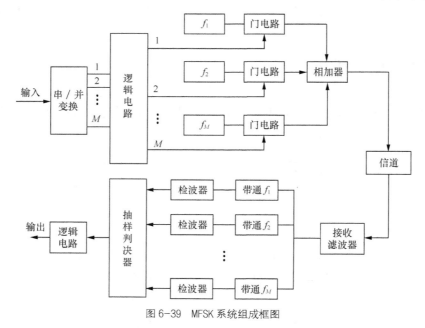

图 6-39 MFSK 系统组成框图

（共 $M = 2^k$ 种状态），每一个码对应于逻辑电路某个输出信号。在一个码元宽度 T_s 内，当输入某组二进制数字序列时，逻辑电路将输出某个控制信号使相应的门电路打开，同时使其余门电路关闭，于是从 M 个不同频率的正弦载波中选出相应的一个波形，经相加器相加后送出。接收端采用非相干解调方式，先通过 M 个中心频率分别为各载频频率 f_1，f_2，…，f_M 的带通滤波器把输入信号分离成 M 个 2ASK 信号，再经包络检波器检测，由判决器在给定时刻上比较各包络检波器输出的电压，并选出最大者作为输出。

2．MFSK 信号的带宽及频带利用率

键控法产生的 MFSK 可以看作由 M 个振幅相同、载频不同、时间上互不相容的 2ASK 信号叠加的结果，所以 MFSK 信号的带宽为

$$B_{\mathrm{MFSK}} = |f_M - f_1| + 2R_s, \qquad R_s = \frac{1}{T_s} \qquad (6.4\text{-}6)$$

其中，f_M 为最高载波频率，f_1 为最低载波频率，R_s 为码元速率。由此可见，MFSK 信号占有较宽的频带，因而它的信道频带利用率不高。

6.4.3　多进制数字相位调制系统

多进制数字相位调制又称为多相位调制，是二相调制方式的推广。它是利用载波的多种相位（或相位差）来表征数字信息的调制方式。和二相调制相同，多相调制也分绝对移相 MPSK 和相对（差分）移相 MDPSK 两种。

1．多相制的表示式及相位配置

设载波为 $\cos \omega_c t$，相对于参考相位的相移为 φ_n，则 m 相调制波形可表示为

$$\begin{aligned} e_{\mathrm{MPSK}}(t) &= \sum_n g(t - nT_s)\cos(\omega_c t + \varphi_n) \\ &= [\sum_n g(t - nT_s)\cos\varphi_n]\cos\omega_c t - [\sum_n g(t - nT_s)\sin\varphi_n]\sin\omega_c t \end{aligned} \qquad (6.4\text{-}7)$$

式中，$g(t)$ 是高度为 1、宽度为 T_s 的门函数；ω_c 为载波角频率。

$$\varphi_n = \begin{cases} \theta_1, & \text{概率为} P_1 \\ \theta_2, & \text{概率为} P_2 \\ \cdots & \cdots\cdots \\ \theta_M, & \text{概率为} P_M \end{cases} \qquad (6.4\text{-}8)$$

令

$$a_n = \cos\varphi_n = \begin{cases} \cos\theta_1, & \text{概率为} P_1 \\ \cos\theta_2, & \text{概率为} P_2 \\ \cdots & \cdots\cdots \\ \cos\theta_M, & \text{概率为} P_M \end{cases} \qquad (6.4\text{-}9)$$

$$b_n = \sin \varphi_n = \begin{cases} \sin \theta_1, & \text{概率为} P_1 \\ \sin \theta_2, & \text{概率为} P_2 \\ \cdots & \cdots\cdots \\ \sin \theta_M, & \text{概率为} P_M \end{cases} \tag{6.4-10}$$

且

$$P_1 + P_2 + \cdots + P_M = 1$$

于是式（6.4-7）就变为

$$e_{\text{MPSK}}(t) = \sum_n a_n g(t - nT_s)\cos \omega_c t - \sum_n b_n g(t - nT_s)\sin \omega_c t \tag{6.4-11}$$

可见，多相制信号可等效为两个正交载波进行多电平双边带调制所得信号之和。这样，就把数字调制和线性调制联系起来，给 m 相制波形的产生提供了依据。

在相位分配时通常在 $0 \sim 2\pi$ 范围内等间隔划分相位，因此相邻相移的差值为

$$\Delta\theta = \frac{2\pi}{M} \tag{6.4-12}$$

但是，用矢量表示各相移信号时，其相位偏移有两种形式。如图 6-40 所示的就是两种相位配置的形式。

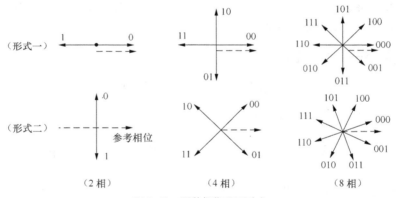

图 6-40　两种相位配置形式

图 6-40 中，虚线方向为参考相位。对绝对相移而言，参考相位为载波的初相；对差分相移而言，参考相位为前一已调载波码元的末相（当载波频率是码元速率的整数倍时，也可认为是初相）。两种相位配置形式都采用等间隔的相位差来区分相位状态，即 M 进制的相位间隔为 $2\pi / M$。这样造成的平均差错概率将最小。其中，形式一称为 $\pi / 2$ 体系，形式二称为 $\pi / 4$ 体系。两种形式均分别有 2 相、4 相和 8 相制的相位配置。

下面以四进制相移键控为例来分别说明多进制绝对移相（4PSK 或 QPSK）和多进制相对移相（4DPSK）。

2．四进制绝对移相（4PSK 或 QPSK）

（1）4PSK 信号的波形图

四相制是用载波的 4 种不同相位来表征数字信息。先将输入的二进制数字序列进行分组，

将每两个比特编为一组,可以有 4 种不同组合(00,10,01,11),然后用载波的 4 种相位来分别表示它们。由于每一种载波相位代表两个比特信息,故每个四进制波形又被称为双比特码元。采用形式一相位配置的 4PSK 的波形图如图 6-41 所示。

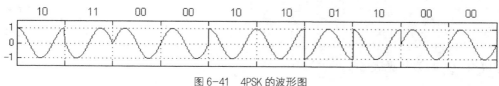

图 6-41 4PSK 的波形图

(2)4PSK 信号的产生方法

4PSK 信号的产生方法有相位选择法、正交调制法等多种。相位选择法产生 4PSK 信号的原理框图如图 6-42 所示。

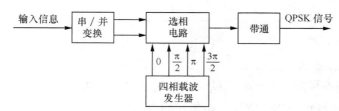

图 6-42 4PSK 信号的相位选择法

图 6-42 中,四相载波发生器产生 4 种不同相位的载波,输入的二进制数字信息经串/并变换器输出双比特码,逻辑选相电路根据输入的双比特码,在每个码元宽度 T_s 期间选择相应一种相位的载波作为输出,然后经带通滤波器滤除高频分量。这是一种全数字化的方法,适合于载波频率较高的场合。

4PSK 信号也可采用正交调制的方法产生,下面以 π/4 体系 4PSK 为例介绍这种方法。为便于讨论,令 QPSK 信号的振幅为 $\sqrt{2}$ 。则

$$
\begin{aligned}
e_{\mathrm{QPSK}}(t) &= A\cos(\omega_c t + \varphi_n) = \sqrt{2}\cos(\omega_c t + \varphi_n) \\
&= \sqrt{2}\cos\varphi_n \cos\omega_c t - \sqrt{2}\sin\varphi_n \sin\omega_c t \\
&= I_n \cos\omega_c t - Q_n \sin\omega_c t
\end{aligned}
\tag{6.4-13}
$$

式中

$$
\begin{aligned}
I_n &= \sqrt{2}\cos\varphi_n \\
Q_n &= \sqrt{2}\sin\varphi_n
\end{aligned}
\tag{6.4-14}
$$

而 4PSK 采用 π/4 体系时的相位配置见表 6-4。

表 6-4   QPSK 信号的相位配置

单极性二进制码		双极性二进制码		四进制码	φ_n
a_n	b_n	a_n	b_n		
0	0	+1	+1	0	π/4
1	0	−1	+1	1	3π/4

单极性二进制码		双极性二进制码		四进制码	φ_n
a_n	b_n	a_n	b_n		
1	1	−1	−1	2	$5\pi/4$
0	1	+1	−1	3	$7\pi/4$

则 φ_n 和 I_n、Q_n 的关系见表 6-5。

表 6-5 φ_n 和 I_n、Q_n 的关系

φ_n	I_n	Q_n
$\pi/4$	+1	+1
$3\pi/4$	−1	+1
$5\pi/4$	−1	−1
$7\pi/4$	+1	−1

由表 6-4 和表 6-5 可知，$I_n = a_n = \pm 1$，$Q_n = b_n = \pm 1$。因此用 a_n 和 b_n 分别调制一对正交的载波，然后合成便能得到 QPSK 信号，如图 6-43 所示。

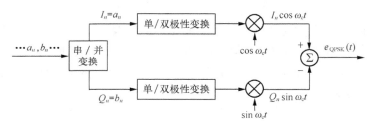

图 6-43   4PSK 信号的正交调制法

（3）4PSK 信号的解调

由于 4PSK 信号可以看作两个载波正交的 2PSK 信号的合成，因此，对 4PSK 信号的解调可以采用与 2PSK 相类似的解调方法进行解调，其解调原理框图如图 6-44 所示。同相和正交二支路分别采用相干解调方式解调，得到 $I(t)$ 和 $Q(t)$，再经抽样判决和并/串变换器，即可恢复原始信息。

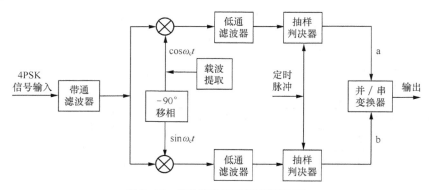

图 6-44   4PSK 信号相干解调原理框图

在 MPSK 相干解调中，恢复载波时同样存在 π 相位模糊问题。与二相调制时一样，对于 M 相调制也应采用相对移相的方法来解决相位模糊问题。

【例 6-6】 若 4PSK 系统采用 π/4 体系，画出当信码为 10 01 00 00 11 00 01 00 时的 4PSK 信号波形。

解：根据表 6-4 中的对应关系，$00\to\dfrac{\pi}{4}$，$10\to\dfrac{3\pi}{4}$，$11\to\dfrac{5\pi}{4}$，$01\to\dfrac{7\pi}{4}$，4PSK 信号波形如图 6-45 所示。

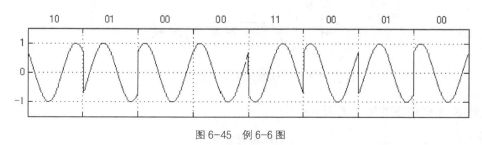

图 6-45　例 6-6 图

3．差分四进制移相

（1）差分四进制移相（DQPSK）信号的波形图

和二进制的 DPSK 相似，DQPSK 调制信号四进制码的取值与 DQPSK 已调信号的相位 φ_n 没有固定的一一对应关系，而是和 $\Delta\varphi_n=\varphi_n-\varphi_{n-1}$ 有确定的对应关系。这样就可以消除相位模糊带来的不确定性。其波形图如图 6-46 所示。

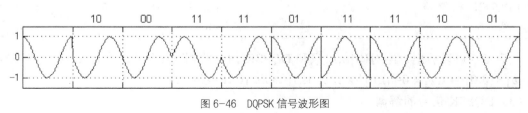

图 6-46　DQPSK 信号波形图

（2）DQPSK 信号的产生方法

实现 DQPSK 的方法就是首先对四进制码 X_n 进行差分编码，得到相对码 Y_n，然后用 Y_n 进行绝对移相键控。对应于两种绝对移相调制方法，四进制的差分编码也有两种方法。

如果绝对移相采用相位选择法时，那差分编码用模 4 加，即

$$Y_n=\mathrm{mod}\left(X_n+Y_{n-1},\ 4\right)$$

例如 $\mathrm{mod}\left(1+2,\ 4\right)=3$，$\mathrm{mod}\left(2+3,\ 4\right)=1$ 等。

但如果绝对移相采用正交调制时，用双比特码进行差分编码更方便。设绝对码 X 用双比特码 $[a,b]$ 表示，相对码 Y 用 $[c,d]$ 表示，则从 $[a,b]$ 到 $[c,d]$ 的差分编码为

$$\text{若}\,c_{i-1}\oplus d_{i-1}=0\,,\qquad \begin{cases}c_i=a_i\oplus c_{i-1}\\ d_i=b_i\oplus d_{i-1}\end{cases}$$

$$若 c_{i-1} \oplus d_{i-1} = 1，\qquad \begin{cases} c_i = b_i \oplus c_{i-1} \\ d_i = a_i \oplus d_{i-1} \end{cases}$$

如图 6-47 所示为用正交调制法产生 DQPSK 信号。

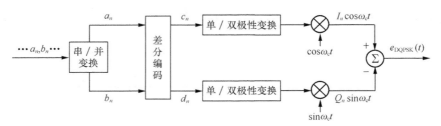

图 6-47　DQPSK 信号的正交调制法

DQPSK 正交调制的例子见表 6-6。

表 6-6　　　　　　　　　　　　　DQPSK 差分编码

四进制绝对码 X		1	0	2	3	0	2	1	3
四进制相对码 Y	0	1	1	3	2	2	0	1	0
双比特绝对码 $[a,b]$		10	00	11	01	00	11	10	01
双比特相对码 $[c,d]$	00	10	10	01	11	11	00	10	00
$[c,d]$ QPSK 相位 φ_n	$\pi/4$	$3\pi/4$	$3\pi/4$	$7\pi/4$	$5\pi/4$	$5\pi/4$	$\pi/4$	$3\pi/4$	$\pi/4$
$[a,b]$ DQPSK 相位差 $\Delta\varphi_n = \varphi_n - \varphi_{n-1}$		$\pi/2$	0	π	$\begin{array}{c}-\pi/2\\3\pi/2\end{array}$	0	$\begin{array}{c}-\pi\\\pi\end{array}$	$\pi/2$	$\begin{array}{c}-\pi/2\\3\pi/2\end{array}$

从表 6-6 可以看出，绝对码 $[a,b]$ 只和 DQPSK 信号的相对相位 $\Delta\varphi_n$ 有确定的对应关系，即 $[a,b]=[0,0] \to \Delta\varphi_n = 0$；$[1,0] \to \pi/2$；$[1,1] \to \pi$；$[0,1] \to 3\pi/2$。

（3）DQPSK 信号的解调

DQPSK 的解调可以用相干解调—码反变换法，相干解调的过程类似于 4PSK 信号的解调，但相干解调后得到的将是相对码 $[c,d]$，还需经过码反变换，把相对码 $[c,d]$ 变换成绝对码 $[a,b]$，其规则为

$$若 c_{i-1} \oplus d_{i-1} = 0，\qquad \begin{cases} a_i = c_i \oplus c_{i-1} \\ b_i = d_i \oplus d_{i-1} \end{cases}$$

$$若 c_{i-1} \oplus d_{i-1} = 1，\qquad \begin{cases} a_i = d_i \oplus d_{i-1} \\ b_i = c_i \oplus c_{i-1} \end{cases}$$

最后经过并/串变换还原为原来的二进制序列。

6.4.4　正交幅度调制

由前面的分析可知，MASK 和 MPSK 可有效提高系统的频带利用率，而且随着 M 的增大，频带利用率也越高，但随着 M 的增大，不同信号的空间距离也越小，如果信号功率不变

的话，误码率就会随之而增大。正交幅度调制（QAM）就是为克服上述问题而提出的。我们可以由矢量图中信号矢量端点的分布（星座图）直观地看到，多进制振幅调制时，矢量端点在一条轴上分布，多进制相位调制时，矢量端点在一个圆上分布，如图 6-48 所示。由图可看出两者都没有充分地利用整个平面，而正交幅度调制将矢量端点重新合理地分布，在 M 相同的情况下，能增加信号矢量端点间的距离，从而增强系统的抗噪声能力。

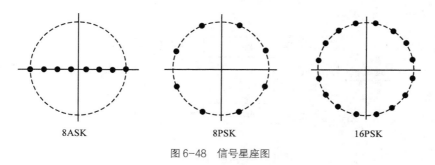

图 6-48　信号星座图

正交幅度调制就是用两个独立的多电平基带信号分别对两个正交载波进行 ASK 调制，然后叠加，便得到 QAM 信号。下面以 16QAM 为例说明其原理和特点。

1．16QAM 星座图

16QAM 星座图有 16 个信号矢量端点，它们在信号平面上的位置可以有不同的安排方案。如图 6-49 所示是方形安排的星座图，是一种常用的星座图案。

2．一般表达式

由图 6-49 可看出，16QAM 任意一个信号可以分解成两个正交分量，如图 6-50 所示。其一般表达式为

$$
\begin{aligned}
e_{16QAM}(t) &= A_n \cos(\omega_c t + \varphi_n) \\
&= I_n \cos \omega_c t - Q_n \sin \omega_c t, \quad n = 1, 2, \cdots, 16 \quad (0 \leqslant t \leqslant T_s)
\end{aligned}
\tag{6.4-15}
$$

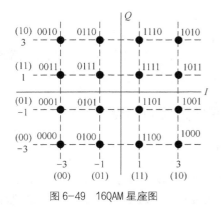

图 6-49　16QAM 星座图

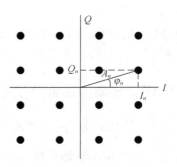

图 6-50　16QAM 信号及其分量

式中，I_n 和 Q_n 各有 $\sqrt{M} = \sqrt{16} = 4$ 个电平，分别为 ±1 和 ±3。

对比 QAM 信号和 MPSK 信号的表达式，发现它们在形式上是一样的，但 MPSK 的振幅是常数，而 QAM 的 I_n 和 Q_n 的取值是相互独立的，其振幅不再是常数。

3．16QAM 信号的产生

式（6.4-15）表明，16QAM 信号可以用两个正交载波经 4ASK 调制后相加得到，其原理图如图 6-51 所示。

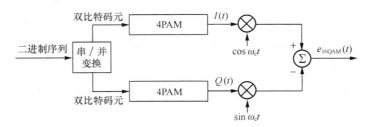

图 6-51 16QAM 信号调制法

串行的二进制序列，经过串/并变换分成两路，每一路的双比特码元经过 2/4 电平转换得到 4PAM 数字基带信号，然后分别和两个正交载波相乘得到两个 4ASK 信号，把它们相加便得到 16QAM 信号。

4．16QAM 信号解调

16QAM 信号的解调可以采用 MASK 信号的解调方法，如图 6-52 所示。用相干解调法解调两路 ASK 信号后，作 4/2 电平转换，经并/串变换恢复原来的二进制序列。

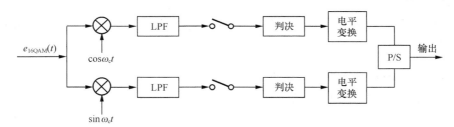

图 6-52 16QAM 信号相干解调法

16QAM 信号是由两路 4ASK 信号叠加而成，所以其功率谱形状和 ASK、PSK 功率谱形状是一样的，主瓣的宽度 $B = 2R_s = 2R_b / \log_2 16 = R_b / 2$。

6.5 MATLAB/Simulink 二进制数字频带传输系统建模与仿真

6.5.1 2ASK 数字频带传输系统建模与仿真

根据 2ASK 调制解调原理可建立如图 6-53 所示的 2ASK 数字频带传输系统的仿真模型。

图 6-53 中第①个虚线框所围部分为调制电路，由 Bernouli Binary 模块产生的二进制信源与 Sigmal Generator 模块产生的正弦载波相乘，即得 2ASK 调制信号，RT 模块的作用是进行速率配合。第②个虚线框所围部分为高斯噪声信道，为了获得系统误码率与信道噪声之间的

关系，将该模块的信道噪声设成变量的形式，然后用 Matlab 语言给变量进行赋值。第③个虚线框所围部分为包络检波，先用 Abs 模块进行整流，接着用数字滤波器设计模块设计相应滤波器进行低通滤波，然后进行抽样、判决，最终将恢复的数字序列与原始数字序列用误码率计算器比较得到系统误码率。第④个虚线框所围部分为相干解调。两种解调方法所得结果一方面由数字显示器进行显示，同时通过"To Workspace"模块输送到 Matlab 工作空间以变量的形式进行保存，然后用 Matlab 语言进行画图。通过执行以下 m 文件，可得如图 6-54 所示的两种解调方法误码率随噪声方差变化的曲线图。

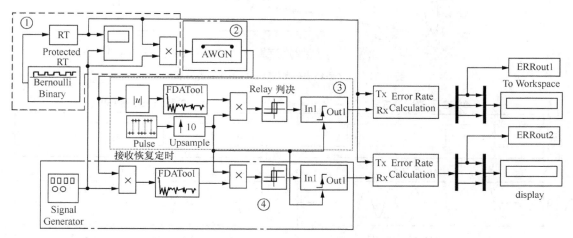

图 6-53　2ASK 传输系统仿真模型

```
clc
clear all
x=0:0.1:10                      % 设定 x 值
y=x                            % 给 y 分配存储空间
z=x                            % 给 z 分配存储空间
for i=1:length(x)              % 设定循环次数
    ERR=x(i)                  % 每次循环，先将 x(i)值送给信道噪声变量 ERR
    sim('tu6_53_m')           % 执行 SIMULINK 仿真模型
    y(i)=mean(ERRout1)        % 将包络检波误码率送给变量 y
    z(i)=mean(ERRout2)        % 将相干解调误码率送给变量 y
end
plot(x,y,x,z);grid            %分别画包络检波误码率和相干解调误码率与信道噪声之间的关系曲线
legend ('2ASK 包络检波','2ASK 相干解调')
xlabel('噪声方差')
ylabel('误码率')
```

通过仿真可知，当高斯噪声方差比较小时，两种解调方法的解调性能相差无几。但随着高斯噪声方差的增大，包络检波将出现门限效应。由图 6-54 可见，调制方式为 2ASK 时，相干解调的性能优于包络检波。需要说明的是，在仿真系统时，解调所需载波采用理想载波信号，恢复定时采用理想的时钟信号，在实际系统中，载波信号将由载波同步电路恢复，定时信号将由同步电路恢复，因此系统性能将会有所降低。

两种系统各点信号波形分别由示波器显示，如图 6-55 和图 6-56 所示。

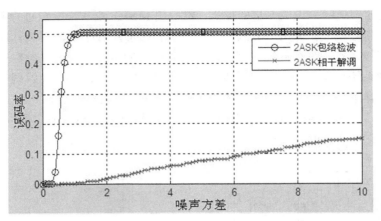

图 6-54　2ASK 系统误码率与噪声方差之间的关系

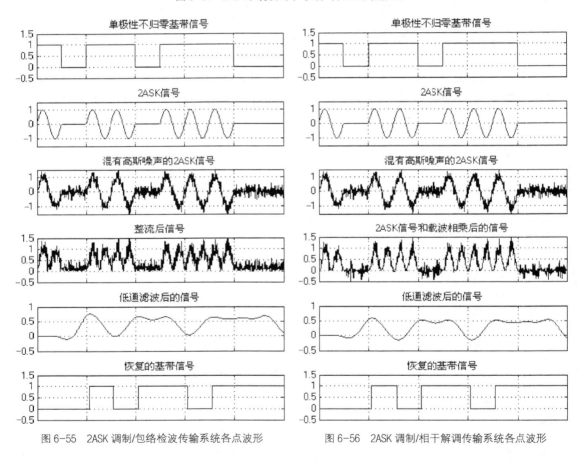

图 6-55　2ASK 调制/包络检波传输系统各点波形　　　图 6-56　2ASK 调制/相干解调传输系统各点波形

6.5.2　2FSK 数字频带传输系统建模与仿真

根据 2FSK 调制解调原理可建立如图 6-57 所示的 2FSK 数字频带传输系统的仿真模型。

图 6-57 中第①个虚线框所围部分为调制电路，原始数字信源与一路载波相乘，得一路 2ASK 信号，同时，原始信号求反后与另一路载波相乘，得另一路 2ASK 信号，然后将两路 2ASK 信号相

加后，即得 2FSK 信号。第②个虚线框所围部分为高斯噪声信道，与 2ASK 系统一样，信道噪声方差以变量的形式给定。第③个虚线框所围部分为相干解调，先与通带不同的两个带通滤波器将两路 2ASK 信号分离，然后用包络检波或相干解调方法进行解调，图中采用相干解调的方法，然后再抽样、判决，恢复数字序列。通过仿真可知，当高斯噪声方差比较小时，误码率也比较小，但随着高斯噪声方差的增大，误码率将越来越大。系统各点信号波形分别由示波器显示，如图 6-58 所示。

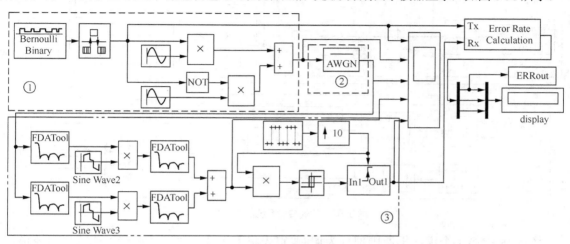

图 6-57　2FSK 传输系统仿真模型

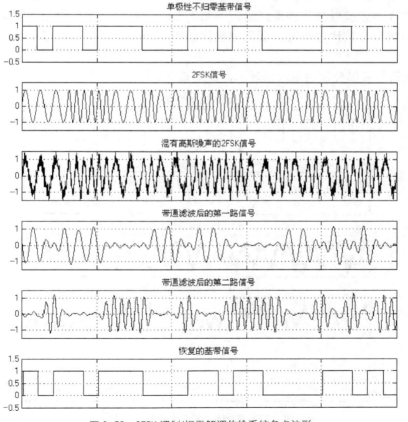

图 6-58　2FSK 调制/相干解调传输系统各点波形

6.5.3 2PSK 数字频带传输系统建模与仿真

根据 2PSK 调制解调原理可建立如图 6-59 所示的 2PSK 数字频带传输系统的仿真模型。

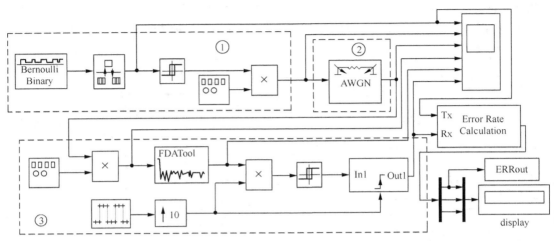

图 6-59 2PSK 传输系统仿真模型

图 6-59 中第①个虚线框所围部分为调制,首先将单极性二进制信源转换成双极性波形,然后与载波相乘,即得 2PSK 信号。第②个虚线框所围部分为高斯噪声信道,与 2ASK 系统一样,信道噪声方差以变量的形式给定。第③个虚线框所围部分为相干解调。通过仿真可知,当高斯噪声方差比较小时,误码率也比较小,但随着高斯噪声方差的增大,误码率将逐渐增大。

系统各点信号波形分别由示波器显示,如图 6-60 所示。

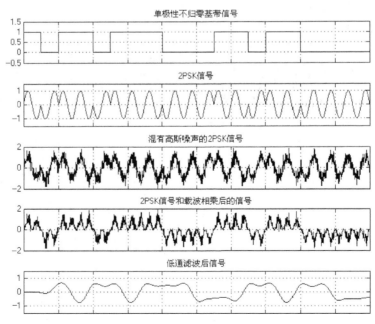

图 6-60 2PSK 调制/相干解调传输系统各点波形

图 6-60　2PSK 调制/相干解调传输系统各点波形（续）

6.5.4　2DPSK 数字频带传输系统建模与仿真

根据 2DPSK 调制解调原理可建立如图 6-61 所示的 2DPSK 数字频带传输系统的仿真模型。

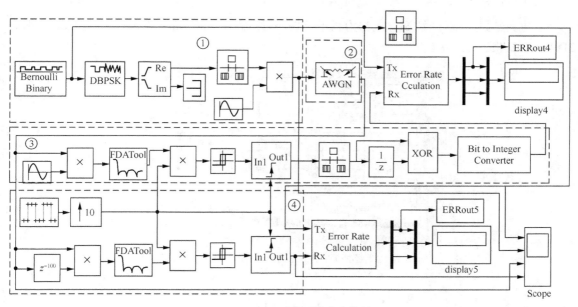

图 6-61　2DPSK 传输系统仿真模型

图 6-61 中第①个虚线框所围部分为调制，原始数字序列由 DBPSK 模块进行差分调相，得到一个复数信号，在此仿真系统中，DBPSK 模块的相位偏移量设置为 0，所以调制后的虚部为全 0。第②个虚线框所围部分为高斯噪声信道，与 2ASK 系统一样，信道噪声方差以变量的形式给定。第③个虚线框所围部分为相干解调，其中 XOR 模块的作用是把差分码变换成原始码。第④个虚线框所围部分为差分相干解调。与 2ASK 系统一样，通过执行 m 文件，可得如图 6-62 所示的两种解调方法误码率随噪声方差变化的曲线图。由仿真结果可知，相干解调的性能比差分相干解调的性能好。

系统各点信号波形分别由示波器显示，如图 6-63 所示。

由以上的仿真结果可知，对于同一种调制方式的系统，相干解调的性能优于非相干解调。下面分析 4 种不同调制方式采用相同解调方式时的系统性能。仿真时，设定信号功率为 1W，噪声方差由 m 文件中的变量给定，误码率以变量的形式保存到 Matlab 的工作空间。执行与前面相类似的 m 文件，可得如图 6-64 所示的仿真结果。

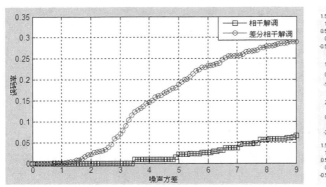

图 6-62　2DPSK 系统误码率与噪声方差之间的关系

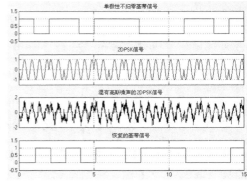

图 6-63　2DPSK 传输系统各点波形

由仿真结果可知,当解调方式都为相干解调时,则调制性能从高到低的排列次序为 2PSK、2DPSK、2FSK、2ASK。

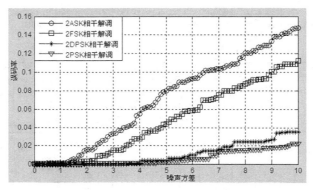

图 6-64　4 种不同调制方式采用相干解调时系统性能比较

小　结

1．数字调制

数字调制是指调制信号是数字信号,载波是正弦波的调制。由于数字信号可视作模拟信号的特例(取值离散),因而数字调制也可视作模拟调制的特例。

2．二进制数字调制系统比较

二进制数字调制系统的比较见表 6-7。

表 6-7　　　　　　　　　　　　　　二进制数字调制系统的比较

类型	载波受控参量	对应的模拟调制	表　达　式	功　率　谱
2ASK (OOK)	振幅	AM	$b(t)\cos\omega_c t$ $b(t)$:单极性 NRZ	连续谱 离散谱($\pm f_c$)

续表

类型	载波受控参量	对应的模拟调制	表 达 式	功 率 谱
2FSK	频率	FM	$b(t)\cos\omega_1 t + \overline{b(t)}\cos\omega_2 t$ $b(t)$：单极性 NRZ	连续谱 离散谱（$\pm f_1, \pm f_2$）
2PSK	绝对相位	DSB-SC	$b(t)\cos\omega_c t$ $b(t)$：双极性 NRZ	连续谱
2DPSK	相对相位	DSB-SC	$b(t)\cos\omega_c t$ $b(t)$：双极性 NRZ	连续谱

类型	带宽	频带利用率 η_b	产生方法	解调方法	误码率 P_b
2ASK（OOK）	$2f_s$	0.5	①模拟调幅 ②键控	相干解调	$\dfrac{1}{2}\mathrm{erfc}\left(\sqrt{\dfrac{r}{4}}\right)$
				非相干解调	$\dfrac{1}{2}\exp\left(-\dfrac{r}{4}\right)$
2FSK	$\|f_2-f_1\|+2f_s$	$\dfrac{f_s}{\|f_2-f_1\|+2f_s}$	①模拟调频 ②键控	相干解调	$\dfrac{1}{2}\mathrm{erfc}\left(\sqrt{\dfrac{r}{2}}\right)$
				非相干解调	$\dfrac{1}{2}\exp\left(-\dfrac{r}{2}\right)$
2PSK	$2f_s$	0.5	①模拟调幅 ②键控	相干解调	$\dfrac{1}{2}\mathrm{erfc}\left(\sqrt{r}\right)$
2DPSK	$2f_s$	0.5	差分编码+ 2PSK 调制	相干解调	$\mathrm{erfc}\left(\sqrt{r}\right)\left[1-\dfrac{1}{2}\mathrm{erfc}\left(\sqrt{r}\right)\right]$
				差分相干解调	$\dfrac{1}{2}\exp(-r)$

3. 多进制调制

与二进制调制相比，多进制数字调制的优点是可以提高频带利用率 η_b。这样，在传输带宽 B 相同时，可提高信息传输速率 R_b；或者，在信息传输速率 R_b 相同时，可减小传输带宽 B。两者均表明多进制调制提高了有效性。对于 MASK、MPSK（含 MDPSK）、MQAM，其 η_b 是 2ASK、2PSK 的 $\log_2 M$ 倍。另一方面，其代价是降低了可靠性。

在 3 种多进制数字调制系统中，MASK 的可靠性更差、MFSK 的 η_b 增大有限（由于带宽也相应增大），因而仅 MPSK（实为 MDPSK，下同）获得广泛应用。但由于可靠性的限制，MPSK 只用到了 4PSK、8PSK。

4. QAM

当 $M \geqslant 16$ 时，常采用 MQAM。由于 MASK、MPSK 信号占据相同的频率范围，于是想到同时利用振幅、相位来传输信息，这就是 APK 系统，其中最典型的是 MQAM。

从星座图上信号点的分布来看，MPSK 也属于正交调制。事实上，MPSK 是 MQAM 的特例（等幅），从而也可用正交调制、解调法来产生和解调。另一方面，从极坐标上看，MPSK 的信号点仅为一维分布，这决定了它的信号点分布不如 MQAM 均匀。因而，当 $M \geq 16$ 时，MPSK 的抗干扰能力比 MQAM 差得多，因而常用 MQAM。

5．Matlab/Simulink 二进制数字频带传输系统建模与仿真

分别对 2ASK、2FSK、2PSK、2DPSK 数字频带传输系统进行建模与仿真，用误码率计算器仿真得到 2ASK 调制/包络检波、2ASK 调制/相干解调、2FSK 调制/相干解调、2PSK 调制/相干解调、2DPSK 调制/相干解调结合码反变换、2DPSK 调制/差分相干解调系统的误码率，从而分析出不同系统的性能优劣，并用示波器观察以上各系统的信号波形。

习　　题

6-1．设发送数字信息为 01101110，试分别画出 2ASK、2FSK、2PSK 及 2DPSK 信号的波形示意图。

6-2．某 2ASK 系统的码元传输速率为 1 000Baud，所用的载波信号为 $A\cos(4\pi \times 10^6 t)$。

（1）设所传送的数字信息为 011001，试画出相应的 2ASK 信号波形示意图；

（2）求 2ASK 信号的带宽。

6-3．设某 2FSK 调制系统的码元传输速率为 1 000Baud，已调信号的载频为 1 000Hz 或 2 000Hz。

（1）若发送数字信息为 011010，试画出相应的 2FSK 信号波形；

（2）试讨论这时的 2FSK 信号应选择怎样的解调器解调；

（3）若发送数字信息是等可能的，试画出它的功率谱密度草图。

6-4．假设在某 2DPSK 系统中，载波频率为 2 400Hz，码元速率为 1 200Baud，已知绝对码序列为 1100010111。

（1）试画出 2DPSK 信号波形（注：相位偏移 $\Delta\varphi$ 可自行假设）；

（2）若采用差分相干解调法接收该信号时，试画出解调系统的各点波形；

（3）若发送信息符号 0 和 1 的概率分别为 0.6 和 0.4，试求 2DPSK 信号的功率谱密度。

6-5．若采用 2ASK 方式传送二进制数字信息。已知发送端发出的信号振幅为 5 V，输入接收端解调器的高斯噪声功率 $\sigma_n^2 = 3 \times 10^{-12}$(W)，现要求误码率 $P_e = 10^{-4}$。试求：

（1）非相干接收时，由发送端到解调器输入端的衰减应为多少？

（2）相干接收时，由发送端到解调器输入端的衰减应为多少？

6-6．对 2ASK 信号进行相干接收，已知发送"1"（有信号）的概率为 p，发送"0"（无信号）的概率为 $1-p$，发送信号的振幅为 5 V，解调器输入端的高斯噪声功率为 3×10^{-12}(W)。

（1）若 $p=1/2$，$P_e=10^{-4}$，则发送信号传输到解调器输入端时共衰减多少分贝？这时的最佳门限值为多大？

（2）试说明 $p>1/2$ 时的最佳门限比 $p=1/2$ 时的大还是小。

（3）若 $p=1/2$，$r = 10$dB，求 P_e。

6-7．若采用 2FSK 方式传送二进制数字信息，已知发送端发出的信号振幅为 5 V，输入接收端解调器的高斯噪声功率 $\sigma_n^2 = 3 \times 10^{-12}(\text{W})$，今要求误码率 $P_e = 10^{-4}$。试求：

（1）非相干接收时，由发送端到解调器输入端的衰减为多少？

（2）相干接收时，由发送端到解调器输入端的衰减为多少？

6-8．在二进制移相键控系统中，已知解调器输入端的信噪比 $r = 10\text{dB}$，试分别求出相干解调 2PSK、相干解调—码变换和相干解调 2DPSK 信号时的系统误码率。

6-9．已知码元传输速率 $R_s = 10^3 \text{Baud}$，接收机输入噪声的双边功率谱密度 $n_0/2 = 10^{-10}\,\text{W/Hz}$，今要求误码率 $P_e = 10^{-5}$。试分别计算出相干 2ASK、非相干 2FSK、差分相干 2DPSK 以及 2PSK 等系统所要求的输入信号功率。

6-10．已知数字信息为"1"时，发送信号的功率为 1kW，信道衰减为 60dB，接收端解调器输入的噪声功率为 $10^{-4}\,\text{W}$。试求非相干 2ASK 系统及相干 2PSK 系统的误码率。

6-11．设发送数字信息序列为 1001011000110100，试按 $\pi/2$ 体系的要求，分别画出相应的 4PSK 及 4DPSK 信号的波形。

6-12．采用 8PSK 调制，传输速率为 4800bit/s，求 8PSK 信号的带宽。

6-13．设计一个 8PSK 信号产生器方框图，对应的 8PSK 信号星座图如图 6-65 所示。

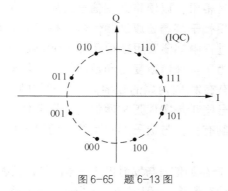

图 6-65 题 6-13 图

6-14．已知二进制数字信息序列为 1010 1001 0100 0111 1100 1110 0001，按图 6-49 所示星座图试画出产生 16QAM 调制器中同相信号 $I(t)$ 和正交信号 $Q(t)$ 的波形图，并与信息代码波形比较。

6-15．建立 8PAM 基带传输系统并仿真。要求传输码元时隙为 0.01s，调制输出电平最小距离为 3，高斯信道加入噪声方差为 0.1。

（1）建立传输波形是矩形波的 8PAM 基带仿真模型并观察通过高斯信道传输前后的信号星座图。

（2）建立传输波形为升余弦波的 8PAM 基带仿真模型，并观察调制输出的等效基带信号的波形、眼图和星座图。

6-16．试建立一个 $\pi/8$ 相位偏移的 8PSK 传输系统，观察调制输出信号通过加性高斯信道前后的星座图，并比较输入数据以普通二进制映射和格雷码映射两种情况下的误比较率。

第7章 同步原理

要实现信号的正确传输，要求接收机产生的信号与发射机传送过来的信号具有相同的频率与相位关系，称具有相同频率和相位的两信号为同步信号。

通信系统对信号同步的要求有两类：一类是载波信号的同步，另一类是数字信号的同步。要求载波信号同步的原因是接收机实行相干解调时，要求接收机产生一个与发射机完全相同的载波信号与发射机送来的信号相乘，以便将调制信号还原。由于相干解调性能优于非相干解调，因此很多通信系统都采用相干解调还原调制信号。相干解调既适用于模拟通信，也适用于数字通信，在载波恢复的过程中都要采用锁相环路（phase-locked-loop，PLL）。如果通信系统传送的是数字信号，为了实现信道复用和数字信号的解码，还要求有数字信号的帧同步、字同步和位同步等。只有在发/收两端的数字信号之间的帧、字、位都同步的情况下，数码才能被正确识别。因此信号同步是实现正常通信的前提条件。在一个通信系统中，要求有哪类同步信号，这与通信体制有关，与信号形式有关，同时与接收机所采用的信号解调方式有关。

信号同步通常是要求接收机产生的信号与发射机的信号同步，发射机是主动的，接收机是被动的。信号的频率或相位不可能没有漂移，一般好的晶体振荡器的频率稳定度通常在 10^{-6} 数量级，一般振荡器的频率稳定度在 10^{-3} 数量级。这样就要求收端同步信号能跟随发射信号变化。只有锁相环路才能跟踪一个信号相位的变化，因此在同步信道中广泛采用锁相技术。同步信号的质量，主要取决于锁相环路的质量。

在获得载波同步、位同步、字同步和帧同步之后，两点间的通信就可以有序、准确、可靠地进行了。然后，随着数字通信的发展，尤其是计算机通信的发展，多个用户之间的通信和数据交换构成了通信网，为了保证通信网内各用户之间可靠地通信和数据交换，全网必须有一个统一的时间标准时钟，这就是网同步。

本章主要介绍通信系统中传送同步信号的方案和接收机产生同步信号的技术及性能。

7.1 载波同步

7.1.1 载波同步方法

载波同步的方法有两类：插入导频法和直接法。前者是已调信号中不存在载波分量，需要在发端插入导频的方法，或者在接收端对信号进行适当的波形变换，以取得载波同步信息。

后者是已调信号中存在载波分量，可以从接收信号中直接提取载波同步信息。

1. 插入导频法

在抑制载波系统中无法从接收信号中直接提取载波，例如，DSB、VSB、SSB 和 2PSK 本身都不含有载波分量，或即使含有一定的载波分量，也很难从已调信号中分离出来。为了获取载波同步信息，可以采取插入导频的方法。插入导频法是在发送信号的同时，在适当的频率位置上插入一个称作导频的正弦波，在接收端可以利用窄带滤波器较容易地把它提取出来。经过适当的处理形成接收端的相干载波，用于相干解调。

（1）DSB 中的插入导频法。

在 DSB 信号中插入导频时，导频的插入位置应该在信号频谱为 0 的位置，否则导频与已调信号频谱成分重叠，接收时不易提取。插入的导频并不是加入调制器的载波，而是该载波移相 $\pi/2$ 的"正交载波"。其发送端方框图如图 7-1 所示，接收端的方框图如图 7-2 所示。

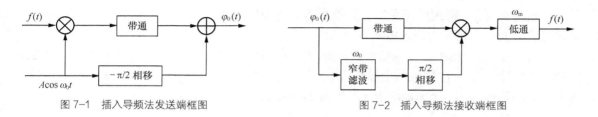

图 7-1 插入导频法发送端框图　　　　　　图 7-2 插入导频法接收端框图

设调制信号为 $f(t)$，且 $f(t)$ 无直流分量，载波为 $A\cos\omega_0 t$，则发送端输出的信号为

$$\varphi_0(t) = A f(t)\cos\omega_0 t + A\sin\omega_0 t \tag{7.1-1}$$

如果不考虑信道失真及噪声干扰，并设接收端收到的信号与发送端的信号完全相同，则此信号通过中心频率为 ω_0 的窄带滤波器可取得导频 $A\sin\omega_0 t$，将其移相 $\pi/2$，以得到与调制载波同频同相的相干载波 $\cos\omega_0 t$。

接收端的解调过程为

$$m(t) = \varphi_0(t)\cos\omega_0 t = [Af(t)\cos\omega_0 t + A\sin\omega_0 t]\cos\omega_0 t$$

$$= \frac{A}{2}f(t) + \frac{A}{2}f(t)\cos 2\omega_0 t + \frac{A}{2}\sin 2\omega_0 t \tag{7.1-2}$$

上式表示的信号通过低通滤波器就可得到基带信号 $Af(t)/2$。

如果在发送端导频不是正交插入，而是同相插入，则接收端解调信号为

$$[Af(t)\cos\omega_0 t + A\cos\omega_0 t]\cos\omega_0 t$$

$$= \frac{A}{2}f(t) + \frac{A}{2}f(t)\cos 2\omega_0 t + \frac{A}{2} + \frac{A}{2}\cos 2\omega_0 t \tag{7.1-3}$$

从上式看出，虽然同样可以解调出 $Af(t)/2$ 项，但却增加了一个直流项。这个直流项通过低通滤波器后将对数字信号产生不良影响。这就是发送端导频应采用正交插入的原因。

2PSK 和 DSB 信号都属于抑制载波的双边带信号，所以上述插入导频方法对两者均适用。对于 SSB 信号，导频插入的原理也与上述相同。

（2）VSB 中插入导频法。

VSB 中虽然含有载波但不宜取出。以取下边带为例，VSB 边带滤波器应具有如图 7-3 所示的传输特性。设 f_c 为载波频率，f_m 为基带信号最高频率，则下边带信号的频谱（从 $f_c - f_m$ 到 f_c）绝大部分通过，而上边带信号的频谱（从 f_c 到 $f_c + f_r$）小部分通过。

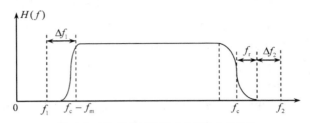

图 7-3　VSB 边带滤波器应具有的传输特性

这样，当基带信号为数字信号时，VSB 中的频谱也含有 f_c，并且 f_c 附近也有频谱（信号分量），因此导频不能位于 f_c。可以在信号频谱之外插入两个导频 f_1、f_2，使它们在接收端经过变换处理后，得到所需要的 f_c，使得 f_1、f_2 不能与 $f_c - f_m$、$f_c + f_r$ 靠得太近，太近不易滤出 f_1、f_2，太远又占用过多频带。

在插入导频的 VSB 信号中提取载波的方框图如图 7-4 所示。接收的信号中包含有 VSB 信号和两个导频 f_1、f_2。假设两个导频：$f_1 = f_c - f_m - \Delta f_1$，$f_2 = f_c + f_r + \Delta f_2$。$f_1$：$\cos(\omega_1 t + \theta_1)$，$\theta_1$ 为 f_1 导频初相；f_2：$\cos(\omega_2 t + \theta_2)$，$\theta_2$ 为 f_2 导频初相。

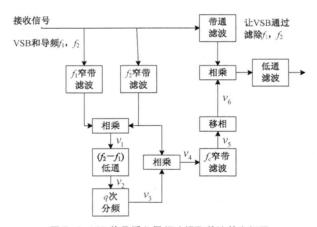

图 7-4　VSB 信号插入导频法提取载波的方框图

考虑实际的信道传输后，使导频和已调信号的载波均产生了频偏 $\Delta\omega(t)$ 和相偏 $\theta(t)$，这样接收端要提取的同步载波也应该有相同的频偏和相偏，才能达到真正相干解调。

由图 7-4 可见，两导频经窄带滤波器滤出，并经过相乘后得：

$$v_1 = \cos\left[\omega_1 t + \theta_1 + \Delta\omega(t)t + \theta(t)\right] \cos\left[\omega_2 t + \theta_2 + \Delta\omega(t)t + \theta(t)\right]$$

$$= \frac{1}{2}\cos\left[(\omega_2 - \omega_1)t + (\theta_2 - \theta_1)\right] + \frac{1}{2}\cos\left[(\omega_2 + \omega_1)t + 2\Delta\omega(t)t + (\theta_1 + \theta_2)\right] \tag{7.1-4}$$

v_1 经过（$f_2 - f_1$）滤波后（$f_1 = f_c - f_m - \Delta f_1$，$f_2 = f_c + f_r + \Delta f_2$），得 v_2：

$$v_2 = \frac{1}{2}\cos\left[(\omega_2 - \omega_1)t + (\theta_2 - \theta_1)\right]$$

$$= \frac{1}{2}\cos\left[2\pi(f_c + f_r + \Delta f_2 - f_c + f_m + \Delta f_1)t + (\theta_2 - \theta_1)\right]$$

$$= \frac{1}{2}\cos\left[2\pi(f_r + \Delta f_2 + f_m + \Delta f_1)t + \theta_2 - \theta_1\right] \tag{7.1-5}$$

$$= \frac{1}{2}\cos\left[2\pi(f_r + \Delta f_2)(1 + \frac{f_m + \Delta f_1}{f_r + \Delta f_2})t + \theta_2 - \theta_1\right]$$

令 $q = 1 + \dfrac{f_m + \Delta f_1}{f_r + \Delta f_2}$，

上式变为

$$v_2 = \frac{1}{2}\cos\left[2\pi(f_r + \Delta f_2)qt + \theta_2 - \theta_1\right] \tag{7.1-6}$$

v_2 经 q 次分频后，得 v_3：

$$v_3 = a\cos\left[2\pi(f_r + \Delta f_2)t + \theta_q\right] \tag{7.1-7}$$

上式中，a 是任意常数，θ_q 是分频初相 $\theta_q = (\theta_2 - \theta_1)/q$。

把分频器输出的 v_3 与第二导频相乘，并利用 $f_2 = f_c + f_r + \Delta f_2$ 得

$$v_4 = a\cos\left[2\pi(f_r + \Delta f_2) + \theta_q\right]\cos\left[\omega_2 t + \Delta\omega(t)t + \theta(t) + \theta_2\right]$$

$$= \frac{a}{2}\Big\{ \cos\left[(\omega_2 + \omega_r + \Delta\omega_2)t + \Delta\omega(t)t + \theta(t) + \theta_q + \theta_2\right] \tag{7.1-8}$$

$$+ \cos\left[\omega_c t + \Delta\omega(t)t + \theta(t) + \theta_2 - \theta_q\right]\Big\}$$

v_4 经过 f_c 窄带滤波器取出差额成分得

$$v_5 = \frac{a}{2}\cos\left[\omega_c t + \Delta\omega(t)t + \theta(t) + \theta_2 - \theta_q\right] \tag{7.1-9}$$

v_5 经移相 $\varphi = \theta_c - (\theta_2 - \theta_q)$ 后得

$$v_6 = \frac{a}{2}\cos\left[\omega_c t + \Delta\omega(t)t + \theta(t) + \theta_c\right] \tag{7.1-10}$$

v_6 就是所需要的同步载波，它与 VSB（不带 f_1、f_2 导频）相乘后，再低通滤波可检出基带信号。

2. 直接法

直接法也称自同步法。这种方法只需对接收波形进行适当的非线性变换，然后通过窄带滤波器，就可以从中提取载波的频率和相位信息。下面介绍几种常用的方法。

（1）平方变换法。

基于平方变换法提取载波的方框图如图 7-5 所示。

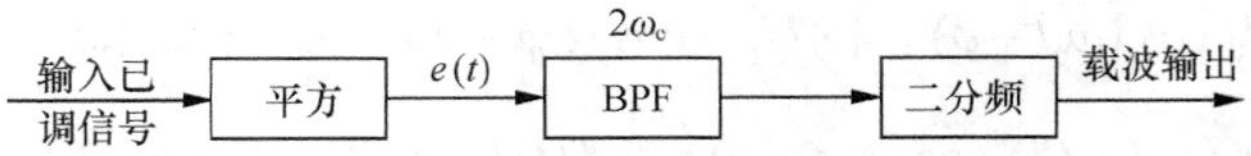

图 7-5 平方变换法提取载波

设调制信号 $m(t)$ 无直流分量，则抑制载波的双边带信号为

$$s_{\mathrm{m}}(t) = m(t)\cos\omega_{\mathrm{c}}t \tag{7.1-11}$$

接收端将该信号经过平方律器件后得到

$$e(t) = [m(t)\cos\omega_{\mathrm{c}}t]^2 = \frac{1}{2}m^2(t) + \frac{1}{2}m^2(t)\cos 2\omega_{\mathrm{c}}t \tag{7.1-12}$$

上式的第 2 项包含有载波的倍频 $2\omega_{\mathrm{c}}$ 的分量。若用一窄带滤波器将 $2\omega_{\mathrm{c}}$ 频率分量滤出，再进行二分频，就可获得所需的相干载波。

需要指出的是，如果 $m(t) = \pm 1$，则抑制载波的双边带信号就成为 2PSK 信号，这时

$$e(t) = [m(t)\cos\omega_{\mathrm{c}}t]^2 = \frac{1}{2} + \frac{1}{2}\cos 2\omega_{\mathrm{c}}t \tag{7.1-13}$$

因而，同样可以通过如图 7-5 所示的方法提取载波。

（2）平方环法。

为了改善平方变换的性能，使恢复的相干载波更为纯净，常常在非线性处理之后加入锁相环。具体做法是在平方变换法的基础上，把窄带滤波器改为锁相环。平方环法提取载波构成如图 7-6 所示。由于锁相环具有良好的跟踪、窄带滤波和记忆功能，平方环法比一般的平方变换法的性能更好。因此，平方环法提取载波得到了较广泛的应用。

输入已调信号 → 平方 → 锁相环 → 二分频 → 载波输出

图 7-6 平方环法提取载波

（3）同相正交法（科斯塔斯环）。

利用锁相环提取载波的另一种常用方法是采用同相正交环，也称科斯塔斯（Costas）环，其方框图如图 7-7 所示。它包括两个相干解调器，它们的输入信号相同，分别使用两个在相位上正交的本地载波信号，上支路叫做同相相干解调器，下支路叫做正交相干解调器。两个相干解调器的输出同时送入乘法器，并通过低通滤波器（LPF）形成闭环系统，去控制压控振荡器（VCO），以实现载波提取。在同步时，同相支路的输出即为所需的解调信号，这时正交支路的输出为 0。因此，这种方法叫做同相正交法。

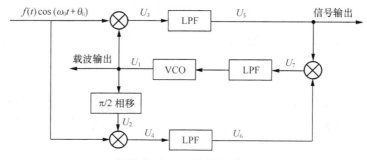

图 7-7 Costas 环法提取载波

设 VCO 的输出为 $\cos(\omega_0 t + \phi)$，则 $U_1 = \cos(\omega_0 t + \phi)$，$U_2 = \sin(\omega_0 t + \phi)$。故：

$$U_3 = f(t)\cos(\omega_0 t + \theta_0)\cos(\omega_0 t + \phi) = \frac{1}{2}f(t)[\cos(\theta_0 - \phi) + \cos(2\omega_0 t + \theta_0 + \phi)] \tag{7.1-14}$$

$$U_4 = f(t)\cos(\omega_0 t + \theta_0)\sin(\omega_0 t + \phi) = \frac{1}{2}f(t)[\sin(\theta_0 - \phi) + \sin(2\omega_0 t + \theta_0 + \phi)] \quad (7.1\text{-}15)$$

经过 LPF 后得

$$U_5 = \frac{1}{2}f(t)\cos(\theta_0 - \phi) \quad\quad (7.1\text{-}16)$$

$$U_6 = \frac{1}{2}f(t)\sin(\theta_0 - \phi) \quad\quad (7.1\text{-}17)$$

将 U_5 和 U_6 加入乘法器后，得

$$U_7 = \frac{1}{4}f^2(t)\cos(\theta_0 - \phi)\sin(\theta_0 - \phi) = \frac{1}{8}f^2(t)\sin[2(\theta_0 - \phi)] \quad (7.1\text{-}18)$$

如果（$\theta_0 - \phi$）很小，则 $\sin[2(\theta_0 - \phi)] \approx 2(\theta_0 - \phi)$。因此，乘法器的输出近似为

$$U_7 \approx \frac{1}{4}f^2(t)(\theta_0 - \phi) \quad\quad (7.1\text{-}19)$$

当 $f(t)$ 为矩形脉冲的双极性数字基带信号时，$f^2(t) = 1$。即使 $f(t)$ 不为矩形脉冲序列，式中的 $f^2(t)$ 也可以分解为直流和交流分量。如果 U_7 经过一个带宽很窄的低通滤波器，此滤波器的作用相当于用时间平均 $\overline{f^2(t)}$ 代替 $f^2(t)$（即滤波器输出直流分量）。最后，由环路误差信号 $\frac{1}{4}\overline{f^2(t)}(\theta_0 - \phi)$ 自动控制振荡器相位，使相位差（$\theta_0 - \phi$）趋于 0，在稳定条件下 $\theta_0 = \phi$。

这样 U_1 就是所需提取的载波，$U_5 = \frac{1}{2}f(t)\cos(\theta_0 - \phi) \approx \frac{1}{2}f(t)$ 作为解调信号的输出。

锁相环工作时可能锁定在任何一个稳定平衡点上，考虑到在周期 π 内 $\theta_0 - \phi$ 取值可能为 0 或 π，这意味着恢复出的载波可能与理想载波同相，也可能反相。这种相位关系的不确定性，称为相位模糊度。这是用锁相环从抑制载波的双边带信号（2PSK 或 DSB）中提取载波时不可避免的共同问题。

Costas 环与平方环都是利用锁相环提取载波的常用方法。Costas 环与平方环相比，虽然在电路上要复杂一些，但它的工作频率即为载波频率，而平方环的工作频率是载波频率的两倍，显然当载波频率很高时，工作频率较低的 Costas 环易于实现；其次，当环路正常锁定后，Costas 环可直接获得解调输出，而平方环则没有这种功能。

7.1.2　载波同步性能

载波同步系统的性能指标主要有效率、精度、同步建立时间和同步保持时间。载波同步追求的是高效率、高精度、同步建立时间快，保持时间长。

高效率指为了获得载波信号而尽量少消耗发送功率。在这方面，直接法要优于插入导频法。直接法不需要专门发送导频，因而效率高。而由于插入导频要消耗一部分发送功率，因而效率要低一些。高精度指接收端提取的载波与需要的载波标准比较，应该有尽量小的相位误差。同步建立时间是指从开机或失步到同步所需要的时间。同步保持时间是指同步建立后，系统能维持同步的时间。

这些指标与提取的电路、信号及噪声的情况有关。当采用性能优越的锁相环提取载波时这些指标主要取决于锁相环的性能。

7.1.3 载波同步性能对解调的影响

设所提取的载波与接收信号中的载波之间的相位误差为 $\Delta\phi$。载波同步性能对解调的影响主要体现在相位误差 $\Delta\phi$。需要指出的是，相位误差 $\Delta\phi$ 对不同信号的解调所带来的影响是不同的。

我们首先研究 DSB 的解调情况。设 DSB 信号为 $m(t)\cos\omega_c t$，所提取的相干载波为 $\cos(\omega_c t + \Delta\phi)$，这时解调输出 $m'(t)$ 为

$$m'(t) = \frac{1}{2}m(t)\cos\Delta\phi$$

若没有相位差，即 $\Delta\phi = 0$，$\cos\Delta\phi = 1$，则解调输出 $m'(t) = \frac{1}{2}m(t)$，这时信号有最大幅度；若存在相位差，即 $\Delta\phi \neq 0$ 时，$\cos\Delta\phi < 1$，解调后信号幅度下降，使功率和信噪功率比下降 $\cos^2\Delta\phi$ 倍。对于 2PSK 信号而言，信噪功率比下降将使误码率增加。若 $\Delta\phi = 0$ 时，$P_e = \frac{1}{2}\text{erfc}(\sqrt{E/n_0})$；若 $\Delta\phi \neq 0$ 时，$P_e = \frac{1}{2}\text{erfc}(\sqrt{E/n_0}\cos\Delta\phi)$。所以，载波相位误差 $\Delta\phi$ 引起双边带解调系统的信噪比下降，误码率增加。当 $\Delta\phi$ 近似为常数时，不会引起波形失真。

然而，对单边带和残留边带解调而言，相位误差 $\Delta\phi$ 不仅引起信噪比下降，而且还引起输出波形失真。下面以单边带信号为例，说明这种失真是如何产生的。设单音基带信号 $m(t) = \cos\Omega t$，且单边带信号取上边带 $\cos(\omega_c + \Omega)t$，所提取的相干载波为 $\cos(\omega_c t + \Delta\phi)$，相干载波与已调信号相乘得

$$\cos(\omega_c + \Omega)t\cos(\omega_c t + \Delta\phi) = \frac{1}{4}[\cos(2\omega_c t + \Omega t + \Delta\phi) + \cos(\Omega t - \Delta\phi)] \qquad (7.1\text{-}20)$$

经低通滤除高频即得解调输出

$$m'(t) = \cos(\Omega t - \Delta\phi) = \frac{1}{4}\cos\Omega t\cos\Delta\phi + \frac{1}{4}\sin\Omega t\sin\Delta\phi \qquad (7.1\text{-}21)$$

式中的第 1 项与原基带信号相比，由于 $\cos\Delta\phi$ 的存在，使信噪比下降了；第 2 项是与原基带信号正交的项，它使恢复的基带信号波形失真，推广到多频信号时也将引起波形的失真。若用来传输数字信号，波形失真会产生码间串扰，使误码率大大增加。

7.2 位同步

7.2.1 位同步方法

位同步是指从接收端的基带信号中提取码元定时的过程。位同步是正确取样判决的基础，只有数字通信才需要，并且不论基带传输还是频带传输都需要位同步。所提取的位同步信息是其频率等于码元速率的定时脉冲，相位则根据判决时信号波形决定，可能在码元中间，也可能在码元终止时刻或其他时刻。实现位同步的方法和载波同步类似，有插入导频法（外同步法）和直接法（自同步法）两类。

1. 插入导频法

为了得到码元同步的定时信号，首先要确定接收到的信息数据流中是否有位定时的频率

分量。如果存在此分量，就可以利用滤波器从信息数据流中把位定时时钟直接提取出来。这种方法与载波同步时的插入导频法类似，也是在基带信号频谱的零点处插入所需的位定时导频信号，如图7-8所示。其中，图7-8（a）为常见的双极性不归零基带信号的功率谱，插入导频的位置是 $1/T$；图7-8（b）表示经某种相关变换的基带信号，其功率谱的第一个零点为 $1/2T$，插入导频应在 $1/2T$ 处。

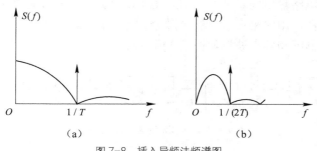

图7-8 插入导频法频谱图

在接收端，对图7-8（a）的情况，经中心频率为 $1/T$ 的窄带滤波器，就可从解调后的基带信号中提取出位同步所需的信号，这时，位同步脉冲的周期与插入导频的周期一致；对图7-8（b）的情况，窄带滤波器的中心频率应为 $1/2T$，所提取的导频需经倍频后，才能获得所需的位同步脉冲。

另一种导频插入的方法是包络调制法。这种方法是用位同步信号的某种波形对相移键控或频移键控这样的恒包络数字已调信号进行附加的幅度调制，使其包络随着位同步信号波形变化。在接收端只要进行包络检波，就可以形成位同步信号。

设相移键控的表达式为

$$s_1(t) = \cos[\omega_c t + \phi(t)] \tag{7.2-1}$$

利用含有位同步信号的某种波形对 $s_1(t)$ 进行幅度调制，若这种波形为升余弦波形，则其表示式为

$$m(t) = \frac{1}{2}(1 + \cos\Omega t) \tag{7.2-2}$$

式中的 $\Omega = 2\pi/T$，T 为码元宽度。幅度调制后的信号为

$$s_2(t) = \frac{1}{2}(1 + \cos\Omega t)\cos[\omega_c t + \phi(t)] \tag{7.2-3}$$

接收端对 $s_2(t)$ 进行包络检波，包络检波器的输出为 $(1 + \cos\Omega t)$，除去直流分量后，就可获得位同步信号 $\cos\Omega t$。

插入导频法的优点是接收端提取位同步的电路简单。但是，发送导频信号必然要占用部分发射功率，降低了传输的信噪比，减弱了抗干扰能力。

2. 直接法

这一类方法是发送端不用专门发送位同步导频信号，而接收端可直接从接收到的数字信号中提取位同步信号。直接提取位同步的方法主要有微分整流法、包络检波法和数字锁

相环法。

（1）微分整流法。

通常的基带数字信号是不归零脉冲序列，如果传输系统的频率是不受限制的，则解调电路输出的基带数字信号是比较好的方波。因此，可以采用微分、全波整流的方法将不归零序列变换成归零序列，然后用窄带滤波器来滤取位同步线谱分量。由于一般传输系统的频率总是受限的，因此解调电路输出的基带数字信号不可能是方波，所以在微分、全波整流电路之前通常加一放大限幅器，用它来形成方波。微分、全波整流滤波法是一种常规的位同步提取方法。这种方法的方框图和各点波形如图 7-9 所示。

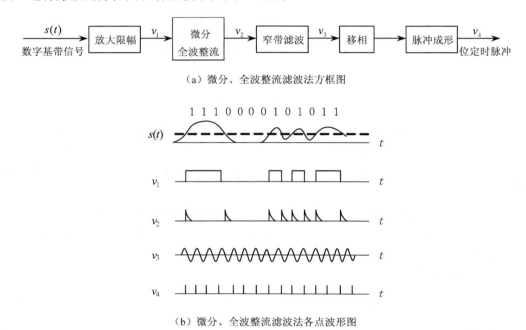

（a）微分、全波整流滤波法方框图

（b）微分、全波整流滤波法各点波形图

图 7-9　微分、全波整流滤波法方框图及各点波形图

（2）包络检波法。

如图 7-10 所示为其包络检波法原理框图。这是一种从频带受限的中频 2PSK 信号中提取位同步信息的方法，其波形图如图 7-11 所示。当接收端带通滤波器的带宽小于信号带宽时，使频带受限的 2PSK 信号在相邻码元相位反转点处形成幅度的"陷落"。经包络检波后得到如图 7-11（b）所示的波形，它可看成是一直流与如图 7-11（c）所示的波形相减，而图 7-11（c）波形是具有一定脉冲形状的归零脉冲序列，含有位同步的线谱分量，可用窄带滤波器取出。

图 7-10　包络检波法原理框图

（3）数字锁相法。

数字锁相法是采用高稳定频率的振荡器（信号钟），从鉴相器获得的与同步误差成比例的误差电压，不用于直接调整振荡器，而是通过控制器在信号钟输出的脉冲序列中附加或扣除

一个或几个脉冲，来调整加到鉴相器上的位同步脉冲序列的相位而达到同步的目的。这种电路采用的是数字锁相环路。数字锁相环原理如图 7-12 所示。它由信号钟、控制器、分频器、相位比较器等组成。

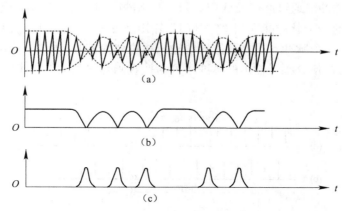

图 7-11　从 2PSK 信号中提取位同步信息

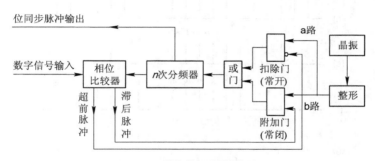

图 7-12　数字锁相环原理框图

若接收码元的速率为 $f = 1/T$ ，那么振荡器频率设定在 nf，经整形电路之后，输出周期性脉冲序列，其周期 $T_0 = 1/(nf) = T/n$ 。控制器包括图中的扣除门（常开）、附加门（常闭）和 "或门"，它根据比相器输出的控制脉冲（"超前脉冲" 或 "滞后脉冲"）对信号钟输出的序列实施扣除（或添加）脉冲。分频器是一个计数器，每当控制器输出 n 个脉冲时，它就输出一个脉冲。控制器与分频器共同作用的结果就调整了加至比相器的位同步信号的相位。这种相位前、后移的调整量取决于信号钟的周期，每次的时间阶跃量为 T_0，相应的相位最小调整量为 $\Delta = 2\pi T_0/T = 2\pi/n$ 。相位比较器将接收脉冲序列与位同步信号进行相位比较，以判别位同步信号究竟是超前还是滞后，若超前就输出超前脉冲，若滞后就输出滞后脉冲。其工作过程如图 7-13 所示。

由高稳定晶体振荡器产生的信号，经整形后得到周期为 T_0 和相位差 $T_0/2$ 的两个脉冲序列，如图 7-13（a）、（b）所示。脉冲序列（a）通过常开门、或门并经 n 次分频后，输出本地位同步信号，如图 7-13（c）所示。为了与发端时钟同步，分频器输出与接收到的码元序列同时加到相位比较器进行比相。如果两者完全同步，此时相位比较器没有误差信号，本地位同步信号作为同步时钟。如果本地位同步信号相位超前于接收码元序列时，相位比较器输出一个超前脉冲加到常开门（扣除门）的禁止端将其关闭，扣除一个（a）路脉冲（见图 7-13（d）），使分频器输出脉冲的相位滞后 $1/n$ 周期（$360°/n$），如图 7-13（e）所示。如果本地同步脉冲相位滞后于接收码元脉冲时，比相器输出一个滞后脉冲去打开"常闭门（附加门）"，使脉冲序列（b）中的一个脉冲能通过此门及或门。因为两脉冲序列（a）和（b）相差半个周期，所以脉冲序列（b）中的一个脉冲能插到"常开门"输出脉冲序列（a）中（见图 7-13（f）），使分频器输入端附加了一个脉冲，于是分频器的输出相位就提前 $1/n$ 周期，如图 7-13（g）所示。经过若干次调整后，使分频器输出的脉冲序列与接收码元序列达到同步的目的，即实现了位同步。

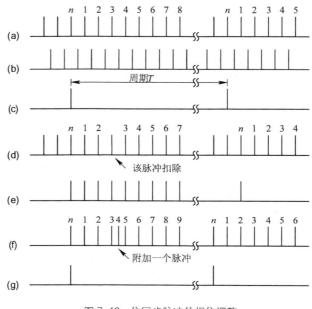

图 7-13　位同步脉冲的相位调整

7.2.2　位同步性能

与载波同步系统相似，位同步系统的性能指标主要有相位误差、同步建立时间、同步保持时间及同步带宽等。

（1）相位误差：位同步信号的平均相位和最佳取样点的相位之间的偏差称为静态相差。静态相差越小，误码率越低。

对于数字锁相法提取位同步信号而言，相位误差主要是由于位同步脉冲的相位在跳变地调整时所引起。因为调整一次，相位改变 $2\pi/n$（n 是分频器的分频次数），故最大的相位误差为 $2\pi/n$，用角度表示为 $360°/n$，可见，n 越大，最大的相位误差越小。

（2）同步建立时间：同步建立时间即为失去同步后重建同步所需的最长时间。通常要求同步建立时间要短。

（3）同步保持时间：当同步建立后，一旦输入信号中断，由于收发双方的固有位定时重复频率之间总存在频差 Δf，接收端同步信号的相位就会逐渐发生漂移，时间越长，相位漂移越大，直至漂移量达到某一准许的最大值，就算失步了。那么这个从含有位同步信息的接收信号消失开始，到位同步提取电路输出的正常位同步信号中断为止的这段时间称为位同步保持时间，同步保持时间越长越好。

（4）同步带宽：同步带宽是指位同步频率与码元速率之差。如果这个频差超过一定的范围，就无法使接收端位同步脉冲的相位与输入信号的相位同步。因此，要求同步带宽越小越好。

7.2.3 位同步性能对解调的影响

位同步的相位误差主要是造成位定时脉冲的位移，使抽样判决时刻偏离最佳位置。在前面几章推导的误码率公式都是在最佳抽样判决时刻得到的。当位同步存在相位误差时，必然使误码率 P_e 增大。以 2PSK 信号最佳接收为例，考虑到相位误差影响时，其误码率为

$$P_e = \frac{1}{4}\text{erfc}\sqrt{\frac{E}{n_0}} + \frac{1}{4}\text{erfc}\sqrt{E\left(1 - \frac{2T_e}{T}\right)/n_0} \tag{7.2-4}$$

其中，T 是码元宽度，T_e 是相位误差。

7.3 群同步

7.3.1 群同步方法

通常，若干个码元代表一个字母（符号、数字），而由若干个字母组成一个字，若干个字组成一个句。在传输数据时则把若干个码元组成一个个的码组，即一个个的"字"或"句"，通常称之为群或帧。群同步又称为帧同步。帧同步的任务是把字、句和码组区分出来。在时分多路传输系统中，信号是以帧的方式传送的。每一帧中包括许多路。接收端为了把各路信号区分开来，也需要帧同步系统。

为了解决帧同步中开头和结尾的时刻，即为了确定帧定时脉冲的相位，通常有两类方法：一类是在数字信息流中插入一些特殊码组作为每帧的头、尾标记，接收端根据这些特殊码组的位置就可以实现帧同步；另一类方法不需要外加特殊码组，用类似于载波同步和位同步中的自同步法，利用码组本身之间彼此不同的特性来实现自同步。我们主要讨论插入特殊码组实现帧同步。插入特殊码组实现帧同步的方法有两种：集中插入法和分散插入法。

1. 集中插入法

集中插入法又称为连贯插入法，它是指在每一信息群的开头集中插入作为群同步码组的特殊码组，该码组应在信息码中很少出现，即使偶尔出现，也不可能依照群的规律周期出现。接收端按群的周期连续数次检测该特殊码组，这样便获得群同步信息。

连贯插入法的关键是寻找实现群同步的特殊码组。对该码组的基本要求是：具有尖锐单峰特性的自相关函数；便于与信息码区别；码长适当，以保证传输效率。符合上述要求的特殊码组有：全 0 码、全 1 码、1 与 0 交替码、巴克码、电话基群帧同步码 0011011。目前常用的群同步码组是巴克码。

（1）巴克码。

巴克码是一种有限长的非周期序列。它的定义如下：一个 n 位长的码组 $\{x_1, x_2, x_3, \cdots, x_n\}$，其中 x_i 的取值为+1 或−1，若它的局部相关函数满足

$$R(j) = \sum_{i=1}^{n-j} x_i x_{i+j} = \begin{cases} n, & j = 0 \\ 0或\pm1, & 0 < j < n \\ 0, & j \geqslant n \end{cases} \qquad (7.3\text{-}1)$$

则称这种码组为巴克码，其中 j 表示错开的位数。目前已找到的所有巴克码组见表 7-1。其中的＋、－号表示 x_i 的取值为+1、−1，分别对应二进制码的 "1" 或 "0"。

表 7-1　　　　　　　　　　　　　　　　　　巴克码组

n	巴克码组
2	++ (11)
3	++− (110)
4	+++−(1110);　　　　++−+(1101)
5	+++−+(11101)
7	+++－－+－(1110010)
11	+++－－－+－－+－(11100010010)
13	+++++－－++－+－+(1111100110101)

以 7 位巴克码组 {+++－－+－} 为例，它的局部自相关函数如下：

当 j=0 时，$R(j) = \sum_{i=1}^{7} x_i^2 = 1+1+1+1+1+1+1 = 7$；

当 j=1 时，$R(j) = \sum_{i=1}^{7} x_i x_{i+1} = 1+1-1+1-1-1 = 0$。

同样可求出 j=3，5，7 时，$R(j) = 0$；j=2，4，6 时，$R(j) = -1$。根据这些值，利用偶函数性质，可以作出 7 位巴克码的 $R(j)$ 与 j 的关系曲线，如图 7-14 所示。由图可见，其自相关函数在 j=0 时具有尖锐的单峰特性。这一特性正是连贯式插入群同步码组的主要要求之一。

（2）巴克码识别器。

仍以 7 位巴克码为例。用 7 级移位寄存器、相加器和判决器就可以组成一个巴克码识别器，如图 7-15 所示。当输入码元的 "1" 进入某移位寄存器时，该移位寄存器的 1 端输出电平为+1，0 端输出电平为−1。反之，进入 "0" 码时，该移位寄存器的 0 端输出电平为+1，1 端输出电平为−1。各移位寄存器输出端的接法与巴克码的规律一致，这样识别器实际上是对输入的巴克码进行相关运算。当一帧信号到来时，首先进入识别器的是群同

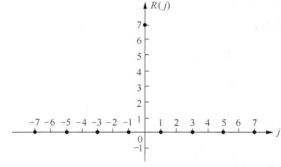

图 7-14　7 位巴克码的自相关函数

步码组，只有当 7 位巴克码在某一时刻（见图 7-16（a）中的 t_1）正好已全部进入 7 位寄存器时，7 位移位寄存器输出端都输出+1，相加后得最大输出+7，其余情况相加结果均小于+7。若判别器的判决门限电平定为+6，那么就在 7 位巴克码的最后一位 0 进入识别器时，识别器输出一个同步脉冲表示群的开头，如图 7-16（b）所示。

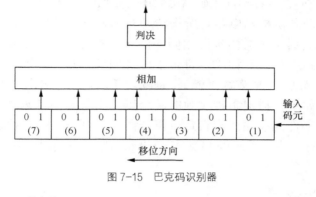

图 7-15　巴克码识别器

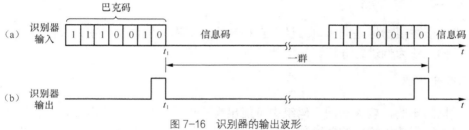

图 7-16　识别器的输出波形

2．分散插入法

分散插入法又称为间隔式插入法，它是将群同步码以分散的形式均匀插入信息码流中。这种方式比较多地用在多路数字电路系统中，如 PCM 24 路基群设备以及一些简单的 DM 系统一般都采用 1、0 交替码型作为帧同步码间隔插入的方法，如图 7-17 所示。即一帧插入"1"码，下一帧插入"0"码，如此交替插入。由于每帧只插一位码，那么它与信码混淆的概率则为 1/2，这样似乎无法识别同步码，但是这种插入方式在同步捕获时我们不是检测一帧两帧，而是连续检测数十帧，每帧都符合"1"、"0"交替的规律才确认同步。

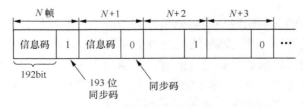

图 7-17　PCM 24 路和 DM 通信系统通常采用的等间隔分散插入方式

分散插入的最大特点是同步码不占用信息时隙，每帧的传输效率较高，但是同步捕获时间较长，它较适合于连续发送信号的通信系统。若是断续发送信号，每次捕获同步需要较长的时间，反而降低效率。

间歇式插入法的缺点是当失步时，同步恢复时间较长，因为如果发生了群失步，则需要逐个码位进行比较检验，直到重新收到群同步的位置，才能恢复群同步。此法的另一缺点是设备较复杂，因为它不像连贯式插入法那样，群同步信号集中插入在一起，而是要将群同步在每一子帧里插入一位码，这样群同步码编码后还需要加以存储。

分散插入常用滑动同步检测电路。所谓滑动检测，它的基本原理是接收电路开机时处于捕捉状态，当收到第 1 个与同步码相同的码元，先暂认为它就是群同步码，按码同步周期检测下一帧相应位码元，如果也符合插入的同步码规律，则再检测第 3 帧相应位码元，如果连续检测 M 帧（M 为数十帧），每帧均符合同步码规律，则同步码已找到，电路进入同步状态。如果在捕捉态接收到的某个码元不符合同步码规律，则码元滑动一位，仍按上述规律周期性地检测，看它是否符合同步码规律，一旦检测不符合，又滑动一位……如此反复进行下去。若一帧共有 N 个码元，则最多滑动（N-1）位，一定能把同步码找到。

7.3.2 群同步性能

群同步性能主要指标是同步可靠性（包括漏同步概率和假同步概率）及同步建立时间。下面以连贯插入法为例进行分析。

1. 漏同步概率

由于干扰的影响，接收的同步码组中可能出现一些错误码元，从而使识别器漏识已发出的同步码组，出现这种情况的概率称为漏同步概率，记为 P_1。漏同步概率与群同步的插入方式、群同步码的码组长度、系统的误码概率及识别器电路和参数选取等均有关系。对于连贯式插入法，设 n 为同步码组的码元数，P 为码元错误概率，m 为判决器允许码组中的错误码元最大数，则 $p^r(1-p)^{n-r}$ 表示 n 位同步码组中，r 位错码和 $(n-r)$ 位正确码同时发生的概率。当 $r \leq m$ 时，错码的位数在识别器允许的范围内，C_n^r 表示出现 r 个错误的组合数，所有这些情况，都能被识别器识别，因此未漏概率为 $\sum_{r=0}^{m} C_n^r p^r (1-p)^{n-r}$，故漏同步概率为

$$P_1 = 1 - \sum_{r=0}^{m} C_n^r p^r (1-p)^{n-r} \tag{7.3-2}$$

2. 假同步概率

假同步是指信息的码元中出现与同步码组相同的码组，这时信息码会被识别器误认为同步码，从而出现假同步信号。发生这种情况的概率称为假同步概率，记为 P_2。假同步概率 P_2 是信息码元中能判为同步码组的组合数与所有可能的码组数之比。设二进制数字码流中，1、0 码等概率出现，则由其组合成 n 位长的所有可能的码组数为 2^n 个，而其中能被判为同步码组的组合数显然也与 m 有关。如果错 0 位时被判为同步码，则只有 C_n^0 个（即 1 个）；如果出现 r 位错也被判为同步码的组合数为 C_n^r，则出现 $r \leq m$ 种错都被判为同步码的组合数为 $\sum_{r=0}^{m} C_n^r$，因而可得假同步概率为

$$P_2 = 2^{-n} \sum_{r=0}^{m} C_n^r \tag{7.3-3}$$

比较式（7.3-2）和式（7.3-3）可见，m 增大（即判决门限电平降低），P_1 减小，P_2 增大，所以两者对判决门限电平的要求是矛盾的。另外，P_1 和 P_2 对同步码长 n 的要求也是矛盾的，因此在选择有关参数时，必须兼顾二者的要求。CCITT 建议 PCM 基群帧同步码选择 7 位码。

3．同步平均建立时间

对于连贯式插入法，假设漏同步和假同步都不出现，在最不利的情况下，实现群同步最多需要一群的时间。设每群的码元数为 N（其中 n 位为群同步码），每码元的时间宽度为 T，则一群的时间为 NT。在建立同步过程中，如出现一次漏同步，则建立时间要增加 NT；如出现一次假同步，建立时间也要增加 NT，因此，帧同步的平均建立时间为

$$t_s \approx (1 + P_1 + P_2)NT \tag{7.3-4}$$

由于连贯式插入同步的平均建立时间比较短，因而在数字传输系统中被广泛应用。

7.4 网同步

7.4.1 网同步目的

数字通信网的发展，实现了数字传输和数字交换的综合。在一个由若干数字传输设备和数字交换设备构成的数字通信网中，网同步技术是必不可少的，它对通信系统的正常运行起决定性作用。任何数字通信系统均应在收发严格同步的状态下工作。就点对点通信而言，这个问题比较容易解决。但由点对多点或多点对多点构成的数字通信网，同步问题的解决就比较困难。在数字通信网中，虽然我们可以对所有的设备规定一个统一的数字速率，如 1 024kbit/s、2 048kbit/s、3 448kbit/s 等，但这只是一个标称值。由于时钟的不精确性和不稳定性，实际的数字速率与标称值总会有偏离。由此可见，数字通信网中具有相同标称速率的交换和传输设备之间，必然存在时钟速率差，从而导致滑码，其结果破坏接收系统帧结构的完整性，致使通信中断。因此在数字通信网中，必须采取措施，实现网同步。

7.4.2 网同步方法

对网同步的最基本要求是：（1）长期的稳定性。当一部分发生故障时，对其他部分的影响最小。（2）具有较高的同步质量。（3）适应于网络的扩展。典型的网同步方法可以分为两大类：准同步法和同步法。

1．准同步法

准同步法中各交换节点的时钟彼此是独立的，但它们的频率精度要求保持在极窄的频率容差之中，各节点设立一个高精度的时钟（采用铯原子钟，频率精度达 10^{-12}）。这样，滑动的影响就可以忽略不记，网络接近于同步工作状态。

准同步工作方式的优点是：网络结构简单，各节点时钟彼此独立工作，节点之间不需要有控制信号来校准时钟精度；网络的增设和改动都很灵活。准同步方式的缺点是：不论时钟的精度有多高，由于各节点是独立工作的，所以在节点入口处总是要产生周期性滑动（CCITT 规定滑动周期大于 70 天一次）；原子钟需要较大的投资和高的维护费用。目前，国际网络采用准同步方式。

2．同步法

同步法分为主从同步、相互同步及主从相互同步 3 种。

（1）主从同步方式。

主从同步方式是指数字网中所有节点都以一个规定的主节点时钟作为基准（一般为铯钟），主节点之外的所有节点或者从直达的数字链路上接收主节点来的定时基准，或者是从经过中间节点转发后的数字链路上接收主节点来的定时基准，然后把交换节点的本地振荡器相位锁定到所接收的定时基准上，使节点时钟从属于主节点时钟。

其主要优点是：能避免准同步网中固有的周期性滑动；只需要较低频率精度的锁相环路，降低了费用；控制简单，特别适用于星形或树形网。其主要缺点是：系统采用单端控制，任何传输链路中的抖动及漂移都将导致定时基准的抖动和漂移。这种抖动将沿着传输链路逐段累积，直接影响数字网定时信号的质量。而且，一旦主节点基准时钟和传输链路发生故障，将造成从节点定时基准的丢失，导致全系统或局部系统丧失网同步能力。因此，主节点基准时钟须采用多重备份以提高可靠性。

（2）相互同步方式。

相互同步技术是指数字网中没有特定的主节点和时钟基准，网中每一个节点的本地时钟，通过锁相环路受所有接收到的外来数字链路定时信号的共同加权控制。因此，节点的锁相环路是一个具有多个输入信号的环路，而相互同步网构成将多输入锁相环相互连接的一个复杂的多路反馈系统。

其主要优点是：当某些传输链路或节点时钟发生故障时，网络仍然处于同步工作状态；可以降低节点时钟频率稳定度的要求，使设备较便宜。其主要缺点是：由于系统稳定频率的不确定性，很难与其他同步方式兼容。而且，由于整个同步网构成一个闭路反馈系统，系统参数的变化容易引起系统性能变坏，甚至引起系统不稳定。

（3）主从相互同步方式。

这种同步方式将数字网中所有节点分级，网中设立一个主基准时钟，级与级之间的同步方式采用主从同步方式，同级之间的节点通过传输链路连接，采用相互同步方式。全网各节点的时钟频率都锁定在主时钟频率上。这种方式具有主从和相互同步的优点，但控制技术复杂程度和相互同步方式相当。

7.5　MATLAB/Simulink 载波同步建模与仿真

7.5.1　平方环法载波同步建模与仿真

根据第 3 章原理构建一个 AM 调制/相干解调系统，相干解调所用载波用平方环法恢复。系统模型如图 7-18 所示。

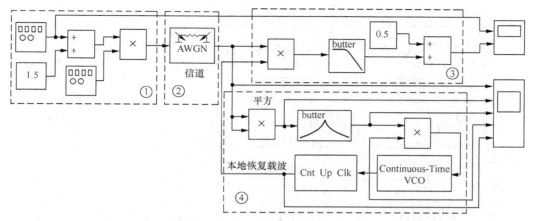

图 7-18 AM 调制/相干解调系统仿真模型（平方环法载波同步恢复）

图 7-18 中第①虚线框所围部分为调制，第②虚线框所围部分为高斯噪声信道，第③虚线框所围部分为相干解调，第④虚线框所围部分为载波同步恢复部分。调制部分被调信号为振幅 1V、频率 1kHz 正弦波，载波频率为 10kHz，调幅指数为 2/3。高斯信道噪声方差设为 0.01。相干解调部分低通滤波器截止频率为 1kHz，加法器的目的是为了去直流。载波同步恢复部分带通滤波器的下限截止频率为 19kHz，上限截止频率为 21kHz。VCO 输出信号的振幅为 1V，中心频率可设为 20.3kHz，压控灵敏度可设为 4 000Hz/V。计数器设为二进制计数，用来进行二分频。系统仿真步进设为 10^{-6}。以上参数设置完成后，可按仿真按钮启动仿真，仿真结果如图 7-19 和图 7-20 所示。由图 7-19 可知，经相干解调后可输出原始基带信号。由图 7-20 可知，信号传输后信号中已混有白噪声，VCO 输出信号是原始载波的二倍频信号，经二分频即得与原始载波同步同相的信号。

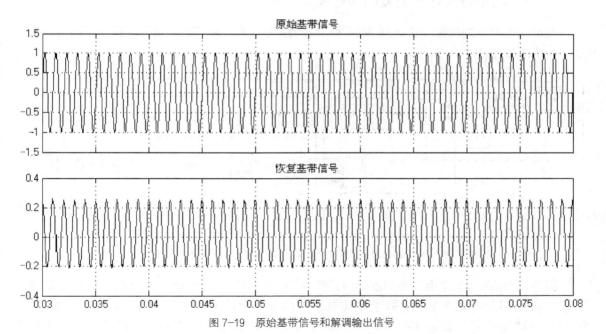

图 7-19 原始基带信号和解调输出信号

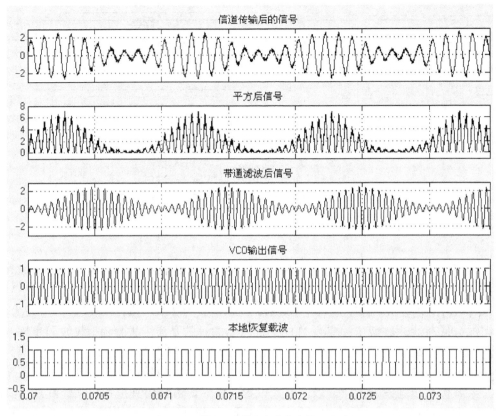

图 7-20　载波同步恢复部分各点信号波形

7.5.2　科斯塔斯环法载波同步建模与仿真

根据第 3 章原理构建一个 AM 调制/相干解调系统，相干解调所用载波用科斯塔斯环法恢复。系统模型如图 7-21 所示。

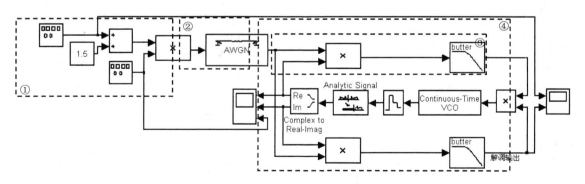

图 7-21　AM 调制/相干解调系统仿真模型（科斯塔斯环法载波同步恢复）

图 7-21 中第①虚线框所围部分为调制，第②虚线框所围部分为高斯噪声信道，第③虚线框所围部分为相干解调，第④虚线框所围部分为载波同步恢复部分，即科斯塔斯环。调制部分被调信号为振幅 1V、频率 1kHz 正弦波，载波频率为 10kHz，调幅指数为 2/3。

高斯信道噪声方差设为 0.01。相干解调部分低通滤波器截止频率为 1kHz。科斯塔斯环中的低通滤波器是截止频率为 2kHz 的二阶低通。VCO 输出信号的振幅为 1V，中心频率可设为 10.15kHz，压控灵敏度可设为 1 000Hz/V。VCO 输出信号的 90° 移相是通过希尔伯特变换来完成的。由于希尔伯特变换是在离散时间域中实现的，故 VCO 的输出首先需要通过采样进行离散化，采样时间间隔设置等于系统仿真步进，即 10^{-6} s。希尔伯特变换是通过解析信号模块 Analytic Signal 来实现的，该模块的输出信号 $y(t)$ 是一个复信号，称为输入信号的解析信号，其实部为输入信号 $x(t)$，虚部为输入信号的希尔伯特变换 $\hat{x}(t)$，即

$$y(t) = x(t) + j\hat{x}(t)$$

希尔伯特变换的功能是将输入信号中的全部频率分量均移相 $-\pi/2$ 之后的合成信号作为输出。对于正弦信号，其结果就是将其移相 $-\pi/2$ 弧度。最后通过 Complex to Real-Imag 模块将解析信号的实部和虚部分离出来，得到一对相互正交的正弦输出。Analytic Signal 模块的设置参数为进行希尔伯特变换的 FIR 滤波器的阶数，通常使用默认值即可。示波器之一用于观察 VCO 输出的正交信号并和发送载波进行对比，示波器之二用来对比发送的基带信号和解调输出信号。

仿真执行后两示波器显示结果如图 7-22 和图 7-23 所示。

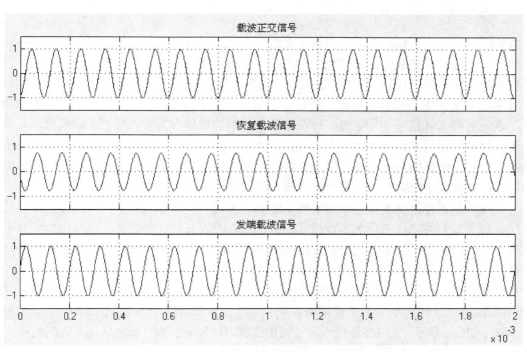

图 7-22　VCO 输出的正交信号和发送载波信号

由图 7-22 可知，VCO 输出的恢复载波与发送载波接近反相位，如果改变 VCO 的初始相位值可以使它们相位接近同相，这就是环路输出载波的相位模糊现象。由图 7-23 可知，经相干解调后可输出原始基带信号。

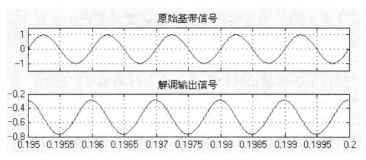

图 7-23　发送的基带信号和解调输出信号

小　　结

1．同步的分类

同步是使接收信号与发射信号保持正确节拍，从而能正确地提取信息的一种技术；是通信系统中重要的、不可缺少的部分。同步方法可分为外同步和自同步两类。同步内容包括载波同步、位同步、帧同步和网同步。

2．载波同步

载波同步其实就是载波提取，即在接收端恢复载波以用于相干解调。插入导频法是载波同步的一类方法，有频域插入和时域插入两种。频域插入时，导频就是指专门设置的、含有载波信息的单频信号。工作时应把它插入到信号频谱零点位置上，以使得相互影响尽可能小；在接收端以窄带 BPF 析出，再用于相干解调。由于导频分量不大，因而不会引起明显的功率损耗，这是它与 AM 信号不同之处。也可以载波频率的倍频作为插入导频；在接收端，只需相应地分频即可得到恢复载波。不论采用什么方法，导频的插入都不应越出信号频谱范围，以免增大带宽。时域插入时，在一帧中专设一个时隙用于传输载波信息，在接收端，只需相应地取出，再展宽于全帧时间即可。时域插入也可同样用于位同步、帧同步。

直接法就是直接从接收信号中提取恢复载波的方法，包括非线性变换—滤波法和特殊锁相环法。对于像 DSB-SC 那样的接收信号，并不存在载波分量，因而需采用非线性变换来产生载频分量，后再以窄带 BPF 滤出，这就是非线性变换—滤波法。平方变换法就是一种非线性变换，它产生倍频分量 $2\omega_c$，再二分频即可得到载频分量 ω_c。平方环法是以锁相环取代平方变换法中的 BPF，性能更佳。特殊锁相环的典型是科斯塔斯环，又称为同相正交环。它除了可提取载波外，还有解调功能，且工作频率为 ω_c，比平方变换法低。平方变换法和同相正交环可用于 DSB、2PSK 信号。对 4PSK 信号，可采用四次方器件或四相科斯塔斯环，依此类推。

载波同步中的一个重要问题是相位模糊，对 2PSK 又称倒 π 现象。为克服这个问题，应采用 DPSK。

3．位同步

位同步是要找到与接收码元位置相对应的一系列脉冲。从抽样判决要求看，位同步脉冲（用作抽样脉冲）应出现于接收码元波形的最大值瞬间。此外，位同步还用于码反变换、帧同步等单元中。与载波同步一样，位同步的方法也可分为插入导频法和直接法两类。不同之处在于：载波同步是在已调信号层面上进行，而位同步是在基带信号层面上进行，例如：位同步的导频信号应在基带信号频谱零点处插入；而载波导频则应在已调信号频谱零点处插入。

4．帧同步

帧同步又称为群同频，在接收端位同步之后出现。其功能是对接收端已解调、并抽样判决整形后的一系列串行码元（比特）流进行群组识别，即分清哪些码元组成某一个群组，或者说识别每个群组的起止点。帧同步的方法也可分为自同步和外同步两类。在外同步法中，起止式同步法用于电传报，间隔式插入法用于 T1 PCM 系统等，连贯式插入法的应用最为广泛。

5．网同步

在数字通信网中，必须采取措施实现网同步。常用的网同步方法有准同步法和同步法，同步法中又有主从同步方式、相互同步方式、主从相互同步方式等多种同步方式。

6．MATLAB/Simulink 载波同步建模与仿真

通过 AM 调制/相干解调系统的模型构建、参数设置及仿真，分别用平方环法和科斯塔斯环法实现载波同步恢复。

习　题

7-1．如图 7-24 所示的插入导频法发端方框图中，$a_c \sin \omega_c t$ 不经 90° 相移，直接与已调信号相加输出，试证明接收端的解调输出中还有直流分量。

7-2．已知单边带信号的表达式为 $s(t) = m(t)\cos\omega_c t + \bar{m}(t)\sin\omega_c t$，试证明不能用图 7-25 所示的平方变换法提取载波。

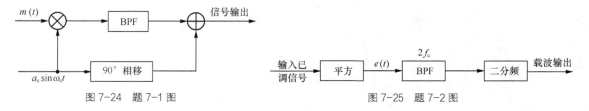

图 7-24　题 7-1 图　　　　　　　　　　图 7-25　题 7-2 图

7-3．正交双边带调制的原理方框图如图 7-26 所示，试讨论载波相位误差 φ 对该系统有哪些影响。

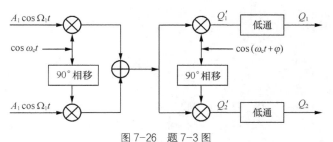

图 7-26　题 7-3 图

7-4．传输速率为 1kbit/s 的一个通信系统，设误码率为 10^{-4}，群同步采用连贯式插入的方法，同步码组的位数 $n=7$，试分别计算 $m=0$ 和 $m=1$ 时漏同步概率 p_1 和假同步概率 p_2 各为多少。若每群中的信息位为 153，估计群同步的平均建立时间。

7-5．设数字传输系统中的群同步采用 7 位长的巴克码（1110010），采用连通式输入法。

（1）试画出群同步码识别器原理方框图。

（2）若输入二进制序列为 01011100111100100，试画出群同步码识别器输出波形（设判决门限电平为 4.5）。

7-6．若 7 位巴克码组的前后全为"1"序列加于如图 7-27 所示的码元输入端，且各移存器的初始状态均为 0，试画出识别器的输出波形。

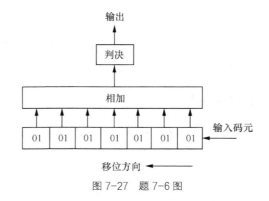

图 7-27　题 7-6 图

7-7．构建一个抑制载波的双边带调制解调系统，相干解调所用载波用平方环法恢复。被调信号为 100Hz 正弦波，载波频率为 1kHz。

7-8．构建一个抑制载波的双边带调制解调系统，相干解调所用载波用科斯塔斯环法恢复。被调信号为 100Hz 正弦波，载波频率为 1kHz。

第 **8** 章 信道编码

在实际信道上传输数字信号时，由于信道传输特性不理想及加性噪声的影响，接收端所收到的数字信号不可避免地会发生错误。必须采用信道编码（差错控制编码）将误比特率进一步降低，以满足系统指标要求。所谓信道编码就是在要传输的信息序列中增加一些称之为监督码元的码元，使之在接收端能够发现传输过程是否有错并予以纠正。

本章主要介绍二进制信道编码技术的一些基本概念，主要是线性分组码、循环码和卷积码。

8.1 信道编码基本概念

8.1.1   信道编码的检错、纠错原理

要纠正传输过程中产生的错码，首先要知道所接收到的码是否有错误。发现错码的基本方法是：在发送端被传输的信息序列上附加一些监督码元，这些多余的码元与信息码元之间以某种确定的规则相关联。接收端按照既定的规则检验信息码元与监督码元之间的关系。一旦传输过程出现差错，则信息码元与监督码元之间的关系将受到破坏，从而可以发现错误甚至纠正错误。下面以具体例子说明这一原理。

设要传输气象消息"雨"和"晴"。

第 1 种方法是用 1 个比特来表示：1 表示"雨"，0 表示"晴"。1 和 0 这两个码字之间只有一位差别。在信道噪声干扰下，如果 1 误传为 0 或者 0 误传为 1，在接收端都无法识别已经发生的错误，因为不管是 1 还是 0 都是预先约定好的码字。在发送 1 的情况下，收到 0，接收端会以为发送端发送的本来就是 0，因为发送端发 1 或 0 的可能都是存在的，因此接收端会把错误的 0 接收下来。这种情况下，接收端收到的信息将是错误的。反之亦然。因此，用一位编码来传输这个消息是发现不了错误的，即无检错能力，至于纠错能力更无从谈起了。

第 2 种方法是用两个比特来表示：11 表示"雨"，00 表示"晴"。11 和 00 这两个码字之间有两位差别。在信道噪声干扰下，使发送的码字（11 或 00）中有一位发生错误，即接收端收到 10 或 01，这时接收端会发现在预先约定好的码字（许用码）中并不存在这样的码字（这就是禁用码）。于是接收端就可以判断必然是传输中出现了错误，但接收端却无法判断发送端原来发送的是 11 还是 00，因为收到的 10 有可能是 11 错第 2 个比特得到，

也有可能是 00 错第 1 个比特而得到，同样道理，收到的 01 有可能是 11 错第 1 个比特得到，也有可能是 00 错第 2 个比特而得到。而第 1 个比特出错与第 2 个比特出错的概率是一样的。因此，这种情况下，能够检测错误，但不能纠正错误。另外，如果在信道噪声干扰下，使发送的码字（11 或 00）中两个比特都发生错误，即发送 11，收到 00，或者发送 00，收到 11，那么，在这种情况下将无法检测出错误，更谈不上纠正错误了。因此，用两位编码来传输这个消息，只能检测一个比特的错误，无法检测两个比特的错误，而且无纠错能力。

第 3 种方法是用 3 个比特来表示：111 表示"雨"，000 表示"晴"。111 和 000 这两个码字之间有 3 位差别。在信道噪声干扰下，假定接收端收到 110、101、011 或 001、010、100，接收端可以很容易地判断是传输出现了错误。因为这些码字都不是预先约定好的码字（许用码），而是禁用码。这些码字可能是错一位造成的，也有可能是错两位造成的，如 110 可能是 111 错第 3 比特而得到，也有可能是 000 错了第 1 和第 2 比特而得到的。因此，这种方法可以发现两个比特的错误。但考虑到出现一个比特错误的概率比出现两个比特错误的概率要大得多，因此一般认为是错一个比特造成的，据此就可判断收到 110 时，发送的码字是 111，同理可判断收到 101、011 时，发送的码字也是 111，而收到 001、010、100 时，可判断发送的码字为 000，也就是能够纠正 1 个比特的错误。

由上述的例子看到，单就表示"雨""晴"这两条消息而言，用一个比特就够了。但为了消息的可靠传输，即能够在接收端发现错误并纠正错误，必须增加多余的码元，使两个码字之间不同位数增多。两个码字之间不同的位数越多，其检错纠错能力越强。

8.1.2 码长、码重、码距、编码效率

原始数字信息是分组传输的，以二进制编码为例，每 k 个二进制为一组，称为信息组，经信道编码后转换为每 n 个二进制位为一组的码字，码字中的二进制位称为码元。码字中监督码元数为 $n-k$。

一个码字中码元的个数称为码字的长度，简称为码长，通常用 n 表示，如码字 11011，其码长 $n=5$。

码字中 1 码元的个数称为码字的重量，简称码重，通常用 W 表示。例如码字 10001，它的码重 $W=2$。

一个码组中任意两个码字之间的对应位上码元取值不同的个数称为这两个码字的海明（Hamming）距离，简称为码距，通常用 d 表示。如码字 10001 和 01101，有 3 个位置的码元不同，所以码距 $d=3$。

在一个码组中各码字之间的距离不一定都相等。称码组中最小的码距为最小码距，用 d_{min} 表示，它决定了一个码组的纠、检错能力，因此是极重要的参数。

信息码元数与码长之比定义为编码效率，通常用 η 来表示，其表达式为

$$\eta = \frac{k}{n} = \frac{n-r}{n} = 1 - \frac{r}{n}$$

编码效率是衡量码组性能的又一个重要参数。编码效率越高，传信率越高，但此时纠、检错能力会降低，当 $\eta=1$ 时就没有纠、检错能力了。

8.1.3 最小码距与检纠错能力的关系

最小码距 $d_{\min}$ 决定了码组的检纠错能力。它们之间的关系如下：

（1）当码组仅用于检测错误时，若要求检测 e 个错误，则最小码距为

$$d_{\min} \geqslant e+1$$

（8.1-1）

（2）当码组仅用于纠正错误时，为纠正 t 个错误，要求最小码距为

$$d_{\min} \geqslant 2t+1$$

（8.1-2）

（3）当码组既要检错，又要纠错时，为纠正 t 个错误，同时检测 e 个错误（$e>t$），则要求最小码距为

$$d_{\min} \geqslant t+e+1$$

（8.1-3）

下面举例说明给定码距时，如何根据以上关系来确定码组的检纠错能力。仍以发送消息"雨""晴"为例，假定用第 4 种方法来编码：用 1111 代表"雨"，用 0000 代表"晴"，每个码字中 1 个码元是信息码，另 3 个码元是监督码。码组中只有两个码字 1111 和 0000，两个码字间的距离就是最小码距，所以这个码组的最小码距 $d_{\min}=4$。

当此码组只用于检错目的时，那么根据式（8.1-1），$d_{\min} \geqslant 3+1$，所以此码组最多可检测出 3 个错误。如发送 1111，传输中发生 3 位错误变成 0001、0010、0100 或 1000，由于这 4 个码字为禁用码，所以接收端能检测错误。但它无法检测大于 3 个的错误，如发生 4 个错误时，发送 1111 时会收到 0000，由于 0000 也是许用码组，接收端收到 0000 时会认为没有错误，从而将接收错误的信息。

当此码组只用于纠错时，那么根据式（8.1-2），$d_{\min} \geqslant 2 \times 1+1$，所以此码组最多只能纠正 1 位错误。如发送 1111，传输中发生一位错误，变成 1110、1101、1011 或 0111，由于这些码字与 1111 的距离小，接收端将它们还原为 1111，这样，接收码字中的 1 位错误得到纠正。如果传输过程中发生两位错误，如 1111 错成 1100，接收端只知道有错，但无法知道是 1111 错成 1100 还是 0000 错成 1100，因此无法纠正错误。

当此码组用于既能检错又能纠错的系统时，根据式（8.1-3），$d_{\min} \geqslant 1+2+1$，所以此码组能纠 1 位错误的同时又能检测 2 位错误。如发送 1111，传输中发生 1 位错误，错成 1110，接收端将纠正成 1111，这 1 位错误得到纠正。若码字发生两位错误，错成 1100，接收端能发现错误，但无法纠正。若码字发生 3 位错误，错成 1000，由于系统有纠错功能，因此这种情况发生时，系统将把 1000 纠正成 0000，而将无法发现 3 位错误。可见，码距为 4 的码组用于纠错的同时检错，将无法检测 3 位错误，这与只用于检错的情况是不一样的。

8.1.4 信道编码分类

信道编码有许多分类方法。

（1）根据码的用途，可分为检错码和纠错码。以检测错误为目的的码称为检错码。以纠正错误为目的的码称为纠错码。纠错码一定能检错，但检错码不一定能纠错。通常将检纠错码统称为纠错码。

（2）根据信息码元和附加的监督码元之间的关系可分为线性码和非线性码。若监督码元与信息码元之间的关系可用线性方程来表示，即监督码元是信息码元的线性组合，则称为线性码。反之，若两者不存在线性关系，则称为非线性码。

（3）根据对信息码元处理的方法来分可分为分组码和卷积码。分组码的监督码元仅与本组的信息码元有关；卷积码中的监督码元不仅与本组信息码元有关，而且还与前面若干组的信息码元有关，因此卷积码又称为连环码。线性分组码中，把具有循环移位特性的码称为循环码，否则称为非循环码。

（4）根据码字中信息码元在编码前后是否相同可分为系统码和非系统码。编码前后信息码元保持原样不变的称为系统码，反之称为非系统码。

（5）根据纠（检）错误的类型可分为纠（检）随机错误码、纠（检）突发错误码和既能纠（检）随机错误同时又能纠（检）突发错误码。

（6）根据码元取值的进制可分为二进制码和多进制码。本章仅介绍二进制码。

8.1.5　差错控制方式

常用的差错控制方式主要有 3 种：前向纠错（FEC）、检错重发（ARQ）和混合纠错（HEC）。它们所对应的差错控制系统如图 8-1 所示。

前向纠错又称自动纠错。在这种系统中，发端发送纠错码，收端译码器自动发现并纠正错误。FEC 的特点是不需要反向信道，实时性好，FEC 适合于要求实时传输信号的系统，但编码、译码电路相对较复杂。

检错重发又称自动请求重发。在这种系统中，发端发送检错码，通过正向信道送到收端，收端译码器检测收到的码字中有无错误。如果接收码字中无错误，则向发送端发送确认信号 ACK，告诉发送端此码字已正确接收；如果收到的码字中有错误，收端不向发送端发送确认信号 ACK，发送端等待一段时间后再次发送此码字，一直到正确接收为止。ARQ 的特点是需要反向信道，编码、译码设备简单。ARQ 适合于不要求实时传输但要求误码率很低的数据传输系统。

混合纠错是 FEC 与 ARQ 的混合。发端发送纠、检错码，通过正向信道送到收端，收端对能纠正的错误自动纠正，纠正不了时等待发送端重发。HEC 同时具有 FEC 的高传输效率，ARQ 的低误码率及编码、译码设备简单等优点。但 HEC 需要反向信道，实时性差，所以不适合于实时传输信号。

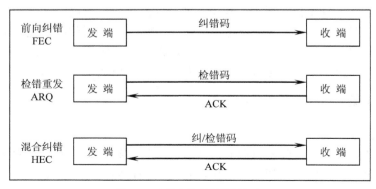

图 8-1　3 种主要差错控制方式

8.2　常用检错码

检错码是用于检测错误的码，在 ARQ 系统中使用。这里介绍几种常用的检错码，这些码虽然简单，但由于易于实现，检错能力较强，因此实际系统中应用比较广泛。

8.2.1　奇偶校验码

奇偶校验码是一种最简单也是最基本的检错码。其编码方法是把信息码元先分组，然后在每组的最后加 1 位监督码元，使该码字中 1 的个数为奇数或偶数，为奇数时称为奇校验码，为偶数时称为偶校验码。它的码字可以表示为 $C = (m_{n-1}\ \ m_{n-2}\ \cdots\ m_0\ \ b)$，其中 $m = (m_{n-1}\ \ m_{n-2}\ \cdots\ m_0)$ 为信息组，而 b 是监督码元。

如果是偶校验码，监督码元和信息码元的关系可用下式表示为

$$b = m_{n-1} \oplus m_{n-2} \oplus \cdots \oplus m_0 \tag{8.2-1}$$

例如 $m = (0\ 1\ 0\ 1)$，监督码元 $b = 0 \oplus 1 \oplus 0 \oplus 1 = 0$，码字为 $C = (0\ 1\ 0\ 1\ 0)$；$m = (0\ 1\ 1\ 1)$ 时的码字为 $C = (0\ 1\ 1\ 1\ 1)$ 等。

如果是奇校验码，监督码元和信息码元的关系可用下式表示为

$$b = m_{n-1} \oplus m_{n-2} \oplus \cdots \oplus m_0 + 1 \tag{8.2-2}$$

例如 $m = (0\ 1\ 0\ 1)$，监督码元 $b = 0 \oplus 1 \oplus 0 \oplus 1 + 1 = 1$，码字为 $C = (0\ 1\ 0\ 1\ 1)$；$m = (0\ 1\ 1\ 1)$ 时的码字为 $C = (0\ 1\ 1\ 1\ 0)$ 等。

因为码字 $C = (c_{n-1}\ \ c_{n-2}\ \cdots\ c_1\ \ c_0) = (m_{n-1}\ \ m_{n-2}\ \cdots\ m_0\ \ b)$，因此由式（8.2-1）可得

$$c_{n-1} \oplus c_{n-2} \oplus \cdots \oplus c_1 \oplus c_0 = 0 \tag{8.2-3}$$

这就是偶校验的校验方程。

由式（8.2-2）可得

$$c_{n-1} \oplus c_{n-2} \oplus \cdots \oplus c_1 \oplus c_0 = 1 \tag{8.2-4}$$

这就是奇校验的校验方程。

在传输过程中，若码字的一位或奇数位发生错误，则校验方程（8.2-3）和（8.2-4）的监督关系将受到破坏。在接收端利用这一关系对接收的码字用校验方程进行验算，可以发现这种错误。

奇偶校验的编码效率为 $(n-1)/n$，当 n 比较大时，接近于 1。这种编码效率比较高。但它只能发现一位或奇数位错误而不能纠正。

8.2.2　行列奇偶校验码

行列奇偶校验码又称二维奇偶校验码或矩阵码。编码时首先将信息排成一个矩阵，然后对每一行、每一列分别进行奇校验或偶校验编码。编码完成后可以逐行传输，也可以逐列传输。译码时分别检查各行、各列的奇偶监督关系，判断是否有错。一个行列偶校验的例子见

表 8-1。

表 8-1　　　　　　　　　　　　　　　　行列奇偶校验

	信　息　码　元										行偶校验
信息码元	1	0	0	0	1	1	1	0	0	1	1
	0	1	1	0	1	0	0	0	1	1	1
	0	0	0	1	0	1	1	1	0	0	0
	1	0	0	0	1	0	0	0	0	0	0
	0	0	0	1	1	0	1	1	0	1	1
	0	1	1	1	0	0	1	0	0	0	0
	0	1	1	0	1	0	1	0	0	1	1
列偶校验	0	1	1	1	1	0	1	0	1	0	0

　　行列校验码字的右下角这个码元可以对行进行校验，也可以对列进行校验，甚至可以对整个码字进行校验。行列校验码具有较强的检测随机错误的能力，能发现 1、2、3 及其他奇数个错误，也能发现大部分偶数个错误，但分布在矩形的 4 个顶点上的偶数个错误无法发现。行列校验码的编码效率为

$$\eta = \frac{kp}{(k+1)(p+1)} \tag{8.2-5}$$

8.2.3　恒比码

　　恒比码又称为等重码或等比码。这种码的码字中 1 和 0 的位数保持恒定的比例。由于每个码字的长度是相同的，若 1 和 0 恒比，则码字必等重。这种码在收端进行检测时，只要检测码字中 1 的个数是否与规定的相同，就可判别有无错误。

　　在我国用电传机传输汉字时，只使用阿拉伯数字代表汉字。每个汉字用 4 位阿拉伯数字表示，每个阿拉伯数字又用 5 位二进制符号构成的码组表示。这时采用的保护电码就是 "3:2" 或称 "5 中取 3" 的恒比码，即每个码组的长度为 5，其中 "1" 的个数总是 3，而 "0" 的个数总是 2，见表 8-2。可能编成的不同码字数等于从 5 中取 3 组合数＝10。10 种许用码恰好可用来表示 10 个阿拉伯数字。

表 8-2　　　　　　　　　　　　　　　　恒比码示例

数 字 字 符	恒 比 码	数 字 字 符	恒 比 码
1	01011	6	10101
2	11001	7	11100
3	10110	8	01110
4	11010	9	10011
5	00111	0	01101

　　恒比码能够检测码字中所有奇数个错误及部分偶数个错误。该码的主要优点是简单。实践证明，采用这种码后，我国汉字电报的差错率大为降低。

8.3 线性分组码

8.3.1 线性分组码编码

既是线性码又是分组码的码称为线性分组码。监督码元仅与本组信息码元有关的码称为分组码，监督码元与信息码元之间的关系可以用线性方程表示的码称为线性码。因此，一个码字中的监督码元只与本码字中的信息码元有关，而且这种关系可以用线性方程来表示的就是线性分组码，通常表示为(n,k)。

下面以(7，3)分组码为例，讨论线性分组码的编码方法。(7，3)分组码码字长度为 7，一个码字内信息码元数为 3，用 $m=[m_2 m_1 m_0]$ 表示，监督码元数为 4，用 $b=[b_3 b_2 b_1 b_0]$ 表示。编码器的工作是根据收到的信息码元，按编码规则计算监督码元，然后将信息码元和监督码元构成码字输出。假定编码规则为

$$
\begin{aligned}
b_3 &= m_2 && + m_0 \\
b_2 &= m_2 + m_1 + m_0 \\
b_1 &= m_2 + m_1 \\
b_0 &= && m_1 + m_0
\end{aligned}
\tag{8.3-1}
$$

式中的+是模 2 加。当 3 位信息码元 $m_2 m_1 m_0$ 给定后，根据式（8.3-1）即可计算出 4 位监督码元 $b_3 b_2 b_1 b_0$，然后由这 7 位构成一个码字输出。

将式（8.3-1）改写成矩阵的形式为

$$
\begin{bmatrix} b_3 \\ b_2 \\ b_1 \\ b_0 \end{bmatrix} = \begin{bmatrix} 1 & 0 & 1 \\ 1 & 1 & 1 \\ 1 & 1 & 0 \\ 0 & 1 & 1 \end{bmatrix} \begin{bmatrix} m_2 \\ m_1 \\ m_0 \end{bmatrix} \xrightarrow{\text{或}} b^T = Q^T m^T \xrightarrow{\text{或}} b = mQ
\tag{8.3-2}
$$

式中，上标 T 表示矩阵的转置（即矩阵的行转换为列，列转换为行），Q 或 Q^T 为方程的系数矩阵：

$$
Q^T = \begin{bmatrix} 1 & 0 & 1 \\ 1 & 1 & 1 \\ 1 & 1 & 0 \\ 0 & 1 & 1 \end{bmatrix}, \qquad Q = \begin{bmatrix} 1 & 1 & 1 & 0 \\ 0 & 1 & 1 & 1 \\ 1 & 1 & 0 & 1 \end{bmatrix}
$$

可以把信息组置于监督码元的前面，也可以置于后面，这样结构的码均称作系统码；也可以把它们分散开交错排列，这样的码称为非系统码。系统码和非系统码在检纠错能力上是一样的，一般采用前者，于是得到一个系统码码字，即

$$
C = [m_2 m_1 m_0 \vdots b_3 b_2 b_1 b_0] = [m \vdots b] = [m \vdots mQ] = m[I_3 \vdots Q]
\tag{8.3-3}
$$

式中，I_3 为 3 阶单位矩阵。令

$$
G = [I_3 \vdots Q] = \begin{bmatrix} 1 & 0 & 0 & \vdots & 1 & 1 & 1 & 0 \\ 0 & 1 & 0 & \vdots & 0 & 1 & 1 & 1 \\ 0 & 0 & 1 & \vdots & 1 & 1 & 0 & 1 \end{bmatrix}
\tag{8.3-4}
$$

式（8.3-3）可表示为

$$C = m[I_3 \vdots Q] = mG \qquad (8.3\text{-}5)$$

式中 G 称为生成矩阵。当给定 G，对应一个输入的信息组 m，编码器输出一个码字。利用式（8.3-5）可以计算出 $2^3 = 8$ 个信息组的(7，3)分组码码字，见表 8-3。

表 8-3   **(7，3)码示例**

序号	信息码			码字						
	m_2	m_1	m_0	m_2	m_1	m_0	b_3	b_2	b_1	b_0
0	0	0	0	0	0	0	0	0	0	0
1	0	0	1	0	0	1	1	1	0	1
2	0	1	0	0	1	0	0	1	1	1
3	0	1	1	0	1	1	1	0	1	0
4	1	0	0	1	0	0	1	1	1	0
5	1	0	1	1	0	1	0	0	1	1
6	1	1	0	1	1	0	1	0	0	1
7	1	1	1	1	1	1	0	1	0	0

线性分组码有一个重要的特点：封闭性，即码组中任意两个码字对应位模 2 加后，得到的码字仍然是该码组中的一个码字。表 8-3 中，码字 0011101 和码字 1110100 对应位模 2 加得 1101001，这个码字也在表中。由于两个码字模 2 加所得的码字的码重等于这两个码字的距离，因此 (n,k) 线性分组码中两个码字之间的码距一定等于该分组码中某一非全 0 码字的重量。故线性分组码的最小码距必等于码组中非全 0 码字的最小码重。利用这一特点可以方便地求出线性分组码的最小码距，进而可确定线性分组码的检纠错能力。

8.3.2 线性分组码校验

接收端是如何发现错误并加以纠正的呢？下面就来讨论这个问题。

令码字 $C = [c_6 c_5 c_4 c_3 c_2 c_1 c_0]$，则 $c_6 = m_2$，$c_5 = m_1$，$c_4 = m_0$，$c_3 = b_3$，$c_2 = b_2$，$c_1 = b_1$，$c_0 = b_0$，由式（8.3-1）可得监督方程

$$\begin{cases} m_2 & +m_0 & +b_3 & & = & 0 \\ m_2 & +m_1 & +m_0 & +b_2 & = & 0 \\ m_2 & +m_1 & +b_1 & & = & 0 \\ & m_1 & +m_0 & +b_0 & = & 0 \end{cases} \qquad (8.3\text{-}6)$$

即

$$\begin{cases} c_6 & +c_4 & +c_3 & & = & 0 \\ c_6 & +c_5 & +c_4 & +c_2 & = & 0 \\ c_6 & +c_5 & +c_1 & & = & 0 \\ & c_5 & +c_4 & +c_0 & = & 0 \end{cases} \qquad (8.3\text{-}7)$$

写成矩阵形式有

$$
\begin{bmatrix}
1 & 0 & 1 & \vdots & 1 & 0 & 0 & 0 \\
1 & 1 & 1 & \vdots & 0 & 1 & 0 & 0 \\
1 & 1 & 0 & \vdots & 0 & 0 & 1 & 0 \\
0 & 1 & 1 & \vdots & 0 & 0 & 0 & 1
\end{bmatrix}
\begin{bmatrix}
c_6 \\ c_5 \\ c_4 \\ c_3 \\ c_2 \\ c_1 \\ c_0
\end{bmatrix}
= [Q^T \vdots I_4] C^T = O^T
\tag{8.3-8}
$$

式中，I_4 为 4 阶单位矩阵，O 为全 0 行矩阵。令

$$
H = [Q^T \vdots I_4] =
\begin{bmatrix}
1 & 0 & 1 & \vdots & 1 & 0 & 0 & 0 \\
1 & 1 & 1 & \vdots & 0 & 1 & 0 & 0 \\
1 & 1 & 0 & \vdots & 0 & 0 & 1 & 0 \\
0 & 1 & 1 & \vdots & 0 & 0 & 0 & 1
\end{bmatrix}
\tag{8.3-9}
$$

则式（8.3-8）可表示成

$$
HC^T = O^T \xrightarrow{\text{或}} CH^T = O
\tag{8.3-10}
$$

显然，所有的许用码字 C 都应当满足式（8.3-10）的监督关系。

设 R 为接收端接收到的码字，如果 $R = C$，则必有

$$
RH^T = CH^T = O
\tag{8.3-11}
$$

若式（8.3-11）不满足，则可判断 $R \neq C$，说明传输过程中码字发生了错误。可以利用这一关系来发现接收的码字是否为许用码字。为此，定义 R 的伴随式 S 为

$$
S = RH^T \xrightarrow{\text{或}} S^T = HR^T
\tag{8.3-12}
$$

设 $R = C + E$，其中 E 为信道的错误图样。则

$$
S = RH^T = (C + E)H^T = CH^T + EH^T = O + EH^T
\tag{8.3-13}
$$

因此

$$
S = EH^T \xrightarrow{\text{或}} S^T = HE^T
\tag{8.3-14}
$$

由式（8.3-14）可知，伴随式 S 和所发送的码字无关，只取决于信道的错误图样 E，这就意味着 S 含有信道的错误信息。因此，接收到码字 R 后，首先利用式（8.3-12）来计算伴随式 S，以便对信道的错误作出评估。假设接收到的码字为 $R = [r_6 r_5 r_4 r_3 r_2 r_1 r_0]$，则式（8.3-12）可展开成

$$
\begin{bmatrix}
s_3 \\ s_2 \\ s_1 \\ s_0
\end{bmatrix}
=
\begin{bmatrix}
1 & 0 & 1 & \vdots & 1 & 0 & 0 & 0 \\
1 & 1 & 1 & \vdots & 0 & 1 & 0 & 0 \\
1 & 1 & 0 & \vdots & 0 & 0 & 1 & 0 \\
0 & 1 & 1 & \vdots & 0 & 0 & 0 & 1
\end{bmatrix}
\begin{bmatrix}
r_6 \\ r_5 \\ r_4 \\ r_3 \\ r_2 \\ r_1 \\ r_0
\end{bmatrix}
\tag{8.3-15}
$$

例如，接收到的码字为 $R = [0111010]$，由式（8.3-15）可得 $S = (0000)$，这表明接收到的码字是一个许用码字；再如，接收到的码字为 $R = [0011010]$，计算可得 $S = (0111)$，这表明接收到的码字不是一个许用码字，传输过程中出现了错误。

8.3.3 线性分组码译码

上面已分析如何根据伴随式检测错误，接下来讨论如果有错，那么错在哪里，能否纠正，如何纠正。其实这 3 个问题中，只要第一个问题解决了，那么后面两个问题也就解决了。如果知道了错在哪里（即哪一位或哪几位出错了），因为是二进制传输，那就通过把这一位或这几位求反就能够纠正了。所以问题的关键是错误定位，即能否从伴随式 S 获得错误图样 $E = [e_6 e_5 e_4 e_3 e_2 e_1 e_0]$，如果能获得 E，那么根据 $R + E = C$ 就可恢复许用码组 C。

我们在上一小节例子的基础上继续讨论。上一小节我们假定接收到的码字为 $R = [0011010]$，计算可得 $S = (0111)$，表明接收到的码字是错的。

根据式（8.3-14）可得 $S^T = HE^T$，即

$$
\begin{bmatrix} 0 \\ 1 \\ 1 \\ 1 \end{bmatrix} = \begin{bmatrix} 1 & 0 & 1 & \vdots & 1 & 0 & 0 & 0 \\ 1 & 1 & 1 & \vdots & 0 & 1 & 0 & 0 \\ 1 & 1 & 0 & \vdots & 0 & 0 & 1 & 0 \\ 0 & 1 & 1 & \vdots & 0 & 0 & 0 & 1 \end{bmatrix} \begin{bmatrix} e_6 \\ e_5 \\ e_4 \\ e_3 \\ e_2 \\ e_1 \\ e_0 \end{bmatrix} \tag{8.3-16}
$$

写成方程组的形式有

$$
\begin{cases} e_6 + e_4 + e_3 = 0 \\ e_6 + e_5 + e_4 + e_2 = 1 \\ e_6 + e_5 + e_1 = 1 \\ e_5 + e_4 + e_0 = 1 \end{cases} \tag{8.3-17}
$$

我们希望通过对这个方程组的求解，确定 e_6、e_5、e_4、e_3、e_2、e_1 和 e_0 这 7 个值，但这是一个未知数为 7、方程数为 4 的方程组，因此它的解不是唯一的。例如求解式（8.3-17）的方程组，就会有多个解，错 1 位的解是[0100000]，错 2 位的解没有，错 3 位的解有[0011010]等，甚至还有错更多位的解。前面已经分析过，码元错误数多的概率要比码元错误数少的概率小得多，所以可以选择错误码元数最少的错误图样进行纠正，因此可以确定该信道的错误图样就是[0100000]。

一般地，若接收码字只有 1 位错误，S^T 等于 H 矩阵中的某一列，假如为第 j 列，则对应 E 的第 j 个码元 $e_j = 1$，其余码元为 0。(7,4)码的码字长度为 7，因此产生一个错误的错误图样共有 7 种，它们和 S 有唯一的对应关系，此对应关系见表 8-4。

表 8-4   **(7,4)码伴随式和错 1 位的错误图样对应关系**

错 误 位	错误图样 E							伴随式 S			
	e_6	e_5	e_4	e_3	e_2	e_1	e_0	s_3	s_2	s_1	s_0
无错	0	0	0	0	0	0	0	0	0	0	0
e_6	1	0	0	0	0	0	0	1	1	1	0
e_5	0	1	0	0	0	0	0	0	1	1	1
e_4	0	0	1	0	0	0	0	1	1	0	1
e_3	0	0	0	1	0	0	0	1	0	0	0
e_2	0	0	0	0	1	0	0	0	1	0	0
e_1	0	0	0	0	0	1	0	0	0	1	0
e_0	0	0	0	0	0	0	1	0	0	0	1

8.3.4　线性分组码的编译码电路

按照信息码元和监督码元之间的线性关系，可画出线性分组码的并行编码电路和串行编码电路，如图 8-2 所示。

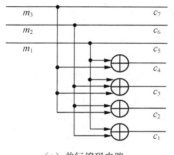
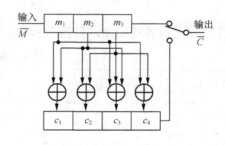

（a）并行编码电路　　　　　　　　　　（b）串行编码电路

图 8-2　线性分组编码电路原理图

分组码的译码电路一般都比较复杂，这里仅给出一个框图，如图 8-3 所示。

它由 3 部分组成，分别是伴随式计算、$S \to E$ 的转换及纠错电路 $C = R + E$，都是由逻辑电路构成的。

【例 8-1】　设某线性码的生成矩阵为

$$G = \begin{bmatrix} 1 & 1 & 0 & 0 & 1 & 1 \\ 0 & 1 & 1 & 1 & 0 & 1 \\ 1 & 0 & 0 & 1 & 0 & 1 \end{bmatrix},$$

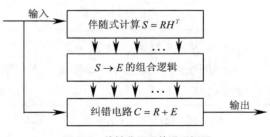

图 8-3　线性分组码的译码框图

（1）确定 (n,k) 码中的 n，k 值；

（2）求典型生成矩阵 G；

（3）求典型监督矩阵 H；

（4）列出全部码组；

（5）求 $d_{\min}$；

（6）列出错码图样表。

解：（1）由于生成矩阵为 k 行，n 列，因此 $k=3$，$n=6$，$r=3$。本码组为(6，3)码。

（2）对原矩阵作线性变换：原矩阵的第 3 行作为新矩阵的第 1 行，原矩阵的第 1 行、第 3 行之和作为新矩阵的第 2 行，原矩阵的第 1 行、第 2 行、第 3 行之和作为新矩阵的第 3 行，得典型生成矩阵

$$G = \begin{bmatrix} 1 & 0 & 0 & 1 & 0 & 1 \\ 0 & 1 & 0 & 1 & 1 & 0 \\ 0 & 0 & 1 & 0 & 1 & 1 \end{bmatrix}$$

进一步可得

$$Q = \begin{bmatrix} 1 & 0 & 1 \\ 1 & 1 & 0 \\ 0 & 1 & 1 \end{bmatrix} \quad 及 \quad Q^T = \begin{bmatrix} 1 & 1 & 0 \\ 0 & 1 & 1 \\ 1 & 0 & 1 \end{bmatrix}$$

（3）

$$H = \begin{bmatrix} Q^T \vdots I_3 \end{bmatrix} = \begin{bmatrix} 1 & 1 & 0 & 1 & 0 & 0 \\ 0 & 1 & 1 & 0 & 1 & 0 \\ 1 & 0 & 1 & 0 & 0 & 1 \end{bmatrix}$$

（4）把生成矩阵取各行相加，可得表 8-5 所示的码组表。

表 8-5　　　　　　　　　　　　例 8-1 表 1

序　号	码字					
	c_5	c_4	c_3	c_2	c_1	c_0
0	0	0	0	0	0	0
1	0	0	1	0	1	1
2	0	1	0	1	1	0
3	0	1	1	1	0	1
4	1	0	0	1	0	1
5	1	0	1	1	1	0
6	1	1	0	0	1	1
7	1	1	1	0	0	0

（5）由表 8-5 得 $d_{min} = W_{min} = 3$。

（6）错码图样见表 8-6。事实上，S 中的具体内容即为典型监督矩阵的转置 H^T。

表 8-6　　　　　　　　　　　　例 8-1 表 2

错　误　位	伴随式 S		
	s_2	s_1	s_0
无错	0	0	0
e_5	1	0	1
e_4	1	1	0
e_3	0	1	1
e_2	1	0	0
e_1	0	1	0
e_0	0	0	1

8.3.5 汉明码

汉明码是第 1 个纠错码，是纠正 1 个错误的线性码。其主要参数如下：

（1）监督位长 r （$r \geqslant 3$）；

（2）码字长 $n = 2^r - 1$；

（3）信息位长 $k = n - r = 2^r - 1 - r$；

（4）码距 $d_{\min} = 3$。

例如，$r = 3$ 时，$n = 2^3 - 1 = 7$，$k = n - r = 7 - 3 = 4$ 的 (7,4) 汉明码监督矩阵为

$$H = [Q^T \vdots I_3]$$

式中

$$Q^T = \begin{bmatrix} 1 & 0 & 1 & 1 \\ 1 & 1 & 0 & 1 \\ 0 & 1 & 1 & 1 \end{bmatrix}, \qquad Q = \begin{bmatrix} 1 & 1 & 0 \\ 0 & 1 & 1 \\ 1 & 0 & 1 \\ 1 & 1 & 1 \end{bmatrix}$$

生成矩阵为

$$G = [I_4 \vdots Q] = \begin{bmatrix} 1 & 0 & 0 & 0 & \vdots & 1 & 1 & 0 \\ 0 & 1 & 0 & 0 & \vdots & 0 & 1 & 1 \\ 0 & 0 & 1 & 0 & \vdots & 1 & 0 & 1 \\ 0 & 0 & 0 & 1 & \vdots & 1 & 1 & 1 \end{bmatrix}$$

由于信息位长 $k = 4$，共有 $2^k = 2^4 = 16$ 个信息组，因此也有 16 个许用码字，见表 8-7。

由表 8-7 可以看到，码字的最小重量为 3，即 $d_{\min} = 3$。S 和错误图样 E 的对应关系可以用式 $S = EH^T$ 计算得到。计算结果列于表 8-8，利用表中的关系，可以纠正 1 位错误或检测 2 位错误。

表 8-7 (7,4)汉明码

码字							码字						
m_3	m_2	m_1	m_0	b_2	b_1	b_0	m_3	m_2	m_1	m_0	b_2	b_1	b_0
0	0	0	0	0	0	0	1	0	0	0	1	1	0
0	0	0	1	1	1	1	1	0	0	1	0	0	1
0	0	1	0	1	0	1	1	0	1	0	0	1	1
0	0	1	1	0	1	0	1	0	1	1	1	0	0
0	1	0	0	0	1	1	1	1	0	0	1	0	1
0	1	0	1	1	0	0	1	1	0	1	0	1	0
0	1	1	0	1	1	0	1	1	1	0	0	0	0
0	1	1	1	0	0	1	1	1	1	1	1	1	1

表 8-8   (7,4)汉明码伴随式和错 1 位的错误图样对应关系

错误位	错误图样 E							伴随式 S		
	e_6	e_5	e_4	e_3	e_2	e_1	e_0	s_2	s_1	s_0
无错	0	0	0	0	0	0	0	0	0	0
e_6	1	0	0	0	0	0	0	1	1	0
e_5	0	1	0	0	0	0	0	0	1	1
e_4	0	0	1	0	0	0	0	1	0	1
e_3	0	0	0	1	0	0	0	1	1	1
e_2	0	0	0	0	1	0	0	1	0	0
e_1	0	0	0	0	0	1	0	0	1	0
e_0	0	0	0	0	0	0	1	0	0	1

在 (n,k) 汉明码中，有 r 位监督码，就会有 r 个监督方程，那么伴随式 S 中就有 r 个比特，除全 0 这种状态外，另外有 2^r-1 种不同的组合，而汉明码的码字长 $n=2^r-1$，它错 1 位的情况也会有 2^r-1 种，用 S 中 r 个比特的 2^r-1 种不同的组合正好可以表示 2^r-1 种错 1 比特的情况，也就充分发挥 r 个监督码元的作用，这使得汉明码有较高的编码效率。

$$\eta = \frac{k}{n} = \frac{2^r-1-r}{2^r-1}$$

当 r 比较大时，$\eta \to 1$，因此汉明码是一种高效率的编码。

8.4 循环码

循环码是线性分组码重要的一个子类，现有的重要线性分组码都是循环码或与循环码密切相关。与其他大多数码相比，循环码的编码及译码易于用简单的具有反馈连接的移位寄存器来实现，这是它的优势所在。另外，对它的研究是建立在比较严密的数学方法基础之上，因此比较容易获得有效的译码方案。循环码在实际中应用很广。

8.4.1 循环码基本概念

一个线性 (n,k) 分组码，如果它的任一码字经过循环移位（左移或右移）后，仍然是该码的一个码字，则称该码为循环码。上一节中表 8-3 所示的 $(7,3)$ 分组码就是一个循环码。为了便于观察，将 $(7,3)$ 码重新排列见表 8-9。

表 8-9   循环码的循环移位

循环次数	码 字	码 多 项 式
	0000000	
0	0011101	$x^4+x^3+x^2+1$
1	0111010	$x(x^4+x^3+x^2+1)\bmod(x^7+1)=x^5+x^4+x^3+x$

循 环 次 数	码 字	码 多 项 式
2	1110100	$x^2(x^4+x^3+x^2+1)\bmod(x^7+1)=x^6+x^5+x^4+x^2$
3	1101001	$x^3(x^4+x^3+x^2+1)\bmod(x^7+1)=x^6+x^5+x^3+1$
4	1010011	$x^4(x^4+x^3+x^2+1)\bmod(x^7+1)=x^6+x^4+x+1$
5	0100111	$x^5(x^4+x^3+x^2+1)\bmod(x^7+1)=x^5+x^2+x+1$
6	1001110	$x^6(x^4+x^3+x^2+1)\bmod(x^7+1)=x^6+x^3+x^3+x$

在代数编码理论中，常用多项式

$$C(x)=c_{n-1}x^{n-1}+c_{n-2}x^{n-2}+\cdots+c_1x+c_0 \tag{8.4-1}$$

来描述一个码字。表 8-9 中的任一码组可以表示为

$$C(x)=c_6x^6+c_5x^5+c_4x^4+c_3x^3+c_2x^2+c_1x^1+c_0 \tag{8.4-2}$$

这种多项式中，x 仅是码元位置的标记，因此我们并不关心 x 的取值，这种多项式称为码多项式。例如，码字(0100111)可以表示为

$$C(x)=0\,x^6+1\,x^5+0\,x^4+0\,x^3+1\,x^2+1\,x^1+1=x^5+x^2+x+1 \tag{8.4-3}$$

左移一位后 C 为(1001110)，其码字多项式 $C^1(x)$ 为

$$C^1(x)=1\,x^6+0\,x^5+0\,x^4+1\,x^3+1\,x^2+1\,x^1+0=x^6+x^3+x^2+x \tag{8.4-4}$$

需要注意的是，码字多项式和一般实数域或复数域的多项式有所不同，码字多项式的运算是基于模 2 运算的。

（1）码多项式相加，是同幂次的系数模 2 加，不难理解，两个相同的多项式相加，结果系数全为 0。例如

$$(x^6+x^5+x^4+x^2)+(x^4+x^3+x^2+1)=x^6+x^5+x^3+1 \tag{8.4-5}$$

（2）码多项式相乘，对相乘结果多项式作模 2 加运算。例如

$$(x^3+x^2+1)\times(x+1)=(x^4+x^3+x)+(x^3+x^2+1)=x^4+x^2+x+1 \tag{8.4-6}$$

（3）码多项式相除，除法过程中多项式相减按模 2 加方法进行。当被除式 $N(x)$ 的幂次高于等于除式 $D(x)$ 的幂次，就可以表示为一个商式 $q(x)$ 和一个分式之和，即

$$\frac{N(x)}{D(x)}=q(x)+\frac{r(x)}{D(x)} \tag{8.4-7}$$

其中余式 $r(x)$ 的幂次低于 $D(x)$ 的幂次。把 $r(x)$ 称作对 $N(x)$ 取模 $D(x)$ 的运算结果，并表示为

$$r(x)=N(x),\bmod\{D(x)\} \tag{8.4-8}$$

有了这个运算规则，就可以很方便地表示一个移位后码字多项式。可以证明，字长为 n 的

码字多项式 $C(x)$ 和经过 i 次左移位后的码字多项式 $C^{(i)}(x)$ 的关系为

$$C^{(i)}(x) = x^i C(x) \bmod \{x^n + 1\} \tag{8.4-9}$$

例如，(7，3)循环码的码字(1001110)，其多项式为 $C(x) = x^6 + x^3 + x^2 + x$，移位 3 次后的多项式 $C^{(3)}(x)$ 可求得如下：

$$\frac{x^3(x^6 + x^3 + x^2 + x)}{x^7 + 1} = x^2 + \frac{x^6 + x^5 + x^4 + x^2}{x^7 + 1} \tag{8.4-10}$$

即 $C^{(3)}(x) = x^3 C(x) \bmod \{x^7 + 1\} = r(x) = x^6 + x^5 + x^4 + x^2$，它对应的码字为 $C^{(3)} = 1110100$。

8.4.2　循环码生成多项式

由表 8-9 可知，(7，3)循环码的非 0 码字多项式是由一个多项式 $g(x) = x^4 + x^3 + x^2 + 1$ 分别乘以 $x^i(i = 1, 2, \cdots, 6)$ 得到的。一般地，循环码是由一个常数项不为 0 的 $r = n - k$ 次多项式确定的，这 $g(x)$ 就称为该码的生成多项式。其形式为

$$g(x) = x^r + g_{r-1}x^{r-1} + \cdots + g_1 x + 1 \tag{8.4-11}$$

码的生成多项式一旦确定，则码也就确定了。因此，循环码的关键是寻求一个合适的生成多项式。编码理论已经证明，(n, k)循环码的生成多项式是多项式 $x^n + 1$ 的一个 $n - k$ 次因式。例如

$$x^7 + 1 = (x + 1)(x^3 + x^2 + 1)(x^3 + x + 1) \tag{8.4-12}$$

在式中可找到两个 $(n - k) = (7 - 3) = 4$ 次因式

$$g_1(x) = (x + 1)(x^3 + x^2 + 1) = x^4 + x^2 + x + 1 \tag{8.4-13}$$

和

$$g_2(x) = (x + 1)(x^3 + x + 1) = x^4 + x^3 + x^2 + 1 \tag{8.4-14}$$

它们都可以作为(7,3)循环码的生成多项式，而

$$g_3(x) = (x^3 + x + 1) \tag{8.4-15}$$

和

$$g_4(x) = x^3 + x^2 + 1 \tag{8.4-16}$$

可以用为(7,4)循环码的生成多项式。

一般来说，要对多项式作因式分解不是容易的事情，特别当 n 比较大的时候，需用计算机搜索。

8.4.3　循环码编码

1．监督码元的产生方法

下面以(7,4)循环码为例，讲解采用系统码形式的循环码监督码元产生方法。(7,4)循环码

码字为

$$C = [c_6 c_5 c_4 c_3 c_2 c_1 c_0] = [m_3 m_2 m_1 m_0 \vdots b_2 b_1 b_0] \qquad (8.4\text{-}17)$$

其码字多项式为

$$
\begin{aligned}
C(x) &= m_3 x^6 + m_2 x^5 + m_1 x^4 + m_0 x^3 + b_2 x^2 + b_1 x + b_0 \\
&= x^3 (m_3 x^3 + m_2 x^2 + m_1 x + m_0) + (b_2 x^2 + b_1 x + b_0) \qquad (8.4\text{-}18) \\
&= x^3 m(x) + b(x)
\end{aligned}
$$

其中 $m(x)$ 为信息多项式，$b(x)$ 为监督组多项式。两边同时加 $b(x)$，则有

$$x^3 m(x) = C(x) + b(x) \qquad (8.4\text{-}19)$$

可以证明，码字多项式可以被生成多项式除尽，即 $g(x)$ 为 $C(x)$ 的一个因式：

$$C(x) = g(x)q(x) \qquad (8.4\text{-}20)$$

用 $g(x)$ 除式（8.4-19）两边得

$$\frac{x^3 m(x)}{g(x)} = \frac{C(x) + b(x)}{g(x)} = q(x) + \frac{b(x)}{g(x)} \qquad (8.4\text{-}21)$$

和式（8.4-7）比较可知，$b(x) = r(x)$，即监督组多项式是 $x^3 m(x)$ 除以 $g(x)$ 所得的余式。利用上述多项式的除法，便可以求得 $b(x)$。

【例 8-2】 (7,4)循环码的 $g(x) = x^3 + x + 1$，信息码为 $m = (0111)$，求相应码字。

解：$m = (0111) \rightarrow m(x) = x^2 + x + 1$，于是

$$x^3 m(x) = x^5 + x^4 + x^3$$

按照上述多项式的除法，得

$$\frac{x^3 m(x)}{g(x)} = \frac{x^5 + x^4 + x^3}{x^3 + x + 1} = (x^2 + x) + \frac{x}{x^3 + x + 1}$$

于是得到 $b(x) = x$，因此 $C(x) = x^3 m(x) + b(x) = x^5 + x^4 + x^3 + x$。相应码字为 $C = (0111010)$。用该方法可得该(7,4)循环码的所有许用码字，见表 8-10。

表 8-10   (7,4)循环码

码字							码字						
m_3	m_2	m_1	m_0	b_2	b_1	b_0	m_3	m_2	m_1	m_0	b_2	b_1	b_0
0	0	0	0	0	0	0	1	0	0	0	1	0	1
0	0	0	1	0	1	1	1	0	0	1	1	1	0
0	0	1	0	1	1	0	1	0	1	0	0	1	1
0	0	1	1	1	0	1	1	0	1	1	0	0	0
0	1	0	0	1	1	1	1	1	0	0	0	1	0
0	1	0	1	1	0	0	1	1	0	1	0	0	1
0	1	1	0	0	0	1	1	1	1	0	1	0	0
0	1	1	1	0	1	0	1	1	1	1	1	1	1

2. 编码电路

上面讨论的产生监督码元的方法可用以下两个式子加以概括：

$$C(x) = x^{n-k}m(x) + r(x)$$
$$r(x) = x^{n-k}m(x)\bmod g(x)$$

（8.4-22）

因此采用系统码的循环码编码器就是将信息组 $m(x)$ 乘上 x^{n-k}，然后用生成多项式 $g(x)$ 除，求余式 $r(x)$ 的电路，如图 8-4 所示。

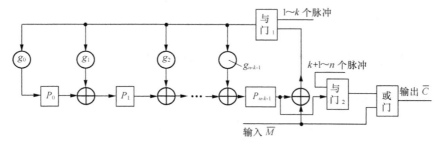

图 8-4　系统循环码编码电路

下面以二进制(7,4)循环码为例，来说明编码电路的工作原理。

当输入信息码元为(1001)，即 $m(x) = x^3 + 1$，设循环码的生成多项式 $g(x) = x^3 + x + 1$，则：

$$x^{n-k}m(x) = x^{7-4}(x^3 + 1) = x^6 + x^3 \equiv x^2 + x, \left[\bmod g(x)\right]$$

因此 $C(x) = x^6 + x^3 + x^2 + x$，相应码字为 $C = (1001110)$，其编码电路如图 8-5 所示。

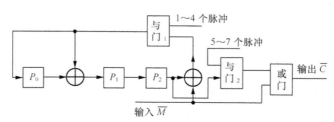

图 8-5　(7,4)循环码编码电路

电路编码过程如下：

（1）三级移存器初始状态全为"0"，门 1 开，门 2 关。信息组以高位先入的次序送入电路，一方面经或门输出编码的前 k 个信息码元，另一方面送入 $g(x)$ 除法电路的右端，这对应于完成用 $g(x)$ 除 $x^{n-k}m(x)$ 的除法运算。

（2）4 次移位后，信息组全部通过或门输出，它就是系统码码字的前 4 个信息码元，同时它也全部进入除 $g(x)$ 电路，完成除法运算。此时在移存器 $p_2 p_1 p_0$ 中存的数就是余式 $r(x)$ 的系数，也就是码字的校验码元 $c_2 c_1 c_0$。

（3）门 1 关闭，门 2 打开，再经 3 次移位后，移存器中的校验码元 $c_3 c_2 c_1$ 跟在信息组后面输出，形成一个完整的码字 $(c_6 = m_3, c_5 = m_2, c_4 = m_1, c_3 = m_0, c_2, c_1, c_0)$。

（4）门 1 打开，门 2 关闭，送入第 2 组信息组，重复上述过程。

表 8-11 列出了上述编码器的工作过程。设输入信息组为(1001)，7 个移位脉冲过后，在输出端得到已编好的码字(1001110)。

表 8-11   **(7,4)循环码编码电路工作过程**

节 拍	输 入	移位寄存器的内容			输 出
		$p_0(x^0)$	$p_1(x^1)$	$p_2(x^2)$	
0		0	0	0	
1	$1\,(m_3)$	1	1	0	1
2	$0\,(m_2)$	0	1	1	0
3	$0\,(m_1)$	1	1	1	0
4	$1\,(m_0)$	0	1	1	1
5		0	0	1	1
6		0	0	0	1
7		0	0	0	0

8.4.4 循环码译码

1. 伴随式的计算

设发送的码字为 C ，对应的多项式为 $C(x)$ ，信道错误图样为 $E(x)$ ，则接收到的码字多项式为

$$R(x) = C(x) + E(x)$$

其中，许用码字多项式 $C(x)$ 可以被生成多项式除尽，因此，用 $g(x)$ 除 $R(x)$ 所得的余式等于用 $g(x)$ 除 $E(x)$ 所得的余式 $S(x)$ ，即

$$S(x) \equiv E(x)\bmod\{g(x)\}$$

$S(x)$ 称作伴随式。若 $S(x) = 0$ ，说明 $E(x) = 0$ ， $R(x) = C(x)$ ，没有错误。若 $S(x) \neq 0$ ，说明传输中出现了错误。

设 $(7,4)$ 码的生成多项式为 $g(x) = x^3 + x + 1$ ，假如 $E = (0100000)$ ，对应的多项式为 $E(x) = x^5$ ，两者相除得

$$\frac{E(x)}{g(x)} = \frac{x^5}{x^3 + x + 1} = x^2 + 1 + \frac{x^2 + x + 1}{x^3 + x + 1}$$

则 $S(x) = x^2 + x + 1$ ，即 $S = (111)$ 。同理可得该(7,4)循环码的其余伴随式和错 1 位的错误图样之间的关系，见表 8-12。

表 8-12   **(7,4)循环码伴随式和错 1 位的错误图样对应关系**

错误位	错误图样 E							$E(x)$	$S(x)$	伴随式 S		
	e_6	e_5	e_4	e_3	e_2	e_1	e_0			s_2	s_1	s_0
e_6	1	0	0	0	0	0	0	x^6	$x^2 + 1$	1	0	1
e_5	0	1	0	0	0	0	0	x^5	$x^2 + x + 1$	1	1	1

错误位	错误图样 E							$E(x)$	$S(x)$	伴随式 S		
	e_6	e_5	e_4	e_3	e_2	e_1	e_0			s_2	s_1	s_0
e_4	0	0	1	0	0	0	0	x^4	x^2+x	1	1	0
e_3	0	0	0	1	0	0	0	x^3	$x+1$	0	1	1
e_2	0	0	0	0	1	0	0	x^2	x^2	1	0	0
e_1	0	0	0	0	0	1	0	x	x	0	1	0
e_0	0	0	0	0	0	0	1	1	1	0	0	1

2. 译码电路

循环码译码一般包括以下 3 个步骤：（1）根据接收码字多项式 $r(x)$ 计算相应的伴随式多项式 $S(x) \equiv R(x) \bmod \{g(x)\}$；（2）求对应的错误图样 $E(x)$；（3）利用错误图样进行纠错 $C(x) = R(x) + E(x)$。因此，译码电路包括 3 大部分。

（1）伴随式计算器：计算伴随式 $S(x)$；

（2）自发计算器：根据伴随式求相应的错误图样 $E(x)$；

（3）相加器：求 $C(x) = R(x) + E(x)$。

例如生成多项式为 $g(x) = x^3 + x + 1$ 的 (7,4) 循环码的译码电路如图 8-6 所示。

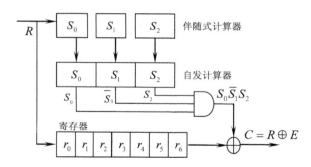

图 8-6 循环码译码电路

其中伴随式计算器和自发计算器的内部结构如图 8-7 所示。

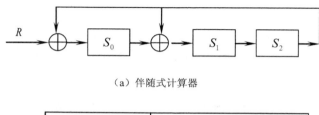

（a）伴随式计算器

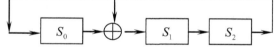

（b）自发计算器

图 8-7 伴随式计算器和自发计算器内部结构

图 8-7 中，接收的码字 R 分别同时进入伴随式计算器和寄存器。当 R 全部移入寄存器时，伴随式寄存器中就是 R 的伴随式 S。若 $S = (000)$，表示接收码字无错；若 $S \neq (000)$，则通过控制门把这一状态设定为自发计算器的初始状态，检测错误的码元位置。

例如接收错误图样为 $(e_6 e_5 e_4 e_3 e_2 e_1 e_0) = (0100000)$，即 r_5 错，前面已算得此时 $S = (111)$，自发计算器从这一状态开始，每移位一次就改变状态一次，同时寄存器也移出码字中的一位。经过一次移位，自寄存器中的 r_6 移出，r_5 移到寄存器的输出位，同时自发计算器的状态由 $(111) \to (101)$，因此与门的输出 $s_0 \overline{s_1} s_2 = 1\overline{0}1 = 1$，当移出 r_5 时，便得到纠正，即 $r_5 \oplus 1 = c_5$。一般地，由于自发计算器初始状态对应着一个错误图样，当寄存器中码字的错误位移动到末级时，自发计算器的状态也刚好为 $s_0 s_1 s_2 = 101$，与门的输出总是 1，因此可以纠正一位错误。

与分组码比较，循环码采用移位寄存器构成的译码电路要简单得多，因此应用广泛。

8.5　卷积码

卷积码与前面介绍的线性分组码不同。在 (n, k) 线性分组码中，每个码字的 n 个码元只与本码字中的 k 个信息码元有关，或者说，各码字中的监督码元只对本码字中的信息码元起监督作用。卷积码则不同，每个 (n, k) 码字（常称子码）内的 n 个码元不仅与该码字内的信息码元有关，而且还与前面 m 个码字内的信息码元有关。或者说，各子码内的监督码元不仅对本子码起监督作用，而且对前面 m 个子码内的信息码元也起监督作用。所以，卷积码常用 (n, k, m) 表示。通常称 m 为编码存储，它反映了输入信息码元在编码器中需要存储的时间长短；称 $N = m + 1$ 为编码约束度，它是相互约束的码字个数；称 nN 为编码约束长度，它是相互约束的码元个数。卷积码也有系统码和非系统码之分，如果子码是系统码，则称此卷积码为系统卷积码，反之，则称为非系统卷积码。

8.5.1　卷积码编码

$(2, 1, 2)$ 卷积码编码电路如图 8-8 所示。此电路由二级移位寄存器、两个模 2 加法器及开关电路组成。编码前，各寄存器清 0，信息码元按 m_1，m_2，m_3，$\cdots m_{i-2}$，m_{i-1}，m_i，$\cdots$ 的顺序输入编码器。每输入一个信息码元 m_i，开关 K 依次打到 $c_i^{(1)}$、$c_i^{(2)}$ 端点各一次，输出一个子码 $c_i^{(1)} c_i^{(2)}$。子码中的两个码元与输入信息码元间的关系为

$$\begin{cases} c_i^{(1)} = m_i + m_{i-1} + m_{i-2} \\ c_i^{(2)} = m_i \qquad\quad + m_{i-2} \end{cases} \qquad (8.5\text{-}1)$$

由此可见，第 i 个子码中的两个码元不仅与本子码信息码元 m_i 有关，而且还与前面两个子码中的信息码元 m_{i-1}、m_{i-2} 有关，因此，该卷积码的编码存储 $m = 2$，约束度 $N = m + 1 = 3$，约束长度 $nN = 6$。

【例 8-3】　在如图 8-8 所示的 $(2, 1, 2)$ 卷积码编码电路中，当输入信息为 11001 时，求输出码字序列。

解：编码工作时移位寄存器的初始状态为 00（清 0）。当输入信息为 11001 时，每个时刻的信息码元、移位寄存器状态、子码中的第 1 个码元、第 2 个码元及整个子码见表 8-13。

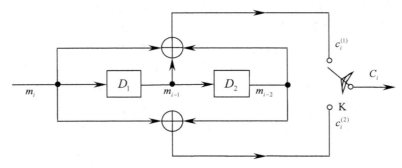

图 8-8　(2,1,2)卷积码编码电路

表 8-13　　　　　　　　　　　　　　　例 8-3 编码过程

时间 i	信息码元 m_i	D_1D_2 状态	$c_i^{(1)} = m_i + m_{i-1} + m_{i-2}$	$c_i^{(2)} = m_i + m_{i-2}$	子码
−2	0				
−1	0				
0	1	0　0	1+0+0=1	1+0=1	1 1
1	1	1　0	1+1+0=0	1+0=1	0 1
2	0	1　1	0+1+1=0	0+1=1	0 1
3	0	0　1	0+0+1=1	0+1=1	1 1
4	1	0　0	1+0+0=1	1+0=1	1 1

8.5.2　卷积码图形描述

卷积码编码过程常用 3 种等效的图形来描述，这 3 种图形分别是：状态图、码树图和格状图。

1．状态图

编码器的输出子码是由当前输入比特和当前状态所决定的。每当编码器移入一个信息比特，编码器的状态就发生一次变化。用来表示输入信息比特所引起的编码器状态的转移和输出码字的图形就是编码器的状态图。如图 8-8 所示的(2,1,2)卷积码编码器的状态图如图 8-9 所示。

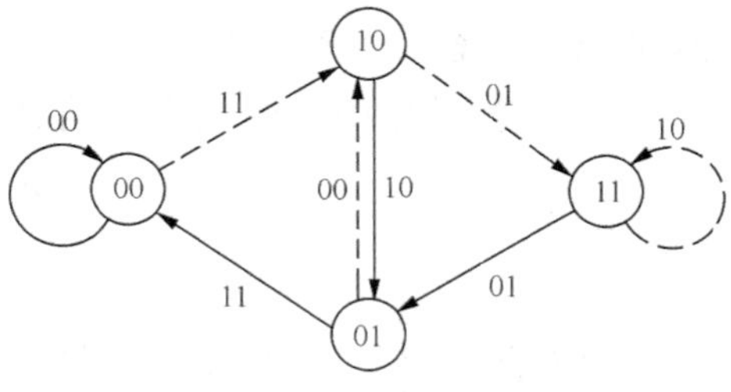

图中用小圆内的数字表示编码器的状态，共有 4 个不同的状态：00、01、10、11。连接圆的连线箭头表示状态转移的方向，若输入信息比特为 1，连线为虚线；若为 0，则为实线。连线旁的两位数字表示相应的输出子码。箭头所指的状态即为该信息码元移入编码器后的状态。此状态图完全反映了图 8-8 所示编码器的工作原理。有了状态图，我们可以很方便地确定任何输入信息序列时所对应的输出码字序列。如输入信息序列为 10011，求输出码字的方法是：从初始状态 00 开始沿着图中的有向线走，输入为 1 时走虚线，输入为 0 时走实线，所经路径上的 11、10、11、11、01 序列即为输入 10011 时所对应的码字序列。

图 8-9　(2,1,2)卷积码的状态图

2．码树图

上述卷积码的编码器工作原理也可用如图 8-10 所示的码树图来表示，它描述了编码器在工作过程中可能产生的各种序列。

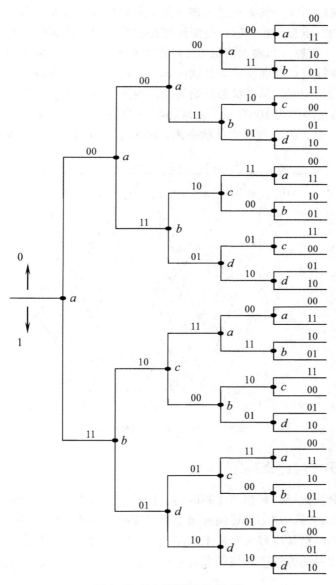

图 8-10　(2,1,2)卷积码的码树图

图 8-10 中节点上标注的 a 表示状态 00，b 表示状态 10，c 表示状态 01，d 表示状态 11。最左边为起点，初始状态为 a。从每个状态出发有两条支路（因为每个码字中只有 1 位信息位），上支路表示输入为 0，下支路表示输入为 1，每个支路上的两位二进制数是相应的输出码字。由图 8-10 可知，当信息序列给定时，沿着码树图上的支路很容易确定相应的输出码序列。如输入信息为 10011 时，从码树图可得到输出码字序列为 11 10 11 11 01，与前面从状态

图上得到的码字序列完全相同。

3. 格状图

如图 8-11 所示是另一种形式的码树图，称为格状图。在码树图中，从第 3 级开始出现全部 4 个状态，第 3 级以后 4 个状态重复出现，使图形变得越来越大。而在格状图中，把码树图中具有相同状态的节点合并在一起，使图形变得较为紧凑；码树中的上支路（即输入信息为 0）用实线表示，下支路（即输入信息为 1）用虚线表示；支路上标注的二进制数据为输出码字；自上而下的 4 行节点分别表示 4 种状态 a、b、c、d。从第 3 级节点开始，图形开始重复。当输入信息序列给定时，从 a 状态开始的路径也随之而确定了，相应的输出码字序列也就确定了。如输入信息序列为 10011 时，对应格状图的路径为 $a b c a b d$，则相应的输出码字序列为 11、10、11、11、01，与前面从状态图、码树图上得到的码字序列完全相同。

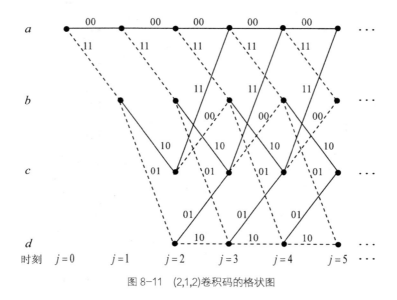

图 8-11 (2,1,2)卷积码的格状图

8.5.3 卷积码维特比译码

卷积码的译码分代数译码和概率译码两类。代数译码由于没有充分利用卷积码的特性，目前很少应用。维特比译码和序列译码都属于概率译码，维特比译码适用于约束长度不太大的卷积码的译码，当约束长度较大时，采用序列译码能大大降低运算量，但其性能要比维特比译码差些。维特比译码方法在通信领域有着广泛的应用，市场上已有实现维特比译码的超大规模集成电路。

维特比译码是一种最大似然译码。其基本思想是：将已经接收到的码字序列与所有可能的发送序列进行比较，选择其中码距最小的一个序列作为发送序列（即译码后的输出序列）。具体的译码方法如下。

（1）在格状图上，计算从起始状态（$j=0$ 时刻）开始，到达 $j=m$ 时刻的每个状态的所有可能路径上的码字序列与接收到的头 m 个码字之间的码距，保存这些路径及码距。

（2）从 $j=m$ 到 $j=m+1$ 共有 $2^k \cdot 2^m$ 条路径（状态数为 2^m 个，每个状态往下走各有 2^k 个

分支），计算每个分支上的码字与相应时间段内接收码字间的码距，分别与前面保留路径的码距相加，得到 $2^k\cdot 2^m$ 个路径的累计码距，对到达 $j=m+1$ 时刻各状态的路径进行比较，每个状态保留一条最小码距的路径及相应的码距值。

（3）按（2）的方法继续下去，直到比较完所有接收码字。

（4）全部接收码字比较完成后，剩下 2^m 个路径（每个状态剩下一条路径），选择最小码距的路径，此路径上的发送码字序列即是译码后的输出序列。

【例 8-4】 　以上述(2,1,2)编码器为例，设发送码字序列为 0000000000，经信道传输后有错误，接收码字序列为 0100010000。显然，接收码字序列中有两个错误。现对此接收序列进行维特比译码，求译码后的输出序列。

解：（1）由于(2,1,2)编码器 $m=2$，从图 8-11 可知，$j=m=2$ 时刻有 4 个状态，从初始状态出发到达这 4 个状态的路径有 4 条：到达 a 状态路径码字序列为 00 00；到达 b 状态路径码字序列为 00 11；到达 c 状态路径码字序列为 11 10；到达 d 状态路径码字序列为 11 01。路径长度为 2，这段时间内接收码字有 2 个，分别为 01 00，将 4 条路径的码字序列分别与接收到的 2 个码字比较，得到码距分别为 1、3、2、2，保留这 4 条路径及相应码距，保留下来的路径称为幸存路径，如图 8-12（a）所示。

（2）从图 8-11 可知，从 $j=2$ 时刻的 4 个状态到达 $j=3$ 时刻的 4 个状态共有 8 条路径，从状态 a 出发的 2 条路径上的码字分别为 00 和 11，而这期间接收到的码字为 01，因此可知这两条路径上的码字与接收码字之间的码距都是 1，分别加到 a 状态前面这段路径的码距上，得到 2 条延长路径 00 00 00 和 00 00 11 的码距，它们都等于 2，其中一条到达 $j=3$ 时刻的 a 状态，另一条到达 $j=3$ 时刻的 b 状态。用相同的方法求得从 $j=2$ 时刻的 b、c、d 出发到达 $j=3$ 时刻各状态的 6 条路径的码距，并把这些码距分别加到前面保留路径的码距上，得到 6 条延长路径的码距。各有 2 条路径到达 $j=3$ 时刻的每个状态，在到达每个状态的 2 条路径中选择码距小的路径保留下来，同样将相应的码距也保留下来，如图 8-12（b）所示。

按上述方法继续计算到达 $j=4$、$j=5$ 时刻各状态路径的码距，并选择相应的保留路径及码距，如图 8-12（c）、（d）所示。

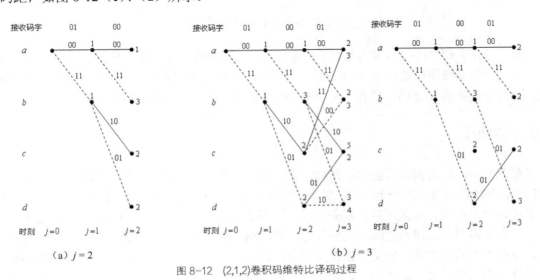

（a）$j=2$ 　　　　　　　　　（b）$j=3$

图 8-12　(2,1,2)卷积码维特比译码过程

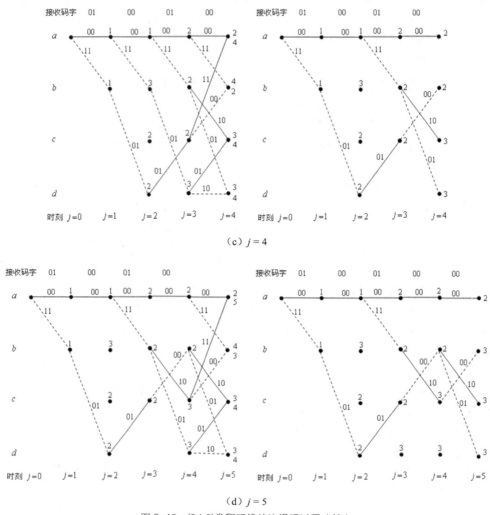

（c）$j=4$

（d）$j=5$

图 8-12　(2,1,2)卷积码维特比译码过程（续）

最后，在 $j=5$ 时刻的 4 条保留路径中选择与接收码字码距最小的一条路径，由图 8-12（d）可见，码距最小的路径是 $a\ a\ a\ a\ a\ a$，所对应的发送码字序列为 00 00 00 00 00。由此可见，通过上述维特比译码，接收序列中 01 00 01 00 00 中的两位错码得到了纠正。

8.6　交织码

前面介绍的信道编码只能纠正随机错误，在一些实际的信道中，发生的错误常常是突发性错误，即错误的发生是一连串的。那些只能纠正随机错误的编码对突发错误是无能为力的，为了纠正突发错误，应采用别的编码方法，下面介绍的交织（Interleaving）编码就是方法之一。在突发错误中，错误之间存在相关性，交织编码的指导思想就是通过对所传输符号的交织，减小错误的相关性，使突发错误变为随机错误，从而可以采用纠正随机错误的纠错编码进行检纠错，所以交织编码也可以看作是一种信道改造技术，即把一个突发信道改造为一个随机信道。

使用交织编码的通信系统原理如图 8-13 所示。其中交织器和去交织器的作用就是要使整个编码信道成为随机信道。

图 8-13　使用交织编码通信系统框图

交织器有不同的结构，这里仅介绍分组交织器。一个分组交织器可以看作是一个 $m \times n$ 的缓存器。例如，图 8-14 是一个 5×7 的交织器，把经过纠错编码的二进制码序列以 35 个比特为单位进行分组，每组可表示为：

$$C = (c_1 c_2 c_3 \cdots c_{33} c_{34} c_{35}) \tag{8.6-1}$$

把它们按行写入交织器。在 35 个比特全部写入交织器后，按列读出各比特，如图 8-14 所示。

从交织器读出的序列为

$$C' = (c_1 c_8 c_{15} c_{22} c_{29} c_2 c_9 c_{16} \boxed{c_{23} c_{30} c_3 c_{10} c_{17}} c_{24} c_{31} c_4 c_{11} c_{18} c_{25} c_{32}$$
$$c_5 c_{12} c_{19} c_{26} c_{33} c_6 c_{13} c_{20} c_{27} c_{34} c_7 c_{14} c_{21} c_{28} c_{35}) \tag{8.6-2}$$

此序列通过突发信道传输到接收端。在接收端，去交织器按列写入接收的 C'，按行读出，如图 8-15 所示。这样即可恢复为原比特序列：

$$C'' = (c_1 c_2 \boxed{c_3} c_4 c_5 c_6 c_7 c_8 c_9 \boxed{c_{10}} c_{11} c_{12} c_{13} c_{14} c_{15} c_{16} \boxed{c_{17}} c_{18} c_{19} c_{20} c_{21} \tag{8.6-3}$$
$$c_{22} \boxed{c_{23}} c_{24} c_{25} c_{26} c_{27} c_{28} c_{29} \boxed{c_{30}} c_{31} c_{32} c_{33} c_{34} c_{35})$$

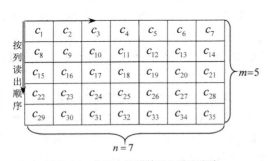

图 8-14　分组交织器的写入读出顺序

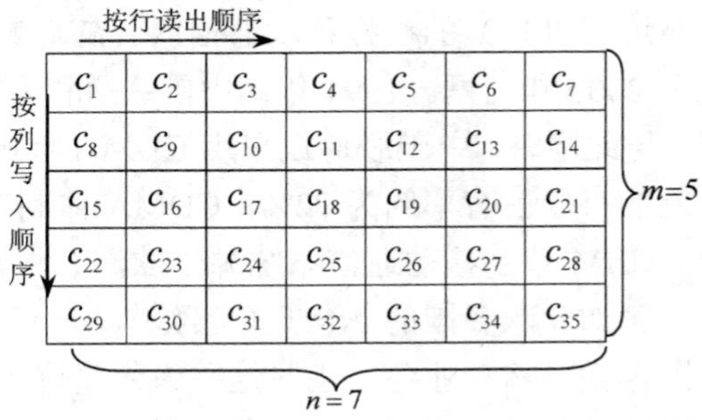

图 8-15　分组去交织器的写入读出顺序

现假设传输过程中一连发生 5 个比特的错误：$c_{23} c_{30} c_3 c_{10} c_{17}$，即式（8.6-2）中方框所围的码元，这是典型的突发错误。但在去交织后，由式（8.6-3）可以看出，输出的突发错误被分散了，变为独立的随机错误，见式（8.6-3）中方框所围的码元。

一般地，一个 m 行 n 列的交织器一次交织 $m \times n$ 个比特。当突发错误的长度为 b 个时，若

$b \leqslant m$，则突发错误就被分隔开 $n-1$ 位，实际上，通常输入到交织器的每一行，就是一个编码码字，所以若 $b \leqslant m$，在去交织后，输出的码字也仅有一个错误；若 $b > m$，则突发错误的长度也将被减小。显然，m 越大，纠正突发长度 b 就越长，通常称 m 为交织深度。从抗突发错误角度看，m 越大越好，但是交织与去交织的读写过程需要时间，因此将产生延时，在实时系统中对 m 就有所限制。

交织编码的方法比较简单，对抗突发错误也很有效，因而被广泛应用在衰落信道上传输数字信号。在数字蜂窝移动通信系统中，为了减小传输频带，话音编码采用了参量编码而不是普通的 PCM 编码，编码的每个比特都是十分重要的，一个比特的错误往往会导致重要语言特征的丢失，使话音质量下降。为了保护好每个比特，除了对话音编码信号进行纠错编码外，还进行交织编码，以确保话音通信质量。

8.7 数字通信系统应用实例

8.7.1 GSM 数字移动通信系统

移动通信是指通信的双方至少有一方是移动的。近 20 年来，在技术发展和社会经济发展的驱动下，移动通信技术和业务增长速度惊人。20 世纪 80 年代发展起来的模拟蜂窝移动通信系统被称为第一代（1G）移动通信系统，其主要技术是模拟调频、频分多址，主要业务是电话。模拟系统的主要缺点是容量小、干扰严重、不能与数字网兼容等。20 世纪 90 年代投入运营的数字蜂窝移动通信系统被称为第二代（2G）移动通信系统。在系统构成上第二代与第一代并无多大差别，不同的是它在几个主要方面采用了数字技术，如多址方式、话音编码、调制技术、信道编码和分集接收技术等。第二代移动通信系统依然存在容量无法满足要求的问题，而且不能支持高速数据传输和多媒体业务。第三代（3G）移动通信系统 IMT-2000 为多功能、多业务和多用途的数字移动通信系统。1999 年 ITU 确定了三大主流标准：TD-SCDMA、cdma2000 和 W-CDMA，其中 TD-SCDMA 为我国拥有自主知识产权的标准。第四代（4G）移动通信系统正处于标准研制中。

我国的公众移动通信始于 20 世纪 80 年代末期，发展极为迅速。1996 年建成覆盖全国（除台湾地区以外）的模拟移动通信网。随着数字移动通信系统的发展与普及，模拟移动通信系统于 2000 年封网。1994 年由中国联通和中国电信分别建立了采用 GSM 体制的公众移动通信网。与此同时，中国联通还采用 CDMA 标准组建了 CDMA 数字蜂窝系统。至 2006 年，GSM 体制的市场占有率约为 92%，CDMA 体制的市场占有率约为 8%。

GSM 数字移动通信系统源于欧洲。早在 1982 年，欧洲已有几大模拟蜂窝移动系统在运营，例如北欧多国的 NMT（北欧移动电话）和英国的 TACS（全接入通信系统），西欧其他各国也提供移动业务。当时这些系统是国内系统，不可能在国外使用。为了方便全欧洲统一使用移动电话，需要一种公共的系统，1982 年北欧国家向 CEPT（欧洲邮电行政大会）提交了一份建议书，要求制定 900MHz 频段的公共欧洲电信业务规范。在这次大会上成立了一个在欧洲电信标准学会（ETSI）技术委员会下的"移动特别小组"（Group Special Mobile, GSM），来制定有关的标准和建议书。1987 年 5 月 GSM 成员国就数字系统采用窄带时分多址 TDMA、规则脉冲激励线性预测 RPE-LTP 话音编码和高斯滤波最小移频键控 GMSK 调制方式达成一致意见。1991 年在欧洲开通了第一个系统，将 GSM 更名为"全球移动通信系统"（Global system for Mobile communications）。从此移动通信跨入了第二代数字移动通信系统。同年，移动特别小组还完成了制定 1 800MHz 频段的公共欧洲电信业务的规范，名为 DCS1800 系统。1993年我国开通了第一个数字蜂窝移动通信网。

1. 系统组成

蜂窝移动通信系统主要是由交换网路子系统（NSS）、无线基站子系统（BSS）和移动台（MS）3 大部分组成，如图 8-16 所示。交换网路子系统（NSS）主要完成交换功能和客户数据与移动性管理、安全性管理所需的数据库功能。BSS 系统主要完成无线发送接收和无线资源管理等功能。移动台就是移动客户设备部分，它由两部分组成，移动终端（MS）和客户识别卡（SIM）。

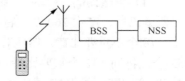

图 8-16 蜂窝移动通信系统的组成

2. 工作频段

我国陆地公用蜂窝数字移动通信网 GSM 通信系统采用 900MHz 频段：905～915（移动台发，基站收）；950～960（基站发送，移动台接收）。随着业务的发展，可视需要向下扩展，或向 1.8GHz 频段的 DCS1 800 过渡，即 1 800MHz 频段：1 710～1 785（移动台发送，基站接收）；1 805～1 880（基站发送，移动台接收）。

3. 关键技术

（1）时分多址技术：在 GSM 中，无线路径上是采用时分多址（TDMA）方式。每一频点（频道或叫载频 TRX）上可分成 8 个时隙，每一时隙为一个信道，因此，一个 TRX 最多可有 8 个移动客户同时使用。

（2）分集技术：在移动通信中，空间略有变动就可能出现较大的场强变化。当使用两个接收信道时，它们受到的衰落影响是不相关的，且二者在同一时刻经受深衰落谷点影响的可能性也很小，因此这一设想引出了利用两副接收天线的方案，独立地接收同一个信号，再合并输出，衰落的程度能被大大地减小，这就是空间分集。

（3）话音编码：GSM 系统话音编码器采用声码器和波形编码器的混合物——混合编码器，全称为线性预测编码—长期预测编码—规则脉冲激励编码器（LPC-LTP-RPE 编码器），如图 8-17 所示。

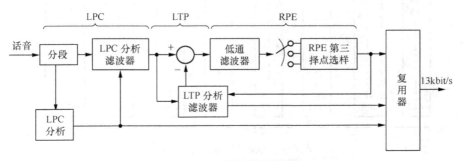

图 8-17 GSM 话音编码器框图

LPC+LTP 为声码器，RPE 为波形编码器。声码器的原理是模仿人类发音器官喉、嘴、舌的组合，将该组合看作一个滤波器，人发出的声音使声带振动就成为激励脉冲。当然"滤波器"脉冲频率是在不断地变换，但在很短的时间（10ms～30ms）内观察它，则发音器官是没有变化的，因此声码器要做的事是将话音信号分成 20ms 的段，然后分析这一时间段内对应的滤波器参数，并提取此时的脉冲串频率，输出其激励脉冲序列。相继的话音段是十分相似的，LTP 将当前段与前一段进行比较，相应的差值被低通滤波后进行一种波形编码。LPC+LTP 为 3.6kbit/s、RPE 为 9.4kbit/s，因此，话音编码器的输出比特速率是 13kbit。

（4）**信道编码**：GSM 系统首先是把话音分成 20ms 的音段，这 20ms 的音段通过话音编码器编码后，产生 260 个比特流，并划分成以下 3 种等级：50 个最重要比特；132 个重要比特；78 个不重要比特。然后对最重要的 50 个比特添加上 3 个奇偶检验比特（分组编码），这 53 个比特同 132 个重要比特与 4 个尾比特一起卷积编码，比率 1:2，因而得 378 个比特，另外 78 个比特不予保护。因此，信道编码后每 20ms 话音信号将产生 456 个比特，如图 8-18 所示。

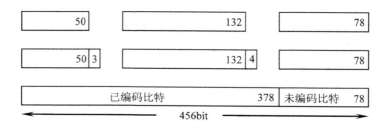

图 8-18　GSM 数字话音的信道编码

（5）**交织技术**：移动通信的传输信道属变参信道，它不仅会引起随机错误，而更主要的是造成突发错误。因此，在 GSM 系统中，信道编码后进行交织。交织分为两次，第一次交织为内部交织，第二次交织为块间交织。

内部交织就是对每 20ms 话音信号产生的 456 个比特进行交织，将它们分成 8 帧，每帧 57 比特，分组方式如图 8-19 所示。

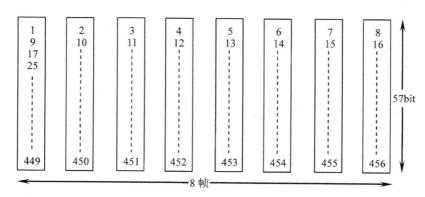

图 8-19　GSM 20ms 话音编码交织

块间交织即不同 20ms 话音帧间交织。如果将同一 20ms 话音的 2 组 57 比特插入到同一普通突发脉冲序列中（见图 8-20），那么该突发脉冲串丢失则会导致该 20ms 的话音损失 25%

的比特，显然信道编码难以恢复这么多丢失的比特。因此必须在两个话音帧间再进行一次交织，即块间交织。方法如下：把每20ms话音456比特分成的8帧为一个块，假设有A、B、C、D 4块，在第一个普通突发脉冲串中，两个57比特组分别插入A块和D块的各1帧，这样一个20ms的话音8帧分别插入8个不同普通突

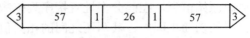

图8-20 普通突发脉冲串

发脉冲序列中，然后一个一个突发脉冲序列发送，发送的突发脉冲序列首尾相接处不是同一话音块，这样即使在传输中丢失一个脉冲串，只影响每一话音比特数的12.5%，而这能通过信道编码加以校正。

二次交织经得住丢失一整个突发脉冲串的打击，但增加了系统时延。因此，在 GSM 系统中，移动台和中继电路上增加了回波抵消器，以改善由于时延而引起的通话回音。

（**6**）**跳频技术**：GSM 系统中的跳频分为基带跳频和射频跳频两种。基带跳频的原理是将话音信号随着时间的变换使用不同频率发射机发射。射频跳频是将话音信号用固定的发射机，由跳频序列控制，采用不同频率发射。

8.7.2 CDMA 移动通信系统

CDMA 是数字移动通信的一种接入方式。特别是在第三代移动通信中，它已成为一种最主要的多址接入方式。扩展频谱（简称扩频）通信技术是码分多址（CDMA）的基础。扩频通信技术与光纤通信、卫星通信一同被誉为进入信息时代的三大高技术通信传输方式。

1．扩频通信的理论基础

扩频通信的基本思想和理论依据是香农公式。香农在信息论的研究中得出了信道容量的公式为

$$C = B \log_2 \left(1 + \frac{S}{N}\right)$$

这个公式指出：如果信道容量 C 不变，则信号带宽 B 和信噪比 S/N 是可以互换的，只要增加信号带宽，就可以在较低的信噪比的情况下，以相同的信息速率来可靠地传输信息。甚至在信号被噪声淹没的情况下，只要相应地增加信号带宽，仍然保持可靠的通信，也就是可以用扩频方法以宽带传输信息来换取信噪比上的好处，这就是扩频通信的基本思想和理论依据。

2．CDMA 扩频通信原理

CDMA 扩频通信系统原理框图如图 8-21 所示。

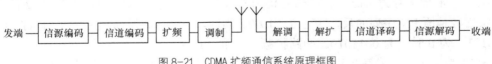

图8-21 CDMA 扩频通信系统原理框图

由图 8-21 可知，扩频通信系统与普通数字通信系统相比较，就是多了扩频和解扩两部分。CDMA 扩频通信系统有 3 种扩频方式：直接序列扩频、跳频扩频和跳时扩频。下面以直接序

列扩频 CDMA 基带传输系统为例来讲解其原理。直接序列扩频是直接用高速率伪随机码在发端去扩展信息数据的频谱；在收端，用完全相同的伪随机码进行解扩，把展宽的扩频信号还原成原始信息。在码分多址直接序列扩频系统中，伪随机码不是一个，而是采用一组正交性良好的伪随机码组，其两两之间的相关值接近于 0。该组伪随机码既用作用户的地址码，又用于加扩和解扩，增强系统的抗干扰能力。如图 8-22 所示为两路信号码分多址基带传输系统仿真模型。

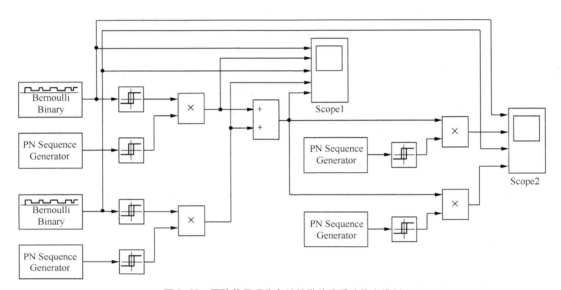

图 8-22　两路信号码分多址基带传输系统仿真模型

图 8-22 中，由贝努利二进制数据发生器产生信源，PN 序列发生器产生高速 PN 序列，单/双变换后进行相乘实现信号扩频，两路扩频信号混合后进行传输。收端的 PN 序列要与发端的 PN 序列相对应，即同一路信号发端和收端的 PN 序列要一样。但不同路之间的 PN 序列最好能正交。参数设置如下：两个贝努利二进制数据发生器的采样时间一样，假设都设置成 1，即速率为 1bit/s，但初始种子序号应不同，这样产生的信源数据才会不一样。PN 序列发生器的采样时间要与二进制数据发生器的采样时间配合，在本系统中，PN 序列的重复周期为 7 个 bit，所以，将 PN 序列发生器的采样时间设为 1/7，也就是基带信号 1 个比特时间内，产生 7 个比特的 PN 序列，即每个比特基带信号时间内，重复一次 PN 序列。设定仿真步长为 1/1 000，仿置时间为 10 后启动仿真，仿真结果如图 8-23 和图 8-24 所示。

由图 8-23 可知，第 1 路 PN 序列由 1001011 这 7 个比特不断重复而得，跟第 1 路的基带信号相乘后，基带信号为 1 时，扩频信号仍为原来的 PN 序列 1001011，但当基带信号为 0 时，扩频信号是原 PN 序列的反，即为 0110100。同理，当第 2 路基带信号为 1 时，扩频信号为 1100101，为 0 时，为 0011010。两路扩频信号混合后进行传输。

图 8-24 为第 1 路信号解扩过程。图中混合信号是第 1 路扩频信号和第 2 路扩频信号的合成，与第 1 路 PN 序列相乘后得解扩后信号，对此信号在每个比特间隔内求均值，即可得原始基带信号。

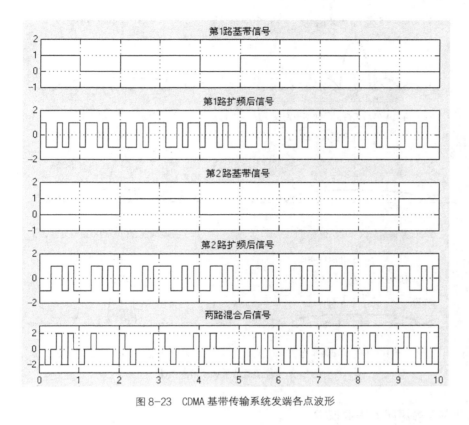

图 8-23　CDMA 基带传输系统发端各点波形

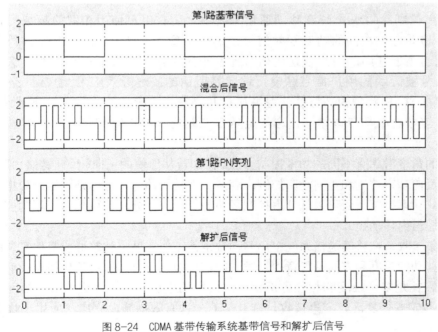

图 8-24　CDMA 基带传输系统基带信号和解扩后信号

系统中，各点信号功率谱密度如图 8-25 所示。

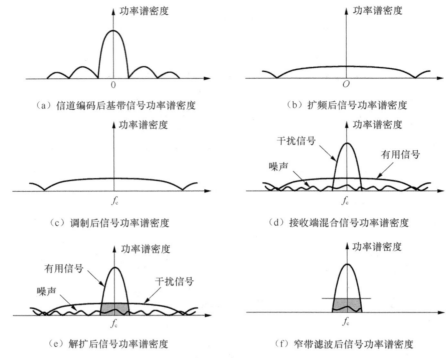

图 8-25　扩频通信系统频谱变换图

3．CDMA 蜂窝网的关键技术

（1）功率控制：CDMA 蜂窝移动通信系统中，所有用户使用相同的频带同时发送信息，如果各移动台以相同的功率发射信号，则信号到达基站时，因为传输路程的不同，基站接收到的靠近基站的用户发送的信号比在小区边缘用户发射的信号强度大，因此远端的用户信号被近端的用户信号湮没，这就是所谓的"远近效应"。通常，路径损耗的总动态范围在 80dB 范围内。为了获得高质量和高容量，所有的信号不管离基站的远近，到达基站的信号功率都应该相同，这就是功率控制的目的：使每个用户到达基站的功率相同。

从不同的角度考虑有不同的功率控制方法。比如若从通信的正向、反向链路角度来考虑，一般可分为反向功率控制和正向功率控制；若从实现功控的方式考虑则可划分为集中式功率控制和分布式功率控制；还可以从功率控制环路的类型来划分，又可分为开环功控、闭环功控（外环功控与内环功控）。

（2）分集接收：在移动通信系统中，移动台常常工作在城市建筑群或其他复杂的地理环境中，而且移动的速度和方向是任意的。发送的信号经过反射、散射等传播路径后，到达接收端的信号往往是多个幅度和相位各不相同的信号的叠加，使接收到的信号幅度出现随机起伏变化，形成多径衰落。分集接收是抗衰落的一种有效措施，它广泛应用于蜂窝移动通信系统。

CDMA 蜂窝移动通信系统广泛采用路径分集（RAKE 接收机）。RAKE 接收机就是利用多个并行相关器检测多径信号，按照一定的准则合成一路信号供解调用的接收机。需要特别指出的是，一般的分集技术把多径信号作为干扰来处理，而 RAKE 接收机采用变害为利，即利用多径现象来增强信号。

（3）正交调制和正交扩频：由于 CDMA 移动通信系统采用了扩频技术，信道的传输速率达 1.228 8Mbit/s，因此必须采用高效的调制方法，以提高频谱使用效率。在高速数据传输系统中，一般不宜采用 PSK 或 DPSK 调制方式，而往往采用 QPSK 或 OQPSK 调制。采用 PN 序列进行正交扩频，使信号特性接近白噪声特性，从而改善系统的信噪比。

（4）编码技术：CDMA 系统如同其他数字式移动通信系统，它也采用语音压缩编码技术来降低语音的速率。CDMA 系统的语音编码主要有从线性预测编码技术发展而来的激励线性预测编码 PCELP 和增强型可变速率编码 EVRC。目前 13kbit/s CELP 语音编码已达到有线长途的音质水平，我国已正式将 CELP 编码列入 CDMA 标准中。总之 CDMA 系统中所使用的编码技术是对现有编码技术的有机组合和高效利用。

（5）软切换：当移动台离开原所属小区进入新小区时就要进行小区切换。切换过程可以分为 3 个阶段：测量阶段、决策阶段和执行阶段。在测量阶段，下行链路由移动台对接收信号质量、所属小区和相邻小区信号强度等进行测量；上行链路信号质量由基站测量，测量结果传送给相邻网络、基站控制器和移动台。在决策阶段，将测量结果与规定的阈值门限进行比较，决定是否进行切换。在执行阶段，移动台由原所属小区切换到新小区或进行频率间切换。

CDMA 系统中切换有 3 种类型：硬切换、软切换和更软切换。移动台穿越不同工作频率的小区时进行硬切换，移动台先要切断与原所属小区基站的联系，然后再与新小区基站建立联系。移动台穿越相同工作频率的小区时进行软切换，移动台先与新小区基站建立联系然后再切断与原所属小区基站的联系。移动台在同一小区内穿越相同工作频率的扇区时进行更软切换，由于更软切换不需要固定网络的信令，因此其切换过程比软切换的建立更快。

8.8　MATLAB/Simulink 信道编码建模与仿真

8.8.1　线性码建模与仿真

采用线性分组码编码的基带传输系统如图 8-26 所示。

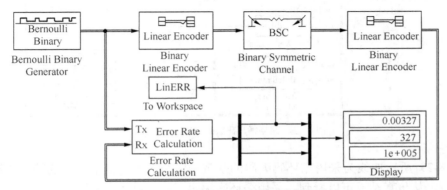

图 8-26　采用线性分组码编码的基带传输系统

图中伯努利随机二进制信号发生器产生采样时间为 1、每 4 比特为 1 帧的随机信源。二进制线性编码器根据生成矩阵 G 产生二进制线性分组码，其生成矩阵参数 Generator matrix 设置为[[1 1 0; 0 1 1; 1 1 1; 1 0 1] eye(4)]。编码后序列送入差错率为 2%的二进制平衡信道。接收端用二进制线性解码器进行解码，解码器的参数设置与编码器相对应。解码后的序列与发送序列进行比较，用误码率计算器计算得到的误码率一方面用显示器显示，另一方面送入 MATLAB 工作空间，以便作图。从图 8-26 的显示器可以看到，应用线性编码后，系统差错率从 2%降为 0.327%，即可靠性提高了，但付出的代价是传输效率降低了。

如图 8-27 所示曲线为采用线性分组码编码的基带传输系统和无信道编码的基带传输系统差错率的比较。从仿真结果可以看到，采用线性分组码编码后，差错率大大降低。

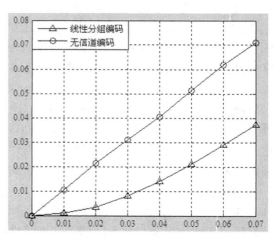

图 8-27 有无线性分组码编码的基带传输系统差错率比较

8.8.2　循环码建模与仿真

采用循环码编码的基带传输系统如图 8-28 所示。图中信源与图 8-26 中的信源一样。二进制循环编码器参数设置成(7,4)循环码。编码后序列同样送入差错率为 2%的二进制平衡信道。接收端用二进制循环解码器进行解码，解码器的参数设置与编码器相对应。解码后的序列与发送序列进行比较，用误码率计算器计算得到的误码率一方面用显示器显示，另一方面送入 MATLAB 工作空间，以便作图。从图 8-28 的显示器可以看到，应用循环编码后，系统差错率也从 2%降为 0.337%左右，即可靠性提高了，但付出的代价是传输效率降低了。

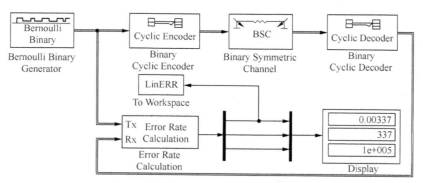

图 8-28 采用循环码编码的基带传输系统

如图 8-29 所示曲线为采用循环码编码的基带传输系统和无信道编码的基带传输系统差错率的比较，从仿真结果可以看到，采用循环码编码后，差错率大大降低。

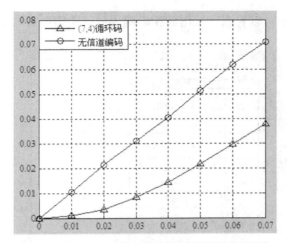

图 8-29 有无循环码编码的基带传输系统差错率比较

8.8.3 卷积码建模与仿真

采用卷积码编码的基带传输系统如图 8-30 所示。因为本系统中采用(2,1,9)卷积码，即每输入 1 个比特，将输出 2 个比特，约束长度为 9，因此本系统中，信源设置成基于采样的二进制序列。卷积码编码器格型结构 Trellis structure 设置成 poly2trellis(9, [753 561])，其中 9 是约束长度，[753 561]是生成多项式的八进制表示方式，转换成二进制为[111101011 101110001]，代表了卷积码编码器反馈连线的有无。操作模式 Operation mode 设置成 Continuous，即卷积码编码器在整个仿真过程中都不对寄存器复位。另外 3 种操作模式分别为：每帧数据开始之前自动对寄存器复位；每帧输入信号的末尾增加填充比特；通过输入端口复位。经编码器编码后序列同样送入差错率为 5%的二进制平衡信道。接收端用维特比解码器进行解码，解码器的参数设置与编码器相对应，判决方式采用硬判决，反馈深度可设为 72。解码后的序列与发送序列进行比较，用误码率计算器计算得到的误码率一方面用显示器显示，另一方面送入 MATLAB 工作空间，以便作图。误码率计算器的接收延迟应与卷积解码器的反馈深度相当，也设为 72。从图 8-30 的显示器可以看到，应用卷积码编码后，系统差错率从 5%降为 0.062% 左右。

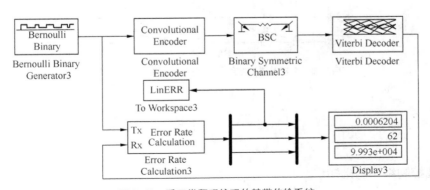

图 8-30 采用卷积码编码的基带传输系统

如图 8-31 所示曲线为采用卷积码编码的基带传输系统和无信道编码的基带传输系统差

错率的比较，从仿真结果可以看到，采用卷积码编码后，差错率大大降低。

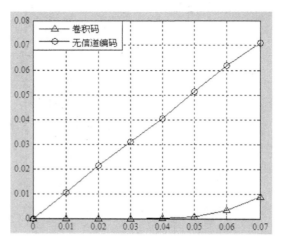

图 8-31　有无卷积码编码的基带传输系统差错率比较

8.8.4　3 种差错控制编码性能比较

如图 8-32 所示为 3 种差错控制编码与无信道编码差错率比较。从图中可以看到，无信道编码时的差错率最大，循环码和线性分组码的差错率差不多，卷积码的差错率最小。

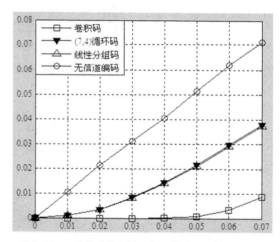

图 8-32　3 种差错控制编码与无信道编码差错率比较

小　　结

1．差错控制编码基础知识

差错控制编码又称信道编码，其目的是克服信道噪声等加性干扰引起的误码（乘性干扰以均衡、分集等技术解决），其方法是增加冗余度，其实质是以有效性换取可靠性。差错控制的方式大致有 3 种：ARQ（检错个数 $e \leq d_{\min} - 1$），FEC（纠错个数 $t \leq (d_{\min} - 1)/2$）和 HEC（$t + e \leq d_{\min} - 1$，$t < e$）。

2. 线性分组码

线性分组码中，监督码与信息码之间为线性函数关系，每组监督码只与本组信息码有关。

（1）线性分组码以矩阵描述。

编码：$C = mG$（若 G 为典型阵，则为系统码）

检错：$RH^T = O$？

纠错：$S = RH^T = EH^T$

其中，G 为生成矩阵，H 为监督矩阵，且 $GH^T = O$。如是系统码时，则有 $G = I_k Q$，$H = Q^T I_r$。

（2）生成矩阵的每一行都是一个许用码组。

（3）线性分组码具有封闭性，于是 $d_{\min} = W_{\min}$。

（4）汉明码是能纠错 1 位、编码效率最高的线性分组码，其主要参数是：

$$n = 2^r - 1, \quad r \geq 3, \quad d_{\min} = 3 。$$

3. 循环码

循环码也属于线性分组码，因而它具有线性分组码的一切性质、特点和分析方法。此外，它具有循环性，常用码多项式来表示码组。

（1）生成多项式 $g(x)$ 是循环码的基础。它本身就是一个许用码组（多项式），且次数最低（除全 0 码外）。

（2）编码有 3 种方法：

① 多项式直接相乘：$C(x) = m(x)g(x)$。该法是基于：所有码多项式皆可被 $g(x)$ 整除，但所得结果是非系统码。

② 矩阵相乘：$C = mG$。该法与线性分组码相同。为得到系统码，应采用典型生成矩阵 G。

③ 循环码特有：$C(x) = m(x)x^{n-k} + r(x)$。该法所得是系统码，并作为循环码编码器的实现方案。

（3）检错有两种方法：

① 与线性分组码相同：$RH^T = O$？

② 循环码特有：$\dfrac{R(x)}{g(x)}$ 能除尽吗？

（4）纠错有两种方法：

① 与线性分组码相同：$S = RH^T = EH^T$。

② 循环码特有：$\dfrac{R(x)}{g(x)}$ 的余式作为校正子多项式 $S(x)$。

4. 卷积码

卷积码是非分组码，但也属于线性码（从而具有封闭性）。卷积码除可用矩阵、多项式描述外，还可用图形描述。常用的图形描述方法有：状态图、树图、网格图。这些图形均源自于状态表，因而本质上相同，都可以用于编码。其中，状态图概念较清楚，网格图可用于维特比译码。

5. 交织码

交织编码就是通过对所传输符号的交织，减小错误的相关性，使突发错误变为随机错误，从而可以采用纠正随机错误的纠错编码进行检纠错。分组交织解交织器类似于 m 行 n 列的缓存器。在交织时，按行写入、按列读出信息比特，而在解交织时则是按列写入、按行读出信息比特，从而把突发错误改造成为随机错误。

6. MATLAB/Simulink 信道编码建模与仿真

用 Simulink 模块分别对线性分组码、循环码及卷积码基带传输系统建模并仿真，并通过 MATLAB 语言编程画图分别得到 3 种信道编码基带传输系统与无信道编码基带传输系统之间的差错率曲线，由仿真结果可知，无信道编码时的差错率最大，循环码和线性分组码的差错率差不多，卷积码的差错率最小。

习　题

8-1．已知码组中有 8 个码字为 (000000)、(001110)、(010101)、(011011)、(100011)、(101101)、(110110)、(111000)，求该码组的最小码距。

8-2．上题给出的码组若用于检错，能检出几位错码？若用于纠错，能纠正几位错码？若同时用于检错和纠错，则纠错、检错的性能如何？

8-3．已知两个码字的多项式分别为 $X^5 + X^3 + X^2 + 1$ 和 $X^5 + X^4 + X + 1$，若用于检错，能检出几位错码？若用于纠错，能纠正几位错码？若同时用于检错和纠错，又能纠正几位错和检测几位错？

8-4．一个码长 $n=15$ 的汉明码，监督位 r 应为多少？编码效率为多少？试写出监督码元与信息码元之间的关系。

8-5．已知某线性分组码监督矩阵如下式所示，试求其生成矩阵，并列出全部许用码字。

$$H = \begin{bmatrix} 1 & 1 & 1 & 0 & 1 & 0 & 0 \\ 1 & 1 & 0 & 1 & 0 & 1 & 0 \\ 1 & 0 & 1 & 1 & 0 & 0 & 1 \end{bmatrix}$$

8-6．已知 (8，4) 线性分组码，其监督方程如下式所示，其中 C_7、C_6、C_5、C_4 为信息码元：

（1）求该分组码的监督矩阵和生成矩阵。

（2）写出信码 (0011) 和 (1010) 的系统码。

（3）若接收的码字为 (01010100) 和 (01110001)，判断它们是否为错码，并指出错在哪一位？

$$\begin{cases} C_7 + C_6 + C_4 + C_3 = 0 \\ C_7 + C_5 + C_4 + C_2 = 0 \\ C_7 + C_6 + C_5 + C_1 = 0 \\ C_6 + C_5 + C_4 + C_0 = 0 \end{cases}$$

8-7. 已知(7,3)线性分组码的监督关系式如下式所示，其中 C_6、C_5、C_4 为信息码元，求该分组码的监督矩阵、生成矩阵、全部码字及纠错能力。

$$\begin{cases} C_6 + C_3 + C_2 + C_1 = 0 \\ C_5 + C_2 + C_1 + C_0 = 0 \\ C_6 + C_5 + C_1 = 0 \\ C_5 + C_4 + C_0 = 0 \end{cases}$$

8-8. 已知(7,4)循环码的全部码字为

1	0 0 0 0 0 0 0	⋮	9	1 0 0 0 1 0 1
2	0 0 0 1 0 1 1	⋮	10	1 0 0 1 1 1 0
3	0 0 1 0 1 1 0	⋮	11	1 0 1 0 0 1 1
4	0 0 1 1 1 0 1	⋮	12	1 0 1 1 0 0 0
5	0 1 0 0 1 1 1	⋮	13	1 1 0 0 0 1 0
6	0 1 0 1 1 0 0	⋮	14	1 1 0 1 0 0 1
7	0 1 1 0 0 0 1	⋮	15	1 1 1 0 1 0 0
8	0 1 1 1 0 1 0	⋮	16	1 1 1 1 1 1 1

试写出该循环码的生成多项式 $g(x)$、生成矩阵 G 和监督矩阵 H。

8-9. 已知：$X^{15} + 1 = (X+1)(X^4 + X + 1)(X^4 + X^3 + 1)(X^4 + X^3 + X^2 + X + 1)(X^2 + X + 1)$，若要构成（15，8）循环码，写出其生成多项式。

8-10. 已知(7,3)循环码 $g(x) = X^4 + X^3 + X^2 + 1$，若接收到的码组为 $R(x) = X^6 + X^3 + X + 1$，经过只有检错能力的译码器，接收端是否需要重发？

8-11. 已知(7,3)循环码的监督关系为

$$\begin{cases} C_6 + C_3 + C_2 + C_1 = 0 \\ C_5 + C_2 + C_1 + C_0 = 0 \\ C_6 + C_5 + C_1 = 0 \\ C_5 + C_4 + C_0 = 0 \end{cases}$$

（1）求该循环码的典型监督矩阵和典型生成矩阵。

（2）若输入信息码元为 (101) 和 (001) 后求编码后的系统码。

（3）写出其生成多项式 $g(x)$。

8-12. 已知(7,4)循环码的生成多项式为 $g(x) = X^3 + X + 1$，求：

（1）生成矩阵和监督矩阵

（2）已知信息码为 (1001) 和 (0110)，写出其系统码。

（3）若接收码组为 $R = 1000001$，计算其伴随式。

（4）画出编码器原理图。

8-13．已知(2,1,2)卷积码编码器的输出与输入之间的关系为

$$
\begin{cases}
c_i^{(1)} = m_i \oplus m_{i-1} \\
c_i^{(2)} = m_{i-1} \oplus m_{i-2}
\end{cases}
$$

（1）画出编码电路；

（2）画出卷积码的状态图、码树图和格状图。

8-14．已知（3，1，3）卷积码编码器的输出与输入之间的关系为

$$
\begin{cases}
c_i^{(1)} = m_i \\
c_i^{(2)} = m_i \oplus m_{i-1} \oplus m_{i-2} \oplus m_{i-3} \\
c_i^{(3)} = m_i \oplus m_{i-2} \oplus m_{i-3}
\end{cases}
$$

试画出编码器电路；当输入编码器的信息序列为 10110 时，求它的输出码序列。

8-15．已知(2,1,2)卷积码编码器的输出与输入之间的关系为

$$
\begin{cases}
c_i^{(1)} = m_i \oplus m_{i-1} \\
c_i^{(2)} = m_i \oplus m_{i-1} \oplus m_{i-2}
\end{cases}
$$

当接收序列为 1000100000 时，试用 Viterbi 译码算法求解发送信息序列。

8-16．构建(7,3)线性分组码编码的基带传输系统；当二进制平衡信道差错率为 0.05 时，计算该系统的传输差错率；通过作图将(7,3)与(7,4)线性分组码基带传输系统的差错率进行比较。

（1） $\sin(A \pm B) = \sin A \cos B \pm \cos A \sin B$

（2） $\cos(A \pm B) = \cos A \cos B \mp \sin A \sin B$

（3） $\cos A \cos B = \dfrac{1}{2}[\cos(A + B) + \cos(A - B)]$

（4） $\sin A \sin B = \dfrac{1}{2}[\cos(A - B) - \cos(A + B)]$

（5） $\sin A \cos B = \dfrac{1}{2}[\sin(A + B) + \sin(A - B)]$

（6） $\sin A + \sin B = 2\sin\dfrac{1}{2}(A + B)\cos\dfrac{1}{2}(A - B)$

（7） $\sin A - \sin B = 2\sin\dfrac{1}{2}(A - B)\cos\dfrac{1}{2}(A + B)$

（8） $\cos A + \cos B = 2\cos\dfrac{1}{2}(A + B)\cos\dfrac{1}{2}(A - B)$

（9） $\cos A - \cos B = -2\sin\dfrac{1}{2}(A + B)\sin\dfrac{1}{2}(A - B)$

（10） $\sin 2A = 2\sin A \cos A$

（11） $\cos 2A = 2\cos^2 A - 1 = 1 - 2\sin^2 A = \cos^2 A - \sin^2 A$

（12） $\sin\dfrac{1}{2}A = \sqrt{\dfrac{1}{2}(1 - \cos A)} \qquad \cos\dfrac{1}{2}A = \sqrt{\dfrac{1}{2}(1 + \cos A)}$

（13） $\sin^2 A = \dfrac{1}{2}(1 - \cos 2A) \qquad \cos^2 A = \dfrac{1}{2}(1 + \cos 2A)$

（14） $\sin x = \dfrac{e^{jx} - e^{-jx}}{2j} \qquad \cos x = \dfrac{e^{jx} + e^{-jx}}{2} \qquad e^{jx} = \cos x + j\sin x$

（15） $\sin(\omega t + \phi) = \cos(\omega t + \phi - 90°)$

（16） $A\cos(\omega t + \phi_1) + B\sin(\omega t + \phi_2) = C\cos(\omega t + \phi_3)$

其中

$$C = \sqrt{A^2 + B^2 - 2AB\cos(\phi_2 - \phi_1)}$$

$$\phi_3 = \operatorname{arctg}\left[\frac{A\sin\phi_1 + B\sin\phi_2}{A\cos\phi_1 + B\cos\phi_2}\right]$$

1. 定义

正变换

$$X(\omega) = \mathscr{F}[x(t)] = \int_{-\infty}^{\infty} x(t)\mathrm{e}^{-\mathrm{j}\omega t}\mathrm{d}t$$

$$X(f) = \mathscr{F}[x(t)] = \int_{-\infty}^{\infty} x(t)\mathrm{e}^{-\mathrm{j}2\pi ft}\mathrm{d}t$$

反变换

$$x(t) = \mathscr{F}^{-1}[X(\omega)] = \frac{1}{2\pi}\int_{-\infty}^{\infty} X(\omega)\mathrm{e}^{\mathrm{j}\omega t}\mathrm{d}\omega$$

$$x(t) = \mathscr{F}^{-1}[X(f)] = \int_{-\infty}^{\infty} X(f)\mathrm{e}^{\mathrm{j}2\pi ft}\mathrm{d}f$$

2. 定理

运 算 名 称	函数 $x(t)$	傅 氏 变 换	
		$X(\omega)$	$X(f)$
线性叠加	$ax_1(t) + bx_2(t)$	$aX_1(\omega) + bX_2(\omega)$	$aX_1(f) + bX_2(f)$
共轭	$x^*(t)$	$X^*(-\omega)$	$X^*(-f)$
对称	$X(t)$	$2\pi x(-\omega)$	$2\pi x(-f)$
标尺变换	$x(at)$	$\dfrac{1}{\|a\|}X(\omega/a)$	$\dfrac{1}{\|a\|}X(f/a)$
反演	$x(-t)$	$X(-\omega)$	$X(-f)$
时延	$x(t - t_0)$	$X(\omega)\mathrm{e}^{-\mathrm{j}t_0\omega}$	$X(\omega)\mathrm{e}^{-\mathrm{j}t_0 2\pi f}$
时域微分	$\dfrac{\mathrm{d}^n}{\mathrm{d}t^n}x(t)$	$(\mathrm{j}\omega)^n X(\omega)$	$(\mathrm{j}2\pi f)^n X(f)$
时域积分	$\displaystyle\int_{-\infty} x(\lambda)\mathrm{d}\lambda$	$\dfrac{1}{\mathrm{j}\omega}X(\omega) + \pi X(0)\delta(\omega)$	$\dfrac{1}{\mathrm{j}2\pi f}X(f) + \dfrac{1}{2}X(0)\delta(f)$

续表

运 算 名 称	函数 $x(t)$	傅氏变换	
		$X(\omega)$	$X(f)$
时域相关	$R(\tau) = \int x_1(t) x_2^*(t+\tau)\mathrm{d}t$	$X_1(\omega) X_2^*(\omega)$	$X_1(f) X_2^*(f)$
时域卷积	$x_1(t) * x_2(t)$	$X_1(\omega) X_2(\omega)$	$X_1(f) X_2(f)$
频移	$x(t)\mathrm{e}^{j\omega_0 t}$	$X(\omega - \omega_0)$	$X(f - f_0)$
频域微分	$(-\mathrm{j})^n t^n x(t)$	$\dfrac{\mathrm{d}^n}{\mathrm{d}\omega^n} X(\omega)$	$\left(\dfrac{1}{2\pi}\right)^n \dfrac{\mathrm{d}^n}{\mathrm{d}f^n} X(f)$
频域卷积	$x_1(t) x_2(t)$	$\dfrac{1}{2\pi} X_1(\omega) * X_2(\omega)$	$X_1(f) * X_2(f)$
泊塞瓦尔定理	$\int_{-\infty}^{\infty} x_1(t) x_2(t)\mathrm{d}t$	$\dfrac{1}{2\pi}\int_{-\infty}^{\infty} X_1(\omega) X_2^*(\omega)\mathrm{d}\omega$	$\int_{-\infty}^{\infty} X_1(f) X_2^*(f)\mathrm{d}f$

3. 常用傅氏变换

函 数 名 称	函数 $x(t)$	傅 氏 变 换	
		$X(\omega)$	$X(f)$
$\mathrm{rect}\,t$	$\begin{cases} 1, & \lvert t \rvert \leqslant \dfrac{1}{2} \\ 0, & \lvert t \rvert > \dfrac{1}{2} \end{cases}$	$\dfrac{\sin(\omega/2\pi)}{(\omega/2\pi)}$	$\dfrac{\sin f}{f}$
$\dfrac{\sin t}{t}$	$\dfrac{\sin \pi t}{\pi t}$	$\mathrm{rect}(\omega/2\pi)$	$\mathrm{rect}\,f$
指数函数	$\mathrm{e}^{-\alpha t} u(t)$	$\dfrac{1}{\alpha + \mathrm{j}\omega}$	$\dfrac{1}{\alpha + \mathrm{j}2\pi f}$
双边指数函数	$\mathrm{e}^{-\alpha \lvert t \rvert}$	$\dfrac{2\alpha}{\alpha^2 + \omega^2}$	$\dfrac{2\alpha}{\alpha^2 + 4\pi^2 f^2}$
三角函数	$\begin{cases} 1 - \lvert t \rvert, & \lvert t \rvert \leqslant 1 \\ 0, & \lvert t \rvert > 1 \end{cases}$	$\left[\dfrac{\sin(\omega/2\pi)}{(\omega/2\pi)}\right]^2$	$\left(\dfrac{\sin f}{f}\right)^2$
高斯函数	$\mathrm{e}^{-\pi t^2}$	$\mathrm{e}^{-\omega^2/4\pi}$	$\mathrm{e}^{-\pi f^2}$
冲激脉冲	$\delta(t)$	1	1
阶跃函数	$u(t)$	$\pi\delta(\omega) + \dfrac{1}{\mathrm{j}\omega}$	$\dfrac{1}{2}\delta(f) + \dfrac{1}{\mathrm{j}2\pi f}$
$\mathrm{sgn}\,t$	$t/\lvert t \rvert$	$\dfrac{2}{\mathrm{j}\omega}$	$\dfrac{1}{\mathrm{j}\pi f}$
常数	K	$2\pi K \delta(\omega)$	$K\delta(f)$

续表

函 数 名 称	函数 $x(t)$	傅 氏 变 换	
		$X(\omega)$	$X(f)$
余弦	$\cos(\omega_0 t)$	$\pi\delta(\omega+\omega_0)+\pi\delta(\omega-\omega_0)$	$\dfrac{1}{2}\delta(f+f_0)+\dfrac{1}{2}\delta(f-f_0)$
正弦	$\sin(\omega_0 t)$	$j\pi\delta(\omega+\omega_0)-j\pi\delta(\omega-\omega_0)$	$\dfrac{j}{2}\delta(f+f_0)-\dfrac{j}{2}\delta(f-f_0)$
复指数函数	$e^{j\omega_0 t}$	$2\pi\delta(\omega-\omega_0)$	$\delta(f-f_0)$
脉冲序列	$\sum\limits_{\infty}\delta(t-nT)$	$\dfrac{2\pi}{T}\sum\limits_{\infty}\delta\left(\omega-\dfrac{2\pi n}{T}\right)$	$\dfrac{1}{T}\sum\limits_{\infty}\delta\left(f-\dfrac{n}{T}\right)$

误差函数：

$$\mathrm{erf}(x) = \frac{2}{\sqrt{\pi}} \int_0^x \mathrm{e}^{-t^2} \,\mathrm{d}t$$

互补误差函数：

$$\mathrm{erfc}(x) = 1 - \mathrm{erf}(x) = \frac{2}{\sqrt{\pi}} \int_x^\infty \mathrm{e}^{-t^2} \,\mathrm{d}t$$

$$当 x \gg 1, \quad \mathrm{erfc}(x) \approx \frac{\mathrm{e}^{-x^2}}{x\sqrt{\pi}}$$

表附-1　　　　　　　　　　$x \leqslant 5$ 时，$\mathrm{erf}(x)$、$\mathrm{erfc}(x)$ 与 x 的关系

x	$\mathrm{erf}(x)$	$\mathrm{erfc}(x)$	x	$\mathrm{erf}(x)$	$\mathrm{erfc}(x)$
0.05	0.05637	0.94363	1.65	0.98037	0.01963
0.10	0.11246	0.88745	1.70	0.98379	0.01621
0.15	0.16799	0.83201	1.75	0.98667	0.01333
0.20	0.22270	0.77730	1.80	0.98909	0.01091
0.25	0.27632	0.72368	1.85	0.99111	0.00889
0.30	0.32862	0.67138	1.90	0.99279	0.00721
0.35	0.37938	0.62062	1.95	0.99418	0.00582
0.40	0.42839	0.57163	2.00	0.99532	0.00468
0.45	0.47548	0.52452	2.05	0.99626	0.00374
0.50	0.52050	0.47950	2.10	0.99702	0.00298
0.55	0.56332	0.43668	2.15	0.99763	0.00237
0.60	0.60385	0.39615	2.20	0.99814	0.00186
0.65	0.64203	0.35797	2.25	0.99854	0.00146
0.70	0.67780	0.32220	2.30	0.99886	0.00114
0.75	0.71115	0.28285	2.35	0.99911	8.9×10^{-4}
0.80	0.74210	0.25790	2.40	0.99931	6.9×10^{-4}
0.85	0.77066	0.22934	2.45	0.99947	5.3×10^{-4}

续表

x	erf(x)	erfc(x)	x	erf(x)	erfc(x)
0.90	0.79691	0.20309	2.50	0.99959	4.1×10^{-4}
0.95	0.82089	0.17911	2.55	0.99969	3.1×10^{-4}
1.00	0.84270	0.15730	2.60	0.99976	2.4×10^{-4}
1.05	0.86244	0.13756	2.65	0.99982	1.8×10^{-4}
1.10	0.88020	0.11980	2.70	0.99987	1.3×10^{-4}
1.15	0.89912	0.10388	2.75	0.99990	1.0×10^{-4}
1.20	0.91031	0.08969	2.80	0.999925	7.5×10^{-5}
1.25	0.92290	0.07710	2.85	0.999944	5.6×10^{-5}
1.30	0.93401	0.06599	2.90	0.999959	4.1×10^{-5}
1.35	0.94376	0.05624	2.95	0.999970	3.0×10^{-5}
1.40	0.95228	0.04772	3.00	0.999978	2.2×10^{-5}
1.45	0.95969	0.04031	3.50	0.999993	7.0×10^{-7}
1.50	0.96610	0.03390	4.00	0.999999984	1.6×10^{-8}
1.55	0.97162	0.02838	4.50	0.9999999998	2.0×10^{-10}
1.60	0.97635	0.02365	5.00	0.9999999999985	1.5×10^{-12}